课堂实录

祝红涛　王伟平 / 编著

SQL Server
数据库应用 课堂实录

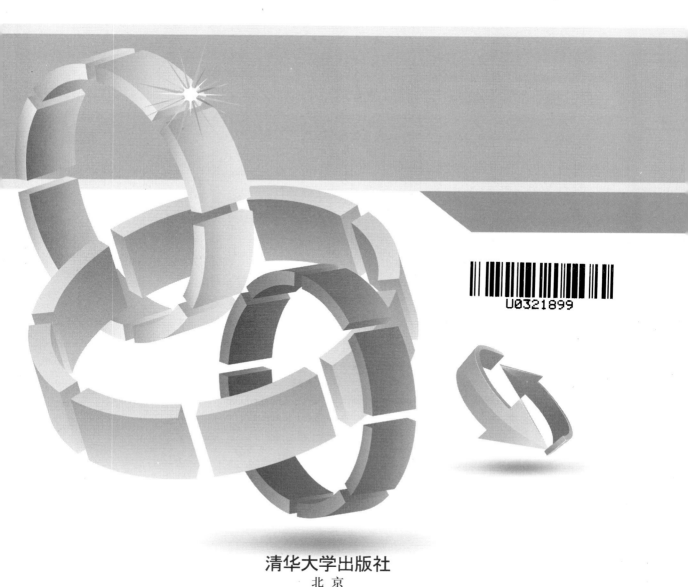

U0321899

清华大学出版社
北京

内 容 简 介

    本书结合教学的特点编写，将 SQL Server 2008 数据库以课程的形式讲解。全书共分 17 课，将理论和实践结合起来。全书通过通俗易懂的语言详细介绍了 SQL Server 2008 的基础知识，从关系数据库理论、SQL Server 发展史、安装和配置，到数据库的创建、数据表管理、修改和查询表中数据、索引和视图，然后深入数据库编程、编写触发器、编写存储过程、使用 XML 技术以及数据库的安全管理等。最后通过一个酒店客房管理系统的数据库设计讲解 SQL Server 2008 在实际开发中的应用，包括系统需求分析、绘制 E-R 图、创建数据库和表、测试存储过程和触发器等内容。

    本书可作为在校大学生学习使用 SQL Server 2008 数据库进行课程设计的参考资料，也可作为非计算机专业学生学习 SQL Server 2008 的参考书。

图书在版编目（CIP）数据

SQL Server 数据库应用课堂实录/祝红涛，王伟平编著. —北京：清华大学出版社，2016

（课堂实录）

ISBN 978-7-302-40538-2

  Ⅰ. ①S⋯　Ⅱ. ①祝⋯ ②王⋯　Ⅲ. ①关系数据库系统　Ⅳ. ①TP311.138

中国版本图书馆 CIP 数据核字（2015）第 137544 号

责任编辑：夏兆彦
封面设计：张　阳
责任校对：徐俊伟
责任印制：杨　艳

出版发行：清华大学出版社
       网　　　址：http://www.tup.com.cn, http://www.wqbook.com
       地　　　址：北京清华大学学研大厦 A 座　　　邮　　编：100084
       社 总 机：010-62770175　　　　　　　　邮　　购：010-62786544
       投稿与读者服务：010-62776969，c-service@tup.tsinghua.edu.cn
       质量反馈：010-62772015，zhiliang@tup.tsinghua.edu.cn
印　刷　者：北京鑫丰华彩印有限公司
装　订　者：三河市溧源装订厂
经　　销：全国新华书店
开　　本：190mm×260mm　　印　张：27.5　　　　字　　数：780 千字
版　　次：2016 年 2 月第 1 版　　　　　　　印　　次：2016 年 2 月第 1 次印刷
印　　数：1～3000
定　　价：69.00 元

产品编号：051629-01

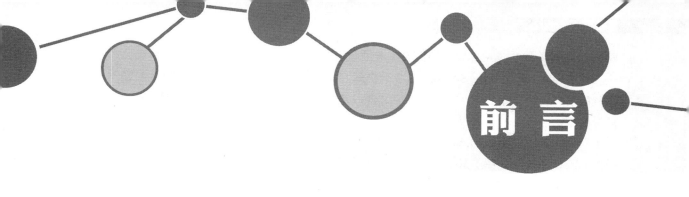

前　言

SQL Server 是 Microsoft 公司的关系数据库管理系统产品，从 20 世纪 80 年代后期开始开发，先后经历了 7.0、2000、2005 和 2008 四个大的版本。SQL Server 2008 推出了许多新的特性和关键的改进，成为至今为止的最强大和最全面的 SQL Server 版本。它的出现促进了计算机应用向各行各业的渗透，为企业解决数据爆炸和数据驱动应用提供有力的技术支持。

本书由浅入深地介绍了 SQL Server 2008 中最基本、最常用、最重要的知识，涵盖了数据库理论、安装、配置、管理工具、数据表设计、完整性约束、数据查询和修改、数据库管理、数据库编程和开发等方面。全书知识全面、实例精彩、指导性强的特点，力求以全面的知识及丰富的实例来指导读者透彻地学习 SQL Server 2008 知识。

本书内容

全书共分 17 课，主要内容如下：

第 1 课　关系数据库原理。本课从数据库的基本概念开始介绍，进而讲解关系数据库的简介及其术语，还介绍了规范关系的方法，实体和关系模型。

第 2 课　安装 SQL Server 2008。本课简单介绍 SQL Server 2008 的发展过程及新特性，重点介绍如何安装，以及安装后验证、注册和配置服务器的方法。同时介绍了升级到 SQL Server 2008 的方法，及其附带的管理工具。

第 3 课　创建 SQL Server 2008 数据库和表。本课首先介绍 SQL Server 2008 中数据库的元素、系统数据库、文件组成及查看文件状态的方法。然后重点介绍如何创建数据库、向数据库中创建表，以及为表的列指定数据类型。

第 4 课　管理数据表。本课详细介绍创建表之后的修改表操作，像重命名表、修改表属性、添加表中的列、删除表、向表中添加数据，以及管理多个表之间的关系等等。

第 5 课　数据表完整性约束。本课详细介绍 SQL Server 2008 中应用于基表的各种列约束，以及默认值和规则的应用。

第 6 课　修改数据表数据。本课详细介绍 INSERT、UPDATE 和 DELETE 语句对数据表的插入、更新和删除。

第 7 课　查询数据表数据。本课详细介绍查询数据表中数据的方法，包括查询指定列，为列指定别名、查询指定比较或者范围条件，为结果进行排序或者分组等。

第 8 课　高级查询。本课将详细介绍多表之间复杂数据查询方法，像查询多表时指定别名、使用内连接、自连接以及子查询等等。

第 9 课　索引与视图。本课将对索引和视图这两大数据库对象的应用展开详细介绍，包括索引的概念和分类、创建索引、查看索引、视图的创建及管理等等。

第 10 课　SQL Server 编程技术。本课主要介绍 Transact-SQL 语言编程基础，包括声明常量和使用变量、各类运算符的计算和优先级，以及控制程序执行过程的语句。同时还简单介绍了 SQL

Server 内置函数的应用，以及如何自定义函数。

第 11 课　管理 SQL Server 2008 数据库。本课详细介绍 SQL Server 2008 中数据库的管理操作，包括修改数据库名称、扩大数据库文件、分离数据库、附加数据库、复制数据库、数据库快照，备份和恢复等。

第 12 课　使用数据库触发器。本课详细讲解触发器的创建方法，以及修改、禁用和启用触发器的方法，还简单介绍了触发器的嵌套和递归。

第 13 课　使用数据库存储过程。本课首先讨论了存储过程的类型，然后详细介绍如何创建和使用用户自定义存储过程，像创建临时存储过程、查看存储过程的内容，为存储过程指定输入和输出参数等等。

第 14 课　使用 XML 技术。本课详细介绍 SQL Server 2008 查询 XML 数据的方法，XML 数据类型的使用、XQuery 技术、OPENXML 函数和 XML 索引。

第 15 课　SQL Server 的管理自动化。本课详细介绍自动化管理 SQL Server 2008 所需掌握的知识，包括代理服务、数据库邮件、操作员、作业和警报等等。

第 16 课　SQL Server 数据库安全管理。本课首先讲解了 SQL Server 2008 提供的各个安全级别，然后重点对身份验证模式、登录名、数据库用户、权限及角色的管理进行介绍。

第 17 课　酒店客房管理系统数据库。本课从酒店客房管理系统的需求分析开始，到绘制流程图和 E-R 图，最终在 SQL Server 2008 中实现该数据库。并在实现后对视图、存储过程和触发器进行测试。

本书特色

这本书主要是针对初学者或中级读者量身订做的，全书以课堂课程学习的方式，由浅入深地讲解 SQL Server 2008。并且全书突出了开发时重要知识点，知识点并配以案例讲解，充分体现理论与实践相结合。

❑ 结构独特

全书以课程为学习单元，每课安排基础知识讲解、实例应用、拓展训练和课后练习 4 个部分讲解 SQL Server 2008 技术相关的数据库知识。

❑ 实例丰富

书中各实例均经过作者精心设计和挑选，它们都是根据作者在实际开发中的经验总结而来，涵盖了在实际开发中所遇到的各种场景。

❑ 应用广泛

对于精选案例，给了详细步骤、结构清晰简明，分析深入浅出，而且有些程序能够直接在项目中使用，避免读者进行二次开发。

❑ 基于理论，注重实践

在讲述过程，不仅仅只介绍理论知识。而且在合适位置安排综合应用实例，或者小型应用程序，将理论应用到实践当中来加强读者实际应用能力，巩固开发基础和知识。

❑ 视频教学

本书为实例配备了视频教学文件，读者可以通过视频文件更加直观地学习 SQL Server 2008 的使用知识。所有视频教学文件均已上传到 www.ztydata.com.cn，读者可自行下载。

❑ 网站技术支持

读者在学习或者工作的过程中，如果遇到实际问题，可以直接登录 www.itzcn.com 与我们取得联系，作者会在第一时间内给予帮助。

❏ **读者对象**

本书适合作为软件开发入门者的自学用书，也适合作为高等院校相关专业的教学参考书，也可供开发人员查阅和参考。

❏ SQL Server 2008 数据库入门者。

❏ 各大中专院校的在校学生和相关授课老师。

❏ 准备从事数据库管理的人员。

除了封面署名人员之外，参与本书编写的人员还有李海庆、王咏梅、康显丽、王黎、汤莉、倪宝童、赵俊昌、方宁、郭晓俊、杨宁宁、王健、连彩霞、丁国庆、牛红惠、石磊、王慧、李卫平、张丽莉、王丹花、王超英、王新伟等。在编写过程中难免会有漏洞，欢迎读者通过清华大学出版社网站 www.tup.tsinghua.edu.cn 与我们联系，帮助我们改正提高。

目录

第 9 课　索引与视图

第 10 课　SQL Server 编程技术

第 11 课　管理 SQL Server 2008 数据库

第 12 课　使用数据库触发器

第 13 课　使用数据库存储过程

第 14 课　使用 XML 技术

第 15 课　SQL Server 的管理自动化

第 16 课　SQL Server 数据库安全管理

第 17 课　酒店客房管理系统数据库

习题答案

第 1 课
关系数据库原理

当今时代是一个信息爆炸的时代,信息已经成为社会和经济发展的重要支柱之一。大量信息的产生、处理、存储、传播和使用推动了社会的进步和经济的发展。信息系统是一种以加工处理信息为主的计算机系统。而数据库技术作为一种存储和使用信息的信息系统核心技术正在发挥着越来越重要的作用。例如,现在的银行、航空运输、电信业务、电子商务和其他 Web 应用等领域,都发挥着重要的核心作用。

本课将从数据库的基本概念开始介绍,进而讲解关系数据库的简介及其术语,还介绍了规范关系的方法、实体和关系模型。这些数据库基础理论将为用户学习 SQL Server 2008 数据库垫下扎实的基础知识。

本课学习目标:

❑ 理解数据、数据库和数据库管理系统的概念

❑ 了解数据库的发展历史和发展趋势

❑ 熟悉数据库的关系模型

❑ 熟悉常见关系数据库术语

❑ 掌握关系规范化的使用

❑ 熟悉实体与关系图的设计

1.1 数据和数据库简介

在本课关系数据库原理介绍之前，首先为读者介绍什么是数据和数据库，然后回顾数据库的发展过程，以及发展过程中的几个重要阶段。

1.1.1 认识数据

所谓数据（Data）就是数据库中存储的基本对象。在人们的日常生活当中，数据无处不在，数字、文字和图表等都是数据。

数据是描述事物的符号标记。计算机在处理事物时，会抽出事物中感兴趣的特征组成一个记录来描述。例如，在销售管理系统中，人们对于客户信息感兴趣的是客户编号、客户姓名、客户地址、所属业务员、联系电话等，那么我们就可以用下列方式来描述这组信息：

（1001，史真真，北京市西城区，1005）

所以上述客户信息就是数据。而对于上述的数据，了解其含义的人就会得到如下解释：客户编号为 1001 的客户姓名为史真真，家住在北京市西城区。但是不了解上述语句的人则无法解释其含义。所以数据的形式并不能完全表达其含义，这就需要对数据进行解释。所以数据和关于数据的解释是不可分的，数据的解释是指对数据含义的说明，数据的含义称为数据的语义，数据与其语义是不可分的。

数据也可以描述一个抽象的事物，如用文字描述一个想法，用图像描述一个画面。例如，用柱形图来表示某网站 24 小时内各个时刻的流量数据，如图 1-1 所示。

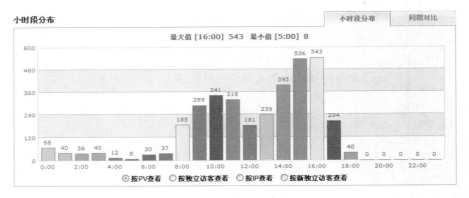

图 1-1 网站流量数据

1.1.2 认识数据库

数据库（Database，DB）是指存放数据的仓库。只不过这个仓库是在计算机存储设备上，而且数据是按一定的格式存放的。人们收集并抽取出一个应用所需要的大量数据之后，应将其保存起来以供进一步加工处理，抽取有用的信息。在科学技术飞速发展的今天，人们的视野越来越广，数据量急剧增加。过去人们把数据存放在文件柜里，现在人们借助计算机和数据库技术科学地保存和管理大量的复杂的数据，以便能方便而充分地利用这些宝贵的信息资源。

所谓数据库就是存放数据的地方，是需要长期存放在计算机内，有组织的、可共享的数据集合。数据库中的数据按一定的数据模型组织、描述和存储，具有较小的冗余度，较高的数据独立性和易扩展性，并可以为不同的用户共享。

▊ 1.1.3 数据库的发展史

数据库技术从诞生到现在的半个多世纪中，已经形成了系统而全面的理论基础，在当今信息多元化的时代，逐渐成为计算机软件的核心技术，并拥有了广泛的应用领域。

数据库（Database）并不是与计算机的产生同时出现的，而是随着计算机技术的发展而产生的。数据库起源于 20 世纪 50 年代，美国为了战争的需要，把收集到的情报集中存储在计算机中，在 20 世纪 60 年代由美国系统发展公司在为美国海军基地研制数据中首次引用了 Database 这个词，数据库技术便逐渐地发展起来。

1. 萌芽阶段

1963 年，C.W. Bachman 设计开发的 IDS（Integrate Data Store）系统投入运行，揭开了数据库技术的序幕。

1969 年，IBM 公司开发的层次结构数据模型的 IMS 系统发行，把数据库技术应用到了软件中。

1969 年 10 月，CODASYL 数据库研制者提出了网络模型数据库系统规范报告 DBTG，使数据库系统开始走向规范化和标准化。

2. 发展阶段

20 世纪 70 年代便是数据技术蓬勃发展的时代，网状系统和层次系统占据了整个数据库的商用市场。20 世纪 80 年代关系数据库逐渐取代网状系统和层次系统，数据库技术日益成熟。

1970 年，IBM 公司 Sam Tose 研究试验室的研究员 E.F.Codd 发表了题为"大型共享数据库的数据关系模型"的论文，提出了数据库的关系模型，开创了数据库关系方法和关系数据理论的研究，为数据库技术奠定了理论基础。

1971 年，美国数据系统语言协会在正式发表的 DBTG 报告中，提出了三级抽象模式，即对应用程序所需的部分数据结构描述的外模式，对整个客体系统数据结构描述的概念模式，对数据存储结构描述的内模式，解决了数据独立性的问题。

1974 年，IBM 公司 San Jose 研究所成功研制了关系数据库管理系统 System R，并投放到软件市场。从此，数据库系统的发展进入了关系型数据库系统时期。

1979 年，Oracle 公司引入了第一个商用 SQL 关系数据库管理系统。

1983 年，IBM 推出了 DB2 商业数据库产品。

1984 年，David Marer 所著的《关系数据库理论》一书，标志着数据库在理论上的成熟。

1985 年，为 Procter&Gamble 系统设计的第一个商务智能系统产生。标志着数据库技术已经走向成熟。

3. 成熟阶段

20 世纪 80 年代至今，数据库理论和应用进入成熟发展时期。关系数据库成为数据库技术的主流，大量商品化的关系数据库系统问世并被广泛地推广使用。随着信息技术和市场的发展，人们发现关系型数据库系统虽然技术很成熟，但在有效支持应用和数据复杂性上的能力是受限制的。关系数据库原先依据的规范化设计方法，对于复杂事务处理数据库系统的设计和性能优化来说，已经无能为力。20 世纪 90 年代以后，技术界一直在研究和寻求适合的替代方案，即"后关系型数据库系统"。

▊ 1.1.4 数据库的发展趋势

数据是表现信息的主要载体，它可以向人们提供必需的知识，并反映了客观事物的物理状态。数据库技术最重要的作用是数据处理，通过对原始数据的处理，产生新的数据作为结果。这个处理过程包括对数据的收集、记录、分类、排序、存储、计算、传输、制表和递交等。数据管理则是数据处理的中心问题，如何用计算机组织、定位、存储、检索和维护是数据管理的任务。

数据以及数据之间的关系可以从逻辑结构和物理结构两个方面来进行描述和组织。逻辑结构是指按用户要求的数据之间的逻辑关系来组织和表达数据的。物理结构是指将涉及数据在计算机内的存储方式，是以存储数据的概念来描述数据间的关系的。最早的数据库技术仅应用于科学计算，侧重于提高计算速度和精度，数据量相对比较少。随着信息技术的发展，计算机的应用范围越来越广泛，对信息的需求也越来越多，存储数据量就会越来越多，对数据处理的要求也更加严格。因此要求数据库技术在数据的收集、传送、处理和使用方面能给出及时且准确的回应。

计算机硬件、软件的不断发展和数据的需求增加，推动了数据管理技术的加速发展，从 20 世纪 50 年代以前到现在数据管理技术经历了四个管理阶段。

1．人工管理阶段

人工管理阶段是指 20 世纪 50 年代中期以前，这个阶段的计算机主要应用于科学计算，而且计算机除了硬件之外没有任何的软件可用，更没有操作系统。用户使用的是只有硬件的裸机，对数据的处理方式就是批处理。这个阶段的数据管理特点如下。

（1）数据不能保存

在进行计算时，将原始数据同程序一起输入主存，经过计算处理后将数据结果输出。数据空间同程序空间一起释放。

（2）没有软件对数据进行管理

在程序设计中，不仅要规定数据的逻辑结构，还要考虑数据在计算机内的存储结构和数据的输入与输出方式。因此不存在逻辑结构与物理结构的区别。

（3）数据面向应用且数据不共享

数据依赖程序，一组数据对应一个程序，两个程序之间也不能共享数据。数据的管理基本上是手工的、分散的。

在人工管理阶段中，不但计算机的作用没有发挥，各个程序之间产生大量的冗余数据也严重地影响了计算机的使用效率。该阶段数据与程序之间的关系如图 1-2 所示。

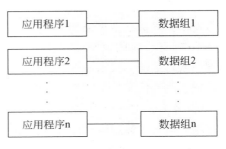

图 1-2　人工管理阶段应用程序与数据的关系

2．文件系统阶段

文件系统阶段是 20 世纪 50 年代后期至 20 世纪 60 年代中期这一段时间。这一阶段中，计算机不仅用于科学计算，还大量用于信息管理。外存已经有了磁盘、磁鼓等存储设备，可以存储数据。软件方面出现了操作系统和高级语言，且操作系统提供了文件系统管理数据，数据可以以文件的方式存储，对文件的操作便是对数据的操作。处理的方式主要是批处理或联机实时处理。

文件系统阶段的特点如下。

（1）数据可以长期保存

因为有了外部存储设备，数据便可以长期保存，方便用户可以随时通过程序对数据进行需要的处理。

（2）数据的物理结构与逻辑结构分离

此时数据的物理结构与逻辑结构有区别，但比较简单。程序只需要直接处理文件，而不必考虑数据的物理位置。另外，操作系统的文件系统提供了读/写的存取方法，实现了物理结构与逻辑结构之间的转换。

（3）文件管理数据

数据在外存上通过文件系统进行管理，文件的形式已多样化，有索引文件、链接文件和直接存取等，因而对文件的记录可以顺序访问，也可以随机访问。

（4）数据依然面向应用

虽然数据以文件的形式进行存储并能重复使用，但文件的结构是基于特定的用途进行设计的，程序依然是基于特定的物理结构和存取方法编制的。因此数据结构对程序的依赖并没有改变。

虽然文件系统阶段以文件管理数据已经使数据可以长期保存并重复使用，但还存在着如下缺点。

（1）数据冗余性

由于文件之间缺乏联系，造成每个应用程序都有对应的文件，有可能同样的数据在多个文件中重复存储。

（2）数据独立性差

虽然文件系统提供了存取方法，但只是初级的数据管理。这种文件系统还不能彻底体现用户观点下的数据逻辑结构独立于数据在外存的物理结构要求。因此，数据的数据结构修改时，仍然需要修改用户的应用程序。

（3）不支持并发访问且数据缺少统一管理

这是由数据冗余造成的，在进行更新操作时，如果不谨慎，就可能使同样的数据在不同的文件中不一样。这是由于文件之间独立，缺乏联系造成的。

文件系统阶段程序与文件的关系如图 1-3 所示。

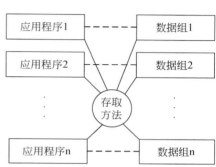

图 1-3　文件系统阶段程序与文件的关系

3. 数据库管理阶段

由于文件系统管理数据的缺点很多，随着计算机的广泛应用，对数据量的处理需求逐渐增强，共享要求也更高，促使人们需要研究一种新的数据管理技术，这就是在 20 世纪 60 年代末产生的数据库技术。

20 世纪 60 年代末，磁盘技术取得了重大进展，大容量和快速存取的磁盘陆续进入市场，成本有了很大的下降，为数据库技术的实现提供了充分的物质基础。数据库管理技术真正进入数据库管理阶段的标志是：1969 年，IBM 公司开发的层次结构数据模型的 IMS 系统发行和 CODASYL 数据库研制者提出了网络模型数据库系统规范报告 DBTG，以及 1970 年 IBM 公司 Sam Tose 研究试验室的研究员 E.F.Codd 发表的题为"大型共享数据库的数据关系模型"的文章中提出的数据库的关系模型，为数据库技术奠定了理论基础。

20 世纪 70 年代以来，数据库技术的迅速发展和逐步的应用，在 20 世纪 80 年代相继出现了一批商业化的关系数据库系统，如 Oracle、SQL/DS、DB2、INGRES、INFORMIX、UNIFY 以及 dBASE、FoxBASE 等。SQL 语言在 1986 年被美国 ANSI 和国际标准化组织（ISO）采纳为关系数据库语言的国际标准。

数据库系统是由数据库和数据库管理系统组合而成的。它至少包括以下三个部分。

（1）数据库

数据库是一个结构化的相关数据集合，并且包含数据和数据间的关系。它独立于应用程序而存在，是数据库系统的核心和管理对象。

（2）物理存储

物理存储主要是保存数据。如磁带、硬盘等大容量的存储设备。

（3）数据库软件

数据库软件负责对数据库进行管理和维护，具有数据定义、描述、操作和维护等功能，接受并完成程序对数据库的不同请求，并维护数据的完整性。

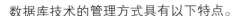

数据库技术的管理方式具有以下特点。

（1）采用复杂的数据模型

数据模型不仅描述数据本身的特点，还描述数据之间的关系。这种关系是通过存取路径来实现的。通过一切存取路径来表示自然的数据联系是数据库与传统文件的根本区别。这样数据不再面向特定的某个或多个应用，而是面向整个应用系统。数据冗余明显减少，实现了数据共享。

（2）较高的数据独立性

用户的数据和外存中的数据之间的转换是由数据库管理系统来实现的。为提高效率、减少冗余或增加新的数据，常需要改变数据结构。在改变物理结构时，不影响整体逻辑结构、用户的逻辑结构以及应用程序，这样就认为数据库达到了物理数据独立性。在改变整体逻辑时，不影响用户的逻辑结构以及应用程序，这样就使数据库达到了逻辑数据独立性。

（3）提供数据控制功能

数据库管理技术为数据提供了四种控制功能：保持数据完整性、保持数据安全性、数据库的并发控制和数据的恢复。

（4）方便的用户接口

用户可以使用查询语言或简单的终端命令操作数据库，也可以使用高级程序语言方式（如 C、FORTRAN 等）操作数据库。

程序与数据库之间的关系如图 1-4 所示。

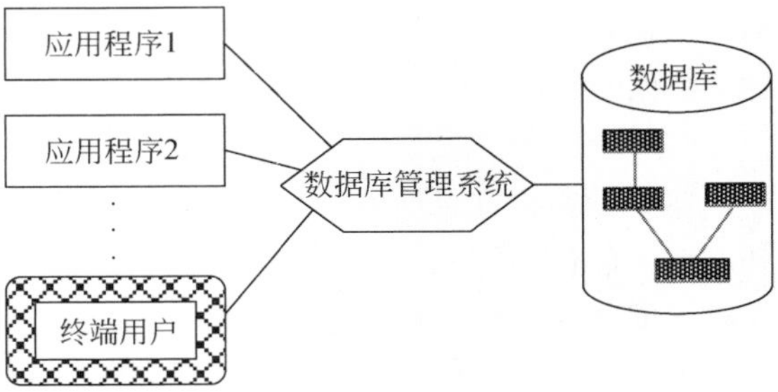

图 1-4　数据库管理阶段程序与数据库的关系

4．高级数据库阶段

高级数据库阶段是从 20 世纪 70 年代后期开始的，主要标志是分布式数据库系统、面向对象数据库系统和智能数据库系统的出现。

（1）分布式数据库系统

随着传统的数据库技术日趋成熟、计算机网络技术的飞速发展和应用范围的扩大，以分布式为主要特征的数据库系统的研究与开发受到人们的注意。分布式数据库是数据库技术与网络技术相结合的产物，在数据库领域已形成一个分支。分布式数据库的研究始于 20 世纪 70 年代中期。世界上第一个分布式数据库系统 SDD-1 是由美国计算机公司（CCA）于 1979 年在 DEC 计算机上实现的。

分布式数据库系统是地理上分布在网络的不同结点而逻辑上属于同一个系统的数据库系统。它特点如下所示。

- **物理分布性**　数据不在单个站点上，按全局需求将数据划分成一定的数据子集，分散存储在各个站点上。
- **逻辑整体性**　各个站点上的数据子集相互间有严密的约束规则加以限定，逻辑上是一个整体。
- **站点自治性**　各个站点上的数据由本地的 DBMS 管理，具有自治处理能力。

（2）面向对象数据库系统

面向对象的思想最初出现于挪威奥斯陆大学和挪威计算中心研制的仿真语言 Simula 67 中，随后美国的 Xerox 研究中心推出 SmallTalk 68 和 SmallTalk 80 语言，使面向对象程序设计方法得到完善的实现。20 世纪 80 年代后，面向对象的技术已经成为了行业的主流，因为面向对象不仅简化了界面的开发，而且也提供了一种更加灵活、简单数据处理方法，这种方法从根本上改变了应用程序的构建方法。

面向对象数据库系统是数据库技术与面向对象程序设计方法相结合的产物。面向对象程序设计的基本思想是封装和可扩展性，是软件工程的重要发展方向之一，它可以提高程序设计的生产率、

6

重用性以及可扩充性。面向对象数据库适应各种新的数据应用的需要，如多媒体数据、空间数据、复杂对象、超本文等。

（3）智能数据库系统

智能数据库系统是一个对象数据库管理系统。体系结构的选择对它的性能和功能有非常重要的影响。在体系结构的选择过程中始终遵循这样的一条准则：性能更为重要，因为功能可以在面向对象数据库系统的上层的应用程序中增加，而性能上的缺陷是不可能在应用程序层次上得以弥补的。

智能数据库（IDB）思想的提出，预示着人类的信息处理即将步入一个崭新的时代。智能数据库将计算机科学中近年来日趋发展成熟的五大主要技术，面向对象技术、数据库技术、人工智能、超文本/超媒体和正文数据库与联机信息检索技术集成为一体。其中面向对象技术、人工智能和数据库技术是智能数据库系统中的三大支柱技术。

1.2 数据库管理系统

数据库内容是通过数据库管理系统（Database Management System，DBMS）来管理的。数据库管理系统是指数据库系统中对数据进行管理的软件系统，它是数据库系统的核心组成部分，用户对数据库的一切操作，包括定义、查询、更新以及各种控制，都是通过数据库管理系统进行的。

1.2.1 数据库管理系统的通用功能

数据库管理系统（Database Management System，DBMS）是一种软件工具，通过它的支持，用户可以系统、有序、高效地生成用于日常业务与决策的数据，并且这些数据能够长期保存，它们永久性存储在"数据库"中。这个数据库保存在系统的磁盘上，不会被计算机系统软硬件的故障影响，可以方便地进行查询。

通常来说一个数据库管理系统应该具有如下功能。

❑ **支持数据库的创建与管理**　主要体现在系统提供的数据定义语言 DDL 与管理命令上。以关系数据库管理系统为例，它的 DDL 就包括生成数据库、生成数据表、建立索引等命令。在数据库管理方面则包括建立用户、用户组、用户授权、查看数据库状态等命令。

❑ **支持永久存储**　这种支持应当独立于使用数据库的应用，可供许多用户共享，数据量可以达到千兆，甚至更高。不仅如此，系统还必须具有良好的数据结构，并为访问这些数据提供高效的手段。

❑ **支持高级查询**　高级查询使用户在查询数据库时十分方便。因为用户只需要说明查询的条件，而如何从数据库里找到符合条件的过程则是由数据库管理系统自动完成的。关系数据库管理系统为用户提供 SQL 语言实现这个要求。

❑ **支持事务管理**　事务是数据库里具备原子性、一致性、隔离性，以及持久性等特性的特殊处理进程。数据库管理系统必须保证事务的这些特性的实现，支持多个事务同时访问数据库时对资源的并发要求，支持在系统故障时的事务恢复，保证数据库的一致性。

❑ **支持新的高级应用**　技术的进步与应用的深入对数据库管理提出了许多新的需求。例如，数据仓库与联机分析处理、XML 数据管理、空间数据管理，以及移动数据管理等。

大型复杂软件系统的设计通常都采用"分层"的方式，这样可以使系统的实现变得相对简单，数据库管理系统亦是如此。按照这种"分层"的思想，一个数据库管理系统可以划分为数据库管理维护、用户界面处理、查询处理、事务处理、调度、缓冲区管理，以及存储管理几大部分。

如图 1-5 所示为一个数据库管理系统的参考设计方案，图中各个组成部分以及它们之间的交互关系如下。

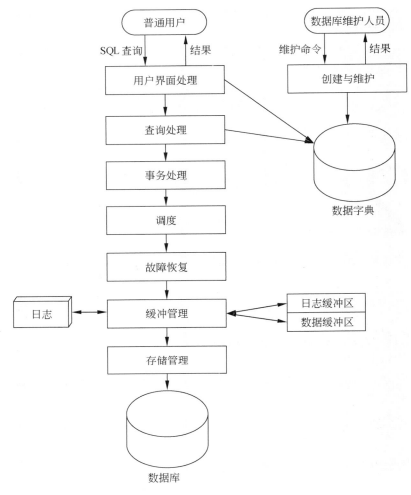

图 1-5　数据库管理系统的分层设计

（1）图 1-5 右上角所示"创建与维护"子系统用于接收数据库维护人员，像数据库管理员生成、维护数据库的 DDL 等命令，即实现数据库管理系统的第 1 项功能。它将命令处理的结果如数据库与关系表的结果、索引情况、用户权限分配等信息记录在数据字典里，供系统的其他部分使用。

（2）"用户界面处理"模块从用户那里接收 SQL 命令，利用数据字典对命令进行语法检查，将命令转送给查询处理子系统。在查询处理结束时"用户界面处理"模块又将 SQL 命令的最终结果返还给用户。

（3）"查询处理"子系统负责将 SQL 命令转换成关系代数操作，同时进行各种优化，形成由关系代数操作构成的查询执行计划，将计划输出给"事务处理"子系统。

（4）"事务处理"子系统为查询生成事务标识，记录事务处理信息，将查询执行计划的操作送交到"调度"模块，等待事务的结束。

（5）"调度"模块对来自多个用户的请求通过加锁或者时间戳等方法对访问数据库的操作进行排队，并依次将读写日志、读写数据库的操作输出给"恢复"子系统。

（6）"故障恢复"子系统调用"缓冲管理"模块完成对于日志、数据库的读写操作。在这个过程中，记录数据变化的日志记录必须在数据更新之前写入日志，以保证当出现故障时能够对数据进行恢复。

（7）"缓冲管理"模块查看内存里的缓冲区，根据它与"调度"模块之间对于数据与日志管理的约定，必要时调用"存储管理"子系统完成数据的读写。

（8）"存储管理"子系统位于数据库管理系统的最低层，它直接对磁盘上的页面数据进行管理，并为它的上层模块提供一组直接访问这些数据的接口命令。由"存储管理"子系统返回的数据将进入缓冲区，再由"缓冲管理"等上层模块或子系统逐级将数据返回，完成 SQL 命令与事务的全部处理。

以上内容介绍的是一个关系数据库管理系统软件的基本构成及各个部分之间的交互。当然，数据库管理系统所采用的客户服务器体系结构，或者是 P2P 的体系结构会对以上的分层设计产生某些影响。但是这种影响只不过体现在上述模块或子系统在客户、服务器之间的划分与分配上，但就整个软件系统的设计与实现而言这些不是本质的。

1.2.2　数据库模型

数据库模型描述了在数据库中结构化和操纵数据的方法，模型的结构部分规定了数据如何被描述（例如树、表等）；模型的操纵部分规定了数据的添加、删除、显示、维护、打印、查找、选择、排序和更新等操作。

根据具体数据存储需求的不同，数据库可以使用多种类型的系统模型，其中较为常见的有层次模型、网状模型和关系模型三种。

1. 层次模型

层次数据模型表现为倒立的树，用户把层次数据库理解为段的层次。一个段等价于一个文件系统的记录型。在层次数据模型中，文件或记录之间的联系形成层次。换句话说，层次数据库把记录集合表示成倒立的树结构，层次模型如图 1-6 所示。

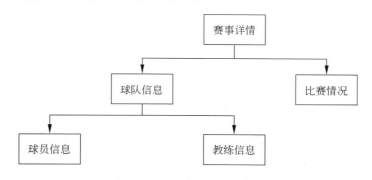

图 1-6　层次模型结构示意图

从图 1-6 中可以看出，此种类型数据库的优点为：层次分明、结构清晰、不同层次间的数据关联直接简单。其缺点是：数据将不得不纵向向外扩展，节点之间很难建立横向的关联。对插入和删除操作限制较多，因此应用程序的编写比较复杂。

2. 网状模型

网状模型克服了层次模型的一些缺点。该模型也使用倒置树型结构，与层次结构不同的是网状模型的节点之间可以任意发生联系，能够表示各种复杂的联系，如图 1-7 所示。网状模型的优点是可以避免数据的重复性，缺点是关联性比较复杂，尤其是当数据库变得越来越大时，关联性的维护会非常复杂。

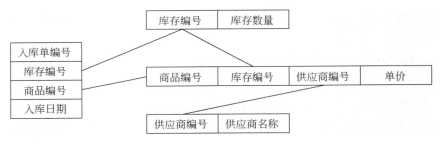

图 1-7　网状模型结构示意图

3．关系模型

关系模型突破了层次模型和网状模型的许多局限。关系是指由行与列构成的二维表。在关系模型中，实体和实体间的联系都是用关系表示的。也就是说，二维表格中既存放着实体本身的数据，又存放着实体间的联系。关系不但可以表示实体间一对多的联系，通过建立关系间的关联，也可以表示多对多的联系。如图 1-8 所示为关系模型结构。

学生表

学号	姓名	性别	所在班级编号
201001	侯霞	女	1
201002	祝红涛	男	1
201003	周强	男	2

班级表

班级编号	班级名称
1	Java班
2	C++班
3	.NET班

*此处使用学生的班级编号将学生表和班级表关联起来

图 1-8　关系模型结构示意图

从图 1-8 中可以看出，使用这种模型的数据库优点是结构简单、格式统一、理论基础严格，而且数据表之间相对独立，可以在不影响其他数据表的情况下进行数据的增加、修改和删除。在进行查询时，还可以根据数据表之间的关联性，从多个数据表中查询抽取相关的信息。

注意
关系模型存储结构是目前市场上使用最广泛的数据模型，使用这种存储结构的数据库管理系统很多，本书中介绍的 SQL Server 2008 就是使用关系模型存储结构。

1.2.3　常用数据库管理系统

目前有许多数据库产品，如 Access、Oracle、SQL Server、Sybase、Informix、Visual FoxPro 等产品都有自己特有的功能，在数据库市场上占有一席之地。下面简要介绍几种常用的数据库管理系统。

1．Microsoft Access

作为 Microsoft Office 组件之一的 Microsoft Access 是在 Windows 环境下运行的桌面型数据库管理系统。它也是一种关系式数据库，使用 Microsoft Access 无须编写任何代码，只需通过直观的可视化操作就可以完成大部分数据管理任务。在 Microsoft Access 数据库中，包括许多组成数据库的基本要素。这些要素是存储信息的表、显示人机交互界面的窗体、有效检索数据的查询、信息输出载体的报表、提高应用效率的宏、功能强大的模块工具等。它不仅可以通过 ODBC 与其他数据库相连，实现数据交换和共享，还可以与 Word、Excel 等办公软件进行数据交换和共享，并且通过对象链接与嵌入技术在数据库中嵌入和链接声音、图像等多媒体数据。如图 1-9 所示为 Microsoft Access 2007 的工作界面。

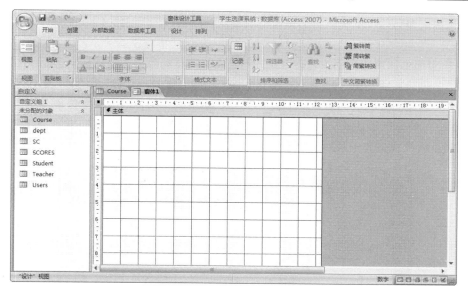

图 1-9　Microsoft Access 2007 的工作界面

2. Microsoft SQL Server

Microsoft SQL Server 是一种典型的关系型数据库管理系统，可以在许多操作系统上运行，它使用 Transact-SQL 语言完成数据操作。由于 Microsoft SQL Server 是开放式的系统，其他系统可以与它进行完好的交互操作。

目前最新版本的产品为 Microsoft SQL Server 2008，它具有可靠性、可伸缩性、可用性、可管理性等特点，为用户提供完整的数据库解决方案。SQL Server 2008 是一个全面的数据库平台，使用集成的商业智能（BI）工具提供了企业级的数据管理。图 1-10 为 SQL Server 2008 主界面。

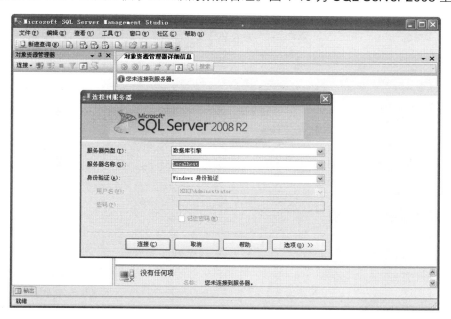

图 1-10　SQL Server 2008 主界面

3. Oracle

Oracle 是一个最早商品化的关系型数据库管理系统，也是应用广泛、功能强大的数据库管理系统，它是以高级结构化查询语言（SQL）为基础的大型关系数据库，通俗地讲 Oracle 是用方便逻辑管理的语言操纵大量有规律数据的集合，是目前最流行的客户/服务器（Client/Server）体系结构的数据库之一。

　　Oracle 作为一个通用的数据库管理系统，不仅具有完整的数据管理功能，还是一个分布式数据库系统，支持各种分布式功能，特别是支持 Internet 应用。作为一个应用开发环境，Oracle 提供了一套界面友好、功能齐全的数据库开发工具。Oracle 使用 PL/SQL 语言执行各种操作，具有可开放性、可移植性、可伸缩性等功能。特别是在 Oracle 11g 中，支持面向对象的功能，如支持类、方法、属性等，使 Oracle 产品成为一种对象/关系型数据库管理系统。图 1-11 为 Oracle 的一个控制台界面。

图 1-11　Oracle 控制台界面

4．MySQL

　　MySQL 是一个开放源码的小型关系型数据库管理系统，目前 MySQL 被广泛地应用在 Internet 上的中小型网站中。由于其体积小、速度快、总体拥有成本低，尤其是开放源码这个特点，许多中小型网站为了降低网站总体拥有成本而选择了 MySQL 作为网站数据库。图 1-12 为 MySQL 的用户管理界面。

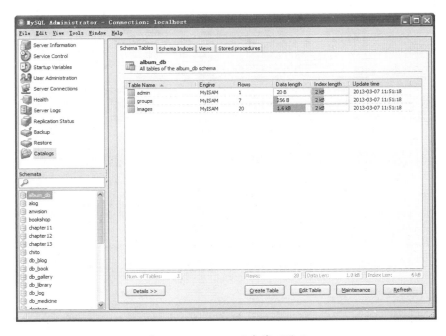

图 1-12　MySQL 用户管理界面

1.3 关系数据库

目前关系型的数据库管理系统成为当今流行的数据库系统,各种实现方法和优化方法比较完善。管理关系数据库的计算机软件称为关系数据库管理系统（Relational Database Management System，RDBMS）。

1.3.1　关系数据库概述

关系数据库是建立在关系模型基础上的数据库,是利用数据库进行数据组织的一种方式,是现代流行的数据管理系统中应用最为普遍的一种,也是最有效率的数据组织方式之一。

关系数据库由数据表和数据表之间的关联组成。其中数据表通常是一个由行和列组成的二维表,每一个数据表分别说明数据库中某一特定的方面或部分对象及其属性。如图 1-13 所示的学生表。

学生表

学号	姓名	性别	年龄	班级名称	籍贯	党员
201001	侯霞	女	22	Java班	河南	否
201002	祝红涛	男	23	C++班	湖南	是
201003	周强	男	20	C#班	北京	是

图 1-13　学生表

数据表中的行通常叫做记录或元组,代表众多具有相同属性的对象中的一个,例如在"学生表"中,每条记录代表一名学生的完整信息。数据表中的列通常叫做字段或者属性,代表相应数据表中存储对象的共有属性,例如在"学生表"中,每一个字段代表学生的一方面信息。

如图 1-13 所示的关系与二维表格传统的数据文件具有类似之处,但是它们又有区别,严格地说,关系是一种规范化的二维表格,具有如下性质。

❑ 属性值具有原子性,不可分解。
❑ 没有重复的元组。
❑ 理论上没有次序,但是有时在使用时可以有行序。

1.3.2　关系数据库术语

在关系模型中有很多术语,例如,列被称为属性或字段,行被称为元组或记录等。下面就以图 1-13 为例,对关系数据库中常用的术语做简单介绍。

1．关系
一个关系对应通常说的一张表,例如图 1-13 所示的学生表。

2．元组
表中的一行即为一个元组,例如图 1-13 中的第一行记录就是一个元组。

3．属性
表中的一列即为一个属性,给每一个属性起一个名称即属性名。例如图 1-13 有 7 列,对应 7 个属性（学号、姓名、性别、年龄、班级名称、籍贯和党员）。

4．域
属性的取值范围称为该属性的域。例如,性别的域是（男,女）。

5．候选关键字
如果一个属性集能惟一地标识表的一行而又不包含多余的属性,那么这个属性集称为候选关

13

键字。

6．主关键字

主关键字是被挑选出来作为表中行的惟一标识的候选关键字。一个表只有一个主关键字。主关键字又可以称为主键。例如，图 1-13 中的学号就是该表的主键。

7．公共关键字

在关系数据库中，关系之间的联系是通过相容或相同的属性或属性来表示的。如果两个关系中具有相容或相同的属性或属性组，那么这个属性或属性组被称为这两个关系的公共关键字。

8．外关键字

如果公共关键字在一个关系中是主键关键字，那么这个公共关键字被称为另一个关系的外关键字。外关键字又称为外键。

9．关系模式

关系模式是对关系的描述，一般表示为：关系名（属性 1，属性 2，……，属性 n）。例如图 1-13 所示的关系可表示为：学生（学号，姓名，性别，年龄，班级名称，籍贯，党员）。

> **注意**
> 当出现外键情况时，主键与外键的列名称可以是不同的。但必须要求它们的值集相同，即主键所在表中出现的数据一定要和外键所在表中的值匹配。

1.3.3 关系数据库管理系统

关系型数据库管理系统从功能上划分主要可分为四部分：数据模式定义语句、数据库操作语言、数据库系统运行控制和数据库维护与服务。

1．数据模式定义语言（Database Definition Language，DDL）

数据库模式定义语言是用于描述数据库中要存储的现实世界实体的语言。一个数据库模式包含该数据库中所有实体的描述定义。这些定义包括结构定义、操作方法定义等。不同的数据库管理系统提供的数据库模式定义语言不同，关系型数据库都使用 SQL 语言描述关系模式。

2．数据库操作语言（Database Manipulation Language，DML）

关系型数据库管理系统提供的数据库操作语言是终端用户、应用程序实现对数据库中的数据进行各种操作的语言。数据库操作语言包括的基本操作功能有增加、删除、修改、检索等。

3．数据库系统运行控制

关系型数据库管理系统实现对数据库的各种操作是在数据库管理程序控制下完成的。它是关系型数据库管理系统运行的核心，主要包括事务管理和并发控制、数据完整性约束检查、数据库的建立和维护，以及通信功能等。

4．数据库维护与服务

数据库的维护主要是指对数据库和数据对象的安全保护，以及数据库的初始化、恢复和重构等。数据库的服务性功能主要是指数据库初始化数据的装入，数据的导入/导出、数据发布，图形化报表的显示和输出功能等。

1.4 关系规范化

在数据库实际设计阶段，常常使用关系规范化理论来指导关系数据库的设计，其基本思想为：每个关系都应该满足一定的规范，从而使关系模式设计合理，达到减少数据冗余，提高查询效率的目的。

在关系数据库中这种规范就是范式。范式是符合某一种级别的关系模式的集合。关系数据库中的关系必须满足一定的要求即满足不同的范式，目前关系数据库的范式有：第一范式（1NF）、第二范式（2NF）、第三范式（3NF）、BCNF、第四范式（4NF）和第五范式（5NF）。满足最低要求的范式是第一范式（1NF），在第一范式的基础上进一步满足更多要求的称为第二范式（2NF），其余范式依次类推。一般说来数据库只需要满足第三范式（3NF）就可以。

1.4.1　第一范式

第一范式是最基本的范式。如果数据库表中的所有字段值都是不可分解的原子值，就说明该数据库表满足了第一范式。

第一范式的合理遵循需要根据系统的实际需求来定。例如某些数据库系统中需要用到"地址"属性，本来直接将"地址"属性设计成一个数据库表的字段就行，但是如果系统经常会访问"地址"属性中的"城市"部分，那么就需要将"地址"属性重新拆分为省份、城市、详细地址等多个部分进行存储，所以在对地址中的某一部分操作时将非常方便。这样设计才算满足了数据库的第一范式，如图 1-14 所示。

客户信息表

编号	姓名	性别	年龄	省份	城市	详细地址
1	侯霞	女	26	河南	郑州	二七区京广路10号
2	祝红涛	男	33	湖南	长沙	金水区大学路157号
3	周强	男	30	广东	广州	白云区人民路515号

图 1-14　客户信息表

图 1-14 所示的用户信息遵循了第一范式的要求，这样在对用户使用城市进行分类的时候就非常方便，也提高了数据库的性能。

1.4.2　第二范式

第二范式在第一范式的基础之上更进一层。第二范式需要确保数据库表中的每一列都和主键相关，而不能只与主键的某一部分相关（主要针对联合主键而言）。也就是说在一个数据库表中，一个表中只能保存一种数据，不可以把多种数据保存在同一张数据库表中。

例如要设计一个订单信息表，因为订单中可能会有多种商品，所以要将订单编号和商品编号作为数据库表的联合主键，如图 1-15 所示。

订单信息表

订单编号	商品编号	商品名称	数量	单位	价格
ORD20130005441	P01541	天使牌奶瓶	1	个	￥15
ORD20130054242	P01542	飞鹤奶粉	2	灌	￥150
ORD20130054124	P01543	婴儿纸尿裤	4	包	￥20

图 1-15　订单信息表

这样就会产生一个问题，这个表中是以订单编号和商品编号作为联合主键。在该表中的商品名称、单位、商品价格等信息与该表的主键无关，而仅仅与商品编号相关。所以在这里违反了第二范式的设计原则。

如果把这个订单信息表进行拆分，把商品信息分离到另一个表中，就会非常完美。拆分后的结

15

果如图 1-16 所示。

订单表

订单编号	商品编号	数量
ORD20130005441	P01541	1
ORD20130054242	P01542	2
ORD20130054124	P01543	4

商品信息表

商品编号	商品名称	单位	价格
P01541	天使牌奶瓶	个	￥15
P01542	飞鹤奶粉	灌	￥150
P01543	婴儿纸尿裤	包	￥20

图 1-16 订单表和商品信息表

这样设计在很大程度上减小了数据库的冗余。如果要获取订单的商品信息，使用商品编号到商品信息表中查询即可。

1.4.3 第三范式

第三范式在第二范式的基础上更进一层。第三范式需要确保数据表中的每一列数据都和主键直接相关，而不能间接相关。

假如在设计一个项目数据表时，可以将客户编号作为一个外键和项目表建立相应的关系。而不可以在项目表中添加关于客户的其他信息（姓名、联系电话等）的字段。如图 1-17 所示就是一个满足第三范式的一种数据库表。

项目信息表

项目编号	项目名称	负责人	客户编号
ORD001	美景天城二期	祝悦桐	1
ORD002	海天小区装修	张均焘	2
ORD003	文明路绿化带	侯霞	3

客户信息表

客户编号	客户名称	联系电话
1	李明敏	15812345678
2	刘晶静	13099404456
3	陈艳燕	13608629395

图 1-17 项目信息表和客户信息表

在查询项目信息时，就可以使用客户编号来引用客户信息表中的记录，也不必在项目信息表中多次输入客户信息的内容，减小了数据冗余。

1.5 实体和关系模型

在数据库设计过程中，建立数据模型是第一步，它将确定要在数据库中保存什么信息和确认各种信息之间存在什么关系。建立数据模型需要使用 E-R 数据模型来描述和定义。

E-R（Entity-Relationship）模型，即实体-关系模型，是由 P.P.Chen 于 1976 年提出来的，它是早期的语义数据模型。该数据模型的最初提出是用于数据库设计，是面向问题的概念性数据模型。它用简单的图形反映了现实世界中存在的事物或数据及它们之间的关系。本节将详细介绍 E-R 模型的常用组成元素。

1.5.1 实体

实体（Entity）是一个数据对象，是指可以区别客观存在的事物，如人、部门、表格、项目等。同一类实体的所有实例就构成该对象的实体集（Entity Classes）。也就是说，实体集是实体的集合，由该集合中实体的结构形式表示，而实例则是实体集中的某一个特例，例如，员工编号 6380 是"员工信息"实体集的一个实例，通过其属性值表示。

在 E-R 模型中实体用方框表示，方框内注明实体的命名。实体名常用大些字母开头且有具体意义的英文名词表示，联系名和属性名也采用这种方式。

通常实体集中有多个实体实例。例如，数据库中存储的每个员工编号都是"员工信息"实体集的实例。图 1-18 所示为一个实体集和它的两个实例。

图 1-18　员工信息实体集及实例

在图 1-18 所示的员工实体中，每一个用来描述员工特性的信息都是一个实体属性。例如，员工实体的编号、姓名、性别和部门编号等属性就组合成一个员工实例的基本数据信息。

为了区分和管理多个不同的实体实例，要求每个实体实例都要有标识符。例如，在图 1-18 所示的员工实体中，可以由编号或者姓名来标识。但通常情况下不用姓名来标识，因为可能出现姓名相同的员工，而使用具有惟一标识的编号来标识员工，可以避免这种情况的发生。

技巧

可以简单地将实体标识符理解为表的主键，可以由实体的一个或多个属性构成。如果标识符由多个属性组成，那么称其为复合标识符。

1.5.2　属性

属性用来描述实体的特征。在图书管理系统数据库中属性的例子包括：图书名称、出版社、出版日期、价格和图书作者等。E-R 模型中假定实体集的所有实例具有相同的属性。同时，依据系统的需求，每个属性都有它的数据类型及特性。特性包括指定该属性在某些情况下是否为必须的，属性是否有默认值，属性的取值范围、是否为主键或候选键等。

如图 1-19 描述了实体、实例和属性的关系，其中使用粗体表示主键，斜体表示属性为外键。

图书实体	编号	图书名称	作者	出版社	价格	类别ID	库存ID
	001	心灵鸡汤	美好科技	清华	￥10.8	S100	C510

图 1-19　实体、实例和属性

1.5.3　标识符

实体实例都有标识符来标识，用以指定和区分不同的实体实例。例如，销售实体实例可以由销售编号或者销售商品名称来标识。通常情况下销售实例不会由销售商品名称来标识，因为可能存在多个相同商品名称的销售实例，而采用具有惟一值的销售编号来作为标识符。

标识符可以由实体的一个或多个属性构成，并且标识既可以惟一，也可以不惟一。如果惟一，那么该标识符可以标识惟一一个实体实例；如果不惟一，则可以标识多个实例。一般来讲，销售编号是具有惟一性的标识符，而销售商品标识符则不具备惟一性。

如果标识符由多个属性组成，那么称其为复合标识符。标识符和关系模型中的键（KEY）的概念很相似。它们的主要区别如下所示：

- ❑ 标识符是逻辑上的概念，是用来标识实体的一个或多个属性，在之后的系统设计阶段，它并不一定作为数据库设计中的键。
- ❑ 关系模型中的主键或候选键必须具有惟一性，而标识符则不一定。

1.5.4 联系

实体之间是通过关联进行联系的。E-R 模型中包括了关联集和关联实例的概念。关联集反映出实体集之间的关联，而关联实例则是用来关联实体实例的。关联的度是指它所关联的实体数目，大多数的关系都是二元的。有三种二元关联：1:1、1:N、N:M，分别用来表示实体间的一对一、一对多、多对多关系。

1. 一对一关联

一对一关联（即 1:1 关联）表示某种实体实例仅和另一个类型的实体实例相关联。如图 1-20 所示的"订单_客户"关联将一本订单信息和一个客户信息关联起来。根据图 1-20 所示，每个订单对应一个客户信息，并且一个客户一次只能有一个订单。

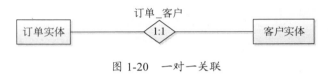

图 1-20　一对一关联

2. 一对多关联

一对多关联（即 1:N 关联）表示多种实体实例可以和多个其他类型的实体实例关联。如图 1-21 所示为一对多关联，在图中的"歌手信息_歌曲信息"关联将一个歌手实例与多个歌曲实例关联起来。根据这个图，可以看出一位歌手可以创作多首歌曲信息，而某首歌曲信息只能属于某个歌手。

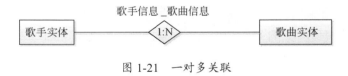

图 1-21　一对多关联

在 1:N 关联时，1 和 N 的位置是不可以任意调换的。如果将 1 和 N 的位置调换则 N:1。此时，表示某个一首歌曲有多个歌手创作，这显然不是我们想要的。

3. 多对多关联

第三种二元关联是多对多关联（即 N:M 关联），如图 1-22 所示。在该图中的图书类别_出版社信息关联将多个图书类别实例和多个出版社实例关联起来。表示某个类别的图书可以由多个出版社出版，而某个出版社也可以出版多种类别的图书。

图 1-22　多对多关联

在这些图中菱形内的数字表示关联一侧可以出现的实体实例的最大数，也称作是关联的最大基数。如图 1-21 中表示的关联的最大基数是 1:N，通常 N 可以是任意取值的最大基数，可能采用 1:N 之外的其他值。例如，球队与球员的关联最大基数是 1:11，即每个球队最多有 11 名球员。

1.5.5　实体-关系图

上一小节中给出关联图都是属于实体-关系图，但是这些图不太严格。根据规定，在 E-R 模型图中，实体集用矩形表示，关联由菱形表示，最大基数由菱形中的数字表示。在矩形的上方是实体集名称，然后在下面列出的是实体集的属性，关联的名称写在菱形旁边。

我们知道最大基数表示某一关联中可以出现的实体实例的最大值，而最小基数表示的是表示某一关联中可以出现的实体实例的最小值。这两个基数的表示方式是在关系线的上方使用一个数字来表示。例如，可以在关系线上写一个"1"用以表示在关联中这一侧必须存在一个实体，通过"0"表示在该关系中这一侧的实体可以不存在。

在图 1-23 中借出实体中至少必须有一个学生，而某个学生实体可以没有任何的借出信息。完整的关联限制是，借出实体的最小基数是 1，最大是学生实体的数量；而学生的最小基数是 0，最大是借出实体的数量。

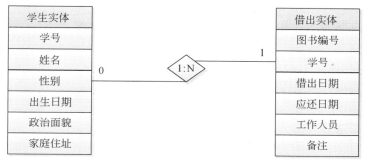

图 1-23　带有最小基数的 1:N 关联

1.6　实例应用：为进销存系统设计 E-R 图

1.6.1　实例目标

进销存管理是企业经营管理中的重中之中，也是企业能否取得效益的一个关键所在。如果能够达到合理生产，及时销售，库存最小化减少在存量就能使企业取得效益。所以，进销存的合理决策直接影响企业的经济效益。

在过去的手工记账阶段，很难实现对客户做出正确的供货承诺（一般是按估计的生产量），同时在生产制造中没有一个可以指导全局的生产计划。在这个阶段面临的问题就是怎么把我们的生产状况和市场需求正确及时的反映到生产中。因此现在我们就需要使用计算机技术，利用现在的资源把企业的生产，客户管理，订单管理，产品管理，计划管理有机的结合到一个管理软件中，使我们能及时地从这个"资源库"中找到我们所需的各种信息（报表），给我们一个量化（也可称为数字化）的信息指导，便于我们正确决策。

假设，我们要设计的是一个服装行业的进销存系统。通过本课的学习，要求读者分析出进销存中的实体及其属性，并为该系统设计 E-R 图。

1.6.2　技术分析

经过分析，在企业进销存系统中主要涉及到的实体有 7 个，分别是：供应商表、商品信息表、库存表、销售表、销售人员表、进货表及客户信息表。每个实体的主要属性如下所示。

- ❑ **供应商表** 供应商编号、供应商名称、负责人姓名、联系电话。
- ❑ **商品信息表** 商品编号、供应商编号、商品名称、商品价格、商品单位、详细描述。
- ❑ **库存表** 库存编号、商品编号、库存数量。
- ❑ **销售表** 销售编号、商品编号、客户编号、销售数量、销售人员编号、金额。
- ❑ **销售人员表** 人员编号、姓名、电话、家庭住址。
- ❑ **进货表** 进货编号、商品编号、进货数量、进货时间、销售人员编号、金额。
- ❑ **客户信息表** 客户编号、姓名、客户住址、联系电话。

▌ 1.6.3 实现步骤

在进销存系统中，典型的查询操作是查看某种商品的商品编号、商品名称以及该商品的单价等，典型的更新操作是进货信息、库存信息以及顾客信息等。作为一个比较大的进销存系统，其提供的商品无论是在品牌还是数量上，都应该满足不同顾客的不同需求。

如图 1-24 显示了根据上述需求所建立的关系数据库模型 E-R 图。

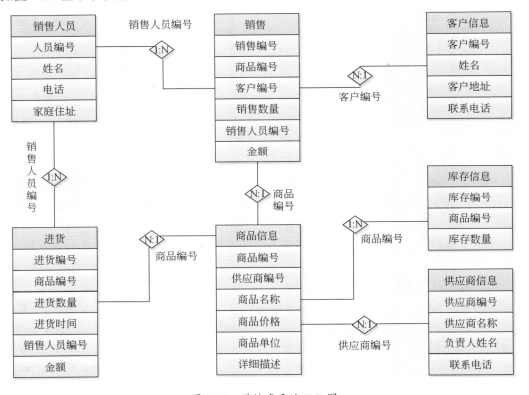

图 1-24　进销存系统 E-R 图

1.7 拓展训练

分析人事管理系统的 E-R 图

如图 1-25 所示为人事管理系统的 E-R 图，其中涉及的实体包括职员、部门、经理、项目和爱好，涉及的关联包括负责、拥有、领导、管理、工作和运动。本次拓展训练要求读者列出每个实体的常用属性，以及各个实体之间关联关系。

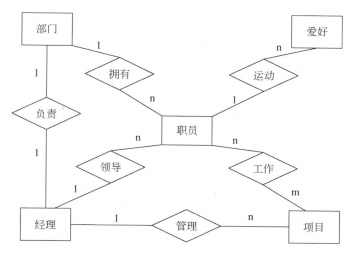

图 1-25　人事管理系统 E-R 图

1.8 思考与练习

一、填空题

1. 网状模型的优点是层次分明、_____，缺点是关联性比较复杂，尤其是当数据库变得越来越大时，关联性的维护会非常复杂。

2. 关系数据库管理系统从功能上由数据模式定义语言、数据库操作语言、_____及数据库维护和服务四部分组成。

3. 在关系型数据库表中，表中的一列即为一个_____。

4. 在关系数据库中，_____是关系模型的一个重要概念，是用来标识行（元组）的一个或几个列（属性）。

5. _____范式的目标是确保数据库表中的每一列都和主键相关，而不能只与主键的某一部分相关。

二、选择题

1. 以下不属于数据模型的是_____。

   A. 层次模型

   B. 网状模型

   C. 关系模型

   D. 概念模型

2. 在一个数据库表中，_____是用于惟一标识一条记录的表关键字。

   A. 主关键字

   B. 外关键字

   C. 公共关键字

   D. 候选关键字

3. 下面关于数据库模型的描述正确的是_____。

A. 关系模型缺点是这种关联错综复杂，维护关联困难

B. 层次模型优点是结构简单、格式惟一、理论基础严格

C. 网状模型缺点是不容易地反映实体之间的关联

D. 层次模型的优点是数据结构类似金字塔，不同层次之间的关联性直接而且简单

三、简答题

1. 在数据库设计过程中，要经过哪几个阶段？并简述各个阶段实现的功能。

2. 简述关系规范的作用？

3. 描述一下主关键字和外关键字的区别。

4. 简述三大范式各自的特点和规则。

5. 简述一下关系型数据库以及其特点。

第 2 课
安装 SQL Server 2008

在上一课对关系数据库的理论、关系规范及 E-R 图进行了详细介绍。SQL Server 是一个典型的关系型数据库管理系统，以强大的功能，操作的简便性、可靠的安全性得到很多用户的认可，应用也越来越广泛。

SQL Server 2008 在 SQL Server 2005 的强大功能之上为用户提供了一个完整的数据管理和分析解决方案。本课将为读者介绍 SQL Server 2008 的发展过程及新特性，接下来重点介绍如何安装，以及安装后验证、注册和配置服务器的方法。同时介绍了升级到 SQL Server 2008 的方法及其附带的管理工具。

本课学习目标：

❏ 了解 SQL Server 2008 的新特性

❏ 掌握 SQL Server 2008 的安装方法

❏ 掌握注册 SQL Server 2008 的步骤

❏ 熟悉配置 SQL Server 2008 服务器的方法

❏ 了解从其他版本 SQL Server 升级到 SQL Server 2008 的步骤

❏ 熟悉 SQL Server Management Studio 的使用

❏ 掌握 SQL Server 配置管理器的使用

❏ 了解常用的命令提示工具及 sqlcmd 的使用

2.1 SQL Server 历史 ────────○

　　SQL Server 是目前最流行的关系型数据库管理系统，最初是由 Microsoft、Sybase 和 Ashton-Tate 三家公司共同开发的。

　　1988 年，Microsoft 公司、Sybase 公司和 Aston-Tate 公司把该产品移植到 OS/2 上。Microsoft 公司、Sybase 公司则签署了一项共同开发协议，这两家公司的共同开发结果发布了用于 Windows NT 操作系统的 SQL Server，1992 年将 SQL Server 移植到了 Windows NT 平台上。

　　1993 年，SQL Server 4.2 面世，它是一个桌面数据库系统，虽然其功能相对有限，但是采用 Windows GUI，向用户提供了易于使用的用户界面。

　　在 SQL Server 4 版本发行以后，Microsoft 公司和 Sybase 公司的合作到期，各自开发自己的 SQL Server。Microsoft 公司专注于 Windows NT 平台上的 SQL Server 开发，重写了核心的数据库系统，并于 1995 年发布了 SQL Server 6.05，该版本提供了一个廉价的可以满足众多小型商业应用的数据库方案；而 Sybase 公司则致力于 UNIX 平台上的 SQL Server 的开发。

　　SQL Server 6.0 是第一个完全由 Microsoft 公司开发的版本。1996 年，Microsoft 公司推出了 SQL Server 6.5 版本，由于受到原来体系结构的限制，微软再次重写 SQL Server 的核心数据库引擎，并于 1998 年发布 SQL Server 7.0，这个版本在数据存储和数据库引擎方面发生了根本性的变化，提供了面向中、小型商业应用数据库功能的支持，为了适应技术的发展还包括了一些 Web 功能。此外，微软的开发工具 Visual Studio 6 也对其提供了非常不错的支持。SQL Server 7.0 是该家族第一个得到了广泛应用的成员。

　　经过两年的努力开发，2000 年初，微软发布了其第一个企业级数据库系统——SQL Server 2000，其中包括企业版、标准版、开发版、个人版四个版本，同时包括数据库服务、数据分析服务和英语查询三个重要部分组成。此外，它还提供了丰富的管理工具，对开发工具提供全面的支持，对 Internet 应用提供不错的运行平台，对 XML 数据也提供了基础的支持。借助这个版本，SQL Server 成为了最广泛使用的数据库产品之一。从 SQL Server 7.0 到 SQL Server 2000 的变化是渐进的，没有从 6.5 到 7.0 变化那么大，只是在 SQL Server 7.0 的基础上进行了增强。

　　2005 年，微软发布了新一代数据库产品——SQL Server 2005。SQL Server 2005 为 IT 专家和信息工作者带来了强大的、熟悉的工具，同时减少了从移动设备到企业数据系统的多平台上创建、部署、管理及使用企业数据和分析应用程序的复杂度。通过全面的功能集和现有系统的集成性，以及对日常任务的自动化管理能力，SQL Server 2005 为不同规模的企业提供了一个完整的数据解决方案。

　　2008 年，SQL Server 2008 正式发布，SQL Server 2008 是一个重大的产品版本，它推出了许多新的特性和关键的改进，使它成为至今为止最强大和最全面的 SQL Server 版本。

　　2012 年，为了适应"大数据"和"云"时代的到来，微软发布了 SQL Server 2012。

2.2 SQL Server 2008 概述 ────────○

　　SQL Server 2008 是一个全面的、集成的、端到端的数据解决方案，它为企业中的用户提供了一个安全、可靠和高效的平台，用于企业数据管理和商业智能应用。下面详细介绍 SQL Server 2008 的概念及其新特性。

2.2.1 SQL Server 2008 简介

SQL Server 2008 作为微软新一代的数据库管理产品,虽然是建立在 SQL Server 2005 的基础上,但是在性能、稳定性、易用性方面都有相当大的改进。

最新的 SQL Server 2008 版本将会提供更安全、更具延展性、更高的管理能力,而成为一个全方位企业资料、数据的管理平台。其主要功能说明如下所示。

1. 保护数据库内容

SQL Server 2008 本身将提供对整个数据库、数据表与 Log 加密的机制,并且程序存取加密数据库时,完全不需要修改任何程序。

2. 花费更少的时间在服务器的管理操作

SQL Server 2008 将会采用一种 Policy Based 管理 Framework,来取代现有的 Script 管理,如此可以花更少的时间在进行例行性管理与操作的时间。而且透过 Policy Based 的统一政策,可以同时管理数千部 SQL Server,以达成一致性管理,DBA 可以不必逐台 SQL Server 去设定新的状态或管理设定。

3. 增加应用程序稳定性

SQL Server 2008 面对企业重要关键性应用程序时,将会提供比 SQL Server 2005 更高的稳定性,并简化数据库失败时恢复的工作,甚至将进一步提供加入额外 CPU 或内存,而不会影响应用程序的功能。

4. 系统执行效能最佳化与预测功能

SQL Server 2008 将会持续在数据库执行效能与预测功能上投资。不仅将进一步强化执行性能,并且加入自动收集数据可执行的资料,将其存储在一个容器中,而系统针对这些容器中的资料提供了现成的管理报表,可以使 DBA 管理者能够比较直观地查看现有执行效能与先前历史效能的比较报表,让管理者可以进一步做管理与分析决策。

2.2.2 SQL Server 2008 新特性

在 SQL Server 2008 中,不仅对原有性能进行了改进,还添加了许多新特性,例如新添了数据集成功能,改进了分析服务、报表服务以及 Office 集成等。下面简单介绍 SQL Server 2008 新增的重要特性。

1. SQL Server 集成服务

SQL Server 集成服务(SQL Server Integration Services,SSIS)是一个嵌入式应用程序,用于开发和执行 ETL(Extract-Transform-Load,解压缩、转换和加载)包。SSIS 代替了 SQL 2000 的 DTS(Data Transformation Services,数据转换服务)。整合服务功能既包含了实现简单的导入导出包所必需的 Wizard 导向插件、工具以及任务,也有非常复杂的数据清理功能。

> SQL Server 2008 SSIS 的功能有很大的改进和增强,例如程序能够更好地并行执行;能够在多处理器机器上跨越两个处理器。而且在处理大件包时性能得到了提高,SSIS 引擎更加稳定,锁死率更低,Lookup 功能也得到了改进。

2. 分析服务

SQL Server 分析服务(SQL Server Analysis Services,SSAS)也得到了很大的改进和增强。IB 堆叠做出了改进,性能得到很大提高,而硬件商品能够为 Scale out 管理工具所使用。Block Computation 也增强了立体分析的性能。

3．报表服务

SQL Server 报表服务（SQL Server Reporting Services，SSRS）的处理能力和性能得到改进，使大型报表不再耗费所有可用内存。另外，在报表的设计和完成之间有了更好的一致性。SSRS 还包含了跨越表格和矩阵的 TABLIX。Application Embedding 允许用户单击报表中的 URL 链接调用应用程序。

4．Microsoft Office 2007

SQL Server 2008 能够与 Microsoft Office 2007 完美地结合。例如，SQL Server Reporting Server 能够直接把报表导出成为 Word 文档。而且使用 Report Authoring 工具、Word 和 Excel 都可以作为 SSRS 报表的模板。Excel SSAS 新添了一个数据挖掘插件，提高了其性能。

2.3 安装 SQL Server 2008

在了解 SQL Server 发展过程，SQL Server 2008 的概念以及重要新增特性和功能后，本节将介绍如何安装 SQL Server 2008。

【练习 1】

与 SQL Server 2005 安装过程相比，SQL Server 2008 拥有全新的安装体验，新的安装过程代替了 SQL Server 2005 的安装过程。SQL Server 2008 使用安装中心将计划、安装、维护、工具和资源都集中在一个统一的页面。

下面以 Windows XP 平台上安装 SQL Server 2008 为例进行介绍，主要步骤如下。

（1）如果使用光盘进行安装，将 SQL Server 安装光盘插入光驱，然后打开光驱双击根文件夹中的 setup.exe。如果不使用光盘进行安装，则双击下载的可执行安装程序即可。

（2）当安装启动后，首先检测是否有.NET Framework 3.5 环境。如果没有则会弹出安装此环境的对话框，此时可以根据提示安装.NET Framework 3.5。

> **注意**
>
> SQL Server 2008 安装过程需要.NET Framework 3.5 的支持，否则不会执行安装过程。

（3）.NET Framework 3.5 安装完成后，在打开的【SQL Server 安装中心】窗口中选择【安装】选项，如图 2-1 所示。

（4）在【安装】选项中，单击【全新 SQL Server 独立安装或向现有安装添加功能】超链接启动安装程序。此时进入【安装程序支持规则】页面，如图 2-2 所示。

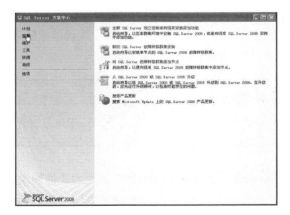

图 2-1　SQL Server 安装中心页面

图 2-2　安装程序支持规则

注　意

在图 2-2 所示的页面中，安装程序检查安装 SQL Server 安装程序支持文件时可能发生的问题。所以必须更正所有失败，安装才能继续。

（5）单击【确定】按钮，进入【产品密匙】页面，选择要安装的 SQL Server 2008 版本，并输入正确的产品密匙。然后单击【下一步】按钮，在显示页面中启用【我接受许可条款】复选框后单击【下一步】按钮继续安装。

（6）在显示的【安装程序支持文件】页面中，单击【安装】按钮开始安装，如图 2-3 所示。

（7）安装完成后，重新进入【安装程序支持规则】页面，如图 2-4 所示。在该页面中单击【下一步】按钮，进入【功能选择】页面，用户根据需要从【功能】区域中启用复选框选择要安装的组件，这里为全选。

图 2-3　安装程序支持文件

图 2-4　检查系统配置

（8）单击【下一步】按钮指定实例配置，如图 2-5 所示。如果选择命名实例还需要指定实例名称。

在图 2-5 的【已安装的实例】列表中，显示运行安装程序的计算机上的 SQL Server 实例。如果要升级其中一个实例而不是创建新实例，可选择实例名称并验证它显示在区域中，然后单击【下一步】按钮。

（9）单击【下一步】按钮指定【服务器配置】。在【服务账户】选项卡中为每个 SQL Server 服务单独配置用户名、密码以及启动类型，如图 2-6 所示。

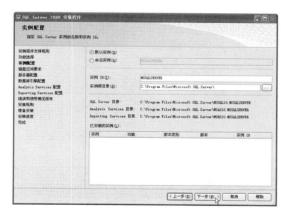
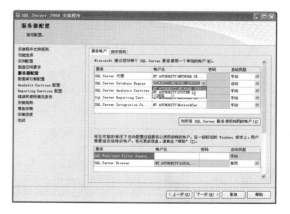

图 2-5　配置实例

图 2-6　配置服务器

（10）单击【下一步】按钮指定【数据库引擎配置】，在【账户设置】选项卡中指定身份验证模式、内置的 SQL Server 系统管理员账户和 SQL Server 管理员，如图 2-7 所示。

提示

以上安装步骤是 SQL Server 2008 的核心设置。接下来的安装步骤取决于前面选择组件的多少。

（11）单击【下一步】按钮指定【Analysis Services 配置】，在【账户设置】选项卡中指定哪些用户具有对 Analysis Services 的管理权限，如图 2-8 所示。

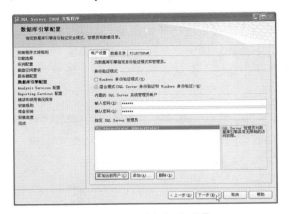

图 2-7　配置数据库引擎　　　　　图 2-8　配置 Analysis Services

（12）单击【下一步】按钮指定【Reporting Services 配置】，这里使用默认值。然后单击【下一步】按钮，在打开的页面中通过启用复选框来选择某些功能，针对 SQL Server 2008 的错误和使用情况的报告进行设置。

（13）单击【下一步】按钮进入【安装规则】页面，检查是否符合安装规则，如图 2-9 所示。

（14）单击【下一步】按钮，在打开页面中显示了所有要安装的组件，确认无误后单击【安装】按钮开始安装。安装程序会根据用户对组件的选择复制相应的文件到计算机，并显示正在安装的功能名称、安装状态和安装结果，如图 2-10 所示。

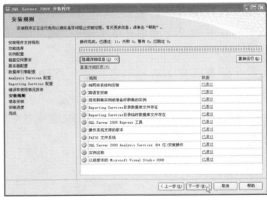 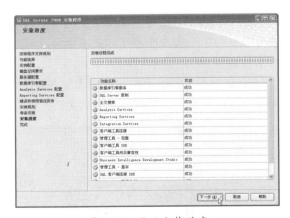

图 2-9　显示安装规则　　　　　图 2-10　显示安装进度

（15）如图 2-10 的【功能名称】列表中所有项安装成功后，单击【下一步】按钮完成安装。

2.4　安装后的检查

前面内容已经对 SQL Server 2008 的安装过程进行了介绍。安装之后首先要检查 SQL Server 2008 是否安装成功。本节将介绍最简单验证安装的方法，以及如何注册和配置服务器。

2.4.1　验证安装

通常情况下，如果安装过程中没有出现错误提示，即可以认为安装成功。但是，为了检验安装是否正确，也可以采用一些验证方法。例如，可以检查 Microsoft SQL Server 的服务和工具是否存在、是否能够正常启动等。

安装之后，从【开始】菜单上选择【程序】｜Microsoft SQL Server 2008，可以看到如图 2-11 所示的程序组。

图 2-11　SQL Server 2008 程序组

如图 2-11 所示的程序组中主要包含了：配置工具、Analysis Services、Integration Services、性能工具、SQL Server Management Studio、导入和导出数据、文档和教程以及 SQL Server Business Intelligence Development Studio 共 8 项。

SQL Server 2008 还包含了多个服务，可以通过图 2-11 所示的菜单中选择【SQL Server 配置管理器】命令打开，在弹出窗口的左侧单击【SQL Server 服务】选项来查看 SQL Server 2008 的各种服务，如图 2-12 所示。

图 2-12　SQL Server 2008 服务

在图 2-12 窗口右侧的服务列表中，如果能看到 SQL Server 等一些服务已经正常启动，就说明 SQL Server 2008 确实已经安装成功。在 2.6.2 小节将详细介绍该工具的具体使用。

2.4.2　注册服务器

注册服务器就是为客户机确定一台 SQL Server 数据库所在的机器，该机器作为服务器，可以为客户端的各种请求提供服务。

在本系统中运行的 SQL Server Management Studio 就是客户机，现在要做的是让它连接到本机启动 SQL Server 服务。

【练习 2】

（1）从【开始】菜单上选择【程序】｜Microsoft SQL Server 2008｜SQL Server Management Studio，打开 SQL Server Management Studio 窗口，并在弹出的【连接到服务器】对话框中单击

【取消】按钮取消本次连接。

（2）选择【视图】|【已注册的服务器】命令，在【已注册的服务器】窗格中展开【数据库引擎】节点，右键单击【本地服务器组】（或者是 Local Server Group）选择【新建服务器注册】命令，如图 2-13 所示。

（3）打开如图 2-14 所示的【新建服务器注册】对话框。在该对话框中输入或选择要注册的服务器名称，在【身份验证】下拉列表中选择【SQL Server 身份验证】选项，输入登录名和密码。单击【连接属性】标签打开【连接属性】选项卡，如图 2-15 所示，可以设置连接到的数据库，网络以及其他连接属性。

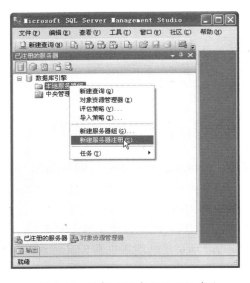

图 2-13　选择【服务器注册】命令

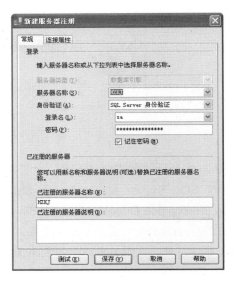

图 2-14　【新建服务器注册】对话框

（4）从【连接到数据库】下拉列表中指定当前用户将要连接到的数据库名称。其中，【默认值】选项表示连接到 Microsoft SQL Server 系统中当前用户默认使用的数据库。【浏览服务器】选项表示可以从当前服务器中选择一个数据库。当选择【浏览服务器】选项时，打开【查找服务器上的数据库】对话框，如图 2-16 所示。从该对话框中可以指定当前用户连接服务器时默认的数据库。

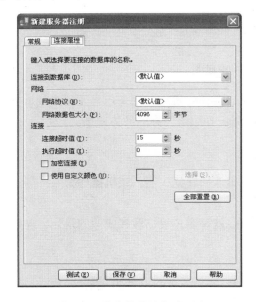

图 2-15　【连接属性】选项卡

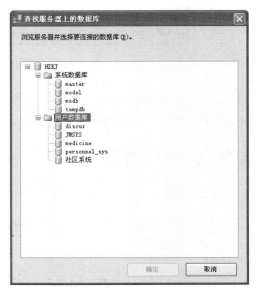

图 2-16　【查找服务器上的数据库】对话框

（5）设定完成后，单击【确定】按钮返回【连接属性】选项卡，单击【测试】按钮可以验证连接是否成功，如果成功会弹出提示对话框表示连接属性的设置正确。

（6）最后，单击【确定】按钮返回【连接属性】窗口，单击【保存】按钮完成注册服务器操作。

技巧

可以利用 SQL Server Management Studio 工具把许多相关的服务器集中在一个服务器组中，方便对多服务器环境的管理操作。服务器组是多台服务器的逻辑集合。

2.4.3　配置服务器

配置服务器主要是针对安装后的 SQL Server 2008 实例进行。在 SQL Server 2008 系统中，可以使用 SQL Server Management Studio、sp_configure 系统存储过程、SET 语句等方式设置服务器选项。其中使用 SQL Server Management Studio 在图形界面中配置最简单也最常用，下面以这种方法为例进行介绍。

【练习3】

（1）从【开始】菜单上选择【程序】| Microsoft SQL Server 2008 | SQL Server Management Studio，打开 SQL Server Management Studio 窗口，如图 2-17 所示。

图 2-17　【连接服务器】窗口

（2）在此窗口的【服务器名称】文本框中输入本地计算机名称"HZKJ"，再设置【服务器类型】为"数据库引擎"，选择使用 SQL Server 或 Windows 身份验证。如果使用的是 SQL Server 验证方式，还需要输入登录名和密码。

（3）选择完成后，单击图 2-17 的【连接】按钮。连接服务器成功后，右击【对象资源管理器】中要设置的服务器名称，在弹出菜单中选择【属性】命令。从打开的【服务器属性】窗口共包含了8 个选项。选择不同选项页中的不同选项，可以对当前服务器进行配置。其中【常规】选项窗口列出了当前服务产品名称、操作系统名称、平台名称、版本号、使用的语言、当前服务器的内存大小、处理器数量、SQL Server 安装的目录、服务器的排序规则以及是否已群集化等信息，如图 2-18 所示。

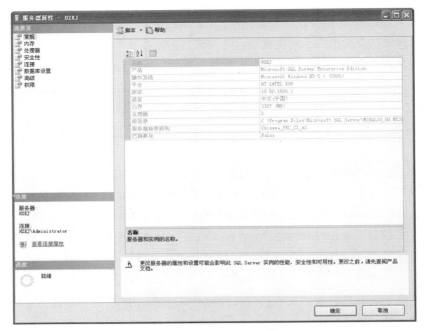

图 2-18 【服务器属性】窗口

2.5 升级到 SQL Server 2008

SQL Server 2008 作为一个可信任的、高效的、智能的数据平台提供诸多强大的功能，目的是满足目前和将来管理和使用数据的需求。将 SQL Server 2000 或 SQL Server 2005 升级到 SQL Server 2008 已经是势在必行。

2.5.1 升级前的准备工作

SQL Server 升级顾问可以帮助用户做好升级至 SQL Server 2008 的准备，它会分析早期版本 SQL Server 中已经安装的组件，然后生成报告，指出在升级之前或之后应解决的问题。

升级顾问（Upgrade Advisor）是一款工具，可以在执行 SQL Server 数据库升级计划之前，在一个安全的环境下对当前的 SQL Server 数据库进行调试和分析。安装和运行升级顾问的前提条件如下所示：

❑ Windows XP SP2 或更高版本、Windows Vista、Windows Server 2003 SP1 或更高版本或者 Windows Server 2008。

❑ Windows Installer 4.5 或更高版本。

❑ .NET Framework 2.0 或更高版本。

❑ SQL Server 2000 决策支持对象。

❑ SQL Server 2000 客户端组件。

❑ SQL Server 2005 向后兼容组件。

【练习 4】

在运行升级顾问前，首先需要安装该软件，具体操作步骤如下所示。

（1）插入 SQL Server 安装媒体，然后双击根文件夹中的 setup.exe，或者双击下载的可执行的安装程序。在打开的【SQL Server 安装中心】窗口中单击【安装升级顾问】超链接，打开【Microsoft

SQL Server 2008 升级顾问安装向导】对话框，如图 2-19 所示。

（2）单击【下一步】按钮，在打开的对话框中启用【我同意许可协议中的条款】单选按钮。然后单击【下一步】按钮，在打开的对话框中输入注册信息后，单击【下一步】按钮，在打开的对话框中设置软件安装路径，如图 2-20 所示。

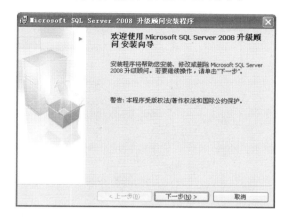

图 2-19　升级顾问安装向导

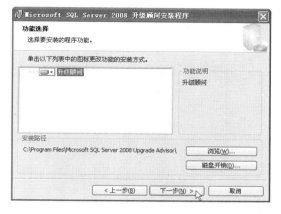

图 2-20　功能选择

（3）安装路径设置完成后，单击【下一步】按钮，在打开的对话框中单击【安装】按钮，此时系统自动完成安装。

2.5.2　使用 SQL Server 2008 升级顾问

升级顾问安装成功后，可以从【开始】菜单中执行【开始】|【所有程序】| Microsoft SQL Server 2008 |【SQL Server 2008 升级顾问】命令将其打开，如图 2-21 所示。在打开的页面中，可以运行以下工具。

- ❑ 升级顾问分析向导。
- ❑ 升级顾问报表查看器。
- ❑ 升级顾问帮助。

第一次使用升级顾问时，应运行升级顾问分析向导来分析 SQL Server 组件。该向导完成分析后，使用升级顾问报表查看器查看生成的报表。每个报表中均有指向升级顾问帮助信息的链接，这些信息可以帮助修复已知问题或减少已知问题的影响。

图 2-21　升级顾问页面

【练习 5】

下面以 SQL Server 2005 升级到 SQL Server 2008 为例来介绍如何使用升级顾问。

（1）在【Microsoft SQL Server 2008 升级顾问】页面中，单击【启动升级顾问分析向导】超链接，在打开的窗口中单击【下一步】按钮，打开如图 2-22 所示的窗口，在该窗口中通过单击【检测】按钮来确定希望分析的 SQL Server 组件。

> **注 意**
>
> 升级顾问会对以下 SQL Server 组件进行分析：数据库引擎、Analysis Services、Reporting Services、Integration Services 和 Data Transformation Services。升级顾问不扫描 Notification Services，因为它已从 SQL Server 2008 中删除。

（2）单击【下一步】按钮，在打开的窗口中设置连接的参数信息。然后单击【下一步】按钮，打开如图 2-23 所示的窗口，在该窗口中设置 SQL Server 分析的参数。

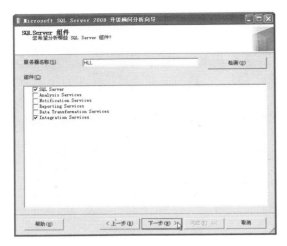 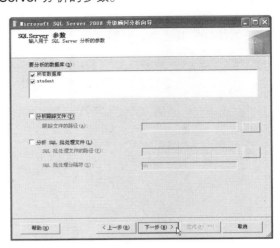

图 2-22　设置分析的 SQL Server 组件　　　　图 2-23　设置 SQL Server 分析的参数

> **注 意**
>
> 该分析会检查可以访问的对象，例如脚本、存储过程、触发器和跟踪文件。升级顾问不能对桌面应用程序或加密的存储过程进行分析。

（3）单击【下一步】按钮，在打开的窗口中设置 SSIS 的参数。然后单击【下一步】按钮，确认升级顾问设置后，单击【运行】按钮进行分析。分析完成后显示分析结果，如图 2-24 所示。

图 2-24　升级顾问显示分析结果

（4）可以通过单击图 2-24 中的【启动报表】按钮打开查看报表页面和报表信息。也可以通过图 2-21 单击【启动升级顾问报表查看器】超链接查看报表信息。输出的格式为 XML 报表。

> **提 示**
>
> 报表可能包含有"其他升级问题"项。此项链接至一个问题列表，其中列出的问题是升级顾问未检测到，却可能存在于服务器或应用程序中的问题。应该查看无法检测的问题的列表，以确定是否由于这些无法检测的问题而必须更改服务器或应用程序。

　　如果升级顾问在分析升级过程中没有问题，就可以执行安装程序，在打开的【SQL Server 安装中心】窗口中选择【安装】选项，然后单击【从 SQL Server 2000 或 SQL Server 2005 升级】超链接完成升级。

2.6　SQL Server 2008 管理工具

在安装并配置好 SQL Server 2008 服务器之后便可以使用了。本节将介绍跟随安装程序一起安装的附带管理工具和程序，有些是新增的，有些是增强了功能。了解并掌握它们的使用将有助于读者更好地学习后面的知识。

例如,用于开发和管理 SQL Server 数据库的图形化管理工具 SQL Server Management Studio、管理服务的 SQL Server 配置管理器和命令行方式操作的 sqlcmd 工具等。

2.6.1　使用 SQL Server Management Studio

SQL Server Management Studio 是一个集成环境，用于访问、配置、管理和开发 SQL Server 的所有组件。SQL Server Management Studio 组合了大量图形工具和丰富的脚本编辑器，使各种技术水平的开发人员和管理员都能访问 SQL Server。

当打开 SQL Server Management Studio 时，系统首先会提示建立与服务器的连接。如果使用本地服务器，并且使用标准的 Windows 身份验证，那么使用默认的设置即可，单击【连接】按钮进行连接，如图 2-25 所示。

图 2-25　连接到服务器

SQL Server Management Studio 将早期版本的 SQL Server 中包含的企业管理器、查询分析器和 Analysis Manager 功能整合到单一的环境中。此外，SQL Server Management Studio 还可以和 SQL Server 的所有组件协同工作，例如 Reporting Services 和 Integration Services。开发人员可以获得熟悉的体验，而数据库管理员可获得功能齐全的单一实用工具，其中包含易于使用的图形工具和丰富的脚本撰写功能。如图 2-26 所示为 SQL Server Management Studio 的操作界面。

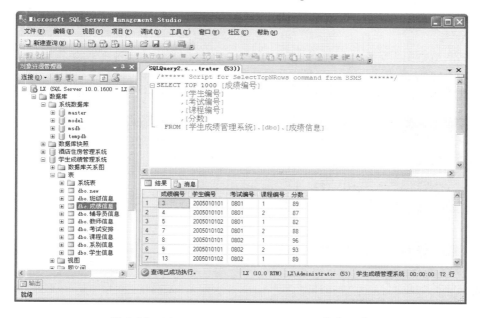

图 2-26　SQL Server Management Studio 集成环境

SQL Server Management Studio 的操作界面和 Visual Studio（带有可停靠的工具窗口，可以自动显示或者隐藏）非常相似。这是因为设计 SQL Server Management Studio 是使用 Visual Studio 2008 的外壳作为界面。SQL Server 2008 与 Visual Studio 2008 联合在一起开发，可以无缝地在两个环境之间交互。

以默认视图打开 SQL Server Management Studio，会看到一个停靠在左边的工具窗口，每一个工具窗口右上角都有三个图标（如图 2-26），使用方法如下所示。

❏ **下箭头**　单击下箭头图标，系统会弹出菜单，显示这个窗口的操作选项。
❏ **图钉**　图钉图标用于将窗口钉住（大头钉在垂直方向固定）。
❏ **关闭按钮**　这个熟悉的图标是用来完全关闭工具窗口。

技巧

对于经常使用的窗口建议使用自动隐藏功能，而不是关闭窗口，这样就能很容易地在将来需要的时候显示。

2.6.2　SQL Server 配置管理器

作为管理工具 SQL Server 配置管理器（简称为配置管理器）统一包含了 SQL Server 2008 服务、SQL Server 2008 网络配置和 SQL Native Client 配置三个工具供数据库管理人员做服务启动/停止与监控、服务器端支持的网络协议，用户用来访问 SQL Server 的网络相关设置等工作。可以通过在【开始】菜单中选择【SQL Server 配置管理器】命令打开，或者通过在命令提示下输入"SQLServerManager10.msc"命令来打开。

1．配置服务

首先打开 SQL Server 配置管理器，查看列出的与 SQL Server 2008 相关的服务，选择一个并右击选择【属性】命令进行配置，如图 2-27 所示为右击 "SQL Server (MSSQLSERVER)" 打开的【属性】对话框。在【登录】选项卡中设置登录身份，使用本地系统账户还是指定的账户。

切换到【服务】选项卡可以设置 SQL Server（MSSQLSERVER）服务的启动模式，可用选项有【自动】、【手动】和【禁用】，用户可以根据需要进行更改。

2．网络配置

SQL Server 2008 支持多种协议，包括 Shared Memory、Named Pipes、TCP/IP 和 VIA。所有协议都有独立的服务器和客户端配置。通过 SQL Server 网络配置可以为每一个服务器实例独立地设置网络配置。

在图 2-28 所示中单击选择右侧的【SQL Server 网络配置】节点来配置 SQL Server 服务器中所使用的协议。方法是右击一个协议名称选择【属性】命令，在弹出的对话框中进行设置启用或者禁用，如图 2-28 为设置 Shared Memory 协议的对话框，其中各个协议名称的含义如下所示。

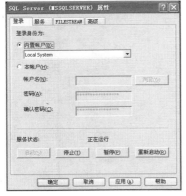

图 2-27　属性对话框

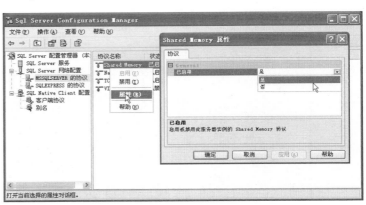

图 2-28　设置 Shared Memory 协议

（1）Shared Memory 协议

Shared Memory 协议仅用于本地连接，如果该协议被启用，任何本地客户都可以使用此协议连接服务器。如果不希望本地客户使用 Shared Memory 协议，则可以禁用。

（2）Named Pipes 协议

Named Pipes 协议主要用于 Windows 2000 以前版本操作系统的本地连接以及远程连接。启用了 Named Pipes 时，SQL Server 2008 会使用 Named Pipes 网络库通过一个标准的网络地址作为通信，默认的实例是 "\\.\pipe\sql\query"，命名实例是 "\\.\pipe\MSSQL$instacename\sql\query"。另外，如果启用或禁用 Named Pipes，可以通过配置这个协议的属性来改变命名管道的使用。

（3）TCP/IP 协议

TCP/IP 协议是通过本地或远程连接到 SQL Server 的首选协议。使用 TCP/IP 协议时，SQL Server 在指定的 TCP 端口和 IP 地址侦听以响应它的请求。在默认的情况下，SQL Server 会在所有的 IP 地址中侦听 TCP 端口 1433。在服务上的每个 IP 地址都能被立即配置，或者可以在所有的 IP 地址中侦听。

（4）VIA 协议

如果同一台计算机上安装有两个或多个 Microsoft SQL Server 实例，则 VIA 连接可能会不明确。VIA 协议启用后，将尝试使用 TCP/IP 设置，并侦听端口 1433。对于不允许配置端口的 VIA 驱动程序，两个 SQL Server 实例将侦听同一个端口。传入客户端的连接可能是到正确服务器实例的连接，也可能是到不正确服务器实例的连接，还有可能由于端口正在使用而被拒绝连接。因此，建议用户将该协议禁用。

3. 本地客户端协议配置

通过 SQL Native Client（本地客户端协议）配置可以启用或禁用客户端应用程序使用的协议。查看客户端协议配置情况的方法是在如图 2-29 所示的窗口中展开【SQL Native Client 配置】节点，在进入的信息窗格中显示了协议的名称以及客户端尝试连接到服务器时尝试使用的协议顺序，如图 2-30 所示。用户还可以查看协议是否已启用或已禁用（状态）并获得有关协议文件的详细信息。

图 2-29　查看本地客户端协议　　　　图 2-30　【客户端协议属性】对话框

如图 2-29 所示，在默认的情况下 Shared Memory 协议总是首选本地连接协议。要改变协议顺序可以右击一个协议选择【顺序】命令，在弹出的【客户端协议属性】对话框中进行设置，如图 2-30 所示。从【启用的协议】列表中单击选择一个协议然后通过右侧的两个按钮来调整协议向上或向下移动。

2.6.3　命令提示实用工具

除上述的图形化管理工具外，SQL Server 2008 还提供了大量的命令行实用工具，包括 bcp、

dtexec、dtutil、osql、rsconfig、sqlwb、tablediff 和 sqlcmd 等，它们的功能如表 2-1 所示。

表 2-1　常用命令及功能介绍

命令名称	功 能 介 绍
bcp	在 SQL Server 2008 实例和用户指定格式的数据文件之间进行大容量的数据复制
dtexec	配置和执行 SQL Server 2008 Integration Services 包
dtutil	作用类似于 dtexec，也是执行与 SSIS 包有关的操作。但是，该工具主要用于管理 SSIS 包，这些管理操作包括验证包的存在性及对包进行复制、移动、删除等操作
osql	用来输入和执行 Transact-SQL 语句、系统过程和脚本文件等
rsconfig	该工具是与报表服务相关的工具，可以用来对报表服务连接进行管理
sqlwb	在命令提示符窗口中打开 SQL Server Management Studio，并且可以与服务器建立连接、打开查询、脚本、文件、项目和解决方案等
tablediff	用于比较两个表中的数据是否一致，用于排除复制中出现的故障非常有用，用户可以在命令提示窗口中使用该工具执行比较任务
sqlcmd	osql 和 isql 的替代工具，提供了在命令提示符中输入 Transact-SQL 语句、存储过程和脚本文件的功能

【练习 6】

在使用 sqlcmd 之前，首先需要启动该实用工具，并连接到一个 SQL Server 实例。可以连接到默认实例，也可以连接到命名实例。

启动 sqlcmd 实用工具并连接到 SQL Server 的默认实例操作步骤如下所示。

（1）在【开始】菜单上执行【运行】命令，在打开对话框中输入 "cmd"，然后单击【确定】按钮打开命令提示符窗口。

（2）在命令提示符中输入 "sqlcmd" 后按回车键，如图 2-31 所示。

（3）当屏幕上出现一个有 "1>" 行号的标记时，表示已经与计算机上运行的默认 SQL Server 实例建立连接。

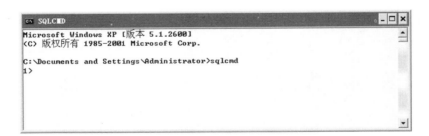

图 2-31　连接到 SQL Server 的默认实例

> **提示**
>
> 1>是 sqlcmd 提示符，表示行号。每按一次回车键，该数字就会加 1。如果要结束 sqlcmd 会话，在 sqlcmd 提示符处输入 EXIT 命令并按回车键执行。

当然，使用 sqlcmd 也可以连接到 SQL Server 的命名实例。可以在命令提示符窗口中输入 "sqlcmd -S myServer\instanceName" 连接到指定计算机中的指定实例中。使用计算机名称和 SQL Server 实例名称替换 "myServer\instanceName"，然后按回车键进入图 2-31 所示的界面。

【练习 7】

使用 sqlcmd 连接到数据库后，就可以使用 sqlcmd 实用工具以交互方式在命令提示符窗口中执行 Transact-SQL 语句。

例如，在 medicine 数据库中查询 ClientInfo 表中的所有信息，可以使用如下操作。

（1）首先使用 USE 命令将 medicine 数据库指定为当前的数据库，然后输入 GO 命令并按回车键后将该命令语句发送到 SQL Server，如图 2-32 所示。

（2）使用查询语句查询 ClientInfo 表中的信息，如图 2-33 所示。

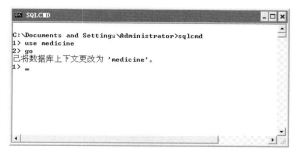

图 2-32　指定当前数据库

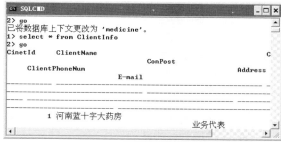

图 2-33　查询 ClientInfo 信息

提 示

GO 命令是将当前的 Transact-SQL 批处理语句发送给 SQL Server 的信号。

【练习 8】

使用 sqlcmd 还可以运行 Transact-SQL 脚本文件。Transact-SQL 脚本文件是一个文本文件，可以包含 Transact-SQL 语句、sqlcmd 命令以及脚本变量的组合。

例如，在 sqlcmd 中执行 Transact-SQL 脚本文本来查询 medicine 数据库中 EmployeerInfo 表的内容。

（1）使用 Windows 记事本创建一个简单的 Transact-SQL 脚本文件。

（2）将以下代码复制到该文件中，并将文件保存为 D:\medicine.sql。

```
USE medicine
GO
SELECT * FROM EmployeerInfo
GO
```

（3）打开命令提示符窗口。输入"sqlcmd -i D:\medicine.sql"命令并回车，如图 2-34 所示。

（4）如果要将此输出保存到文本文件中，可以在提示符窗口中输入"sqlcmd -i D:\medicine.sql -o D:\result.txt"并回车。

（5）此时命令提示符窗口中不会返回任何输出，而是将输出发送到 result.txt 文件。可以打开 result.txt 文件来查看本次输出操作，如图 2-35 所示。

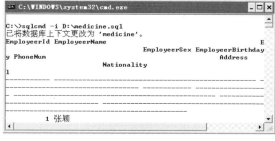

图 2-34　使用输入命令

图 2-35　输出文件信息

2.7 实例应用

2.7.1 配置 SQL Server 2008 身份验证模式

在 2.3 小节中介绍如何安装 SQL Server 2008 服务器时，配置服务器接收 SQL Server 和 Windows 两种身份验证模式，这样可以在客户端使用两种不同的身份验证方式登录服务器。

对于这个验证模式也可以在安装后使用 SQL Server Management Studio 实用工具进行配置，本次实例将介绍这种方式的配置过程。

使用 SQL Server 2008 中提供的 SQL Server Management Studio 工具可以配置 SQL Server 服务器的各种属性，如常规、内存、处理器和安全性等。SQL Server 服务器的身份验证模式就是在安全性选项页中进行配置，具体操作如下所示。

（1）运行 SQL Server Management Studio，使用任意一种身份验证模式登录服务器。

（2）登录成功以后，在【对象资源管理器】窗格中右键单击要设置的服务器名称，在弹出的菜单中选择【属性】命令，打开【服务器属性】对话框。

（3）在【服务器属性】对话框左侧的【选项页】一栏中选择【安全性】，打开 SQL Server 服务器安全性配置页面，如图 2-36 所示。

图 2-36 【服务器属性】对话框

（4）在【服务器属性】对话框的【安全性】页面中的【服务器身份验证】选项组里选择【Windows 身份验证模式】，然后单击【确定】按钮进行保存。

（5）在保存安全性设置的时候系统会提示修改安全性需要重新启动 SQL Server 服务器，关掉该提示框后回到 SQL Server Management Studio 中。重启 SQL Server 服务器以后安全验证方式即可生效。

2.7.2 卸载 SQL Server 2008

前面内容通过大量的篇幅向读者介绍了如何安装 SQL Server 2008、安装后的验证方法、注册和配置服务器的步骤，以及如何从其他版本的 SQL Server 升级到 SQL Server 2008。

SQL Server 2008 的卸载也同样重要，因此本实例将详细介绍卸载前的准备以及具体的卸载过程。这里要手动卸载 SQL Server 的独立实例。在卸载之前，首先需要了解卸载前应该注意哪些问题。

1．卸载前的准备

在使用此过程卸载 SQL Server 之前，需要注意以下重要信息。

❑ 最好使用【控制面板】中的【添加或删除程序】卸载 SQL Server。

❑ 在同时运行 SQL Server 和早期 SQL Server 版本的计算机上，企业管理器和其他依赖于 SQL-DMO（SQL Distributed Management Objects）的程序可能被禁用。

> **注意**
>
> 如果要重新启用企业管理器和对 SQL-DMO 有依赖关系的其他程序，可以在命令提示符处运行 regsvr32.exe sqldmo.dll 以注册 SQL-DMO。

❑ 从内存大小为最小必需物理内存量的计算机中删除 SQL Server 组件前，确保有足够大小的页文件。页文件大小必须等于物理内存量的两倍。虚拟内存不足会导致无法完整删除 SQL Server。

❑ 如果 SQL Server 2005 存在于具有一个或多个 SQL Server 2008 实例的系统上，SQL Server 2008 Browser 在卸载 SQL Server 2008 的最后一个实例后将不会自动删除。随 SQL Server 2008 一起安装的 SQL Server Browser 将保留在系统中，以方便与 SQL Server 2005 实例的连接。

❑ 如果有多个 SQL Server 2008 实例，则 SQL Server Browser 将在删除 SQL Server 2008 的最后一个实例后自动卸载。

如果在 SQL Server 2005 命名实例存在时删除 SQL Server 2008 Browser，则与 SQL Server 2005 的连接可能中断。在这种情况下，可以通过下面的一种方法重新安装 SQL Server Browser。

❑ 使用【控制面板】中的【程序和功能】修复 SQL Server 2005 实例。

❑ 安装 SQL Server 2005 数据库引擎实例或 Analysis Services 实例。

> **注意**
>
> 如果要卸载 SQL Server 2008 的所有组件，则必须从【控制面板】中的【程序和功能】手动卸载 SQL Server Browser 组件。

删除 SQL Server 之前，首先需要执行以下步骤，以免丢失以后需要使用的数据。

（1）备份数据。确保先备份数据，再卸载 SQL Server。或者，将所有数据和日志文件的副本保存在 MSSQL 文件夹以外的文件夹中。卸载期间 MSSQL 文件夹将被删除。

（2）删除本地安全组。卸载 SQL Server 之前，应先删除用于 SQL Server 组件的本地安全组。

（3）保存或重命名 Reporting Services 文件夹。如果将 Reporting Services 与 SQL Server 安装一起使用，应保存或重命名以下文件夹或子文件夹。

❑ <驱动器>\Microsoft SQL Server\Reporting Services。

❑ <驱动器>\Microsoft SQL Server\MSSQL\Reporting Services。

❑ <驱动器>\Microsoft SQL Server\<SQL Server instance name>\Reporting Services。

❑ <驱动器>\Microsoft SQL Server\100\Tools\Report Designer。

> **注意**
>
> 如果以前是使用 SSRS 配置工具配置的安装，则名称可能会与以上列表中的名称有所不同。此外，数据库可能位于运行 SQL Server 的远程计算机上。

（4）删除 Reporting Services 虚拟目录。使用 Microsoft Internet 信息服务管理器删除虚拟目录：ReportServer[$InstanceName]和 Reports[$InstanceName]。

（5）删除 ReportServer 应用程序池。使用 IIS 管理器删除 ReportServer 应用程序池。

（6）停止所有 SQL Server 服务，因为活动的连接可能会使卸载过程无法成功完成。建议先停止所有 SQL Server 服务，然后再卸载 SQL Server 组件。

2．卸载

以下是卸载 SQL Server 2008 的步骤。

（1）从【开始】菜单中，执行【设置】|【控制面板】命令，然后双击【添加或删除程序】。

（2）选择要卸载的 SQL Server 组件，然后单击【更改/删除】按钮，打开如图 2-37 所示的对话框。

（3）单击【删除】超链接，将运行安装程序支持规则以验证计算机配置，如果要继续，单击【确定】按钮。

（4）在【选择实例】页面上，使用下拉列表指定要删除的 SQL Server 实例，或者指定与仅删除 SQL Server 共享功能和管理工具相对应的选项，如图 2-38 所示。

图 2-37　卸载 SQL Server 2008　　　　图 2-38　卸载选择的实例

（5）设置完成后，单击【下一步】按钮。在【选择功能】页面上指定要从指定的 SQL Server 实例中删除的功能，如图 2-39 所示。

（6）设置完成后，单击【下一步】按钮，运行删除规则以验证是否可以成功完成删除操作，如图 2-40 所示。

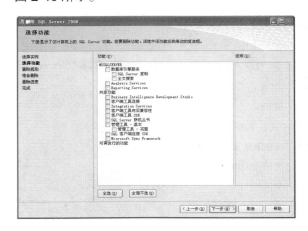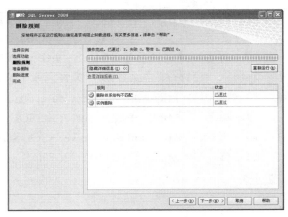

图 2-39　卸载所选择的功能　　　　图 2-40　删除规则

（7）单击【下一步】按钮，在【准备卸载】页面上查看要卸载的组件和功能的列表，然后单击【删除】按钮。

（8）在【删除进度】页面查看删除状态，然后单击【下一步】按钮。

（9）在打开的页面上单击【关闭】按钮退出删除向导。

（10）重复（2）~（9）步骤，直到删除所有 SQL Server 2008 组件。

2.8　拓展训练

使用 SQL Server Management Studio 执行查询

SQL Server Management Studio 是为 SQL Server 特别设计的管理集成环境，与早期版本中的企业管理器相比，SQL Server Management Studio 提供了更多功能与更强的灵活性。本次拓展训练要求读者使用 SQL Server Management Studio 工具完成登录 SQL Server 2008 服务器选择数据库，执行查询和查看结果操作，如图 2-41 所示。

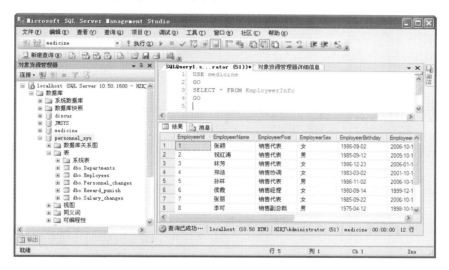

图 2-41　执行 SQL 查询

2.9　课后练习

一、填空题

1. SQL Server 2008 升级顾问不会分析的 SQL Server 组件是_____。

2. 运行 SQL Server 配置管理器的命令是_____。

3. 如果要结束 sqlcmd 会话，在 sqlcmd 提示符处输入_____命令并按回车键执行。

4. 在默认的情况下，SQL Server 服务会在本机的 IP 地址中侦听_____端口。

5. SQL Server 支持的网络协议有：Shared Memory 协议、Named Pipes 协议、_____协议和 VIA 协议。

二、选择题

1. 下列关于 SQL Server 2008 的介绍不正确的是_____。
   A. 支持多种操作系统
   B. 支持 Office 2007
   C. 支持报表服务
   D. 支持分析服务

2. 注册服务器使用的工具是_____。
   A. SQL Server 配置管理器
   B. SQL Server Management Studio
   C. SQL Server 安装中心
   D. SQL Server 联机丛书

3. SQL Server 2008 的安装需要有_____版本的.NET Framework 提供支持。
   A. 2.0
   B. 3.0
   C. 3.5
   D. 4.0

4. SQL Server 2008 使用管理工具_____来启动、停止与监控服务。
   A. SQL Server Profiler
   B. 数据库引擎优化顾问
   C. SQL Server Management Studio
   D. SQL Server 配置管理器

三、简答题

1. 简述 SQL Server 2008 的发展过程。
2. 简述 SQL Server Management Studio 常用功能。
3. 如何使用 sqlcmd 连接到数据库?
4. SQL Server 2008 新特性? 并介绍每种特性的特点?
5. 简述如何安装 SQL Server 2008。
6. 简述 SQL Server 2008 升级顾问的作用。

第 3 课
创建 SQL Server 2008 数据库和表

通过对第 2 课的学习，掌握了 SQL Server 2008 的安装和简单配置。数据库是 SQL Server 2008 系统管理和维护的核心对象，因此大部分操作也是针对数据库展开的。

本课首先向读者剖析 SQL Server 2008 中数据库的元素、系统数据库、文件组成及查看文件状态的方法。然后重点介绍如何创建数据库、向数据库中创建表，以及为表的列指定数据类型。

本课学习目标:

❑ 了解常用数据库元素

❑ 了解 SQL Server 2008 的系统数据库

❑ 熟悉数据库的文件组成及查看数据库和文件状态的方法

❑ 掌握管理器创建数据库的方法

❑ 掌握 CREATE DATABASE 语句创建数据库的方法

❑ 掌握查看用户数据库文件结构的方法

❑ 了解 SQL Server 2008 的临时表和系统表

❑ 掌握管理器创建数据表的方法

❑ 掌握 CREATE TABLE 语句创建数据表的方法

❑ 熟悉表的各种数据类型及其范围

3.1 认识 SQL Server 2008 中的数据库

　　数据库是 SQL Server 2008 系统管理和维护的核心对象，它可以存储应用程序所需的全部数据。用户通过对数据库的操作可以实现对所需数据的查询和调用，从而返回不同的数据结果。如果要熟练地掌握和应用数据库，首先必须对数据库的组成进行清晰的了解。

　　SQL Server 2008 中的数据库分为两种：系统数据库和用户数据库。用户数据库是由用户创建的，保存用户应用程序数据的数据库；系统数据库是由系统自己创建和维护的，用于提供系统所需要的数据的数据库。

　　简单地说，一个数据库就是一些元素的集合，这些元素是用来保存和处理数据的。在成功安装 SQL Server 2008 之后就会自动包含一些数据库，称为系统数据库。

　　下面首先向读者介绍 SQL Server 2008 中数据库的常用元素，然后介绍每个数据库有哪些文件组成，最后对系统数据库的作用进行介绍。

3.1.1 数据库元素

　　数据库是 SQL Server 2008 系统管理和维护的核心对象，它可以存储应用程序所需要的全部数据。用户通过对数据库的操作可以实现对所需数据的查询和调用，从而返回不同的数据结果。如果要熟练地掌握和应用数据库，首先必须对数据库的元素进行清晰的了解。

　　如图 3-1 所示为 SQL Server 2008 中一个数据库包含的对象，下面对其中常见的元素进行简单介绍。

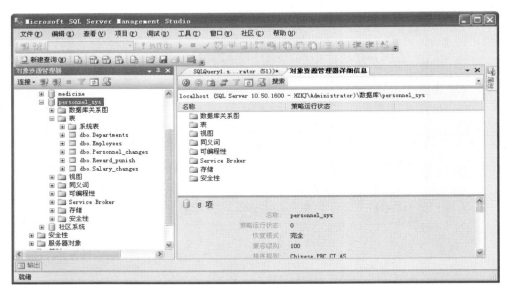

图 3-1　personnel_sys 数据库及其元素

1. 表

　　表是数据库中最基本的元素，主要用于存储实际的数据，用户对数据库的操作大多都是依赖于表。表由行和列组成，其中一列称为一个字段，用于显示相同类型的数据信息。一行通常称为一条记录，用于显示各个字段的相关信息。如图 3-2 所示为 personnel_sys 数据库中 Employees 表的部分内容。

图 3-2　查看 Employees 表

2. 视图

视图是从一个或多个基本表（视图）中定义的虚表。因为数据库中只存在视图的定义，而不存在视图相对应的数据，这些数据仍然存放于原来的数据表中。从某种意义上讲，视图就像一个窗口，通过该窗口可以看到用户所需要的数据。虽然视图只是一个虚表，但同样可以进行查询、删除和更改等操作。

如图 3-3 所示为 personnel_sys 数据库中的一个视图，其中的数据来自三个表，分别是 Department、Employees 和 Salary_Info。

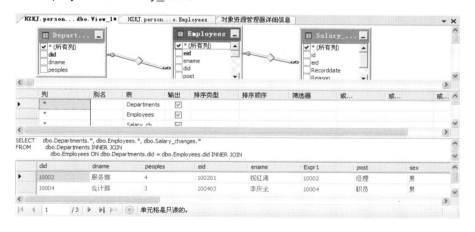

图 3-3　视图

3. 存储过程和触发器

存储过程和触发器是数据库中的两个特殊对象。在 SQL Server 2008 中存储过程的存在独立于表，用户可以运用存储过程来完善应用程序，从而促使应用程序更加高效地运行。而触发器则是与表紧密接触，用户可以使用触发器来实现各种复杂的业务规则，更加有效地实施数据完整性。

4. 索引

索引包含从表或视图中一个或多个列生成的键，以及映射到指定数据的存储位置的指针。通过设计良好的索引，可以显著提高数据库查询速度和应用程序的性能，减少为返回查询结果集而必须读取的数据量。常用的索引类型有聚集索引、非聚集索引以及 XML 索引。

5. 用户和角色

用户是指对数据库具有一定管理权限的使用者，而角色则是一组具有相同权限的用户集合。数据库中的用户和角色可以根据需要进行添加和删除，当将某一个用户添加到角色中时，该用户就具有角色的所有权限。另外，在 SQL Server 2008 中数据库元素还包括其他一些元素，例如约束、规则、类型和函数等。

3.1.2 系统数据库

SQL Server 2008 共有四个系统数据库，他们由系统自动创建的数据库，用于协助系统共同完成对数据库的相关操作，同时也是 SQL Server 2008 运行的基础。

1．model 数据库

model 数据库用于在 SQL Server 2008 实例上创建所有数据库的模板。例如，希望所有的数据库具有某些特定的信息，或者所有的数据库具有确定的初始值大小等。这时就可以把这些类似的信息存储在 model 数据库中。

> **提示**
>
> model 数据库是 tempdb 数据库的基础，对 model 数据库的任何操作和更改都将反映在 tempdb 数据库中，所以对 model 数据库进行操作时一定要小心。

2．tempdb 数据库

tempdb 数据库是一个临时的数据库，主要用来存储用户的一些临时数据信息。它仅仅存在于 SQL Server 会话期间，一旦会话结束则将关闭 tempdb 数据库，并且 tempdb 数据库丢失。当下次打开 SQL Server 时，将会建立一个全新的、空的 tempdb 数据库。

tempdb 数据库用作系统的临时存储空间，其主要作用是存储用户建立的临时表和临时存储过程，存储用户定义的全局变量值。

3．master 数据库

master 数据库是 SQL Server 2008 的核心数据库，如果该数据库损坏则 SQL Server 将无法正常运行。它主要包括了以下重要信息：

❏ 所有的用户登录名及用户 ID 所属的角色。
❏ 数据库的存储路径。
❏ 服务器中数据库的名称及相关信息。
❏ 所有的系统配置设置（例如，数据排序信息、安全实现、恢复模式）。
❏ SQL Server 的初始化信息。

> **提示**
>
> 作为 SQL Server 的核心数据库对 master 数据库进行定期备份非常重要，确保备份 master 数据库是备份策略的一部分。

4．msdb 数据库

msdb 数据库是 SQL Server 中十分重要的数据库，主要由 SQL Server 代理用于计划警报、作业和复制等活动。msdb 数据库适用于调度任务、作业或者故障排除，但不能对 msdb 数据库执行下列一些操作。

❏ 重命名主文件组或主数据文件。
❏ 删除主文件组、主数据文件或日志文件。
❏ 删除数据库。
❏ 更改排序规则。
❏ 从数据库中删除 Guest 用户。
❏ 将数据库设置为 OFFLINE。
❏ 将主文件组设置为 READ_OLNY。

3.1.3 数据库的文件组成

在 SQL Server 2008 中一个数据库至少包括数据文件和事务日志文件，并且数据文件和事务日志文件包含在独立的文件中，当然必要时可以使用辅助数据文件。因此，一个数据库可以使用三种类型的文件来存储信息。

1．主数据文件

主数据文件主要存储数据库的启动信息、用户数据和对象，如果有辅助数据文件引用信息也包含在内。一个数据库只能有一个主数据文件，默认扩展名为.mdf。

2．辅助数据文件

如果主数据文件超过了单个 Windows 文件的最大限制，可以使用辅助数据文件存储用户数据。辅助数据文件可以将数据分散到不同的磁盘中，默认文件扩展名是.ndf。

3．事务日志文件

事务日志主要用于恢复数据库日志信息，每个数据库至少应该包括一个事务日志文件，默认文件扩展名为.ldf。

每个数据库文件都有五个基本的属性分别是逻辑文件名、物理文件名、初始大小、最大尺寸和每次扩大数据库时的增量。每一个文件的属性，以及该文件的其他信息都记录在 sysfiles 表里，组成数据库的每一个文件都在这个表中有一行记录。如图 3-4 所示为 sysfiles 表中有关 master 数据库文件的信息。

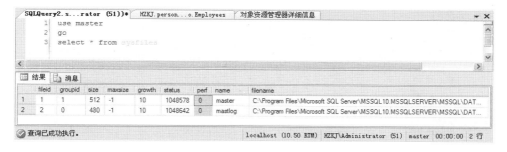

图 3-4　查看 sysfiles 表

在图 3-4 中 sysfiles 表每个列的作用如表 3-1 所示。

表 3-1　sysfiles 表

列名	作　用
fileid	每个数据库的惟一文件标识号
groupid	文件组标识号
size	文件大小（8 KB 页）
maxsize	最大文件大小（以 8KB 为单位的页）。如果为 0 表示无增长，如果为-1 表示文件将一直增长到磁盘充满为止
growth	数据库的增长大小。根据 status 的值，可以是页数或文件大小的百分比。如果为 0 表示无增长
status	以兆字节（MB）或千字节（KB）为单位的 growth 值的状态位
perf	保留
name	文件的逻辑名称
filename	物理设备的名称。这包括文件的完整路径

如表 3-2 中列出了系统数据库在 SQL Server 2008 系统中的主文件、逻辑名称名称、物理名称和文件增长比例。

表 3-2　系统数据库

系统数据库	主文件	逻辑名称	物 理 名 称	文件增长比例
master	主数据	master	master.mdf	按 10%自动增长，直到磁盘已满
	日志	mastlog	mastlog.ldf	按 10%自动增长，直到达到最大值 2TB
msdb	主数据	MSDBData	MSDBData.mdf	按 256KB 自动增长，直到磁盘已满
	日志	MSDBLog	MSDBLog.ldf	按 256KB 自动增长，直到达到最大值 2TB
model	主数据	modeldev	model.mdf	按 10%自动增长，直到磁盘已满
	日志	modellog	modellog.ldf	按 10%自动增长，直到达到最大值 2TB
tempdb	主数据	tempdev	tempdb.mdf	按 10%自动增长，直到磁盘已满
	日志	templog	templog.ldf	按 10%自动增长，直到达到最大值 2TB

■ 3.1.4　文件和文件组

为了便于分配和管理，可以将多个数据文件集合起来形成一个文件组。每个数据库在创建时都会默认包含一个文件组，其中包含主数据文件和辅助数据文件。默认文件组又称为主文件组，一个数据库只能有一个指定为默认，且默认添加的数据文件都属于该组，当然用户也可以自定义文件组。

在使用文件和文件组时，应该注意以下几点。

❑ 一个文件或者文件组只能用于一个数据库，不能用于多个数据库。

❑ 一个文件只能是某一个文件组的成员，而不能是多个文件组的成员。

❑ 数据库的数据信息和日志信息不能放在同一个文件或者文件组中，因为数据文件和日志文件总是分开的。

❑ 日志文件永远不能是任何文件组的一部分。

3.2 查询数据库和文件状态

在上节介绍了每个 SQL Server 2008 数据库的文件组织情况。其实 SQL Server 2008 中的每一个数据库总是处于一个特定的状态中，这个状态可以随着当前发生的操作自动变化，数据库的文件也有状态。下面详细介绍数据库状态和文件状态。

■ 3.2.1　数据库状态

SQL Server 2008 的数据库状态主要包括 ONLINE、OFFLINE 和 RESTORING 等。如表 3-3 中列出了这些数据库状态及其说明。

表 3-3　数据库状态

状　　态	说　　明
ONLINE	在线状态或联机状态，可以对数据库进行任何访问
OFFLINE	离线状态或脱机状态，数据库无法使用。数据库由于用户操作而处于离线状态，并保持离线状态直至执行了其他的用户操作
RESTORING	还原状态，正在还原主文件组的一个或多个文件，或正在脱机还原一个或多个辅助文件。此状态下数据库不可用
RECOVERING	恢复状态，正在恢复数据库，这是一个临时性状态。如果恢复成功，数据库自动处于在线状态。如果恢复失败，数据库处于不能正常使用的可疑状态
RECOVERY PENDING	恢复未完成状态。恢复过程中缺少资源造成的问题状态。数据库未损坏，但是可能缺少文件，或系统资源限制可能导致无法启动数据库。此状态下数据库不可使用，必须执行其他操作来解决这种问题

续表

状　态	说　明
SUSPECT	可疑状态，主文件组可疑或可能被破坏。此状态下数据库不能使用，必须执行其他操作来解决这种问题
EMERGENCY	紧急状态，可以人工设置数据库为该状态。数据库处于单用户模式，可以修复或还原。此状态下数据库标记为 READ_ONLY，禁用日志记录，只能由 sysadmin 固定服务器角色成员访问。该状态主要用于对数据库的故障排除

要查看数据库及数据库文件状态的方法有很多种，最简单的方法是使用 sys.databases 目录视图。

【练习 1】

假设要查看系统数据库 msdb 的状态，使用 sys.databases 的实现语句如下。

```
SELECT name AS '数据库名',state_desc AS '状态'
FROM sys.databases WHERE name='msdb'
```

执行结果如下：

```
数据库名        状态
------------------------------------
msdb          ONLINE
```

3.2.2　文件状态

在 SQL Server 2008 中，数据库中的文件也是有状态的，该文件始终处于一个特定状态，并且独立于数据库状态。与数据库状态相比，文件状态没有 RECOVERING 和 EMERGENCY 状态，而增加了一个 DEFUNCT 状态，表示当文件不处于在线状态时被删除。

如果要查看文件的当前状态，最简单的方法是使用 sys.master_files 目录视图。

【练习 2】

假设要查看 msdb 系统数据库 MSDBData 文件的状态，使用 sys.master_files 目录视图的实现语句如下。

```
SELECT name AS '数据库文件名',state_desc AS '状态'
FROM sys.master_files WHERE name='MSDBData'
```

执行结果如下：

```
数据库文件名            状态
------------------------------------------------
MSDBData            ONLINE
```

3.3　创建数据库

在 3.1.2 小节中详细介绍了每个系统数据库的作用，接着介绍了数据库文件的组成，以及如何查看数据库和文件的状态。

为了与系统数据库进行区分，用户通常需要创建自己的数据库来存储数据。SQL Server 2008 创建数据库主要有两种方法，第一种是通过 SQL Server 2008 图形界面管理器进行创建；第二种是使用 CREATE DATABASE 语句进行创建。无论哪种方式创建数据库时都需要指定数据库名称、数

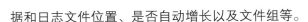

据和日志文件位置、是否自动增长以及文件组等。

3.3.1 使用管理器创建

在一个 SQL Server 2008 数据库服务器实例中最多可以创建 32767 个数据库，这表明 SQL Server 2008 足以胜任任何数据库工作。

通过管理器方式创建数据库是最简单也是最直接的方法，比较适合初学者。具体方法就是指使用 SQL Server Management Studio 的向导进行创建。

【练习 3】

下面以创建【服装进销存】数据库为例，通过向导方式进行创建，具体操作可参考如下步骤。

（1）使用 SQL Server Management Studio 连接到 SQL Server 2008，再打开【对象资源管理器】窗口。

（2）展开服务器后右击【数据库】节点选择选择【新建数据库】命令，如图 3-5 所示。

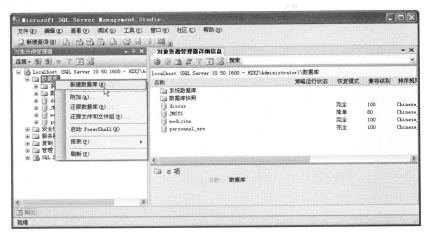

图 3-5　选择【新建数据库】命令

（3）此时将打开【新建数据库】窗口。在【常规】页的【数据库名称】文本框中输入名称服装进销存，其他都采用默认值，如图 3-6 所示。

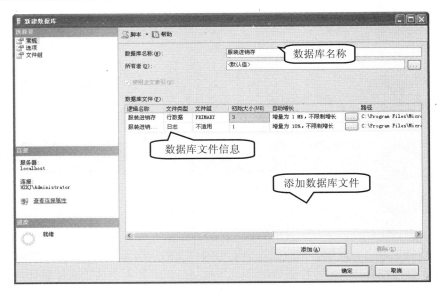

图 3-6　创建数据库

如图 3-6 所示的各个选项的含义如下所示。

❑ **所有者**　指定要数据库所属的一个用户。

❑ **逻辑名称**　指定数据库所包含的数据文件和日志文件，默认时数据文件与数据库名相同，日志文件为"数据库名称_log"，单击【添加】按钮可以增加数据和日志文件。

❑ **文件类型**　指定当前文件是数据文件还是日志文件。

❑ **文件组**　指定数据文件所属的文件组。

❑ **初始大小**　指定该文件对应的初始容量，数据文件默认为 3，日志文件默认为 1。

❑ **自动增长**　用于设置在文件的初始大小不够时，文件使用何种方式进行自动增长。

❑ **路径**　指定用于存放该文件的路径，默认为安装目录下的 data 子目录。

（4）在【数据库文件】下方的列表中显示了数据库文件和数据库日志文件，单击字段下面的单元按钮可以添加或删除相应的数据文件。

> **技巧**
> 创建大型数据库时，尽量把主数据文件和事务日志文件存放在不同的路径下，这样就可以在数据库被损坏时可以利用事务日志文件进行恢复，同时也可以提高数据读取的效率。

（5）单击【选项】选项卡，在此选项卡中可以设置所创建数据库的排序规则、恢复模式、兼容级别、恢复、游标等其他选项，如图 3-7 所示。

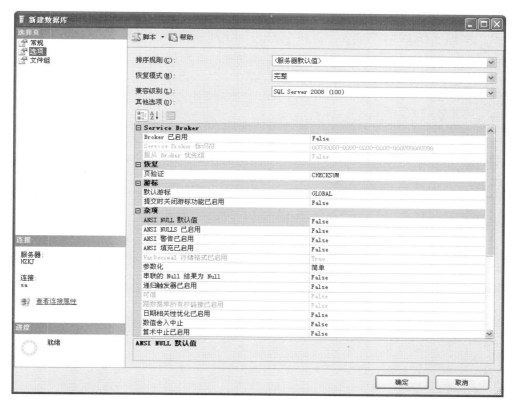

图 3-7　新建数据库【选项】页

（6）打开【文件组】页可以设置数据库文件所属的文件组，通过【添加】或者【删除】按钮可以更改数据库文件所属的文件组，如图 3-8 所示。

（7）单击【确定】按钮关闭【新建数据库】窗口。完成【服装进销存】数据库的创建之后可以在【对象资源管理器】窗口中看到新建的数据库。

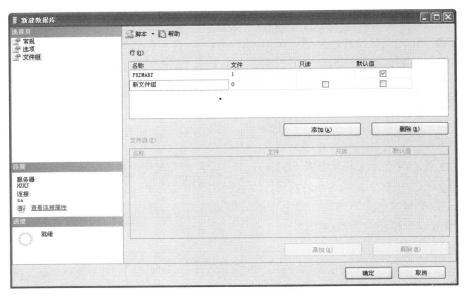

图 3-8　设置文件组

3.3.2　使用语句创建

除了使用 SQL Server Management Studio 的图形化界面创建数据库之外，还可以使用 Transact-SQL 语言提供的 CREATE DATABASE 语句来创建数据库。

使用 CREATE DATABASE 语句创建数据库的语法格式如下所示。

```
CREATE DATABASE database_name
[
ON [PRIMARY]
[(NAME = logical_name,
  FILENAME = 'path'
  [, SIZE = database_size]
  [, MAXSIZE = database_maxsize]
  [, FILEGROWTH = growth_ increment] )
[, FILEGROUP filegroup_name
[(NAME = datafile_name
  FILENAME = 'path'
  [, SIZE = datafile_size]
  [, MAXSIZE = datafile_maxsize]
  [, FILEGROWTH = growth_increment]) ] ]
]
[
LOG ON
[(NAME = logfile_name
  FILENAME = 'path'
  [, SIZE = database_size]
  [, MAXSIZE = database_maxsize]
  [, FILEGROWTH = growth_ increment] ) ]
]
```

在该语法中，ON 关键字用来创建数据文件，使用 PRIMARY 表示创建的是主数据文件。

FILEGROUP 关键字用来创建辅助文件组，其中还可以创建辅助数据文件。LOG ON 关键字用来创建事务日志文件。NAME 为所创建文件的文件名称。FILENAME 指出了各文件存储的路径。SIZE 定义初始化大小，MAXSIZE 指定了文件的最大容量，FILEGROWTH 指定了文件的增长值。

【练习4】

同样以创建【服装进销存】数据库为例，使用 CREATE DATABASE 语句的实现语句如下所示。

```
CREATE DATABASE 服装进销存
ON (
    NAME=服装进销存_DATA,
    FILENAME='D:\SQL\示例数据库\服装进销存.mdf',
    SIZE=5MB,
    MAXSIZE=20MB,
    FILEGROWTH=10%
)
LOG ON (
    NAME=服装进销存_LOG,
    FILENAME='D:\SQL\示例数据库\服装进销存_LOG.ldf',
    SIZE=1MB,
    MAXSIZE=5MB,
    FILEGROWTH=10%
)
```

在上述语句中使用 CREATE DATABASE 指定数据库名称为"服装进销存"，NAME 指定了数据库的逻辑文件名称，FILENAME 指定文件的存储路径，SIZE 指定文件的大小，MAXSIZE 指定文件的最大值，FILEGROWTH 指定了文件的增长百比例。

注意
使用 CREATE DATABASE 语句创建数据库时指定的数据库文件存放目录必须存在，否则将产生错误导致创建数据库失败，而且所命名的数据库名称必须惟一，否则也将导致创建数据库失败。

执行后输出"命令已成功完成"表示创建成功。然后刷新【对象资源管理器】窗口，展开【数据库】节点将看到刚刚创建的【服装进销存】数据库，如图 3-9 所示。

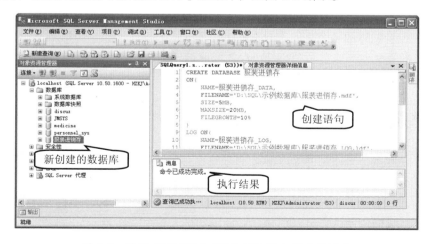

图 3-9 使用 CREATE DATABASE 语句创建数据库

使用 CREATE DATABASE 语句创建数据库时还可以指定多个数据文件。此时各个数据文件或日志文件之间用逗号隔开，且默认情况下第一个文件为主数据文件，也可以通过 PRIMARY 关键字来指定主数据文件。

【练习 5】

同样是使用 CREATE DATABASE 语句创建服装进销存数据库，下面使用多个数据文件保存数据，具体语句如下。

```
CREATE DATABASE 服装进销存
ON (
     NAME=服装进销存_DATA1,
     FILENAME='D:\SQL\服装进销存\clothessys1.mdf',
     SIZE=5MB,
     MAXSIZE=20MB,
     FILEGROWTH=10%
), (
     NAME=服装进销存_DATA2,
     FILENAME='D:\SQL\服装进销存\clothessys2.ndf',
     SIZE=3MB,
     MAXSIZE=5MB,
     FILEGROWTH=10%
), (
     NAME=服装进销存_DATA3,
     FILENAME='D:\SQL\服装进销存\clothessys3.ndf',
     SIZE=3MB,
     MAXSIZE=5MB,
     FILEGROWTH=10%
)
LOG ON (
     NAME=服装进销存_LOG,
     FILENAME='D:\SQL\服装进销存\clothessys_LOG.ldf',
     SIZE=1MB,
     MAXSIZE=5MB,
     FILEGROWTH=10%
)
```

上述语句执行后创建的服装进销存数据库包含了 3 个数据文件和 1 个日志文件，其中服装进销存_DATA1 是主数据文件，服装进销存_DATA2 和服装进销存_DATA3 是辅助数据文件，服装进销存_LOG 是日志文件。

▌3.3.3　查看用户数据库文件结构

在 SQL Server 2008 中一个用户数据库是由用户定义的表和索引等数据库元素构成的，这些空间被分配在一个或者多个操作文件上。

数据库被划分成许多逻辑页（每个逻辑页的大小是 8KB），在每个数据库文件中，页是从 0 到 X 连续编号的，上限值 X 是由文件的大小决定的。通过指定数据库 ID、文件 ID 和页号，我们可以引用任何一页。当我们使用 ALTER DATABASE 语句扩大一个文件时，新空间就被追加到文件的末尾。也就是说，最新分配空间的第一页就是正在扩大的那个文件的第 X+1 页。

当使用 CREATE DATABASE 语句创建一个数据库时，该数据库就被赋予一个惟一的数据库 ID 或者是 dbid。同时，在 master 数据库的 sysdatabases 表中会插入一个新行。也就是说 sysdatabases 表保存了每个数据库的文件信息。如图 3-10 所示为查看 sysdatabases 表数据的查询结果。

图 3-10   查看 sysdatabases 表

当数据库的所有者或者名称被改变，或者数据库选项被改变的时候，sysdatabases 表中的行就会随之更新。如表 3-4 列出了 sysdatabases 表中各个列的作用。

表 3-4   sysdatabases 表

列名	作　　用
name	数据库名称
dbid	数据库 ID
sid	数据库创建者的系统 ID
mode	加锁方式，在创建数据库的时候内部使用
status	状态位，表明数据库是只读的、脱机的，或者只能被单个用户使用等。可以使用 ALTER DATABASE 语句来更改状态位
status2	状态位的保留字，表示数据库的额外状态
crdate	创建日期
reserved	保留供将来使用
category	包含用于复制的信息位图
cmptlevel	数据库的兼容级别
filename	数据库主文件的操作系统路径和名称
version	用来创建数据库的 SQL Server 的内部版本号

3.4 认识 SQL Server 2008 中的表

表是 SQL Server 2008 数据库中最主要的数据库元素。它是用于在数据库中存放数据的逻辑结构，对应关系模型中的数据实体。

表用于组织和存储具有行、列结构的一组数据。行是数据组中的单位，列用于描述数据实体的一个属性。每一行都表示一条完整的数据记录，对应一个数据实体，而每一列表示记录元素的一个属性值。

在创建数据表之前，首先来学习 SQL Server 2008 中的临时表和系统表。

▌3.4.1 临时表

临时表是非常有用的工作空间，它就像便笺本一样，可以用临时表来处理中间数据或者用临时表与其他连接共享正在进行的工作。用户可以在任何数据库中创建临时表，但是这些临时表只能放在 tempdb 数据库中。因为每次 SQL Server 2008 重启时 tempdb 数据库就被重新创建。

在 SQL Server 2008 中有两种方式来使用临时表：私有的和全局的。

1．私有临时表（♯）

在表名前加一个"#"符号就可以在任何数据库中创建一个私有临时表。只有创建该表的连接时能访问该表，使该表真正成为私有临时表，而且这种特权还不能授予另一个连接。作为一个临时表，它的生命周期是与创建它连接的生命周期是一致的，也可以使用 DROP TABLE 语句删除临时表。

因为临时表只属于创建它的连接，因此即使选择了在另一个连接里使用的表名作为私有临时表，也不会有名字冲突问题。私有临时表与程序设计中的局部变量非常类似，每个连接都有自己的私有版本，而且属于不同连接的私有临时表是无关的。

2．全局临时表（♯♯）

如果一个表名使用"##"符号作为前缀，表示该表是一个全局临时表。与临时表不同，所有连接都可以访问该表中的数据，并进行查询和更新。因此，如果另一个连接已经创建一个同名的全局临时表，再次创建时就会遇到名字冲突的问题，导致创建失败。

在全局临时表的创建连接终止之前或对全局临时表的所有当前使用完成之前，全局临时表都存在。在创建连接终止之后，无论如何只有那些已经访问了全局临时表但访问还没有完成的连接允许继续运行，而绝对不允许进一步使用全局临时表。

3．临时表上的约束

大多数用户认为约束不能创建在临时表上。实际上，所有的约束都可以在显式建立于 tempdb 的临时表上工作。除了 FOREIGN KEY 以外，所有的约束都可以与使用"#"和"##"前缀的临时表一起工作。私有和全局临时表的 FOREIGN KEY 参照被设计为非强制性的，因为这样的参照可能会阻止临时表在关闭连接时被删除（针对私有临时表），或者阻止参照表首先被删除，表超出范围时也会阻止临时表被删除（针对全局临时表）。

▌3.4.2　系统表

SQL Server 2008 通过一系列的表来存储所有对象、数据类型、约束、配置选项可利用资源的相关信息，这一系列表被称为系统表。在前面内容已经介绍了部分系统表，例如 sysfiles。一些系统表只存在于 master 数据库，它们包含系统级的信息；而其他系统表则存在于每一个数据库，它们包含属于这个特定数据库的对象和资源的相关信息。如表 3-5 列出了常用的系统表、出现位置及其功能说明。

表 3-5　常用系统表

表　名	出现位置	说　明
sysaltfiles	主数据库	保存数据库的文件
syscharsets	主数据库	字符集与排序顺序
sysconfigures	主数据库	配置选项
syscurconfigs	主数据库	当前配置选项
sysdatabases	主数据库	服务器中的数据库
syslanguages	主数据库	语言
syslogins	主数据库	登录账号信息
sysoledbusers	主数据库	链接服务器登录信息
sysprocesses	主数据库	进程
sysremotelogins	主数据库	远程登录账号
syscolumns	每个数据库	列
sysconstrains	每个数据库	限制
sysfilegroups	每个数据库	文件组

表　名	出　现　位　置	说　　　明
sysfiles	每个数据库	文件
sysforeignkeys	每个数据库	外部关键字
sysindexs	每个数据库	索引
sysmenbers	每个数据库	角色成员
sysobjects	每个数据库	所有数据库对象
syspermissions	每个数据库	权限
systypes	每个数据库	用户定义数据类型
sysusers	每个数据库	用户

判断一个表是否为系统表可通过如下几个方面。

❑ 所有的系统表都是以 sys 三个字母开头。

❑ 所有系统表的 object_id 总是小于 100。

❑ 所有系统表在 sysobjects 表中 type 列的值总是 S。

3.5 创建数据表

与创建数据库一样，在 SQL Server 2008 中可以使用管理器和语句两种方式来创建表。

3.5.1 使用管理器创建

在 SQL Server 2008 提供的 SQL Server Management Studio 中创建一个数据库表是一件非常容易的事情。SQL Server Management Studio 提供了一个非常简单的表设计器来完成数据库表的创建工作。

【练习 6】

下面在【服装进销存】数据库中创建一个产品信息表，该数据表的结构如表 3-6 所示。

表 3-6　产品信息表

列　　名	数　据　类　型	最　大　长　度	是否允许为空
产品编号	字符串	10	否
产品名称	字符串	60	否
所属分类	字符串	20	否
产品尺码	字符串	20	是
颜色	字符串	10	是
单价	浮点数	20	否
单位	字符串	10	是
产品规格	整数		是
产品说明	文本	不限	是
上架时间	日期		是

（1）使用 SQL Server Management Studio 连接到 SQL Server 2008，在【对象资源管理器】窗口中展开【数据库】节点下的【服装进销存】节点。

（2）右击【表】节点选择【新建表】命令。在进入的表设计器中对列名、数据类型和是否允许

null 进行设置，如图 3-11 所示。

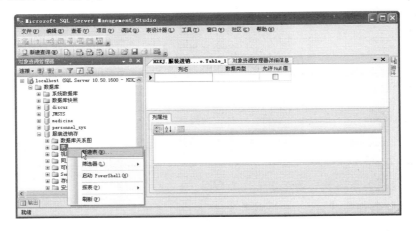

图 3-11　表设计器

（3）根据表 3-6 中的要求，在打开的表设计器窗口中输入列名，选择相应的数据类型，并设置其是否允许为空。

（4）设置完成后单击工具栏上的■按钮，或按 Ctrl+S 快捷键将弹出【选择名称】对话框，输入表名称为产品信息即可保存该表，如图 3-12 所示。

（5）此时展开【服装进销存】数据库下的【表】节点可以看到刚创建的产品信息数据表，如图 3-13 所示。

图 3-12　保存【产品信息】表

图 3-13　创建后的【产品信息】表

3.5.2　使用语句创建

除了可以通过 SQL Server Management Studio 的图形化界面创建表外，还可以使用 Transact-SQL 语言提供的 CREATE TABLE 语句来创建表。

CREATE TABLE 语句基本语法格式如下所示。

```
CREATE TABLE table_name
(
column_name  data_type
[ INDENTITY [ (seed,increment ) ] ][< column_constraint >] ]
[ ,…n ]
)
```

上述语法格式中参数含义如下所示。

- ❑ **table_name** 用于指定数据表的名称。
- ❑ **column_name** 用于定义数据表中的列名称。
- ❑ **data_type** 用于指定数据表中各个字段的数据类型。
- ❑ **IDENTITY** 用于指定该字段为标识字段。
- ❑ **seed** 用于定义标识字段的起始值。
- ❑ **increment** 用于定义标识增量。
- ❑ **column_constraint** 用于指定该字段所具有的约束条件。

【练习 7】

同样以创建产品信息表为例，使用 CREATE TABLE 语句的创建语句如下所示。

```
CREATE TABLE 产品信息1
(
    产品编号 varchar(10),
    产品名称 varchar(60),
    所属分类  varchar(20),
    产品尺码 varchar(20),
    颜色 varchar(10),
    单价 float,
    单位 varchar(10),
    产品规格  int,
    产品说明 text,
    上架时间 datetime
)
```

如上述语句所示，使用 CREATE TABLE 语句创建表的方法非常简单，只需要指定表名、列名、列数据类型即可，多个列之间用逗号分隔。但是实际上 CREATE TABLE 语句的功能非常强大，语法也很复杂。

3.6 定义列的数据类型

无论是使用哪种方式创建表，都需要指定表中包含的列名以及对应的数据类型。每种类型都对应一种特定格式的数据，SQL Server 2008 系统内置了 36 种数据类型。本节将详细介绍 SQL Server 2008 系统中的各种数据类型。

3.6.1 字符串

SQL Server 2008 系统中，提供了三种字符串数据类型：char、varchar 和 text。

1. char[(n)]

固定长度，非 Unicode 字符数据，长度为 n 个字节。n 的取值范围为 1~8000，存储大小是 n 个字节。在列数据项的大小一致时使用。

2. varchar[(n|max)]

可变长度，非 Unicode 字符数据。n 的取值范围为 1~8000。max 指示最大存储大小是 2^{31}-1 个字节。在列数据项的大小差异很大时使用。如果列数据项大小相差很大，而且大小可能超过 8000 字节，使用 varchar(max)。

如果站点支持多语言，应该考虑使用 Unicode nchar 或 nvarchar 数据类型，以最大限度地消除字符转换问题。

3. text

服务器代码页中长度可变的非 Unicode 数据，最大长度为 2^{31}-1 个字符。

 当执行 CREATE TABLE 或 ALTER TABLE 时，如果 SET ANSI_PADDING 为 OFF，则定义为 NULL 的 char 列将作为 varchar 处理。如果未在数据定义或变量声明语句中指定 n，则默认长度为 1。如果在使用 CAST 和 CONVERT 函数时未指定 n，则默认长度为 30。

3.6.2 Unicode 字符串

Unicode 是一种在计算机上使用的字符编码。Unicode 字符串数据类型包括三种数据类型：nchar、nvarchar 和 ntext。

1. nchar[(n)]

n 个字符的固定长度的 Unicode 字符数据。n 值必须在 1 ~ 4000 之间（包含 4000）。在列数据项的大小可能相同时使用。

2. nvarchar[(n|max)]

可变长度 Unicode 字符数据。n 值在 1 ~ 4000 之间（包含 4000）。max 表示最大存储大小为 2^{31}-1 字节。在列数据项的大小可能差异很大时使用。

3. ntext

长度可变的 Unicode 数据，最大长度为 2^{30}-1 个字符。

在 nchar 和 nvarchar 中，如果没有在数据定义或变量声明语句中指定 n，则默认长度为 1。

3.6.3 数字数据类型

数字数据类型的列可以保存数值数据。根据数值的精度，数字数据类型可以分为精确数字类型和近似数字类型两大类。

1. 精确数字类型

精确数字数据类型又可以分为：整数数据的精确数字数据类型和带固定精度和小数位数的数字数据类型两大类。表 3-7 列出了精确数字数据类型，以及存储时所占的字节数。

表 3-7　精确数字类型

精确数字类型种类	数据类型	字节数
整数数据的精确数字数据类型	bigint	8 字节
	int	4 字节
	smallint	2 字节
	tinyint	1 字节
带固定精度和小数位数的数字数据类型	decimal[(p[, s])]	
	numeric[(p[, s])]	

（1）整数数据的精确数字数据类型

int 数据类型是 SQL Server 中的主要整数数据类型。bigint 数据类型用于整数值可能超过 int 数据类型支持范围的情况。

在数据类型优先次序表中，bigint 介于 smallmoney 和 int 之间。只有当参数表达式为 bigint 数据类型时，函数才返回 bigint。

SQL Server 不会自动将其他整数数据类型（例如 tinyint、smallint、int）提升为 bigint。

（2）带固定精度和小数位数的数字数据类型

decimal[(p[, s])]和 numeric[(p[, s])]表示带固定精度和小数位数的数字数据类型。numeric 在功能上等价于 decimal。

p（精度）表示最多可以存储的十进制数字的总位数，包括小数点左边和右边的位数。该精度必须是从 1 到最大精度 38 之间的值，默认精度为 18。

s（小数位数）表示小数点右边可以存储的十进制数字的最大位数。小数位数必须是从 0 到 p 之间的值，默认的小数位数为 0。

只有在指定精度后才可以指定小数位数。因此，$0 \leqslant s \leqslant p$，最大存储大小基于精度而变化。

2．近似数字类型

近似数字类型是指没有精确数值的数据类型，包括两种类型：real 和 float。表 3-8 列出了近似数字数据类型，以及存储时所占的字节数。

表 3-8　近似数字类型

数 据 类 型	字 节 数
float [(n)]	根据 n 值而定
real	4 字节

（1）real

可以存储正的或者负的十进制数值，最大可以有 7 位精确位数。

（2）float [(n)]

其中 n 表示用于存储 float 数值尾数的位数（以科学记数法表示），此时可以确定精度和存储大小。而且 n 必须是介于 1 至 53 之间的某个值，默认值为 53。

在 SQL Server 中，如果 $1 \leqslant n \leqslant 24$，则将 n 视为 24。如果 $25 \leqslant n \leqslant 53$，则将 n 视为 53。

▌3.6.4 日期和时间

SQL Server 2008 中，除了 datetime 和 smalldatetime 之外，又新增了四种时间类型：date、time、datetime2 和 datetimeoffset。

1．datetime

该数据类型把日期和时间部分作为一个单列值存储在一起，支持日期从 1753 年 1 月 1 日到 9999 年 12 月 31 日，时间部分的精确度是 3.33 毫秒，需要 8 个字节的存储空间。

2．smalldatetime

该数据类型与 datetime 相比，支持更小的日期和时间范围。支持日期从 1900 年 1 月 1 日到 2079 年 6 月 6 日，时间部分只能够精确到分钟，需要 4 个字节的存储空间。

3．date

date 数据类型允许只存储一个日期值，支持的日期范围从 0001-01-01 到 9999-12-31，存储 date 数据类型磁盘开销需 3 个字节，如果只需要存储日期值而没有时间，使用 date 可以比 smalldatetime 节省一个字节的磁盘空间。

4. time

如果想要存储一个特定的时间信息而不涉及具体的日期时，该数据类型非常有用。time 数据类型存储使用 24 小时制，它并不关心时区，支持高达 100 纳秒的精确度。

5. datetime2

支持日期从 0001-01-01 到 9999-01-01。datetime2 中的时间部分的精确度依赖于所定义的 datetime2 列，时间部分能够存储一个只有小时、分钟和秒的时间值，能够支持在不同的精确度存储微秒，最多有 7 位小数，微秒可以向下精确到 100 纳秒。

6. datetimeoffset

该数据类型要求存储的日期和时间（24 小时制）时区是一致的。时间部分能够支持高达 100 纳秒的精确度。

> **提示**
> 时区一致是指时区标识符存储在 datetimeoffset 列上，时区标识格式是[- | +]hh:mm，一个有效的时区范围是从-14:00 到+14:00，这个值是增加或者减去 UTC（Universal Time Coordinated，协调世界时）以获取本地时间。

▌3.6.5   二进制数据类型

二进制数据类型用于存储二进制的数据。二进制数据类型包括三种类型：binary、varbinary 和 image。

- ❑ **image**   长度可变的二进制数据，可以存储从 0 ~ 2^{31}-1 个字节。
- ❑ **binary [(n)]**   长度为 n 字节的固定长度二进制数据。其中 n 是从 1 ~ 8000 的值。存储大小为 n 字节。在列数据项的大小一致时使用。
- ❑ **varbinary [(n | max)]**   可变长度二进制数据。n 取值是从 1 ~ 8000 之间。max 表示最大存储大小为 2^{31}-1 字节。存储大小为所输入数据的实际长度+2 个字节。所输入数据的长度可以是 0 字节。在列数据项的大小差异很大时使用。

> **注意**
> 当列数据条目超出 8000 字节时，使用 varbinary(max)。在 binary 和 varbinary 中，如果没有在数据定义或变量声明语句中指定 n，则默认长度为 1。

▌3.6.6   特殊数据类型

SQL Server 2008 系统提供了 7 种特殊用途的数据类型：cursor、hierarchyid、timestamp、uniqueidentifier、xml、table 和 sql_variant。

- ❑ **cursor**   这是变量或存储过程 OUTPUT 参数的一种数据类型，这些参数包含对游标的引用。使用 cursor 数据类型创建的变量可以为空。

> **注意**
> 对于 CREATE TABLE 语句中的列，不能使用 cursor 数据类型。

- ❑ **hierarchyid**   该数据类型是一种长度可变的系统数据类型。该数据类型的值表示树层次结构中的位置。类型为 hierarchyid 的列不会自动表示树。由应用程序来生成和分配 hierarchyid 值，使行与行之间的所需关系反映在这些值中。
- ❑ **timestamp**   也称为时间戳数据类型，一般用作给表行加版本戳的机制。timestamp 值是二进制数值，表明数据库中的数据修改发生的相对顺序。存储大小为 8 字节。

> **注意**
> timestamp 数据类型只是递增的数字，不保留日期或时间。如果要记录日期或时间，可以使用 datetime2 数据类型。

❏ **uniqueidentifier** 该数据类型可存储 16 字节的二进制值,其作用与全局惟一标识符(GUID)一样。uniqueidentifier 列的 GUID 值可以在 Transact-SQL 语句、批处理或脚本中调用 NEWID 函数获取。

❏ **xml** 使用该数据类型,可以在数据库中存储 XML 文档和片段。

❏ **table** 该数据类型是一种特殊的数据类型,主要用于存储对表或者视图处理后的结果集。

❏ **sql_variant** 用于存储 SQL Server 支持的各种数据类型(不包括 text、ntext、timestamp 和 sql_variant)的值。

3.7 拓展训练

1. 创建学生成绩管理系统

学生成绩管理系统主要用于管理高校学生的考试成绩,提供学生成绩的录入、修改、查询等各种功能。通过对本课的学习,要求读者创建用于保存学生成绩信息的数据库。要求该数据库的名称为"学生成绩管理系统",并且包含 1 个主数据文件、3 个辅助数据文件和 2 个日志文件。

2. 创建数据表

在拓展训练 1 中创建了学生成绩管理系统数据库,本次训练要求读者向该库中创建数据表。这些表的信息如下所示。

❏ 学生表,列包括:学号、姓名、性别、系名、专业、出生日期。
❏ 教师表,列包括:教师号、姓名、性别、院系、联系电话。
❏ 课程表,列包括:课程号、课程名、学分、教师。
❏ 成绩表,列包括:学号、姓名、课程号、课程名、成绩、授课老师。

3.8 课后练习

一、填空题

1. SQL Server 2008 的四个系统数据库为 master、_____、model 和 tempdb。
2. SQL Server 2008 系统中主数据文件的扩展名为_____,日志文件的扩展名为 ldf。
3. 数据库文件的_____状态表示该库当前在线、且可用。
4. 在 CREATE DATABASE 语句中使用_____指定主数据文件。
5. SQL Server 2008 中_____日期和时间类型可以表示时区偏移量。

二、选择题

1. 下列不属于 SQL Server 2008 中数据库元素的是_____。
   A. 表
   B. 视图
   C. 关系图
   D. 备份设备
2. 下面哪一项_____不属于 SQL Server 2008 系统数据库。
   A. master

    B. model

    C. tempdb

    D. pubs

3. 下面关于 SQL Server 2008 数据库说法错误的是_____。

    A. 一个数据库中至少有一个数据文件，但可以没有日志文件

    B. 一个数据库中至少有一个数据文件和一个日志文件

    C. 一个数据库中可以有多个数据文件

    D. 一个数据库中可以有多个日志文件

4. 在创建数据库时，系统会自动将_____系统数据库中的所有用户定义的对象复制到新建的数据库中。

    A. master

    B. msdb

    C. model

    D. tempdb

5. 下面对创建数据库说法正确的是_____。

    A. 创建数据库时文件名可以不带扩展名

    B. 创建数据库时文件名必须带扩展名

    C. 创建数据库时数据文件可以不带扩展名，日志文件必须带扩展名

    D. 创建数据库时日志文件可以不带扩展名，数据文件必须带扩展名

6. 下列选项中属于创建表语句是_____。

    A. CREATE TABLE

    B. ALTER TABLE

    C. DROP TABLE

    D. 以上都不是

7. SQL Server 2008 除了旧的时间日期类型之外，又新增了 4 种时间类型，以下哪个不属于新增的时间类型_____。

    A. date

    B. datetime2

    C. smalldatetime

    D. datetimeoffset

三、简答题

1. 简述 SQL Server 2008 中的 4 个系统数据库?

2. 简述一个 SQL Server 2008 数据库由哪些文件组成，以及如何查看这些文件。

3. 简述创建数据库的语句语法。

4. 简述什么是表以及如何创建表。

5. 列举 SQL Server 2008 提供的字符串数据类型。

第 4 课
管理数据表

在 SQL Server 2008 中，表是数据库最基本的组成元素，也是数据库中最重要的元素。因为表中存储了数据库中使用的所有数据，而且对数据库的操作几乎都与表息息相关。因此在数据库中对表的管理是一件非常重要的任务。

本课详细介绍创建表之后的修改表操作，像重命名表、修改表属性、添加表中的列、删除表、向表中添加数据，以及管理多个表之间的关系等。

本课学习目标：

❑ 掌握如何重命名表和修改表属性

❑ 掌握表中列的管理

❑ 掌握删除表的两种方法

❑ 掌握管理器中对表数据的操作

❑ 掌握关系的创建

4.1 修改表

在使用数据表的过程中可以根据需要对数据表进行相应的修改。修改数据表主要包括修改表名称、表的属性以及更新表中列的数据类型等。下面详细介绍在使用过程中对数据表的维护操作。

4.1.1 表名

修改表和创建表一样，在 SQL Server 2008 系统中既可以通过可视化的 SQL Server Management Studio 管理器修改，也可以通过 Transact-SQL 语句修改。

1. 使用管理器重命名

例如，要将 personnel_sys 数据库中的 Employees 表重命名为员工信息表，使用管理器的操作步骤如下。

【练习 1】

（1）使用 SQL Server Management Studio 连接到数据库服务器实例。

（2）在【对象资源管理器】窗口中展开服务器，然后展开【数据库】节点。

（3）展开 personnel_sys 数据库节点下的【表】节点，可以看到数据库中所有的表。

（4）右击 Employees 表在弹出的快捷菜单中执行【重命名】命令，如图 4-1 所示。

图 4-1　重命名表

（5）当 Employees 表名变为可编辑状态的时候，输入新的表名员工信息并按回车键，即可实现对该表的重命名操作。

2. 使用 Transact-SQL 语句重命名

对表进行重命名操作除了在右键菜单中实现外，还可以使用 Transact-SQL 语句来实现。在 SQL Server 2008 中使用系统存储过程 sp_rename 来对表重命名。

【练习 2】

同样，要将 personnel_sys 数据库中的 Employees 表重命名为员工信息表，使用 sp_rename 的实现语句如下。

```
USE personnel_sys
```

```
GO
EXEC sp_rename 'Employees' , '员工信息'
```

4.1.2 表属性

表的属性可以通过【属性】窗口进行修改，打开方法是右击表名选择【属性】命令。如图 4-2 所示为查看 personnel_sys 数据库中 Employees 表属性的窗口。在这里可以根据需要对常规、权限、更改跟踪、存储、扩展属性等选项的相关属性进行修改。

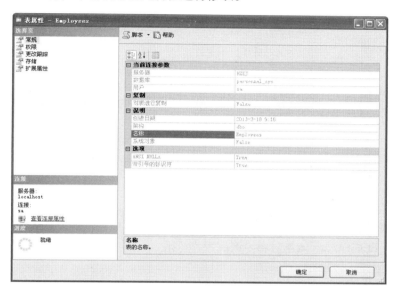

图 4-2　Employees 表【属性】窗口

【练习 3】

为 personnel_sys 数据库中的 Employees 表添加 public 角色的修改、删除、插入、选择和更新操作，具体步骤如下。

（1）使用 SQL Server Management Studio 连接到数据库服务器实例。

（2）在【对象资源管理器】窗口中，依次展开【数据库】|personnel_sys|【表】节点列出数据库中的表。

（3）右击 Employees 数据表选择【属性】命令，打开图 4-2 所示的窗口。

（4）单击【权限】标签，在【权限】页单击【搜索】按钮打开【选择用户或角色】对话框，如图 4-3 所示。可以在其中输入要选择的对象名称，也可以通过单击【浏览】按钮打开【查找对象】对话框进行选择 public，如图 4-4 所示，单击【确定】按钮。

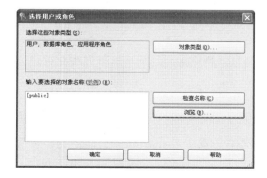

图 4-3　【选择用户或角色】对话框

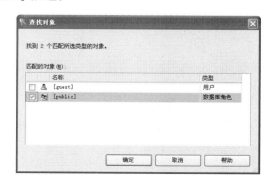

图 4-4　【查找对象】对话框

（5）在【权限】页面里面可以对表的各种操作设置授予权限，如图 4-5 所示。

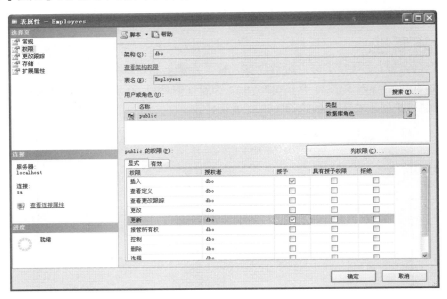

图 4-5 【权限】页面

（6）设置完成之后在【属性】窗口单击【确定】按钮，完成表权限属性的修改操作。

（7）如果希望设置 public 角色对表中列的操作权限，可以单击【列权限】按钮在弹出的【列权限】对话框中进行设置，如图 4-6 所示。

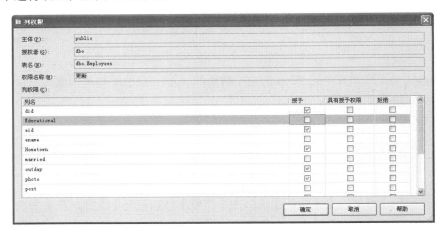

图 4-6 【列权限】对话框

4.1.3 列

在使用数据表的过程中可以根据需要添加新列，也可以删除无用的列。本节详细介绍对列进行添加、删除和修改的方法。

1. 在表设计器中修改和删除列

【练习 4】

在创建表的设计器中可以对列进行修改和删除。例如要修改 Departments 表的列，步骤如下所示。

（1）在 SQL Server Management Studio 中展开 Departments 表所在的数据库。

（2）展开表并右击 Employees，选择【设计】命令打开表设计器。

（3）在图 4-7 所示的设计器页面中对列进行修改或者删除，也可以增加新列，以及更新列的数据类型。

图 4-7　表设计器

在 Departments 列下面的空白行中可以直接添加新的列名及相关属性。列的顺序对表的操作、数据的查询等没有影响，但如果一定要插入到某个位置，可以在插入位置单击鼠标右键选择【插入行】命令。此时原来的行下移并在该位置出现空白行，编辑保存即可。

在表设计器中可以直接修改列名和列的属性。但表中若存在数据，列的数据类型修改就必须兼容表中已有的数据，否则可能造成数据丢失。对列的删除同样在表设计器中进行，只需右击列，选择【删除列】命令即可删除该列。

2．使用语句修改和删除列

添加、修改和删除列都可以通过 ALTER TABLE 语句完成。如果是添加列，新列一般会出现在最后，但是对数据的查询、修改和删除等操作没有影响。

【练习 5】

向 personnel_sys 数据库的 Departments 表中增加一个 createdat 列，语句如下。

```
ALTER TABLE Departments ADD createdat datetime
```

【练习 6】

将 Departments 表中的 createdat 列删除，语句如下。

```
ALTER TABLE Departments DROP COLUMN createdat
```

4.2　删除表

在 SQL Server Management Studio 中删除一个表的操作非常简单，只需要使用右键单击该表执行【删除】命令，并在弹出的【删除对象】窗口中单击【确定】按钮即可。如图 4-8 所示为删除 Departments 表时的窗口。

【练习 7】

使用 DROP TABLE 语句也可以删除表。同样是删除 Departments，实现语句如下。

```
DROP TABLE Departments
```

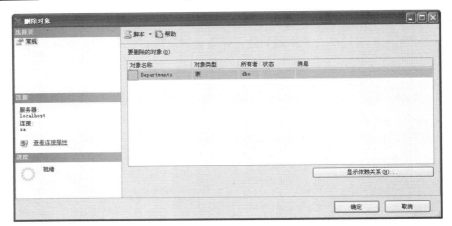

图 4-8 【删除对象】窗口

4.3 管理表中数据

在以上两个小节中详细介绍了对表的各种操作，在 SQL Server 2008 中要编辑表中的数据也非常简单。同样是在 SQL Server Management Studio 提供的图形管理器中就可以完成对数据表中数据的添加、修改和删除等操作。

4.3.1 添加数据

SQL Server Management Studio 提供了一个图形界面的查询设计器，可以让用户很方便地完成对表中数据的编辑操作。

查询设计器是以二维表格的形式列出表中的所有列，用户可以在表中添加数据行（记录），或修改行中的数据，或删除选中的数据行。查询设计器的视图界面如图 4-9 所示。

eid	ename	did	post	sex	Hometown	married
100302	张婕	10003	职员	男	河南	未婚
100303	于莉	10003	职员	女	湖南	未婚
100304	张均奈	10003	职员	男	河北	未婚
100305	高云	10003	职员	男	山东	已婚
100306	贺永风	10003	职员	男	辽宁	未婚
100401	陈霞	10004	经理	女	河南	未婚
100402	祝悦桐	10004	职员	女	河南	未婚
100403	李庆全	10004	职员	男	江苏	未婚
100501	凌锡伟	10005	经理	男	福建	已婚
100502	杨光	10005	职员	男	山东	未婚
100503	孙健	10005	职员	男	山东	未婚
100504	王克强	10005	职员	男	山西	已婚
100505	许浩	10005	职员	男	黑龙江	未婚
*	NULL	NULL	NULL	NULL	NULL	NULL

图 4-9 SQL Server Management Studio 查询设计器

【练习 8】

例如，如果要向数据库 personnel_sys 中的 Employees 表中保存一些员工信息，可以执行以下操作。

（1）在 SQL Server Management Studio 中，连接到包含 db_books 数据库的 SQL 实例。

（2）在【对象资源管理器】窗口中，展开【数据库】| personnel_sys |【表】节点。

（3）使用右键单击表名 Employees，在弹出的快捷菜单中选择【编辑前 200 行】命令。

（4）执行【编辑前 200 行】命令以后，系统将打开查询设计器，并返回数据库表中的前 200 条记录，如图 4-10 所示。当然如果数据库中记录不足 200 行，则返回所有记录。

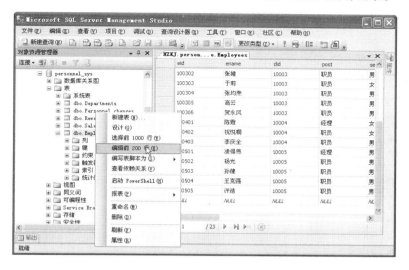

图 4-10　编辑 Employees 表

（5）如果要在 Employees 表中添加记录，可以直接在表中最后一行的相应列中输入相应的数据即可。

（6）使用同样的方式，向数据库表中添加多行员工信息。添加所有的数据以后，为确保数据正确存入，可以单击【查询设计器】工具栏上的【执行 SQL】按钮来保存对数据库表的操作。

4.3.2　修改数据

使用 SQL Server 2008 修改表数据和添加操作非常相似，也是在 SQL Server Management Studio 查询设计器中修改相应记录的相应字段即可，如图 4-11 所示。

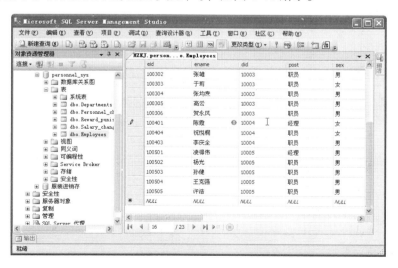

图 4-11　修改表数据

当然，执行完修改操作以后，最好使用【查询设计器】工具栏上的【执行 SQL】按钮来保存对数据库表的操作。

4.3.3 删除数据

使用 SQL Server Management Studio 的查询设计器还可以删除表中指定行的数据。方法是首先在查询设计器中选中指定的数据行，然后使用右键快捷菜单中的【删除】命令即可删除选中的行。

【练习 9】

假设要删除 Employees 表中的 eid 字段为 100101 和 100201 的两行数据，可以执行以下步骤。

（1）在 SQL Server Management Studio 中打开 Employees 表的查询设计器。

（2）单击 eid 字段的值为 100101 和 100201 的两行数据第一列左侧的选择按钮▶ 选中这两行数据，如图 4-12 所示。

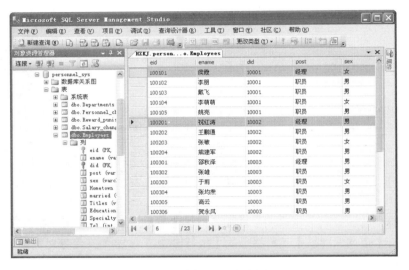

图 4-12　选择要删除的数据

> **技巧**
> 按下键盘中的 Ctrl 键可以选中数据库表中多个不连续的数据行。

（3）在选中的数据行上单击鼠标右键，执行弹出的快捷菜单中的【删除】命令，如图 4-13 所示。

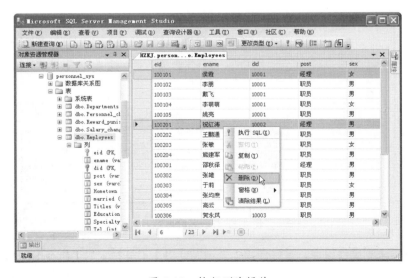

图 4-13　执行删除操作

（4）执行完【删除】命令以后，系统会弹出确认删除的提示对话框，如图 4-14 所示。

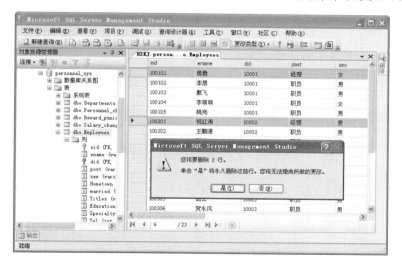

图 4-14　确认删除

（5）如果确认删除，单击【是】按钮即可删除选中数据，如图 4-15 所示。

图 4-15　删除成功

4.4　关系图

　　　　在数据库中一般不止一个表，为了防止数据冗余，表与表之间，表和列之间大多是有联系的。SQL Server 2008 通过一种图形化的表示方法来展示这种联系，这就是关系图。

4.4.1　创建关系图

【练习 10】

假设要在 personnel_sys 数据库中创建一个员工信息、部门信息和人事调整信息之间的关系图，具体步骤如下所示。

（1）在 SQL Server Management Studio 中连接到 personnel_sys 数据库的服务器实例。

（2）在【对象资源管理器】窗口中依次展开【数据库】| personnel_sys，使用右键单击【数据库关系图】节点选择【新建数据库关系图】命令，将会开始新建一个数据库关系图。

（3）在打开的【添加表】对话框中选择要添加到关系图中的表，如图 4-16 所示。

图 4-16　选择数据表

（4）这里选择数据库中的 Departments 表、Employees 表和 Personnel_changes 表，再单击【添加】按钮添加选中的表。然后单击【关闭】按钮关闭【添加表】对话框。

（5）在【数据库关系图】设计器中可以通过拖动主键到另外与之关联表中列上的方式来创建表间关系。

（6）设计完成之后可以非常直观地查看表间关系，如图 4-17 所示。

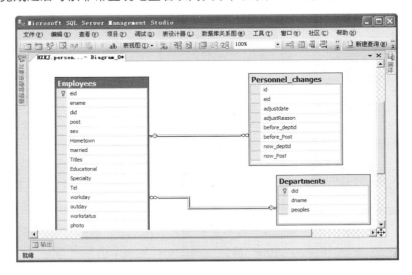

图 4-17　【数据库关系图】设计器

（7）最后单击工具栏上的【保存】按钮或者按下 Ctrl+S 键保存关系图。

4.4.2　使用关系图

所谓关系图是一个描述表与表之间联系的图。因此关系图的使用也是围绕联系展开的，主要包括创建表之间的联系，以及删除联系。

1. 创建表之间的联系

表与表之间的关系，在数据库中通过主键和外键来关联。相关联的两个表称为主键表和外键表。主键表和外键表是共存的，其中主键表指其他表中的列，要与该表的主键关联；外键表指表中的列（主键除外）要与其他表的主键相关联。

【练习 11】

假设要在 personnel_sys 数据库中创建一个员工信息和部门信息之间的联系，具体步骤如下所示。

（1）使用【数据库关系图】设计器创建一个关系图，并添加 Employees 表和 Departments 表。

（2）在关系图设计器中右击 Employees 表选择【关系】命令，从弹出的【外键关系】对话框中单击【添加】按钮创建一个关系，如图 4-18 所示。

（3）单击【表和列规范】选项后面的[...]按钮，在弹出的【表和列】对话框中设置 Departments 表的 did 列作为主键，Employees 表的 did 列作为主键，如图 4-19 所示。

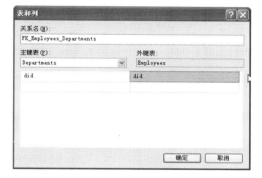

图 4-18 【外键关系】对话框　　　　　　　图 4-19 【表与列】对话框

（4）单击【确定】按钮完成关系的创建。此时，关系图中所描述的关系就添加到数据库中，对数据库产生了影响。

2. 删除联系

在如图 4-20 所示两表中间的连线上右击选择 [从数据库中删除关系(D)] 命令，此时会有提示对话框，再单击【确定】按钮完成删除，关系连线消失。

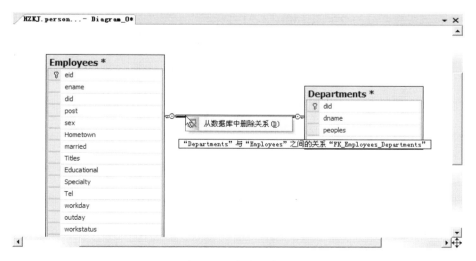

图 4-20 关系图实例

4.5 实例应用：创建药品信息数据表——

■ 4.5.1 实例目标

本小节之前的内容已经详细讲解了在 SQL Server 2008 下使用 SQL Server Management Studio 管理数据表的方法。在本节将综合运用前面介绍的知识，创建一个简单的药品数据库，并创建保存药品信息和类别的数据表。然后针对这两个数据表创建关系图。

■ 4.5.2 技术分析

如表 4-1 和表 4-2 所示为药品类别表和药品信息表的说明。

表 4-1 药品类别表

列　　名	数 据 类 型	允 许 为 空	备　　注
类别编号	int	否	主键
类别名称	varchar(50)	否	
上级类别编号	int	是	默认值 0

表 4-2 药品信息表

列　　名	数 据 类 型	允 许 为 空	备　　注
药品编号	int	否	主键
药品名称	varchar(50)	否	
类别编号	int	否	默认值 0

首先根据表 4-1 和表 4-2 的说明创建数据表，再分别向表中添加测试数据。然后创建一个关系图，将药品类别表的类别编号作为主键，药品信息表的类别编号作为外键建立联系。

■ 4.5.3 实现步骤

（1）首先使用 SQL Server Management Studio 连接到数据库的默认实例。

（2）在【对象资源管理器】窗口中右击【数据库】节点选择【新建数据库】命令，在弹出的窗口中创建一个名为医药系统的数据库，如图 4-21 所示。

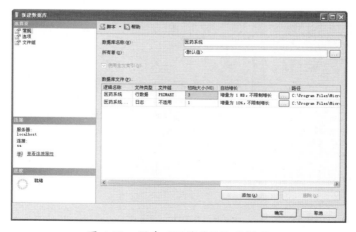

图 4-21　创建"医药系统"数据库

（3）单击【确定】按钮完成创建。然后在【医药系统】数据库节点下右击【表】节点选择【新建表】命令。

（4）在表设计器中根据表 4-1 列出的说明设计列名、数据类型和允许 Null 值。完成后右击【类别编号】所在的行选择【设置主键】命令，如图 4-22 所示。

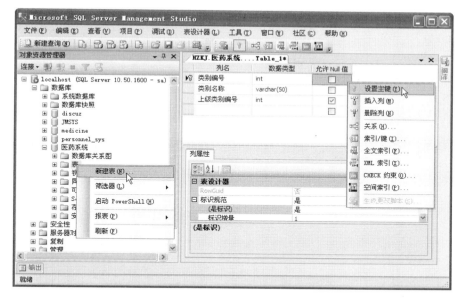

图 4-22　设计"药品类别表"

（5）设置主键后，将该表保存为药品类别表。

（6）根据表 4-2 列出的说明创建药品信息表，最终设计器效果如图 4-23 所示。

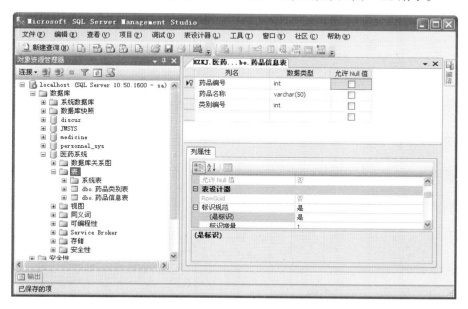

图 4-23　设计"药品信息表"

（7）展开医药系统数据库的【表】节点，右击【药品类别表】节点选择【编辑前 200 行】命令。在设计器中为药品类别表添加数据，最终效果如图 4-24 所示。

（8）使用类似的方法向药品信息表中添加数据，最终效果如图 4-25 所示。

图 4-24　添加数据后的药品类别表

图 4-25　添加数据后的药品信息表

（9）接下来开始创建关系图。在【医药系统】数据库下右击【数据库关系图】节点选择【新建数据库关系图】命令，在弹出的【添加表】对话框中选中药品类别表和药品信息表，如图 4-26 所示。

图 4-26　新建数据库关系图

（10）关闭添加表对话框。在关系图设计器中拖动药品信息表中的类别编号到药品类别表，在弹出的【表和列】对话框中设置主键和外键信息，如图 4-27 所示。

（11）单击【确定】按钮确定创建关联，创建之后两表之间会有一个关系线。按下 Ctrl+S 快捷键将关系图保存为医药关系图，如图 4-28 所示。

图 4-27　【表和列】对话框

图 4-28　保存关系图

（12）为了使数据表的名称更加规范，下面将表名重命名英文的表示形式。实现语句如下所示：

```
USE 医药系统
GO
```

```
EXEC sp_rename '药品类别表', 'MedecineClass'
EXEC sp_rename '药品信息表', 'MedecineInfo'
```

（13）上述语句将药品类别表重命名为 MedecineClass，将药品信息表重命名为 MedecineInfo。如图 4-29 所示为重命名后的表名及关系图。读者可以将列名也重命名为英文的表示形式。

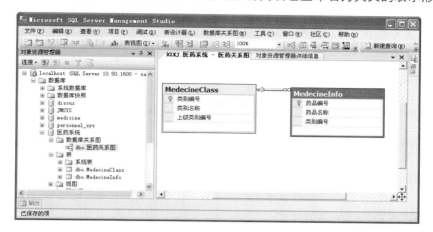

图 4-29　重命名后的表及关系图

4.6 拓展训练

设计用户信息表

使用所学的知识在 SQL Server 2008 中完成如下操作。

（1）创建一个名为"企业网站"的数据库。

（2）创建用户基本信息表，包括的字段有：用户 ID、用户名、密码、邮箱、申请时间、登录累计天数和会员等级编号，其中用户 ID 为主键。

（3）创建会员等级表，包括的字段有：会员等级编号、级别名称字段，其中会员等级编号为主键。

（4）把用户基本信息表改为 UserMessage，把会员等级表改为 VIPName。

（5）将 UserMessage 表中的字段分别改为 Uid、Uname、Upassword、Uemail、UaddTime、Udays 和 Unum。

（6）将 VIPName 表中的字段分别改为 Vnum 和 Vname。

（7）在 UserMessage 表和 VIPName 表之间创建一个关系图。

4.7 课后练习

一、填空题

1. 假设要将 Members 表重命名为会员表，应该使用语句_____。

2. 删除表 Users 的语句是_____。

3. 表与表之间的联系，在数据库中通过主键和_____来定义。

二、选择题

1. 假设要向表 Members 表中增加一个 scores 列，下面语句正确的是_____。

    A. ALTER TABLE Members ADD scores int

    B. ALTER TABLE Members ADD COLUMN scores int

    C. CREATE TABLE Members ADD COLUMN scores int

    D. CREATE TABLE Members ADD scores int

2. 下列说法正确的是_____。

    A. 关系图描述了数据库之间的关系

    B. 关系图是用来查询表数据的

    C. 列的添加顺序对数据的查询没有影响

    D. 列只能添加在最后

3. 下列关于关系图的说法错误的是_____。

    A. 关系图描述了数据库之间的关系

    B. 关系图描述了数据表之间的关系

    C. 关系图中可以更改主键和外键

    D. 关系图不保存数据

三、简答题

1. 列出在表设计器中可以进行的表操作。

2. 简述如何在管理器中对表中的数据进行添加、修改和删除。

3. 简述建立关系图的作用。

第 5 课
数据表完整性约束

　　创建数据库和表之后便可以向表中存储数据,但是由于数据是从外界输入的,而数据的输入会发生输入无效或错误信息。为了保证输入的数据符合规定,SQL Server 2008 提供了大量的完整性约束。这些约束应用于基表,基表使用约束确保表中值的正确性。本课将详细介绍 SQL Server 2008 中应用于基表的各种列约束,以及默认值和规则的应用。

本课学习目标:

❏ 了解维护数据完整性的方法
❏ 理解空和非空的概念及约束方法
❏ 掌握自动编号约束里起始值和增量的设置
❏ 掌握对列应用主键和外键约束的方法
❏ 熟悉惟一性约束、验证约束和默认值约束的使用
❏ 掌握默认值对象的创建、绑定以及删除操作
❏ 掌握规则对象的创建、绑定以及删除操作

5.1 数据完整性概述

数据完整性是指存储在数据库中的所有数据值均正确的状态。如果数据库中存储有不正确的数据值，则该数据库称为已丧失数据完整性。

5.1.1 数据完整性简介

广义上来说，数据完整性是指数据库中数据的准确性和一致性。数据完整性是衡量数据库中数据质量好坏的一种标志，是确保数据库中数据一致、正确以及符合企业规则的一种思想。它可以使无序的数据条理化，确保正确的数据被存放在正确位置的一种手段。

满足完整性要求的数据必须具有以下三个特点。

1. 数据的值正确无误

首先数据类型必须正确，其次数据的值必须处于正确的范围内。例如，在"图书管理系统"数据库的"图书明细表"中，"出版日期"一列必须满足取值范围在当前日期之前。

2. 数据的存在必须确保同一表格数据之间的和谐关系

例如，在"图书明细表"的"图书编号"一列中每一个编号对应一本图书不可能将其编号对应多本图书。

3. 数据的存在必须能确保维护不同表之间的和谐关系

例如，在"图书明细表"中"作者编号"一列对应"作者表"中的"作者编号"一列。在"图书明细表"中"作者编号"列所对应"作者表"中的作者编号及相关信息。

5.1.2 数据完整性分类

数据完整性是指数据的精确性和可靠性。它是为防止数据库中存在不符合语义规定的数据和防止因错误信息地输入输出造成无效操作或错误信息而提出的。数据完整性分为四类：实体完整性（Entity Integrity）、域完整性（Domain Integrity）、参照完整性（Referential Integrity）、用户定义的完整性（User defined Integrity）。

1. 实体完整性

实体完整性规定表的每一行在表中是惟一的实体。实体就是数据库所要表示的一个实际的物体或事件。实体完整性要求主键的组件不能为空值。即单列主键不接受空值，复合主键的任何列也不能接受空值。

实体完整性约束来源于关系模型，而不是来源于任何特殊的应用程序的要求。实体完整性不同于其他数据库管理模型中域约束的方式，这种对于主键不能包含空值要求的原因即真实的实体通过用于惟一标识符的主键相互区分。

实体完整性的完整性问题在于设计问题，用户在设计数据库时，应该通过指定一个主键来保证实体的完整性，该主键在设计数据库时不能接受空值。例如，在"图书管理系统"数据库的"图书明细表"中，是以"图书编号"列为主键来约束其完整性。

2. 域完整性

域完整性是指数据库表中的列必须满足某种特定的数据类型或约束。其中约束又包括取值范围、精度等规定。表中的 CHECK、FOREIGN KEY 约束和 DEFAULT、NOT NULL 定义都属于域完整性的范畴。

3. 参照完整性

参照完整性是指两个表的主键和外键的数据应对应一致。它确保了有主键的表中对应其他表的外键的行存在，即保证了表之间数据的一致性，防止了数据丢失或无意义的数据在数据库中扩散。参照完整性是建立在外键和主键之间或外键和唯一性关键字之间的关系上的。

在 SQL Server 中，参照完整性的作用表现在如下几个方面。

❑ 禁止在从表中插入包含主表中不存在的关键字的数据行。

❑ 禁止会导致从表中的相应值孤立的主表中的外键值改变。

❑ 禁止删除在从表中的有对应记录的主表记录。

4. 用户定义的完整性

这种类型完整性由用户根据实际应用中的需要自行定义。可以用来实现用户定义完整性的方法有规则（Rule）、触发器（Trigger）、存储过程（Stored Procedure）和数据表创建时可以使用的所有约束（Constraint）。

提示

通过使用这些强制的完整性定义，数据库管理系统将提供更加可靠的数据，同时避免在多个用户同时操作数据库时可能发生的数据不一致。

5.2　列约束

约束是 SQL Server 2008 提供的自动保持数据库完整性的一种方法，它通过限制字段中的数据、记录中的数据和表之间的数据来保证数据的完整性。

在 SQL Server 中约束是定义在表和列上的，该约束可以被定义为列定义的一部分，或者被定义为表定义中的一个元素。

5.2.1　非空约束

所谓非空约束就是指限制一个列不允许有空值，与它对应的是空值约束，即 NULL 与 NOT NULL 约束。NULL 表示允许列为空，NOT NULL 表示不允许列为空。

列的为空性决定表中的行是否可以为该列包含空值。出现 NULL 通常是表示值未知或未定义。空值（或 NULL）与零、空白或者长度为零的字符串不同。NULL 的意思是没有输入。NOT NULL 则表示不允许为空值，即该列必须输入数据。

如果使用 NULL 约束，需要注意以下几点。

❑ 如果插入了一行，但没有为允许 NULL 值的列包含任何值，除非存在 DEFAULT 定义或 DEFAULT 对象，否则数据库引擎将提供 NULL 值。

❑ 用关键字 NULL 定义的列也接受用户的 NULL 显式输入，不论它是何种数据类型，或者是否有默认值与之关联。

❑ NULL 值不应放在引号内，否则会被解释为字符串"NULL"而不是空值。

技巧

指定某一列不允许空值有助于维护数据的完整性，因为这样可以确保行中的列永远包含数据。如果不允许空值，用户向表中输入数据时必须在列中输入一个值，否则数据库将不接受该表行。

【练习 1】

指定一个列是否可以为空最简单的方法是，在 SQL Server Management Studio 的【表设计器】窗口中进行设置。如图 5-1 所示为 MedicineClass 表的【表设计器】窗口。

在该窗口中表的每个列都对应一个【允许 Null 值】复选框，通过启用【允许 Null 值】复选框表示该列允许为空，否则表示不允许为空。

图 5-1　创建非空列

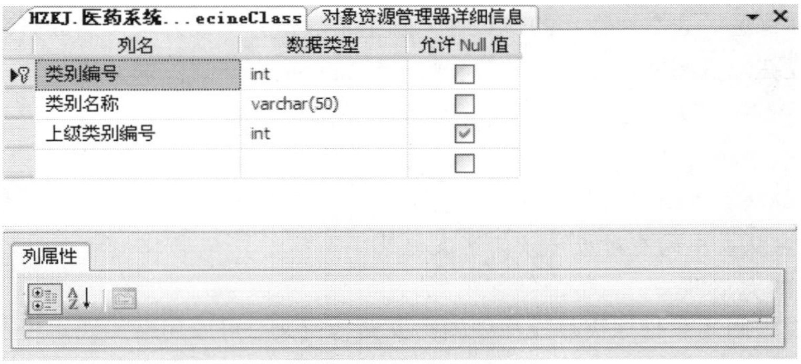

【练习 2】

在使用 CREATE TABLE 语句创建表时也可以指列的非空性。例如，要创建如图 5-1 所示的 MedicineClass 表，CREATE TABLE 实现语句如下。

```
CREATE TABLE MedicineClass
(
类别编号 int NOT NULL,
类别名称 varchar(50) NOT NULL,
上级类别编号 int NULL
)
```

如上述语句所示，通过在列的数据类型后使用 NOT NULL 关键字指定列不能为空，使用 NULL 关键字指定列允许为空。

【练习 3】

假设 MedicineClass 表已经存在，现在要将上级类别编号列修改为不允许为空，语句如下。

```
ALTER TABLE MedicineClass
ALTER
COLUMN 上级类别编号 int NOT NULL
```

注意

将 NULL 修改为 NOT NULL 时，必须保证该列数据没有空值，否则会出错。

5.2.2　自动编号约束

有些时候，一个信息表中可能会没有一个能够惟一确定这条记录的字段。例如一个用户信息表就没有办法使用用户信息的某个属性惟一确定某个用户。如果使用姓名可能会存在重名的情况；如果使用身份证号，可能存在缺少该属性的情况（比如用户忘记带身份证之类的情况）。所以通常在遇到这种情况的时候，会采取数字编号的方式，例如第一个录入的用户编号是 1，第二个录入的用户编号是 2，依次类推。在 SQL Server 2008 中可以创建自动编号的列来实现这种功能。

自动编号的列又称为标识列或 IDENTITY 约束。就像等差数列一样，依次增加一个增量。IDENTITY 约束就是为那些数值顺序递增的列准备的约束，自动完成数值添加。例如报考时用到的【考生编号】字段，就可以设置标识列，按添加顺序依次加 1。

在使用 IDENTITY 时需要注意以下几点。

❑ 标识数据不能由用户输入，用户只需要填写【标识种子】和【标识增量】，系统自动生成数据并填入表。

- 标识列第一条记录称为【标识种子】，依次增加的数称为【标识增量】。
- 每个表只能有一个标识列。
- 【标识种子】和【标识增量】都是非零整数，位数等于或小于 10。
- 标识列的数据类型只能是 tinyint、smallint、int、bigint、numeric、decimal。并且当数据类型为 numeric 和 decimal 时，不能有小数位。

【练习 4】

在创建表或者修改表时，通过【表设计器】窗口可以很方便地将某列设置为标识列。方法是：首先选定某列，然后在【列属性】区域将【标识规范】节点展开，第一行就是设置是否将列设为标识。单击该行，右侧出现下拉菜单标记，单击▼展开下拉菜单，并选择【是】选项。此时【标识规范】节点下的【标识增量】属性、【标识种子】属性和【不用于复制】属性显示为可编辑状态，直接编辑相关属性即可，如图 5-2 所示。

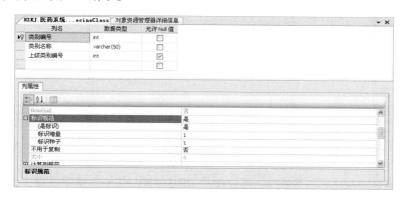

图 5-2　标识列设置

【练习 5】

使用 CREATE TABLE 指定标识符的方法是使用 IDENTITY 关键字，并同时指定标识增量和标识种子属性或者同时不指定。在不指定的情况下，默认两者均为 1。

例如，对于如图 5-2 所示的类别编号列，使用 CREATE TABLE 的实现语句如下。

```
CREATE TABLE MedicineClass
(
类别编号 int IDENTITY(1,1),
类别名称 varchar(50),
上级类别编号 int
)
```

5.2.3　主键约束

主键（PRIMARY KEY）是使用数据表中的一列或多列来惟一标识一条记录。也就是说，在一个数据表中不能存在主键完全相同的两条记录，而且位于主键中的数据必须是确定的数据，不可以为 NULL。

警告

在同一张表中，可能存在不只一个列（或组合）可以惟一地标识表中的数据。这些列（或组合）被称为候选键。数据库设计人员可以根据需求从候选键中挑选一个最为合适的列（或组合）作为表的主键。

每个表中只能有一个列（或组合）被定义为主键约束，所以该列不能包含有空值，并且 IMAGE 和 TEXT 类型的列不能定义为主键。

【练习6】

在 SQL Server Management Studio 中管理主键的方法是在【表设计器】窗口中右击要设置为主键的列选择【设置主键】命令，如图 5-3 所示。对于已经是主键的列右击可以选择【删除主键】命令移除主键，如图 5-4 所示。

图 5-3　设置主键　　　　　　　　　图 5-4　删除主键

> **注意**
>
> 对于创建好的表，选择主键列时要确定不能有重复数据且没有空值，否则会出错。

【练习7】

在使用 CREATE TABLE 创建表时，可以使用 PRIMARY KEY 关键字设置主键列。例如，下面语句在创建 MedicineClass 表时将类别编号设置为主键。

```
CREATE TABLE MedicineClass
(
类别编号 int PRIMARY KEY,
类别名称 varchar(50) ,
上级类别编号 int
)
```

【练习8】

对于现有的表可以使用 ALTER TABLE 语句来更改列为主键，这里也要保证主键列中没有重复值和空值。

例如，下面语句将 MedicineClass 表的类别编号列设置为主键。

```
ALTER TABLE MedicineClass
ADD CONSTRAINT 类别编号 PRIMARY KEY(类别编号)
```

【练习9】

将 MedicineClass 表中类别编号列的主键删除，语句如下。

```
ALTER TABLE MedicineClass
DROP CONSTRAINT 类别编号
```

5.2.4　外键约束

外键约束又叫 FOREIGN KEY 约束，它保证了数据库中各个表中数据的一致性和正确性。将一个表的一列（或列组合）定义为引用其他表的主键或惟一约束列，则引用表中的这个列（或列组合）

就称为外键。被引用的表称为主键约束（或惟一约束）表；引用表称为外键约束表。

1．在创建表的时候创建 FOREIGN KEY 约束

使用语法如下所示。

```
CREATE TABLE 外键表名称(
字段 数据类型 PRIMARY KEY,
字段 数据类型,
CONSTRAINT 约束名
FOREIGN KEY (外键表外键字段名)
REFERENCES 主键表名(主键表主键字段名)
)
```

【练习 10】

在 MedicineClass 表中类别编号列是主键。现在要创建 MedicineInfo 表，且要求 MedicineInfo 表中类别编号列作为外键关联 MedicineClass 表的类别编号列，使用语句如下。

```
CREATE TABLE MedicineInfo
(
药品编号 int not null,
药品名称 varchar(50) ,
类别编号 int,
CONSTRAINT 类别编号外键关联
FOREIGN KEY (类别编号)
REFERENCES MedicineClass(类别编号)
)
```

2．对现有表创建 FOREIGN KEY 约束

使用查询语句如下所示。

```
ALTER TABLE 外键表名
WITH CHECK
ADD FOREIGN KEY(外键字段名) REFERENCES 主键表名(主键)
```

【练习 11】

修改现有的 MedicineInfo 表，将类别编号列作为外键关联 MedicineClass 表的类别编号列，实现语句如下。

```
ALTER TABLE MedicineInfo
WITH CHECK
ADD FOREIGN KEY(类别编号)
REFERENCES MedicineClass(类别编号)
```

3．删除 FOREIGN KEY 约束

使用 DROP 关键字删除约束，语法如下所示。

```
ALTER TABLE 表名称
DROP
CONSTRAINT 外键约束名
```

【练习 12】

假设要删除 MedicineInfo 表中的 FOREIGN KEY 约束，语句如下。

```
ALTER TABLE MedicineInfo
DROP
CONSTRAINT 类别编号外键关联
```

5.2.5 惟一性约束

惟一性约束（UNIQUE）指定一个或多个列组合的值具有惟一性，以防止在列中输入重复的值。惟一性约束指定的列可以有 NULL 属性。由于主键值是具有惟一性的，因此主键列不能再设定惟一性约束。

尽管 UNIQUE 约束和 PRIMARY KEY 约束都强制惟一性，但如果要强制一列或多列组合（不是主键）的惟一性时应使用 UNIQUE 约束而不是 PRIMARY KEY 约束。

UNIQUE 约束和 PRIMARY KEY 约束的区别如下所示。

❑ 可以对一个表定义多个 UNIQUE 约束，但只能定义一个 PRIMARY KEY 约束。

❑ UNIQUE 约束允许 NULL 值，这一点与 PRIMARY KEY 约束不同。不过当与参与 UNIQUE 约束的任何值一起使用时，每列只允许一个空值。

❑ FOREIGN KEY 约束可以引用 UNIQUE 约束。

【练习 13】

使用 SQL Server 2008 的【表设计器】窗口创建 UNIQUE 约束的步骤如下。

（1）在【表设计器】窗口上单击工具栏中的【管理索引和键】按钮，或者在选定列的右键菜单中选择【索引/键】命令打开【索引/键】对话框，如图 5-5 所示。

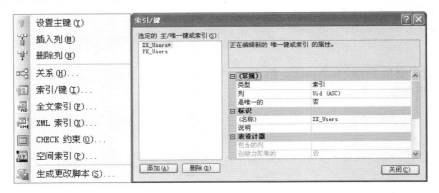

图 5-5　惟一性设置

（2）如图 5-5 所示的对话框中左边显示列表中已经存在的主键约束。单击【添加】按钮创建一个 UNIQUE 约束。

（3）在右侧编辑新建约束的属性。单击右侧列表中【列】设置项右侧的按钮，在打开的【索引列】对话框中进行设计。

（4）删除 UNIQUE 约束的方法是：同样打开【索引/键】对话框，在列表中选择要删除的约束，单击【删除】按钮删除完成关闭对话框返回，完成约束删除。

【练习 14】

在使用语句创建表时定义惟一性约束的语法如下所示。

```
CREATE TABLE 表名(
字段名 1 字段类型,
字段名 2 字段类型,
CONSTRAINT 约束名
```

```
UNIQUE(字段名1,字段名2)
)
```

创建一个 EmployeeInfo 表，列包含：员工编号、姓名、职称、性别、出生日期、参加工作时间、电话号码、地址和邮箱，并将姓名和电话号码设置为 UNIQUE 约束。

```
CREATE TABLE EmployeeInfo
(
员工编号 int PRIMARY KEY,
姓名 varchar(50) ,
职称 varchar(50),
性别 varchar(4) ,
出生日期 datetime,
参加工作时间 datetime ,
电话号码 varchar(50) ,
地址 varchar(50),
邮箱 varchar(50)
CONSTRAINT UNIQUE 约束
UNIQUE(姓名,电话号码)
)
```

【练习 15】

为已经存在的表设置惟一性索引,必须保证被选择设置 UNIQUE 约束的列或列的集合上没有重复值。

例如，将 EmployeeInfo 表中的邮箱字段设置为 UNIQUE 约束，查询语句如下。

```
ALTER TABLE EmployeeInfo
ADD
CONSTRAINT 邮箱约束
UNIQUE NONCLUSTERED (邮箱)
```

【练习 16】

将 EmployeeInfo 表中的邮箱约束删除，语句如下。

```
ALTER TABLE EmployeeInfo
DROP
CONSTRAINT 邮箱约束
```

5.2.6 验证约束

数据验证约束又称做 CHECK 约束，它通过给定条件（逻辑表达式）检查输入数据是否符合要求，依此来维护数据完整性。例如限制用户注册的用户名必须是字母和数字组成并以字母开头。

1. 界面操作表的 CHECK 约束

在 SQL Server Management Studio 中打开【表设计器】窗口，从工具栏中单击【管理 Check 约束】按钮打开【CHECK 约束】对话框。第一次创建时这里为空，单击【添加】按钮系统自动命名并添加了一个 CHECK 约束，如图 5-6 所示。

在对话框中编辑【表达式】、【名称】等，并单击【关闭】按钮。这里的【表达式】就是一个逻辑表达式。例如，性别必须是"男"或者"女"，可以写为"性别 in ('男','女')"。

该约束添加完成后再向 EmployeeInfo 表中插入记录时将会执行该约束检查，如图 5-7 所示。

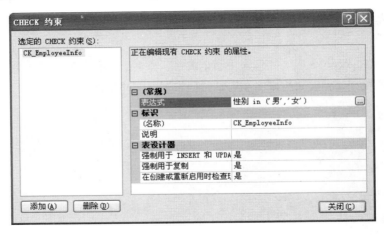

图 5-6 【CHECK 约束】对话框

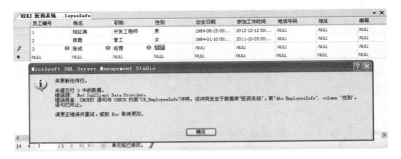

图 5-7 检查数据合法性

一个表或列可以存在多个 CHECK 约束，但是要保证这些验证不矛盾。

2. 使用查询语句管理 CHECK 约束

创建表的时候对表定义表级别 CHECK 约束，语法如下所示。

```
CREATE TABLE 表名
(
字段1 字段类型
CONSTRAINT 约束名
CHECK 验证表达式
)
```

CHECK 验证表达式可以有一个或多个。使用多个的时候可以用 AND 或 OR 连接，也可以用多个 CHECK 约束语句表达。

【练习 17】

创建一个用户表，并使用 CHECK 约束使年龄必须在 18~45 之间，语句如下。

```
CREATE TABLE 用户表(
用户编号 int PRIMARY KEY,
姓名 varchar(50) NOT NULL,
年龄 int NOT NULL
CONSTRAINT 检查年龄约束
CHECK (年龄>=18 AND 年龄<=45)
)
```

上述语句定义的是表级 CHECK 约束，也可以直接将 CHECK 约束写在列定之后，语句如下。

```
CREATE TABLE 用户表(
用户编号 int PRIMARY KEY,
姓名 varchar(50) NOT NULL,
年龄 int NOT NULL CHECK (年龄>=18 AND 年龄<=45)
)
```

【练习 18】

为用户表添加 CHECK 约束，使用户编号列必须大于 0。

```
ALTER TABLE 用户表
WITH CHECK
ADD
CONSTRAINT 用户编号 Check
CHECK (用户编号>0)
```

5.2.7　默认值约束

默认值约束也称为 DEFAULT 约束。将常用的数据值定义为默认值，可以节省用户输入时间，在非空的字段中定义默认值可以减少错误发生。

默认值可以像约束一样针对一个具体对象，也可以像数据库对象一样单独定义并绑定到其他对象。

在向表中插入数据时，若没有指定某一列字段的数值，则该字段的数值有以下几种情况。

❏ 如果该字段定义有默认值，则系统将默认值插入字段。

❏ 如果该字段定义没有默认值，但允许空，则插入空值。

❏ 如果该字段定义没有默认值，又不允许空，则报错。

如果使用 DEFAULT 约束，需要注意以下几种情况。

❏ DEFAULT 约束定义的默认值仅在执行 INSERT 操作插入数据时生效。

❏ 一列最多有一个默认值，其中包括 NULL 值。

❏ 具有 IDENTITY 属性或 TIMESTAMP 数据类型属性的列不能使用默认值，text 和 image 类型的列只能以 NULL 为默认值。

【练习 19】

设置默认值最简单的方法是在【表设计器】窗口中进行操作。方法是从【列属性】选项卡下展开【常规】节点，然后在【默认值或绑定】选项所在行单击，再到右边单元格编辑常量表达式，如图 5-8 所示。

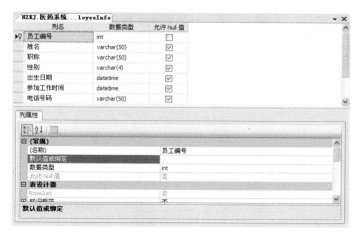

图 5-8　字段默认值

技巧

这里的常量表达式可以是具体数据值，也可以是有返回值的函数等。例如函数 GETDATE()用来返回当前时间，但是要符合该字段的数据类型及定义在该字段上的约束。

【练习 20】

创建一个会员表，使会员积分默认值为 100，使用 DEFAULT 约束的实现语句如下。

```
CREATE TABLE 会员表(
会员编号 int IDENTITY(1,1),
昵称 varchar(50) NOT NULL,
密码 varchar(50) NOT NULL,
邮箱 varchar(50) NOT NULL,
积分 int DEFAULT 100 NOT NULL
)
```

【练习 21】

为会员表添加 DEFAULT 约束，使会员密码默认为"000000"，实现语句如下。

```
ALTER TABLE 会员表
ADD
CONSTRAINT 默认密码
DEFAULT '000000' FOR 密码
```

【练习 22】

将会员表中的默认密码约束删除，实现语句如下。

```
ALTER TABLE 会员表
DROP
CONSTRAINT 默认密码
```

5.3 默认值

在 5.2.7 小节中讲解了如何在列中使用默认值约束，该约束只能应用到列上，而且对于有相同默认值要求的列需要创建多个默认值约束。为此 SQL Server 2008 提供了默认值对象，该对象一旦创建便可以重复使用。

下面详细介绍默认值对象的创建、绑定、查看及删除操作。

5.3.1 创建默认值

创建默认值对象使用的是 CREATE DEFAULT 语句，具体语法如下。

```
CREATE DEFAULT 默认值名称
AS 常量表达式
```

【练习 23】

在 medicine 数据库创建名为 Zero 的默认值，使用 0 为常量表达式，实现语句如下。

```
USE medicine
GO
CREATE DEFAULT Zero
```

```
AS 0
```

在这里要注意，默认值的定义不能包含列名，需要绑定到字段或是其他数据库对象才能使用。一个列只能绑定一个默认值，且该列最好不是惟一性列。

在【对象资源管理器】窗口中展开 medicine 数据库节点，再展开【可编辑性】|【默认值】节点，将会看到已经创建的默认值，如图 5-9 所示。

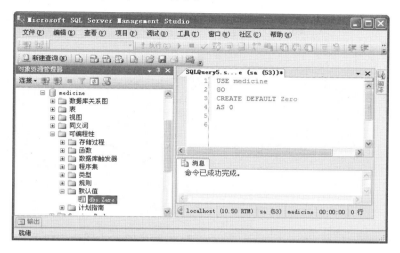

图 5-9　创建默认值

5.3.2　绑定默认值

默认值创建之后还不能立即使用，必须绑定到列才能生效。使用系统存储过程 sp_bindefault 实现默认值的绑定，具体语法如下所示。

```
sp_bindefault 默认值名称,列名.字段名
```

【练习 24】

在 medicine 数据库将 Zero 默认值绑定到 MedicineBigClass 表的 ParentId 字段，语句如下。

```
USE medicine
GO
sp_bindefault Zero,'MedicineBigClass.ParentId'
```

【练习 25】

若某列不再需要默认值，可以使用系统存储过程 sp_unbindefault 解决绑定。下面的语句解除了 MedicineBigClass 表上 ParentId 字段的默认值绑定。

```
USE medicine
GO
sp_unbindefault 'MedicineBigClass.ParentId'
```

5.3.3　查看默认值

使用【对象资源管理器】窗口展开数据库下的【可编程性】|【默认值】节点，然后在要查看的默认值名称上单击鼠标右键。从快捷菜单【编写默认值脚本为】的子菜单中可以选择的有【CREATE 到】、【DROP 到】和【DROP 和 CREATE 到】三个选项。鼠标放在它们任意一个上面选择【新查

询编辑器窗口】命令，接着在新创建的查询编辑器窗口便可以看到已经创建完成的 Zero 默认值，如图 5-10 所示。

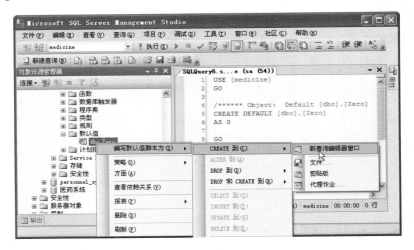

图 5-10　界面查看默认值

【练习 26】

使用 sp_help 存储过程查询 medicine 数据库 Zero 默认值，实现语句如下。

```
USE medicine
GO
sp_help Zero
```

查询结果如图 5-11 所示。

【练习 27】

使用 sp_helptext 存储过程查询 medicine 数据库 Zero 默认值，实现语句如下。

```
USE medicine
GO
sp_helptext Zero
```

查询结果如图 5-12 所示。

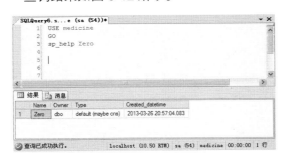

图 5-11　使用 sp_help 查看默认值　　　　图 5-12　使用 sp_helptext 查看默认值

■5.3.4　删除默认值

默认值不需要时就删除，使用 DROP DEFAULT 语句删除默认值。这里要保证默认值没有被绑定，否则该默认值尚在使用中，将无法删除。

【练习 28】

使用 DROP DEFAULT 语句删除 medicine 数据库 Zero 默认值，实现语句如下。

```
USE medicine
GO
DROP DEFAULT Zero
```

5.4 规则

规则是独立的 SQL Server 对象，它跟表和视图一样是数据库的组成部分。规则的作用和 CHECK 约束类似，用于完成对数据值的检验。它可以关联到多个表，在数据库中有数据插入和修改时，验证新数据是否符合规则，是实现域完整性的方式之一。

规则与 CHECK 约束的主要区别在于一列只能绑定一个规则，但却可以设置多个 CHECK 约束。

5.4.1 创建规则

使用 CREATE RULE 语句创建规则，语法如下所示。

```
CREATE RULE 规则名称
AS
条件表达式
```

这里的条件表达式同样使用逻辑表达式，与 CHECK 条件表达式不同的是以下内容。

❏ 表达式不能包含列名或其他数据库对象名。
❏ 表达式中要有一个以@开头的变量，代表用户的输入数据，可以看做是代替 WHERE 后面的列名。

【练习 29】

在 medicine 数据库中定义一个规则 CheckTime，限制输入的时间值必须小于当前时间，实现语句如下。

```
USE medicine
GO
CREATE RULE CheckTime
AS
@value <getdate()
```

5.4.2 绑定规则

规则和默认值对象一样，必须在绑定之后才能起作用。绑定之后的数据库对象，就如同定义了 CHECK 约束一样，在插入或修改数据时检验新数据。

规则的绑定需要使用系统存储过程 sp_bindrule，具体语法如下所示。

```
USE 数据库名
GO
sp_bindrule 规则名 表名.列名
[,@futureonly=< futureonly_flag >]
```

在上述语法中，"[,@futureonly=< futureonly_flag >]" 参数将规则绑定到用户自定义数据类型时使用。如果 futureonly_flag 为空，则该数据类型已有的数据将不受限制。如果不指定 futureonly，则该规则将绑定到所有使用该数据类型的列上并对已有的数据进行验证。

【练习 30】

将 medicine 数据库中的 CheckTime 规则绑定到 EmployeerInfo 表的 EmployeerWorkday 字段，实现语句如下。

```
USE medicine
GO
sp_bindrule CheckTime,'EmployeerInfo.EmployeerWorkday'
```

执行上述语句后会在【消息】区域中提示"已将规则绑定到表的列"，如图 5-13 所示。绑定完成后，在列属性中也可以看到。

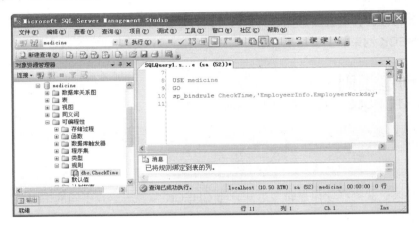

图 5-13　规则绑定

因为规则不是针对某一列或某个用户自定义数据类型，所以在该数据库对象不再需要使用规则的时候，可以取消对规则的绑定而不需要直接删除规则。取消对规则的绑定需要使用系统存储过程 sp_unbindrule，语法如下所示。

```
sp_unbindrule 表名.字段名
[,@futureonly=< futureonly_flag >]
```

【练习 31】

将 medicine 数据库中 EmployeerInfo 表的 EmployeerWorkday 字段解除规则绑定，实现语句如下。

```
USE medicine
GO
sp_unbindrule 'EmployeerInfo.EmployeerWorkday'
```

5.4.3　查看规则

使用存储过程 sp_help 查看规则，包括规则名称、所有者和创建时间等，具体语法如下。

```
sp_help [规则名]
```

在不写规则名的情况下，系统将会指定数据库中所有规则、索引、约束等查询，这个结果里面没有创建时间。

【练习 32】

查询 medicine 数据库中 CheckTime 规则的信息，实现语句如下。

```
USE medicine
GO
sp_help CheckTime
```

执行结果如图 5-14 所示。

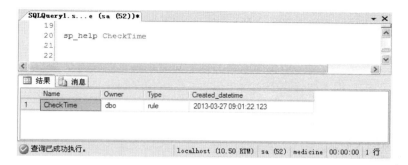

图 5-14　查看规则

【练习 33】

查询 medicine 数据库中 CheckTime 规则的定义，使用存储过程 sp_helptext 实现语句如下。

```
USE medicine
GO
sp_helptext CheckTime
```

执行结果如图 5-15 所示。

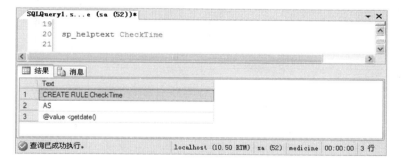

图 5-15　查询规则的定义

5.4.4　删除规则

不使用的规则可以使用 DROP RULE 语句删除，具体语法如下。

```
DROP RULE 规则名
```

【练习 34】

删除 medicine 数据库中的 CheckTime 规则，实现语句如下。

```
USE medicine
GO
DROP RULE CheckTime
```

5.5 实例应用：维护订单数据完整性

5.5.1 实例目标

网购已经被越来越多的用户接受和喜爱，可以选择的网购网站也越来越多。在网购网站中订单是最重要的核心功能模块，它记录了用户的购买信息以及购买的商品信息，因此订单数据的完整性和有效性是每个网购网站必须要解决的。

学习本课的内容之后，读者可以从数据库方面制订维护订单数据完整性的计划。这个计划主要体现在三个方面，即在数据库中保存哪些订单信息，这些信息划分为哪些数据表，每个数据表的数据如何约束。

5.5.2 技术分析

以一个简单的网购网站为例，将订单划分为两个表进行存储。第一个表用于存储订单的基本信息，详细描述如表 5-1 所示。

表 5-1　订单表

列　名	数据类型	是否允许为空	备　注
流水号	int	否	自动编号
订单号	varchar(12)	否	主键
客户名称	varchar(50)	否	
联系电话	varchar(11)	是	必须为数字
收货地址	varchar(100)	否	
下单日期	datetime	否	默认为当前日期
物流名称	varchar(50)	是	
物流费用	int	是	默认为 10
物流编号	varchar(8)	否	
付款方式	varchar(50)	是	现金|支票|货到付款

第二个表用于存储订单对应的商品明细，详细描述如表 5-2 所示。

表 5-2　订单明细表

列　名	数据类型	是否允许为空	备　注
流水号	int	否	主键、自动编号
订单号	varchar(12)	否	外键
数量	int	否	大于 0
价格	float	否	大于 0

5.5.3 实现步骤

（1）根据表 5-1 和表 5-2 对列的分析，下面开始创建表，并同时对列的约束进行设置。如下所示为订单表的创建语句。

```
CREATE TABLE 订单表
(
```

```
id int IDENTITY(1,1),
订单号 varchar(12) NOT NULL PRIMARY KEY,
客户名称 varchar(50) NOT NULL,
联系电话 varchar(11),
下单日期 datetime NOT NULL DEFAULT getdate(),
收货地址 varchar(100) NOT NULL,
物流名称 varchar(50),
物流费用 int DEFAULT 10,
物流编号 varchar(8) NOT NULL,
付款方式 varchar(50)
CONSTRAINT CheckPayment
CHECK (付款方式 in('现金','支票','货到付款'))
)
```

（2）联系电话必须为 11 位的数字，且第 1 位数字不为 0。为了实现这个限制以下创建了一个名为 phoneNum 的规则进行验证。

```
CREATE RULE phoneNum
AS
@value like'[1-9][0-9][0-9][0-9][0-9][0-9][0-9][0-9][0-9][0-9][0-9]'
```

（3）将 phoneNum 规则绑定到订单表的联系电话列。

```
sp_bindrule phoneNum,'订单表.联系电话'
```

（4）创建订单明细表，实现语句如下。

```
CREATE TABLE 订单明细表
(
id int PRIMARY KEY IDENTITY(1,1),
订单号 varchar(12) NOT NULL FOREIGN KEY REFERENCES 订单表(订单号),
数量 int NOT NULL,
价格 float NOT NULL
)
```

（5）由于需要多次用于验证是否大于 0，所以创建了一个规则来实现。

```
CREATE RULE validNumber
AS
@Number>0
```

（6）将上面创建的规则依次绑定到数量列和价格列。

```
sp_bindrule validNumber,'订单明细表.数量'
GO
sp_bindrule validNumber,'订单明细表.价格'
```

（7）上面语句的执行完成后，整个实例就会完成。接下来可以向表中添加数据以验证各个约束的有效性。

5.6 拓展训练

1．为学生信息表设计约束

创建一个"学生信息"表，该表包括列有"编号"、"学生编号"、"学生姓名"、"性别"、"政治面貌"和"家庭住址"，然后对该表应用如下约束。

❑ 对"编号"列使用自动编号。

❑ 将"学生编号"列设置为主键。

❑ 为"学生姓名"列和"家庭住址"列使用惟一性约束。

❑ 将"党员"作为"政治面貌"列的默认值。

❑ 检查"性别"列的有效性

2．使用规则约束完整性

创建一个"客户信息"表，该表包括列有"客户编号"、"客户姓名"、"联系电话"和"所在城市"，然后使用规则完成如下约束：

（1）创建一个名为"所在城市_rule"的规则，限定输入的值必须是"北京市"、"广州市"、"南京市"、"上海市"、"深圳市"、"天津市"、"西安市"、"郑州市"之一。

（2）使用 sp_bindrule 语句将规则绑定到"所在城市"列。

（3）添加数据测试规则的有效性。

（4）使用 sp_unbindrule 语句解除规则的绑定。

（5）删除"所在城市_rule"规则。

5.7 课后练习

一、填空题

1．数据完整性分为四类，分别是实体完整性、域完整性、_____和用户定义的完整性。

2．_____是关系数据库中增强表之间参照完整性的主要机制。

3．_____的使用方法与规则非常相似，也可以通过和表列或者用户自定义数据类型进行绑定，对新增加的数据进行约束。

4．创建默认值所使用的命令是_____。

5．_____是数据库对象之一，它的作用与 CHECK 约束的部分功能相同，在向表的某列插入或更新数据时，用它来限制输入新值的取值范围。

6．创建规则的命令是_____。

二、选择题

1．下列约束不属于域完整的是_____。

    A．验证约束

    B．外键约束

    C．自动编号

    D．默认值

2．关于约束，下列哪种说法是正确的？_____

A. 表数据的完整性用表约束就足够了

B. 自动编号的列数据都是有固定差值的

C. 一个列只能有一个 CHECK 约束

D. UNIQUE 约束列可以为 NULL

3. 下列关于规则说法错误的是_____。

A. CHECK 约束是用 DREATE TABLE 语句在建表时指定的，而规则需要作为单独的数据库对象来实现

B. 在一列上只能使用一个规则，但可以使用多个 CHECK 约束

C. 规则可以应用于多个示例，还可以应用于用户自定义的数据类型，而 CHECK 约束只能应用于它定义的行

D. 规则是实现域完整性的方法之一，它用来验证一个数据库中的数据是否处于一个指定的值域范围内

4. 下列说法正确的是_____。

A. 规则的修改需要先删除，再重新创建

B. 新建的列默认为 NOT NULL

C. CHECK 约束修改需要先删除，再重建

D. 默认值可以是任意有返回值的函数

三、简答题

1. 简述在列中使用空和非空的意义。

2. 简述 PRIMARY KEY 约束所受到的限制。

3. 简述创建 FOREIGN KEY 约束时应遵循的基本原则。

4. 简述规则与 CHECK 约束有哪些不同?

5. 简述默认值约束与默认值对象有何区别。

第6课
修改数据表数据

通常我们所说的操作数据库,实际也就是对数据库中表进行操作的简称。因为在数据库中表是最基本、最重要的组成元素。很多数据库对象都是基于表的,如存储过程、视图、关系图和触发器等。

对数据表中数据的操作主要有两种,查询操作和修改操作。查询对应的是 SELECT 语句。本课重点学习如何修改表中的数据,这些修改主要是使用 Transact-SQL 的 INSERT、UPDATE 和 DELETE 语句实现对数据表的插入、更新和删除。

本课学习目标:

- ❑ 熟悉 INSERT 语句的语法
- ❑ 掌握 INSERT 语句插入单行、多行数据的用法
- ❑ 掌握 INSERT SELECT 和 SELECT INTO 插入数据的用法
- ❑ 熟悉 UPDATE 语句的语法
- ❑ 掌握 UPDATE 语句更新单行、多行和部分数据的用法
- ❑ 熟悉 DELETE 语句的语法
- ❑ 掌握 DELETE 语句删除数据的用法

6.1 插入数据

所谓插入数据，指的是向数据库的表中插入（添加）新数据（记录）。这些数据可以是从其他来源得来，需要被转存或引入表中，也可以是新数据要被添加到新创建的表中或已存在的表中。

6.1.1 INSERT 语句简介

INSERT 语句是最常用的用于向数据表中插入数据的方法。使用 INSERT 语句可以向表中添加一个或多个新行。INSERT 语句的最简单形式如下。

```
INSERT [INTO] table_or_view [(column_list)] data_values
```

作用是将 data_values 作为一行或多行插入到已命名的表或视图中。其中，column_list 是用逗号分隔的一些列名称，可以用来指定为其提供数据的列。如果未指定 column_list，表或视图中的所有列都将接收到数据。

如果 column_list 未列出表或视图中所有列的名称，将在列表中未列出的所有列中插入默认值（如果为列定义了默认值）或 NULL 值。列的列表中未指定的所有列必须允许插入空值或指定的默认值。

由于 SQL Server 2008 数据库引擎会为特定类型的列生成值，因此 INSERT 语句不需要为这些类型的列指定值，如下所示：

❑ 具有 IDENTITY 属性的列，此属性为该列生成值。

❑ 具有默认值的列，此默认值用 NEWID 函数生成惟一的 GUID 值。

❑ 计算列，这些是虚拟列，被定义为 CREATE TABLE 语句中从另外一列或多列计算的表达式。例如，下列语句中的"周长"列：

```
CREATE TABLE 长方形周长
(
    长 INT NOT NULL,
    宽 INT NOT NULL,
    周长 AS (长 + 宽) * 2
)
```

在使用 INSERT 语句向表中插入数据时，所提供的数据值必须与列的列表匹配。数据值的数目必须与列数相同，每个数据值的数据类型、精度和小数位数也必须与相应列的属性匹配，可以通过下列方式指定数据值。

❑ 用 VALUES 子句为一行指定数据值，例如：

```
INSERT INTO 地址表 (编号, 描述) VALUES (101, ' 市区 ')
```

❑ 用 SELECT 子查询为一行或多行指定数据值，例如：

```
INSERT INTO 地址表 (编号, 描述)
    SELECT 地址号, 说明 FROM 客户表
```

6.1.2 INSERT 语句语法

上个小节简单介绍了使用 INSERT 语句向表中添加数据的两种方式。在具体开始使用 INSERT

语句之前，了解其语法是很必要的。其完整语法格式如下所示。

```
INSERT
    [ TOP ( expression ) [ PERCENT ] ]
    [ INTO]
    { <object> | rowset_function_limited
      [ WITH ( <Table_Hint_Limited> [ ...n ] ) ]
    }
{
    [ ( column_list ) ]
    [ <OUTPUT Clause> ]
    { VALUES ( { DEFAULT | NULL | expression } [ ,...n ] )
    | derived_table
    | execute_statement
    }
}
    | DEFAULT VALUES
[; ]
```

其中，尖括号 "<>" 为必选项；方括号 "[]" 为可选项；大括号 "{ }" 为可重复出现选项。下面具体说明语句中各个参数的含义。

- ❑ **WITH <common_table_expression>**　指定在 INSERT 语句作用域内定义的临时命名结果集（也称为公用表表达式）。结果集源自 SELECT 语句，公用表表达式还可以与 SELECT、DELETE、UPDATE 和 CREATE VIEW 语句一起使用。
- ❑ **TOP (expression) [PERCENT]**　指定将插入随机行的数目或百分比，expression 可以是行数或行的百分比值。在和 INSERT、UPDATE 或 DELETE 语句结合使用的 TOP 表达式中引用的行不按任何顺序排列。

> **警告**
>
> 在 INSERT、UPDATE 和 DELETE 语句中，需要使用括号分隔 TOP 中的 expression。

- ❑ **INTO**　一个可选的关键字，可以将它用于 INSERT 和目标表之间。
- ❑ **server_name**　表或视图所在服务器的名称。如果指定了 server_name，则需要 database_name 和 schema_name。
- ❑ **database_name**　数据库的名称。
- ❑ **schema_name**　该表或视图所属架构的名称。
- ❑ **table_or view_name**　要接收数据的表或视图的名称。
- ❑ **table**　变量在其作用域内可用作 INSERT 语句中的表源。
- ❑ **table_or_view_name**　引用的视图必须可以更新，并且只在该视图的 FROM 子句中引用一个基表。例如，多表视图中的 INSERT 必须使用只引用一个基表中各列的 column_list。
- ❑ **rowset_function_limited**　OPENQUERY 或 OPENROWSET 函数。
- ❑ **WITH(<table_hint_limited> [... n])**　指定目标表所允许的一个或多个表提示，需要有 WITH 关键字和括号。并且不允许 READPAST、NOLOCK 和 READUNCOMMITTED。
- ❑ **(column_list)**　表示要插入数据所对应的列名。必须用括号将 column_list 括起来，并且用逗号进行分隔。如果某列不在 column_list 中，则 SQL Server 2005 数据库引擎必须能够基于该列的定义提供一个值；否则不能加载行。

❑ **OUTPUT 子句**　将插入行作为插入操作的一部分返回。引用本地分区视图、分布式分区视图或远程表的 DML 语句或包含 execute_statement 的 INSERT 语句，都不支持 OUTPUT 子句。

❑ **VALUES**　引入要插入的数据值的列表。对于 column_list（如果已指定）或表中的每个列，都必须有一个数据值。必须用圆括号将值列表括起来。如果 VALUES 列表中的各值与表中各列的顺序不相同或者未包含表中各列的值，则必须使用 column_list 显式指定存储每个传入值的列。

❑ **DEFAULT**　强制数据库引擎加载为列定义的默认值。如果某列并不存在默认值，并且该列允许空值，则插入 NULL。对于使用 timestamp 数据类型定义的列，插入下一个时间戳值。DEFAULT 对标识列无效。

❑ **expression**　一个常量、变量或表达式，不能包含 SELECT 或 EXECUTE 语句。

❑ **derived_table**　任何有效的 SELECT 语句，它返回将加载到表中的数据行。

❑ **execute_statement**　任何有效的 EXECUTE 语句，它使用 SELECT 或 READTEXT 语句返回数据。

如果 execute_statement 使用 INSERT，则每个结果集必须与表或 column_list 中的列兼容。可以使用 execute_statement 对同一个服务器或远程服务器执行存储过程。执行远程服务器中的过程，并将结果集返回到本地服务器并加载到本地服务器的表中。

❑ **DEFAULT VALUES**　强制新行包含为每个列定义的默认值。

在插入行时，如果要将值写入 char、varchar 或 varbinary 数据类型的列中，则尾随空格的填充或截断方式由创建表时为该列定义的 SET ANSI_PADDING 值所确定，该值默认为 OFF，执行表 6-1 所示的操作。

表 6-1　ANSI_PADDING 为 OFF 的操作

数 据 类 型	默 认 操 作
char	将带有空格的值填充到已定义的列宽
varchar	删除最后的非空格字符后面的尾随空格，而对于只由空格组成的字符串，一直删除到只留下一个空格
varbinary	删除尾随的零

【练习 1】

根据上面介绍的 INSERT 语句语法，向 Medicine 数据库中增加一条新客户信息。最终 INSERT 语句如下。

```
USE Medicine
GO
INSERT INTO ClientInfo(ClientID,ClientName,ConPerson,ConPost,ClientPhoneNum,
Address,[E-mail])
VALUES(12,'河南好一生大药房总店','侯小姐','业务经理','13512345678','河南郑州人民路健
康小区 120','yisheng@126.com')
```

```
    GO
    SELECT * FROM ClientInfo
```

打开 SQL Management Studio 窗口新建一个查询，然后在窗口中输入上述语句并执行，结果如图 6-1 所示。

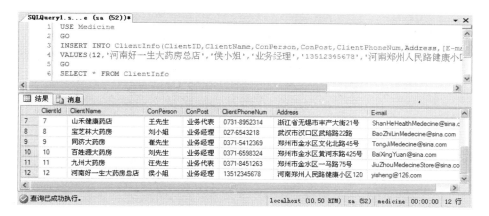

图 6-1　插入客户信息

如图 6-1 所示的窗口中显示了要执行的语句。接下来的是【结果】窗口，由于返回的是结果集，在这里以表格的形式显示了出来，在列表的底部可以看到最新插入的客户信息。

6.1.3　直接插入数据

通过上一小节介绍的语法和练习 1，可以看出 INSERT 语句的使用很简单。本小节将会看到更多关于使用 INSERT 语句插入数据的例子。

1．插入单条记录

使用 INSERT 语句向数据表中插入数据最简单的方法是一次插入一行数据，并且每次插入数据时都必须指定表名以及要插入数据的列名，这种情况适用于插入的列比较少时。

【练习 2】

在 Medicine 数据库中增加一个名称为"呼吸系统药物"的根分类。可以向 MedicineBigClass 表执行如下 INSERT 语句来实现。

```
INSERT INTO MedicineBigClass(BigClassId,BigClassName,ParentId)
VALUES(11,'呼吸系统药物',0)
```

需要注意的是，VALUES 子句中所有字符串类型的数据都被放在单引号中，且按 INSERT INTO 子句指定列的次序为每个列提供值，这个 INSERT INTO 子句中列的次序允许与表中列定义的次序不相同，也就是说上述的语句可以写为：

```
INSERT INTO MedicineBigClass(BigClassName,BigClassId, ParentId)
VALUES('呼吸系统药物',11, 0)
```

或

```
INSERT INTO MedicineBigClass(ParentId ,BigClassId,BigClassName)
VALUES(0,11,'呼吸系统药物')
```

使用这种方式插入数据时可以指定哪些列接受新值，而不必为每个列都输入一个新值。但是，如果在 INSERT 语句省略了一个 NOT NULL 列或没有用默认值定义的列，那么在执行时会发生错误。

2．省略 INSERT INTO 子句列表

从 INSERT 语句的语法结构中可看出，INSERT INTO 子句后面可以不带列名。如果在 INSERT INTO 子句中只包括表名，而没有指定任何一列，则默认为向该表中所有的列赋值。这种情况下，VALUES 子句中所提供值的顺序、数据类型、数量必须与列在表中定义的顺序、数据类型、数量相同。

例如，对于完成同样的新增药品分类的功能。图 6-2 和图 6-3 所示了两种不同的结果。

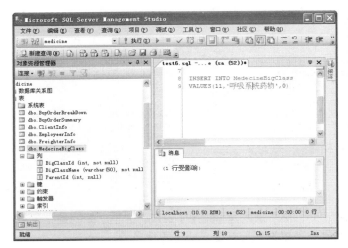 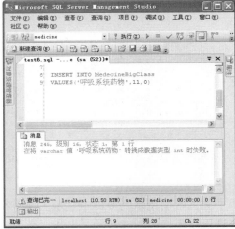

图 6-2　省略列表效果　　　　　　　　　图 6-3　更改列顺序效果

如图 6-2 所示，为正确使用 INSERT 省略列表的语句。如图 6-3 所示，VALUES 子句中的值与定义表时列的顺序不同，并且未使用 INTO 子句指定，因此在执行时出错。

3．处理 NULL 值

在 INSERT 语句 INTO 子句中，如果遗漏了列表和数值表中的一列，那么当该列有默认值存在时，将使用默认值。如果默认值不存在时，SQL Server 2005 会尝试使用 NULL 值。如果列声明了 NOT NULL，尝试的 NULL 值会导致错误。

如果在 VALUES 子句的列表中，明确指定了 NULL，那么即使默认值存在，列仍会设置为 NULL（假设它允许为 NULL）。当在一个允许 NULL 且没有声明默认值的列中使用 DEFAULT 关键字时，NULL 会被插入到该列中。如果在一个声明 NOT NULL 且没有默认值的列中指定 NULL 或 DEFAULT，或者完全省略了该值，都会导致错误。

当在表中插入行时，通过使用 INSERT 语句中的关键字 DEFAULT 或 DEFAULT VALUES 进行值的输入，可以节省时间。

使用关键字 DEFAULT 时，应该注意以下的事项和原则。

- SQL Server 2008 可以把空值插入到允许空值而没有默认值的列中。
- 如果使用了关键字 DEFAULT，而列中不允许有空值并且没有默认值，那么 INSERT 语句将失败。
- 具有标识属性的列中不能使用关键字 DEFAULT。因此不能在 column_list 或 VALUES 子句中列出具有标识属性的列。

【练习3】

在 Medicine 数据库的 Members 表中保存了管理员的信息，包括有 id、username、userpass 和 useremail 列，除 id 列之外其他都允许为空。下面使用 INSERT 语句插入一行管理员信息，如下所示。

```
USE Medicine
GO
INSERT INTO Members
VALUES(2,'somboy',NULL,'')
GO
SELECT * FROM Members
```

执行结果如图 6-4 所示。

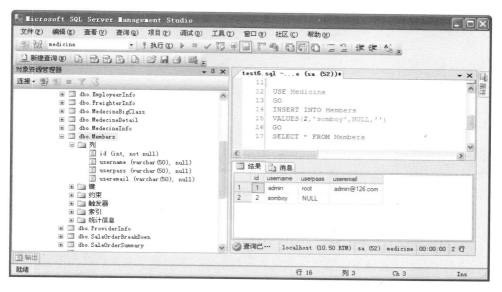

图 6-4　使用 NULL 和空值

4．处理标识列

标识列在表中是一种特殊的列，因此处理方法与普通列不同。为了演示方便，创建了一个适用于标识列的示例表 testIdentity，该表的创建语法如下所示。

```
CREATE TABLE testIdentity
(
    id int IDENTITY,
    words VARCHAR(50)
)
```

执行上述语句得到 testIdentity 表。首先介绍第一种方法也是最简单的方法，即对于标识列在插入语句中可以忽略不指定，表中的其他列也不指定，使用语句如下所示。

```
INSERT INTO testIdentity VALUES('Hello')
```

这里要求给出的 VALUES 子句与表中定义的顺序相同。第二种是指定除标识列外，其他要插入数据的列，使用语句如下所示。

```
INSERT INTO testIdentity (words) VALUES('SQL Server')
```

第三种方法是指定标识列，但前提是需要将表的 IDENTITY_INSERT 值设置为 ON，语句如下。

```
SET IDENTITY_INSERT testIdentity ON
INSERT INTO testIdentity (id,words) VALUES(3,'very good')
```

分别使用上述的三种方法，向表中添加一条记录，最终执行结果如图 6-5 所示。

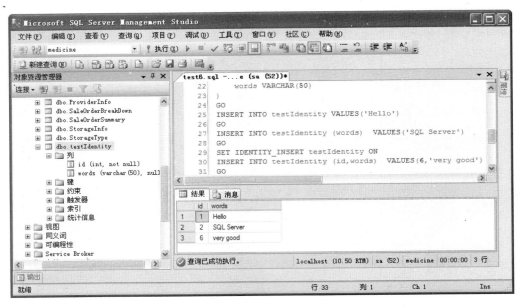

图 6-5　处理标识列

6.1.4　INSERT SELECT 语句插入数据

在实际应用中，有很多情况下要求一次插入一块数据，不过这里要求的一次插入的数据块都是从其他数据源选择获得的，该数据源包括以下几点。

- ❑ 数据库中的另一个表。
- ❑ 同一服务器上其他不同的数据库。
- ❑ 另一 SQL Server 的不同查询或其他数据。
- ❑ 同一个表（通常在这种情况下是在做数学计算或者是 SELECT 语句中其他的调整）。

INSERT SELECT 语句可以完成一次插入一个数据块的功能，其语法结构如下所示。

```
INSERT INTO <table name>
SELECT column list
FROM table list
WHERE search conditions
```

由 SELECT 语句产生的结果集为 INSERT 语句中的插入值，INSERT SELECT 语句可以把其他数据源的行添加到现有的表中。使用 INSERT SELECT 语句比使用多个单行的 INSERT 语句效率要高得多。当使用 INSERT SELECT 语句时，应该注意以下的事项。

- ❑ 在最外面的查询表中插入所有满足 SELECT 语句的行。
- ❑ 必须检验插入了新行的表是否在数据库中。
- ❑ 必须保证接受新值的表中列的数据类型与源表中相应列的数据类型一致。
- ❑ 必须明确是否存在默认值，或所有被忽略的列是否允许为空值。如果不允许空值，必须为这些列提供值。

【练习4】

在 Medicine 中创建一个客户信息表，该表收集了 ClientInfo 表中的 ClientId、ClientName、

ConPerson 和 ClientPhoneNum 列的信息。如下所示为客户信息表的定义。

```
CREATE TABLE 客户信息
(
编号 int NOT NULL,
客户名称 VARCHAR(50) NOT NULL,
客户代表 VARCHAR(50) NOT NULL,
联系电话 VARCHAR(50) NOT NULL
)
```

下面通过 INSERT SELECT 语句从 ClientInfo 表中将客户信息批量插入到客户信息表，使用 INSERT 语句如下所示。

```
INSERT INTO 客户信息
SELECT ClientId,ClientName,ConPerson,ClientPhoneNum FROM ClientInfo
```

执行上面语句后，查看客户信息表的最终结果如图 6-6 所示。

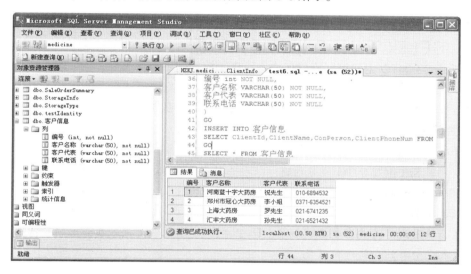

图 6-6　执行 INSERT SELECT 语句后的客户信息表

提示

把值从一列复制到另一列时，值所在的列不必具有相同的数据类型，只要插入目标表的值符合该表的数据限制即可。

【练习 5】

和其他 SELECT 语句一样，在 INSERT 语句中使用的 SELECT 语句也可以包含 WHERE 子句。

例如，将 ClientInfo 表中 ClientID 为 1、3、7、8 和 12 的数据添加到客户信息表中，实现语句如下。

```
INSERT INTO 客户信息
SELECT ClientId,ClientName,ConPerson,ClientPhoneNum
FROM ClientInfo
WHERE ClientId IN(1,3,7,8,12)
```

执行上述语句后，客户信息表的内容如图 6-7 所示。可以看出在客户表中只添加 5 行数据，而不是全部。因为这里 WHERE 子句的功能和任何 SELECT 语句中 WHERE 子句一样，因此经过筛选后，只将符合查询条件的数据导入客户信息表中。

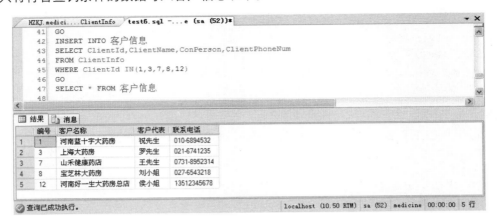

图 6-7　添加数据后的客户信息表

6.1.5　SELECT INTO 语句插入数据

使用 SELECT INTO 语句可以把任何查询结果集放置到一个新表中，还可以把导入的数据填充到数据库的新表中。正确地使用 SELECT INTO 语句可以很好地解决复杂的问题，例如需要从不同数据源中得到数据集，如果一开始先创建一个临时表，那么在该表上执行查询比在多表或多数据库中执行查询更简单。

使用 SELECT INTO 语句时应该遵循如下的原则。

❑ 可以使用 SELECT INTO 语句创建一个表并且在单独操作中向表中插入行。确保在 SELECT INTO 语句中指定的表名是惟一的。如果表名出现重复，SELECT INTO 语句将失败。

❑ 可以创建本地或全局临时表。要创建一个本地临时表，需要在表名前加符号"#"；要创建一个全局临时表，需要在表名前加两个符号"##"。本地临时表只在当前的会话中可见，全局临时表在所有的会话中都可见。

❑ 当使用者结束会话时，本地临时表的空间会被回收。

❑ 当创建表的会话结束且当前参照表的最后一个 TRANSACT-SQL 语句完成时，全局临时表的空间会被回收。

使用 SELECT INTO 语句的基本语法如下。

```
SELECT <select_list>
INTO new_table
FROM {<table_source>}[,…n]
WHERE <search_condition>
```

【练习6】

从 Medicine 数据库的 ClientInfo 表中将职位为"业务经理"的客户信息添加到临时表"金牌客户"中。

SELECT INTO 语句如下。

```
SELECT ClientId '编号',ClientName '客户名称',ConPerson '客户代表',ConPost '职称',
ClientPhoneNum '联系电话'
INTO #金牌客户
```

```
FROM ClientInfo
WHERE ConPost='业务经理'
```

执行上述语句，然后再使用 SELECT 查看临时表的内容，如图 6-8 所示。

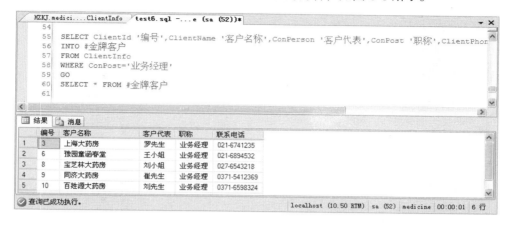

图 6-8　临时表 "#金牌客户" 的内容

如图 6-8 所示中可以看到，INTO 子句指定的临时表中仅包含了 "业务经理" 的客户信息，这是由 SELECT 语句的 WHERE 子句限制的。

6.2 更新数据

最初在表中添加的数据并不完全正确、无须修改的和不会变化的。当现实需求有改变时，必须在数据库中也有相应的响应，这样才能保证数据的及时性和准确性。

例如，在一个购物系统的数据库中，由于某种原因一种商品的价格下调了 20%，这就要求数据库管理员对相应的所有商品价格进行更新。创建表并添加数据之后，更改或更新表中的数据也是日常维护数据库的操作之一。

6.2.1　UPDATE 语句语法

更新数据的方法有很多，最常用的是使用 TRANSACT-SQL 的 UPDATE 语句。UPDATE 语句可以更改表或视图中单行、行组或所有行的数据值，还可以用该语句更新远程服务器上的行（使用链接服务器名称或 OPENROWSET、OPENDATASOURCE 和 OPENQUERY 函数），前提是用来访问远程服务器的 OLE DB 访问接口支持更新操作。对于引用某个表或视图的 UPDATE 语句每次只能更改一个基表中的数据。

```
UPDATE 语句的完整语法如下：
UPDATE
  [ TOP ( expression ) [ PERCENT ] ]
  { <object> | rowset_function_limited
  [ WITH ( <Table_Hint_Limited> [ ...n ] ) ]
  }
  SET
    { column_name = { expression | DEFAULT | NULL }
```

```
           | { udt_column_name.{ { property_name = expression
                             | field_name = expression }
                          | method_name ( argument [ ,...n ] )
                     }
              }
          | column_name { .WRITE ( expression , @Offset , @Length ) }
          | @variable = expression
          | @variable = column = expression [ ,...n ]
       } [ ,...n ]
    [ <OUTPUT Clause> ]
    [ FROM{ <table_source> } [ ,...n ] ]
    [ WHERE { <search_condition>
          | { [ CURRENT OF
                { { [ GLOBAL ] cursor_name }
                  | cursor_variable_name
              }
             ]
           }
         }
    ]
    [ OPTION ( <query_hint> [ ,...n ] ) ]
 [ ; ]
```

可以看出，UPDATE 子句和 SET 子句是必选的，而 WHRER 子句是可选的。在 UPDATE 子句中，必须指定将要更新的数据表的名称。Where 子句可以指定要搜索的条件，以限制只对满足条件的行进行更新。

语法中主要包括四个子句，其含义如下所示：

❑ **UPDATE 子句**　用来指定要更新的目标表。

❑ **SET 子句**　用来指定要被修改的列及修改后的数据。

❑ **SET 子句**　包括占位符< SET clause expression>，该占位符可分解为：<Column_name>=<Value_expression>。SET 子句必须指定一个列名及要更新的数值。

❑ **FROM 子句**　指定为 SET 子句中的表达式提供值的表或视图，以及各个源表或视图之间可选的连接条件。

❑ **WHRER 子句**　WHRER 子句与其他 SQL 语句的 WHRER 子句作用相同，都是起限制作用，用于指定更新表的条件。

6.2.2　基于表中数据更新

当使用 UPDATE 语句更新 SQL 数据时，应该注意以下事项和规则。

❑ 用 WHERE 子句指定需要更新的行，用 SET 子句指定新值。

❑ UPDATE 无法更新标识列。

❑ 如果行的更新违反了约束或规则，比如违反了列 NULL 设置，或者新值是不兼容的数据类型，则将取消该语句，并返回错误提示，不会更新任何记录。

❑ SQL Server 不会更新任何违反完整性约束的行。该修改不会生效，语句将回滚。

❑ 每次只能修改一个表中的数据。

❑ 可以同时把一列或多列、一个变量或多个变量放在一个表达式中。

【练习 7】

对 Medicine 数据库中药品的价格进行调整，幅度为原来的 90%，使用 UPDATE 语句的实现如下。

```
UPDATE MedicineDetail SET ShowPrice=ShowPrice*0.9
```

上述语句更新了 MedicineDetail 表中 ShowPrice 列的所有数据，使每个药品的价格都减少 10%。如图 6-9 是更新前结果。图 6-10 是更新后结果。

图 6-9 更新前的结果

图 6-10 更新后的结果

【练习 8】

在 Medicine 数据库中将使用急速快递物流的订单修改为货到付款，且无物流费用，使用 UPDATE 语句的实现如下。

```
UPDATE SaleOrderSummary
SET Freight=0, PayMain='货到付款'
WHERE FreighterName='急速快递'
```

提示

在实际应用中，不可能只是对一个列进行修改，UPDATE 语句能够对多个列进行修改，多个 SET 子句之间用半角的逗号分隔。

6.2.3 基于其他表的更新

UPDATE 语句不但可以在一个表中进行操作，而且还能在多个表中进行操作，使用带 FROM 子句的 UPDATE 语句来修改表，该表基于其他表中的值，其基本语法格式如下所示。

```
UPDATE table_or_view
SET {column_name=expression|DEFAULT|NULL}[,…n]
[FROM table_source]
[WHERE search_conditions]
```

当使用包含 UPDATE 语句的联接或子查询时，应该注意以下的事项和原则。

❑ 在一个单独的 UPDATE 语句中，SQL Server 不会对同一行做两次更新。这是一个内置限制，可以使更新中写入日志的数量减至最小。

❑ 使用 SET 关键字可以引入列的列表或各种要更新的变量名。其中 SET 关键字引用的列必须明确。

- □ 如果子查询没有返回值，必须在子查询中引入 IN、EXISTS、ANY 或 ALL 等关键字。
- □ 可以考虑在相关子查询中使用聚合函数，因为在单独的 UPDATE 语句中，SQL Serve 不会对同一行做两次更新。

【练习 9】

子查询也可以嵌套在 UPDATE 语句中，用于构造修改的条件。例如，要在 Medicine 数据库中将分类为"平喘药"下面的药品价格提高 10%就需要用到两个子查询。最终 UPDATE 语句如下所示。

```
UPDATE MedicineDetail SET ShowPrice=ShowPrice*1.1
WHERE MedicineId in(
    SELECT MedicineId FROM MedicineInfo WHERE TypeId=(
        SELECT BigClassId FROM MedicineBigClass WHERE BigClassName='平喘药'
    )
)
```

6.2.4 更新中的 TOP 表达式

使用 TOP 表达式可以指定要更新的行数或行数的百分比。TOP 表达式可用在 SELECT、INSERT、UPDATE 和 DELETE 语句中。它的基本语法如下所示。

```
TOP (expression) [PERCENT] [WITH TIES]
```

在上述语法中，expression 指定返回行数的数值表达式。如果指定了 PERCENT，则 expression 将隐式转换为 float 值；否则将转换为 bigint。PERCENT 指示查询只返回结果集中前 expression%的行。

注意 在 INSERT、UPDATE 和 DELETE 语句中，需要使用括号来分隔 TOP 中的 expression。为保证向后兼容性，支持在 SELECT 使用不包含括号的 TOP expression，但不推荐这种用法。

WITH TIES 指定从基本结果集中返回额外的行，对于 ORDER BY 列中指定的排序方式参数，这些额外的返回行的该参数值与 TOP n(PERCENT)行中的最后一行的该参数值相同。只能在 SELECT 语句中且只有在指定 ORDER BY 子句之后才能指定 TOP...WITH TIES。

如果查询包含 ORDER BY 子句，将返回按 ORDER BY 子句排序的前 expression 行或 expression%的行。如果查询没有 ORDER BY 子句，则行的顺序是随意的。在已经分区的视图中，不能将 TOP 与 UPDATE 和 DELETE 语句一起使用。

【练习 10】

假设对 MedicineDetail 表中前 5 条药品的价格增加 5，其他行数据保持不变，可以使用如下 UPDATE 语句实现。

```
UPDATE TOP(5) MedicineDetail SET ShowPrice=ShowPrice+5
```

上述语句执行前如图 6-11 所示。执行后结果如图 6-12 所示。

【练习 11】

假设要对 30%的药品价格增加 5，则可以使用如下 TOP 语句实现。

```
UPDATE TOP(30) PERCENT MedicineDetail SET ShowPrice=ShowPrice+5
```

图 6-11　TOP 语句更新前　　　　　　图 6-12　TOP 语句更新后

6.3　删除数据

数据库创建好后，随着数据的更新和变动，表中可能存在一些无用或过时的数据，而这些数据不仅会占用数据库的空间，还会影响到数据修改和查询的速度，所以应及时将它们删除。本节介绍最常用的删除表中数据的方法 DELETE 语句。

6.3.1　DELETE 语句语法

Transact-SQL 语言使用 DELETE 语句可以删除数据库里表或者视图中的一个或者多个记录。DELETE 语句的基本格式如下所示。

```
DELETE  table_or_view  FROM  table_sources  WHERE  search_condition
```

下面具体说明语句中各个参数的具体含义。

❑ **table_or_view**　是从中删除数据的表或者视图的名称。表或者视图中所有满足 WHERE 子句的记录都将被删除。

通过使用 DELETE 语句中的 WHERE 子句，SQL 可以删除表或者视图中的单行数据，多行数据以及所有行数据。如果 DELETE 语句中没有 WHERE 子句的限制，表或者视图中的所有记录都将被删除，

❑ **FROM**　table_sources 子句为 Transact-SQL 对 SQL-92 的扩展，它使 DELETE 可以先从其他表查询出一个结果集，然后删除 table_sources 中与该查询结果相关的数据。

提示

在 DELETE 语句中没有指定列名，是由于 DELETE 语句不能从表中删除单个列的值，它只能删除行。如果要删除特定列的值，可以使用 UPDATE 语句把该列值设为 NULL，当然该列必须支持 NULL 值。

DELETE 语句只能从表中删除数据，不能删除表本身，如果要删除表的定义，可以使用 DROP TABLE 语句。

使用 DELETE 语句时应该注意以下几点。

❑ DELETE 语句不能删除单个列的值，只能删除整行数据。要删除单个列的值，可以采用上一节介绍的使用 UPDATE 语句，将其更新为 NULL。

❑ 使用 DELETE 语句仅能删除记录即表中的数据，不能删除表本身。要删除表，需要使用前面介绍的 DROP TABLE 语句。

❑ 同 INSERT 和 UPDATE 语句一样，从一个表中删除记录将引起其他表的参照完整性问题。这是一个潜在的问题，需要时刻注意。

6.3.2 使用 DELETE 语句

DELETE 语句可以删除数据库表中的单行数据，多行数据以及所有行数据。同时在 WHERE 子句中也可以通过子查询删除数据。本节主要通过练习说明如何从表中删除数据。

【练习 12】

使用 DELETE 语句删除 ClientInfo 表中编号为 1 的客户信息，实现语句如下。

```
DELETE ClientInfo WHERE ClientId=1
```

执行上述语句 1 行受影响，使用 "SELECT * FROM ClientInfo" 语句查看删除后的表结果，如图 6-13 所示。

【练习 13】

不但可以删除单行数据，而且还可以删除多行数据。将 ClientInfo 表中职称为 "业务代表" 的所有客户的信息都删除，可用如下语句。

```
DELETE ClientInfo WHERE ConPost='业务代表'
```

执行上述语句多行受影响，使用 "SELECT * FROM ClientInfo" 语句查看删除后的表结果，如图 6-14 所示。

图 6-13 删除 1 行后的结果

图 6-14 删除多行后的结果

【练习 14】

如果 DELETE 语句中没有 WHERE 子句，则表中的所有记录将全部被删除。例如，删除 ClientInfo 表里的所有客户信息，语句如下。

```
DELETE FROM ClientInfo
```

执行上述语句，然后查看 ClientInfo 表的数据，可见所有记录都已经被删除。

【练习 15】

在 DELETE 语句中结合 TOP 子句可以删除指定百分比数据。例如，Medicine 数据库中需要删除 5%的药品信息，可以使用如下 DELETE 语句。

```
DELETE  TOP (5) PERCENT  FROM MedicineDetail
```

如果需要删除 MedicineDetail 表的前 1 行，使用如下 DELETE 语句。

```
DELETE TOP (1) MedicineDetail
```

【注意】
通过使用 DELETE 语句中的 WHERE 子句，可以删除表或者视图中的单行数据、多行数据以及所有行数据。如果 DELETE 语句中没有 WHERE 子句的限制，则表或者视图中的所有记录都将被删除。

6.3.3 基于其他表删除数据

使用带有联接或子查询的 DELETE 语句可以删除基于其他表中的行数据。在 DELETE 语句中，WHERE 子句可以引用自身表中的值，并决定删除哪些行。如果使用了附加的 FROM 子句，就可以引用其他表来决定删除哪些行。当使用带有附加 FROM 子句的 DELETE 语句时，第一个 FROM 子句指出要删除行所在的表，第二个 FROM 子句引入一个联接作为 DELETE 语句的约束标准。

【练习 16】
假设要删除 Medicine 数据库中所有"抗生素"分类下的药品信息，可用如下 DELETE 语句。

```
DELETE FROM MedicineInfo WHERE MedicineId IN(
    SELECT BigClassId  FROM MedicineBigClass WHERE BigClassName='抗生素'
)
```

上述语句通过在 WHERE 子句中使用嵌套子查询来获取"抗生素"分类的编号，再根据该编号在 MedicineInfo 表中进行删除。

6.3.4 使用 TRUNCATE TABLE 语句

使用 TRUNCATE TABLE 可以快速地删除表中的所有记录，而且无日志记录，只记录整个数据页的释放操作。TRUNCATE TABLE 语句在功能上与不含有 WHERE 子句的 DELETE 语句相同。但是 TRUNCATE TABLE 语句速度更快，使用的系统资源和事务日志资源更少。使用 TRUNCATE TABLE 语句的基本语法如下所示。

```
TRUNCATE TABLE[[database.]owner.]table_name
```

虽然使用 DELETE 语句和 TRUNCATE TABLE 语句都能够删除表中的所有数据，但使用 TRUNCATE TABLE 语句要比使用 DELETE 语句快得多，表现为以下两点。

❑ 使用 DELETE 语句，系统一次一行地处理要删除的表中的记录，在从表中删除行之前，在事务处理日志中记录相关的删除操作和删除行中的列值，以防止删除失败时，可以使用事务处理日志来恢复数据。

❑ TRUNCATE TABLE 则一次性完成删除与表有关的所有数据页的操作。另外，TRUNCATE TABLE 语句并不更新事务处理日志。由此，在 SQL Server 中，使用 TRUNCATE TABLE 语句从表中删除行后，将不能用 ROLLBACK 命令取消对行的删除操作。

【警告】
TRUNCATE TABLE 语句不能用于有外关键字依赖的表。TRUNCATE TABLE 语句和 DELETE 语句都不删除表结构。若要删除表结构及其数据，可以使用 DROP TABLE 语句。

不但可以用 DELETE 语句删除表中所有行的信息，我们还可以用 TRUNCATE TABLE 语句完成同样的功能。例如，删除 MedicineInfo 表中所有行的数据信息，可以使用如下语句。

```
TRUNCATE TABLE MedicineInfo
```

6.4 拓展训练 ───────────────○

修改会员表中的数据

本课详细介绍了对表中数据的操作，包含数据的插入、修改和删除。结合本课的内容对会员表中的数据进行操作。

会员表的名称为 Customers，保存的信息包括用户 ID、用户名、密码、邮箱、申请时间、登录累计天数、会员等级编号、用户分组等。对应的字段分别是：Uid、Uname、Upassword、Uemail、UaddTime、Udays、Unum、Ugroup。对会员表完成如下操作。

（1）创建数据表之后添加 10 个用户。

（2）将最早注册的 5 条记录 Unum 字段值改为 2。

（3）将前 5 条记录添加到新建表 Customer_top。

（4）将原表中 Uid 字段小于 8 的记录 Udays 字段改为 2。

（5）删除原表中的第 2 条、第 5 条记录。

（6）将表中 Uname 列中姓王的用户 Upassword 字段改为'wang'。

（7）删除 Customer_wang 表中所有数据。

6.5 课后练习 ───────────────○

一、填空题

1. 在 SQL Server 中通过使用_____语句实现对数据的更新操作。

2. 一个客户信息表，其中包括客户的 Email、客户名称等信息，现在其中一名客户"秦英"的邮箱地址需要更新为 qn@163.com，应该使用_____语句。

3. 使用_____语句可以将某一个表中的数据插入到另一个新数据表中。

4. 要快速删除表中的所有记录，最好使用_____语句。

二、选择题

1. 应该使用下列哪种 SQL 语句可以把数据从表中删除？_____

    A. SELECT   B. INSERT

    C. UPDATE   D. DELETE

2. 有关 INSERT…SELECT 语句的描述，下面哪些描述是正确的？_____

    A. 新建一个表   B. 语法不正确

    C. 一次最多只能插入一行数据   D. 向已有的表中插入数据

3. 下列说法正确的是_____。

    A. WHERE 语句在查询、插入、删除表中所有数据操作中都可以使用

    B. 使用 INSERT 语句可以省略允许为空的列和数据

  C.　使用 SELECT…INTO 创建新表要编辑各字段的数据类型

  D.　使用 INSERT…SELECT 语句转存数据，将会删除原表中对应数据

 4.　在 Employee 表中有三个字段：id（主键，int 数据类型类型）、name（非空，varchar 数据类型）和 sex（非空，varchar 数据类型）。下面哪条语句可以向 Employee 表中插入数据_____。

  A.　INSERT INTO Employee VALUES（5,'李扬'）

  B.　INSERT INTO Employee VALUES（5,'李扬','男'）

  C.　INSERT INTO Employee（id,name）VALUES（5,'李扬'）

  D.　UPDATE Employee SET id=1,name='李扬',sex='男'

 5.　在 DELETE 语句中，使用哪个语句或子句指定从表中删除的行？_____

  A.　SELECT

  B.　INSERT

  C.　UPDATE

  D.　WHERE

三、简答题

1.　INSERT 语句的 VALUES 子句中必须指明哪些信息，必须满足哪些要求。

2.　UPDATE 语句中使用 WHERE 子句的作用。

3.　删除 SQL 数据表中所有数据信息的方法，并比较各方法的优差。

第 7 课
查询数据表数据

　　数据是数据库的中心，数据库的所有功能都是围绕数据进行的。通过对上一课的学习，了解了如何使用 Transact-SQL 的 INSERT、UPDATE 和 DELETE 语句修改数据表。本课将详细介绍查询数据表中数据的方法。

　　在 SQL Server 2008 数据库系统中，通过使用 SELECT 语句就可以从数据库中按照用户的需要查询数据，并将查询结果以表格的形式输出。在使用 SELECT 语句查询数据时，还可以为结果集排序、分组和统计。

本课学习目标：

❑ 掌握 SELECT 查询表中所有列和指定列的用法

❑ 掌握查询时为列添加别名的方法

❑ 掌握 SELECT 语句中 DISTINCT 和 TOP 的使用

❑ 掌握 WHERE 子句筛选结果条件的方法

❑ 掌握 GROUP BY、ORDER BY 和 HAVING 子句的使用

7.1 SELECT 语句语法

SELECT 语句是一个查询表达式，它以关键字 SELECT 开头，并且包含大量构成表达式的元素。SELECT 语句语法格式如下所示。

```
SELECT [ALL | DISTINCT] select_list
FROM table_name
[WHERE <search_condition>]
[GROUP BY <group_by_expression>]
[HAVING <search_condition>]
[ORDER BY <order_expression> [ASC | DESC]]
```

在上面语法格式中，在"[]"内的子句表示可选项。下面对语法格式中各个参数进行说明。

❑ **SELECT 子句**　用来指定查询返回的列。

❑ **ALL | DISTINCT**　用来标识在查询结果集中对相同行的处理方式。关键字 ALL 表示返回查询结果集的所有行，其中包括重复行。关键字 DISTINCT 表示如果结果集中有重复行，那么只显示一行，默认值为 ALL。

❑ **select_list**　如果返回多列，则各个列名之间用","隔开。如果需要返回所有列的数据信息，则可以用"*"表示。

❑ **FROM 子句**　用来指定要查询的表名。

❑ **WHERE 子句**　用来指定限定返回行的搜索条件。

❑ **GROUP BY 子句**　用来指定查询结果的分组条件。

❑ **HAVING 子句**　与 GROUP BY 子句组合使用，用来对分组的结果进一步限定搜索条件。

❑ **ORDER BY 子句**　用来指定结果集的排序方式。

❑ **ASC | DESC**　ASC 表示升序排列。DESC 表示降序排列。

注意

在 SELECT 语句中 FROM、WHERE、GROUP BY 和 ORDER BY 子句必须按照语法中列出的次序依次执行。例如，如果把 GROUP BY 子句放在 ORDER BY 子句之后，就会出现语法错误。

7.2 基本查询

在了解 SELECT 语法之后，本节将使用 SELECT 语句查询表中的简单数据，如获取所有行、获取指定列，以及排除重复数据等。

7.2.1 查询所有列

项目用表中的一部分表是可以直接展示的，把表中所有的列及列数据展示出来使用符号"*"，它表示所有的。将"*"代替字段列表就包含了所有字段。获取整张表的数据使用 Transact-SQL 语言语法如下。

```
SELECT * FROM 表名
```

【练习 1】

查询 Medicine 数据库中 MedicineInfo 表的所有列，使用查询语句如下所示。

```
SELECT *
FROM MedicineInfo
```

执行结果显示如下所示：

```
MedicineId    MedicineName                              TypeId
------------------------------------------------------------------------
1             青霉素 G 钠                                30
2             阿莫西林                                    30
3             阿洛西林钠                                  30
4             青霉素皮试液                                30
5             头孢克洛                                    31
6             头孢拉定                                    31
7             头孢西定                                    31
8             头孢尼西                                    31
9             盐                                        32
```

提示 使用表名.*也可以查询表中所有列。在查询所有列的时候，不能再对列重命名。

7.2.2 查询指定列

将上一小节的 SELECT 语法中的 "*" 换成所需字段的字段列表就可以查询指定列数据，若将表中所有的列都放在这个列表中，将查询整张表的数据，语法如下。

```
SELECT 字段列表
FROM 表名
```

【练习 2】

查询 Medicine 数据库中 MedicineDetail 表的 MedicineId 字段、MedicineName 字段、ShowPrice字段、MultiAmount 字段和 ProviderName 字段，查询语句如下所示。

```
SELECT MedicineId,MedicineName,ShowPrice,MultiAmount,ProviderName
FROM MedicineDetail
```

执行结果如下所示：

```
MedicineId  MedicineName      ShowPrice   MultiAmount        ProviderName
----------------------------------------------------------------------------------
1           青霉素 G 钠        41          每箱 20 盒          吉林哈药六厂
2           阿莫西林           32          每箱 20 盒          北京同仁堂股份有限公司
3           阿洛西林钠         41          每箱 15 盒          河南仲景药业有限责任公司
4           青霉素皮试液       41          每箱 30 盒          吉林哈药六厂
5           头孢西林钠         45          每箱 50 盒          广州白云制药厂
```

7.2.3 为结果列添加别名

在 SELECT 语句查询中，使用别名也就是为表中的列名另起一个名字。通常有三种设定方法。

【练习 3】

第一种方法是采用符合 ANSI 规则的标准方法，即在列表达式中给出列名。

127

例如，同样是查询 Medicine 数据库中 MedicineDetail 表的 MedicineId 字段、MedicineName 字段、ShowPrice 字段、MultiAmount 字段和 ProviderName 字段。这里要求将字段依次重命名为 "编号"、"药品名称"、"零售价格"、"单位" 和 "生产厂家"。

最终 SELECT 语句如下所示：

```
SELECT MedicineId '编号',MedicineName '药品名称',ShowPrice '零售价格',MultiAmount
'单位',ProviderName '生产厂家'
FROM MedicineDetail
```

执行后的结果集如图 7-1 所示。

图 7-1　使用别名

【练习 4】

第二种方法是使用 SQL Server 2008 支持的 "=" 符号连接表达式。对于上面的例子，可以修改为如下语句。

```
SELECT '编号'=MedicineId ,'药品名称'=MedicineName ,'零售价格'=ShowPrice ,'单
位'=MultiAmount ,'生产厂家'=ProviderName
FROM MedicineDetail
```

执行后的结果集与上例相同。

【练习 5】

第三种方法是使用 "AS" 连接表达式和别名。同样对于上例等效的语句为。

```
SELECT MedicineId AS '编号',MedicineName AS '药品名称',ShowPrice AS '零售价格',
MultiAmount AS '单位',ProviderName AS '生产厂家'
FROM MedicineDetail
```

在对列名进行操作时，须注意以下 3 点。

❑ 当引用中文别名时，可以不加引号，但是不能使用全角引号，否则查询会出错。

❑ 当引用英文的别名超过两个单词时，则必须用引号将其引起来。

❑ 可以同时使用以上三种方法，会返回同样的结果集。

▌7.2.4　查询不重复数据

使用 DISTINCT 关键字筛选结果集，对于重复行只保留并显示一行。这里的重复行是指结果集数据行的每个字段数据值都一样。

使用 DISTINCT 关键字的语法格式如下所示。

```
SELECT DISTINCT column 1[,column 2 ,…, column n]
FROM table_name
```

【练习 6】

查询 Medicine 数据库中 MedicineDetail 表的 MultiAmout 字段所有数据，并使用"药品单位"作为别名，SELECT 语句如下所示。

```
SELECT MultiAmount AS '药品单位'
FROM MedicineDetail
```

查询结果如图 7-2 所示，可以看到有很多重复的值。下面在 SELECT 语句中添加 DISTINCT 关键字筛选重复的值，语句如下所示。

```
SELECT DISTINCT MultiAmount AS '药品单位'
FROM MedicineDetail
```

使用 DISTINCT 关键字后的结果如图 7-3 所示，可以看到结果中仅保留了不重复的值。

图 7-2　使用 DISTINCT 关键字前

图 7-3　使用 DISTINCT 关键字后

提示

使用 DISTINCT 关键字时，如果表中存在多个 NULL 的行，它们将作为相等处理。

7.2.5　查询前几条数据

在查询信息时，有时需要表中前 n 行的信息，就需要用到 SELECT 子句中 TOP 关键字。语法格式如下所示。

```
SELECT TOP 整数数值或整数数值 PERCENT *
FROM 表名
```

具体语法如下。

❑ 使用 TOP 和整形数值，返回确定条数的数据。

❑ 使用 TOP 和百分比，返回结果集的百分比。

❑ 若 TOP 后的数值大于数据总行数，则显示所有行。

【练习7】

查询 Medicine 数据库中 MedicineInfo 表的前 10 条数据，并显示 MedicineId 字段、MedicineName 字段和 TypeID 字段，使用语句如下。

```
SELECT TOP 10
MedicineId '编号',MedicineName '药品名称',TypeID '分类编号'
FROM MedicineInfo
```

执行结果如图 7-4 所示。使用如下语句可以获取 MedicineInfo 表中 10%的数据，执行结果如图 7-5 所示。

```
SELECT TOP 10 PERCENT
MedicineId '编号',MedicineName '药品名称',TypeID '分类编号'
FROM MedicineInfo
```

图 7-4　获取前 10 条数据　　　　　　　图 7-5　获取 10%数据

提示

将 TOP 关键字和 ORDER BY 结合使用可以根据字段数据值排序并提取数据，7.4.1 小节讲述 ORDER BY 的使用。

7.2.6　查询计算列

在数据查询过程中，SELCET 子句后的 select list 列也可以是一个表达式，表达式是经过对某些列的计算而得到的结果数据。通过在 SELECT 语句中使用计算列可以实现对表达式的查询。

【练习8】

例如，查询 Medicine 数据库表中所有药品的原价，以及优惠价格（原价的 80%），语句如下。

```
SELECT
MedicineId AS '编号',MedicineName AS '药品名称',ShowPrice AS '价格',
ShowPrice*0.80 '优惠价格'
FROM MedicineDetail
```

执行后的结果集如图 7-6 所示，优惠价格可以用"ShowPrice*0.80"表达式计算。由于计算列在表中没有相应的列名，因此这里指定了一个列名"优惠价格"。

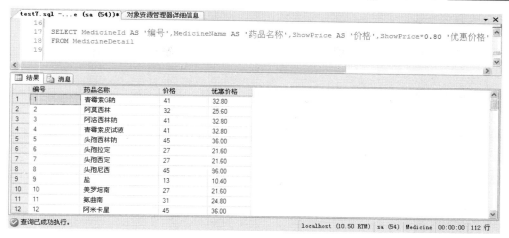

图 7-6 查询计算列

【练习9】

对于计算列，SQL Server 2008 不仅允许使用"+"、"-"、"*"、"/"基本运算符，也可以使用按照位进行计算的逻辑运算符。

例如，将 MedicineDetail 表中的 MedicineName、MedicineCode 和 ProviderName 列进行合并，并使用"药品基本信息"作为列名，语句如下。

```
SELECT
'药品名称: '+MedicineName+'; 药品编码: '+MedicineCode + '; 生产厂家: '+ ProviderName
AS '药品基本信息'
FROM MedicineDetail
```

执行后结果集如图 7-7 所示。

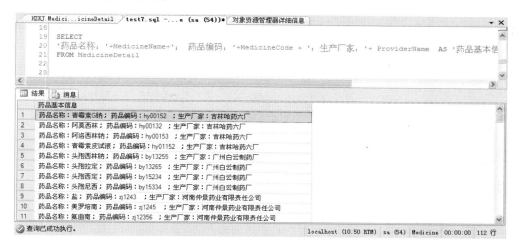

图 7-7 运用连接符"+"

7.3 条件查询

一个数据库表中可能会存放非常多的数据。在执行查询操作时，用户只需要查询表中的部分数据而不是全部数据。

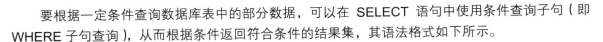

要根据一定条件查询数据库表中的部分数据，可以在 SELECT 语句中使用条件查询子句（即 WHERE 子句查询），从而根据条件返回符合条件的结果集，其语法格式如下所示。

```
SELECT [* | column]
FROM table_name
WHERE search_condition
```

在上面语法格式中，search_conditions 表示为用户选取所需查询数据行的条件，即查询返回的行需要满足的条件。返回结果集中的行都满足 search_conditions 条件，不满足条件的行不会返回。

下面将对可以出现在 WHERE 子句中的各类条件进行详细介绍，如比较条件、范围条件以及列表条件等。

7.3.1 比较条件

比较条件，顾名思义就是用来将两个数值表达式对比。参与对比的表达式可以是具体的值，也可以是函数或表达式，但对比的两个参数数据类型要一致。字符型的数值要用单引号引用，如民族='汉'。比较运算符的符号及含义如表 7-1 所示。

表 7-1 比较运算符

运算符	>	<	=	<>	>=	<=
含义	大于	小于	等于	不等于	大于等于	小于等于

参与比较的表达式以及比较运算符在 WHERE 中的语法如下所示。

```
WHERE 表达式1 比较运算符 表达式2
```

【练习 10】

从 MedicineDetail 表中查询价格在 43 元以上数据的药品编号、药品名称和药品价格，实现语句如下。

```
SELECT MedicineId AS '编号',MedicineName AS '药品名称',ShowPrice AS '价格'
FROM MedicineDetail
WHERE ShowPrice>43
```

查询结果如下所示。

```
编号      药品名称                                        价格
-------------------------------------------------------------------
5        头孢西林钠                                      45
8        头孢尼西                                        45
12       阿米卡星                                        45
15       米诺环素                                        45
17       氯霉素                                          54
20       柳氮磺                                          45
```

7.3.2 逻辑条件

逻辑运算符用于连接一个或多个条件表达式，相关符号和具体含义，以及注意事项有如下所示。

❑ **AND** 与，当相连接的两个表达式都成立时才成立。

❑ **OR** 或，当相连接的两个表达式中有一个成立就成立。

❑ **NOT** 非，当原表达式成立，则不成立；原表达式不成立，则语句成立。

□　三个逻辑运算符的优先级从高到低为 NOT、AND、OR，可以使用小括号改变系统执行顺序。逻辑运算符与 WHERE 子句结合的语法如下。

```
WHERE 表达式 AND 表达式
WHERE 表达式 OR 表达式
WHERE NOT 表达式
```

【练习 11】

在 MedicineDetail 表中查找价格大于 43 元，且规格为"每箱 20 盒"的药品信息，实现语句如下。

```
SELECT MedicineId AS '编号',MedicineName AS '药品名称',ShowPrice AS '价格',
MultiAmount '规格'
FROM MedicineDetail
WHERE MultiAmount='每箱20盒' AND ShowPrice>43
```

查询结果如下所示。

编号	药品名称	价格	规格
17	氯霉素	54	每箱 20 盒
48	肾上腺素	49	每箱 20 盒
58	维生素 b12	49	每箱 20 盒
68	健胃消食口服液	49	每箱 20 盒

【练习 12】

从 MedicineDetail 表中查找价格小于 20 元的药品信息，或者规格为"每箱 10 盒"的药品信息，实现语句如下。

```
SELECT MedicineId AS '编号',MedicineName AS '药品名称',ShowPrice AS '价格',
MultiAmount '规格'
FROM MedicineDetail
WHERE MultiAmount='每箱10盒' OR ShowPrice<20
```

查询结果如下所示。

编号	药品名称	价格	规格
9	盐	13	每箱 50 盒
11	氨曲南	31	每箱 10 盒
16	多西环素	31	每箱 10 盒
18	红霉素	18	每箱 20 盒
21	诺氟沙星	31	每箱 10 盒

7.3.3　范围条件

使用 BETWEEN AND 关键字和 NOT BETWEEN AND 关键字与 WHERE 关键字结合，可以限制查询条件的范围，语法如下。

```
WHERE 列名 BETWEEN | NOT BETWEEN 表达式1  AND 表达式2
```

上述语法结构要满足以下条件。

□　两个表达式的数据类型要与 WHERE 后列的数据类型一致。

□　表达式 1<=表达式 2。

【练习 13】

从 MedicineDetail 表中查找价格在 10 ~ 15 元的药品信息，实现语句如下。

```
SELECT MedicineId AS '编号',MedicineName AS '药品名称',ShowPrice AS '价格',
MultiAmount '规格'
FROM MedicineDetail
WHERE ShowPrice BETWEEN 10 AND 15
```

查询结果如下：

编号	药品名称	价格	规格
9	盐	13	每箱 50 盒

【练习 14】

从 MedicineDetail 表中查找价格不在 10 ~ 15 元的药品信息，实现语句如下。

```
SELECT MedicineId AS '编号',MedicineName AS '药品名称',ShowPrice AS '价格',
MultiAmount '规格'
FROM MedicineDetail
WHERE ShowPrice NOT BETWEEN 10 AND 15
```

执行后返回 MedicineDetail 表中除编号为 9 以外的所有行。

7.3.4 模糊条件

在搜索引擎中只要输入问题有关的一个或两个字，就能找到很多该问题的描述和解决办法，这就是模糊查询。

SELECT 中使用通配符和 LIKE 关键字实现模糊条件的查询，常见的通配符如下所示。

☐ % 使用字符与 "%" 结合，如查找姓名时使用 '胡%' 找出所有姓胡的人。

☐ _ 使用字符与 "_" 结合，与使用 "%" 相比精确了字符个数，如 '胡_' 只能是两个字并且第一个字为胡。

☐ [] 在 "[]" 内的任意单个字符，如[H-J]可以是 H、I 或 J。

☐ [^]或[!] 不在[^]或[!]内的任意单个字符，如[^H-J]可以是 1、2、3、d、e、A 等。

其中_、[]、[^]和[!]都是有明确字符个数的，%可以是一个或多个字符。

【练习 15】

从 MedicineDetail 表中查询出所有药品名称包含 "素" 的数据，结果包括编号、药品名称、价格和规格信息，实现语句如下。

```
SELECT MedicineId AS '编号',MedicineName AS '药品名称',ShowPrice AS '价格',
MultiAmount '规格'
FROM MedicineDetail
WHERE MedicineName LIKE '%素%'
```

查询结果如下：

编号	药品名称	价格	规格
1	青霉素 G 钠	41	每箱 20 盒
4	青霉素皮试液	41	每箱 30 盒
13	庆大霉素	36	每箱 20 盒
15	米诺环素	45	每箱 30 盒

16	多西环素	31	每箱 10 盒
17	氯霉素	54	每箱 20 盒
18	红霉素	18	每箱 20 盒
19	罗红霉素	27	每箱 20 盒

【练习 16】

从 MedicineDetail 表中查询所有药品名称中以"阿"开始的数据，结果包括编号、药品名称、价格和规格信息，实现语句如下。

```
SELECT MedicineId AS '编号',MedicineName AS '药品名称',ShowPrice AS '价格',
MultiAmount '规格'
FROM MedicineDetail
WHERE MedicineName LIKE '阿%'
```

查询结果如下所示。

编号	药品名称	价格	规格
2	阿莫西林	32	每箱 20 盒
3	阿洛西林钠	41	每箱 15 盒
71	阿托品	31	每箱 30 盒

【练习 17】

从 MedicineDetail 数据表中查询医药编码（MedicineCode 列）为"2 个字母+4 个数字"组成的药品信息，查询结果包括编号、药品名称、价格和医药编码信息，实现语句如下。

```
SELECT MedicineId AS '编号',MedicineName AS '药品名称',ShowPrice AS '价格',
MedicineCode '医药编码'
FROM MedicineDetail
WHERE MedicineCode LIKE '[a-z][a-z][0-9][0-9][0-9][0-9]'
```

执行结果如下所示。

编号	药品名称	价格	医药编码
9	盐	13	zj1243
10	美罗培南	27	zj1245
12	阿米卡星	45	zj1345
30	两性霉素 B	43	tj4567
33	抗疟疾病药	27	tj3453

7.3.5　列表条件

使用 IN 关键字指定一个包含具体数据值的集合，以列表形式展开，并查询数据值在这个列表内的行。列表可以有一个或多个数据值，放在小括号"（ ）"内并用半角逗号隔开，具体语法如下。

```
WHERE 列名 IN 列表
```

【练习 18】

从 MedicineInfo 表中查询出分类编号为 31、80 或者 91 的药品信息，查询结果包含编号、药品名称和所属分类编号，实现语句如下。

```
SELECT MedicineId '编号',MedicineName '药品名称',TypeId '所属分类编号'
FROM MedicineInfo
```

```
WHERE TypeId IN (31,80,91)
```

执行结果如下。

```
编号        药品名称                                              所属分类编号
-----------------------------------------------------------------------
5          头孢克洛                                              31
97         胰岛素                                                80
98         甘精胰岛素                                            80
112        环孢素                                                91
```

【练习 19】

从 MedicineInfo 表中查询出分类编号不在 31、80 或者 91 的药品信息，查询结果包含编号、药品名称和所属分类编号，实现语句如下。

```
USE Studentsys
SELECT Sno, Sname, Dno
FROM Student
WHERE Dno NOT IN (1,2)
```

7.3.6 未知条件

使用 IS NULL 关键字可以查询数据库中为 NULL 的值，语法格式如下：

```
WHERE 字段名 IS NULL
```

【练习 20】

查询 ClientInfo 表中地址（Address 列）为空的数据，查询结果包含编号、客户姓名、职称和地址，实现语句如下。

```
SELECT ClientId '编号',ClientName '客户名称',Address '地址'
FROM ClientInfo
WHERE Address IS NULL
```

执行结果如下。

```
编号        客户名称                                  地址
-----------------------------------------------------------------
2          郑州市冠心大药房                           NULL
5          雷允上药业                                 NULL
7          山禾健康药店                               NULL
8          宝芝林大药房                               NULL
11         九州大药房                                 NULL
```

7.4 格式化查询结果集

使用 SELECT 语句查询数据时，可以对查询的结果进行排序、分组和统计。一旦为查询结果集进行了排序、分组或统计，就可以方便用户查询数据。在本节将主要介绍如何对查询结果集排序、分组和统计。

7.4.1 排序

使用 ORDER BY 子句可以对查询结果集的相应列进行排序。ASC 关键字表示升序，DESC 关键字表示降序，默认情况下为 ASC。其语法格式如下所示。

```
SELECT <derived_column>
FROM table_name
WHERE search_conditions
ORDER BY order_expression [ASC|DESC]
```

在语法格式中，order_expression 指明了排序列或列的别名和表达式。当有多个排序列时，每个排序列之间用逗号隔开，而且列后可以跟一个排序要求。

【练习 21】

从 MedicineInfo 表中查询出所有药品信息的编号、药品名称、生产厂家和价格，并按价格的升序排序显示，实现语句如下。

```
SELECT MedicineId '编号',MedicineName '药品名称',ProviderName '生产厂家',
ShowPrice '价格'
FROM MedicineDetail
ORDER BY ShowPrice
```

在查询窗口执行上面的 SQL 语句，执行结果如图 7-8 所示。

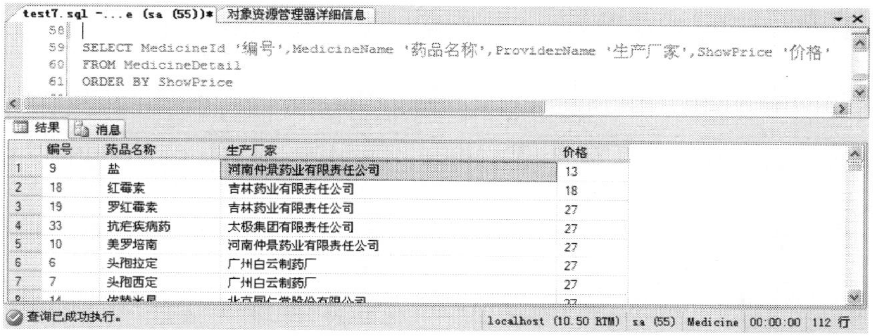

图 7-8 运用 ORDER BY 子句为查询结果集排序

【练习 22】

同样是从 MedicineInfo 表中查询出所有药品信息的编号、药品名称、生产厂家和价格，要求按价格降序排序，按编号升序排序显示实现语句如下。

```
SELECT MedicineId '编号',MedicineName '药品名称',ProviderName '生产厂家',
ShowPrice '价格'
FROM MedicineDetail
ORDER BY ShowPrice DESC,MedicineID
```

在查询窗口中执行上面的 SQL 语句，执行结果如图 7-9 所示。

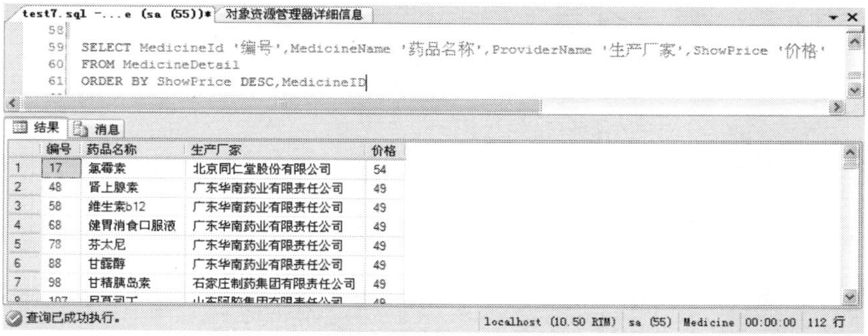

图 7-9 多个属性列排序查询

由图 7-9 得知，在使用多列进行排序时，SQL Server 会先按第一列进行排序，然后使用第二列对前面的排序结果中相同的值再进行排序。

注意

使用 ORDER BY 子句查询时，若存在 NULL 值，按照升序排序则含 NULL 值的行将在最后显示，按照降序将在最前面显示。

▌ 7.4.2 分组

在查询语句 SELECT 中，可以用 GROUP BY 子句对结果集进行分组，其语法格式如下所示。

```
GROUP BY group_by_expression [WITH ROLLUP|CUBE]
```

语法说明如下。

❑ **group_by_expression** 表示分组所依据的列。

❑ **WITH ROLLUP** 表示只返回第一个分组条件指定列的统计行，若改变列的顺序就会使返回的结果行数据发生变化。

❑ **WITH CUBE** CUBE 是 ROLLUP 的扩展，表示除了返回由 GROUP BY 子句指定的列外，还返回按组统计的行。

GROUP BY 子句通常与统计函数一起使用，常见的统计函数如表 7-2 所示。

表 7-2 常用统计函数

函 数 名	功 能	示 例
COUNT	求组中项数，返回整数	COUNT(1,3,5,7)=4
SUM	求和，返回表达式中所有值的和	SUM(1,3,5,7)=16
AVG	求均值，返回表达式中所有值得平均值	AVG(1,3,5,7)=4
MAX	求最大值，返回表达式中所有值得最大值	MAX(1,3,5,7)=7
MIN	求最小值，返回表达式中所有值的最小值	MIN(1,3,5,7)=1

【练习 23】

假设，要从药品信息表 MedicineDetail 中统计每个厂家生产药品的数量，就可以使用 GROUP BY 子句对 ProviderName 列进行分组，然后统计结果集的个数，实现语句如下。

```
SELECT ProviderName '生产厂家',COUNT(*) '药品数量'
FROM MedicineDetail
GROUP BY ProviderName
```

执行代码以后，会显示药品生产厂家的名称和相应的数量，执行结果如图 7-10 所示。

图 7-10 统计厂家药品数量

【练习 24】

假设，要从药品信息表 MedicineDetail 中获取每个厂家生产药品的最高价格，就可以使用 GROUP BY 子句和 MAX() 统计函数，实现语句如下。

```
SELECT ProviderName '生产厂家',MAX(ShowPrice) '价格'
FROM MedicineDetail
GROUP BY ProviderName
```

上述代码执行以后会在列表中列出相应的生产厂家和价格，如图 7-11 所示。

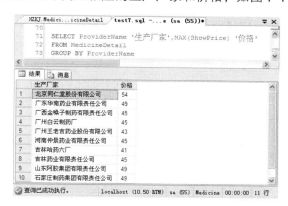

图 7-11　统计厂家药品最高价格

7.4.3　筛选

使用 GROUP BY 语句和统计函数结合可以完成结果集的粗略统计，本节使用 HAVING 实现结果集的筛选。

使用 HAVING 语句查询和 WHERE 关键字类似，在关键字后面插入条件表达来规范查询结果，两者的不同体现如下所示。

❏ WHERE 关键字针对的是列的数据，HAVING 针对结果组。

❏ WHERE 关键字不能与统计函数一起使用，而 HAVING 语句可以，且一般都和统计函数结合使用。

❏ WHERE 关键字在分组前对数据进行过滤，HAVING 语句只过滤分组后的数据。

【练习 25】

例如，这里要筛选药品信息表 MedicineDetail 中数量多于 10 个的药品生产厂家及该厂家的药品数量，就可以使用 HAVING 子句进行一些过滤，代码如下所示。

```
SELECT ProviderName '生产厂家',COUNT(*) '药品数量'
FROM MedicineDetail
GROUP BY ProviderName
HAVING COUNT(*)>10
```

执行结果如下：

生产厂家	药品数量
广东华南药业有限责任公司	50
山东阿胶集团有限责任公司	11

7.5 实例应用：查询图书信息

7.5.1 实例目标

在上一节中首先介绍了 SELECT 语句的语法，然后详细介绍如何使用 SELECT 语句按照用户的需求从数据表中查询数据，并将查询结果进行格式化后输出。例如，仅查询第 3 列、显示前 5 行数据、统计不重复的数据或者对列进行排序输出等。

本节将以一个图书信息表为例，使用 SELECT 语句进行各种数据的查询。如表 7-3 所示为图书信息表的结构定义，表名为 BookInfo。

表 7-3 图书信息表（BookInfo）结构

列 名	数据类型	是否允许为空	备 注
BookNumber	varchar(10)	否	主键、图书编号
BookName	varchar(60)	否	图书名称
Classify	varchar(20)	是	图书分类
Author	varchar(60)	是	作者
ISBN	varchar(30)	否	ISBN 号
Publisher	varchar(20)	否	出版社
PubTime	varchar(10)	是	出版日期
Page	int	是	总页数
Price	decimal(18,0)	否	价格
Details	text	是	内容简介

完成如下要求的查询。

（1）查询 BookInfo 表中的所有内容。

（2）查询 BookInfo 表中的 BookName、Classify、Author、Pages 和 Price 列。

（3）查询 BookInfo 表中的 BookName、Classify、Author、Pages 和 Price 列，并依次将列名定义为"书名"、"分类"、"作者"、"页数"和"价格"。

（4）查询 BookInfo 表中所有关于数据库的图书信息。

（5）查询 BookInfo 表价格不在 70～80 范围内的所有图书信息。

（6）查询图书作者是"郭郑州"并且图书分类不是"数据库"的图书信息。

（7）查询 BookInfo 表中所有与 SQL 相关的图书信息。

（8）查询 BookInfo 表中 Details 字段值为 NULL 的记录。

（9）使用 Transact-SQL 提供的统计函数按年份分组统计图书的数量。

（10）筛选出 BookInfo 表中数量多于 2 个的图书分类。

7.5.2 技术分析

在使用 SELECT 语句对 BookInfo 表进行查询之前，首先应该根据表 7-2 给出的结构创建 BookInfo 表。可以通过图形界面的管理器，也可以使用 CREATE TABLE 语句。

有了图书信息表 BookInfo 之后，为了使查询返回的结果不为空，还需要向表中插入各个数据。插入数据的方法也有两种方式，使用图形界面管理器和 INSERT 语句。如图 7-12 所示为填充数据后的 BookInfo 表。

图 7-12　BookInfo 表内容

上述准备工作完成后，便可以根据要求编写查询语句。在编写的时候要注意虽然 SQL Server 不区分大小写，但是应该尽量与列名相同，且关键字大写。

7.5.3　实现步骤

实现对图书信息表 BookInfo 查询要求的语句如下。

（1）查询 BookInfo 表中的所有内容。

```
SELECT * FROM BookInfo
```

（2）查询 BookInfo 表中的 BookName、Classify、Author、Pages 和 Price 列。

```
SELECT BookName, Classify, Author, Pages, Price
FROM BookInfo
```

（3）查询 BookInfo 表中的 BookName、Classify、Author、Pages 和 Price 列，并依次将列名定义为"书名"、"分类"、"作者"、"页数"和"价格"。

```
SELECT BookName '书名',Classify '分类',Author '作者',Pages '页数',Price '价格'
FROM BookInfo
```

（4）查询 BookInfo 表中所有关于数据库的图书信息。

```
SELECT *
FROM BookInfo
WHERE Classify = '数据库'
```

（5）查询 BookInfo 表价格不在 70 ~ 80 这个范围内的所有图书信息。

```
SELECT *
FROM BookInfo
WHERE Price NOT BETWEEN 70 AND 80
```

（6）查询图书作者是"郭郑州"并且图书分类不是"数据库"的图书信息。

```
SELECT *
FROM BookInfo
WHERE Author = '郭郑州' AND NOT Classify = '数据库'
```

（7）查询 BookInfo 表中所有与 SQL 相关的图书信息。

```
SELECT *
FROM BookInfo
WHERE BookName LIKE '%SQL%'
```

（8）查询 BookInfo 表中 Details 字段值为 NULL 的记录。

```
SELECT *
FROM BookInfo
WHERE Details IS NULL
```

（9）使用 Transact-SQL 提供的统计函数按年份分组统计图书的数量。

```
SELECT LEFT(PubTime,4) AS 'Year', COUNT(*) AS 'Number'
FROM BookInfo
GROUP BY LEFT(PubTime,4)
```

（10）筛选出 BookInfo 表中数量多于 2 个的图书分类。

```
SELECT Classify, COUNT(*)
FROM BookInfo
GROUP BY Classify
HAVING COUNT(*) >= 2
```

7.6 拓展训练

按要求查询用户基本信息

编写一段 SELECT 语句实现在用户信息表 UserInfo 中按用户年龄倒序输出电话号码不为空的所有用户信息，包括姓名、性别、年龄和联系电话列，执行结果如图 7-13 所示。

图 7-13　查询用户基本信息

7.7 课后练习

一、填空题

1. 在 SELECT 语句中使用_____关键字可以消除重复行。

2. 使用 ORDER BY 子句进行排序时，升序使用 ASC 关键字，降序使用_____关键字。

3. _____子句通常与 GROUP BY 子句组合使用，用于对分组的结果进一步限定搜索条件。

4. 在 WHERE 子句中使用字符匹配查询时，通配符_____可以匹配任意多的字符。

5. 逻辑运算符有 OR、_____和 AND。

二、选择题

1. 关于为列定义别名的用法，下列错误的是_____。

   A. SELECT BookNumber='编号' FROM BookInfo

   B. SELECT '编号'=BookNumber FROM BookInfo

   C. SELECT BookNumber '编号' FROM BookInfo

   D. SELECT BookNumber AS '编号' FROM BookInfo

2. 比较运算符<>含义是_____。

   A. 大于　　　　B. 小于　　　　C. 等于　　　　D. 不等于

3. WHERE 子句的作用是_____。

   A. 查询结果的分组条件　　　　B. 组或聚合的搜索条件

   C. 限定返回行的搜索条件　　　　D. 结果集的排序方式

4. 下列各项不是一类的是_____。

   A. []、%、*、[^]　　　　B. OR、AND、NOT

   C. ASC、DESC　　　　D. <、>、>=、=

5. GROUP BY 子句的作用是_____。

   A. 查询结果的分组条件　　　　B. 组或聚合的搜索条件

   C. 限定返回行的搜索条件　　　　D. 结果集的排序方式

6. 使用_____函数可以返回表达式中所有值得平均值。

   A. AVG()　　　B. MAX()　　　C. MIN()　　　D. COUNT()

7. ORDER BY 子句的作用是_____。

   A. 查询结果的分组条件　　　　B. 组或聚合的搜索条件

   C. 限定返回行的搜索条件　　　　D. 结果集的排序方式

三、简答题

1. 简述 SELECT 语句的基本语法。

2. 简述 WHERE 子句可以使用的搜索条件及其意义。

3. 简述 HAVING 子句的作用及其意义。

第 8 课
高级查询

在实际查询应用中，用户所需要的数据并不都在一个表中，而是存放在多个表中，这时就要使用多表查询，即查询时使用多个表中的数据来组合，再从中获取所需要的数据信息。多表查询实际上是通过各个表之间共同列的相关性来查询数据，是数据库查询最主要的特征。

本课将详细介绍多表之间复杂数据的查询方法，如查询多表时指定别名、使用内连接、自连接以及子查询等。

本课学习目标：

❑ 了解多表连接

❑ 熟练掌握内连接

❑ 熟练掌握左外连接和右外连接

❑ 灵活掌握自连接

❑ 简单了解联合查询

❑ 灵活掌握子查询

8.1 查询多个表

查询时需要涉及两个以上表的查询称为多表查询。多表查询在实际应用中很常见，尤其在大型数据库中。查询多个表与查询表单的语法类似，但是在查询之前应该先清晰地理解表之间的关联，这是多表查询的基础。

本节将讲解多表查询时的简单应用，如如何指定连接，在连接时定义别名以及连接多个表等。

8.1.1 基本连接

最简单的连接方式是通过 SELECT 语句中的 FROM 子句用逗号将不同的基表隔开。如果仅仅通过 SELECT 子句和 FROM 子句建立连接，那么查询的结果将是一个通过笛卡儿积所生成的表。所谓笛卡儿积所生成的表，就是该表是由一个基表的每一行与另一个基表的每一行连接在一起所生成的，即该表的行数是两个基表的行数的乘积。但是，这样的查询结果并没有多大的用处。

如果使用 WHERE 子句创建一个同等连接可以生成更多有意义的结果，同等连接是使第一个基表中一个或多个列中的值与第二个基表中相应的一个或多个列的值相等的连接。这样在查询结果中只显示两个基表中列的值相匹配的行。但是要注意的是，无论不同表中的列是否有相同的列名，都应当通过增加表名来限定列名。

【练习1】

例如，从人事数据库 Personnel_sys 中查询职称是"经理"的员工信息，包括员工编号、员工姓名以及所在部门编号和职称，可用如下语句。

```
USE Personnel_sys
GO
SELECT eid '编号',ename '姓名',did '所在部门编号',post '职称'
FROM Employees
WHERE Post='经理'
```

执行上述语句后，其查询结果如下。

编号	姓名	所在部门编号	职称
100301	邵秋泽	10003	经理
100304	张均焘	10003	经理
100401	侯霞	10004	经理
100404	祝悦桐	10004	经理
100501	凌得伟	10005	经理

【练习2】

练习1中使用的是带 WHERE 的 SELECT 语句从 Employees 单个表中进行查询。现在要求在练习1的基础上同时显示部门名称。

在 Employees 表中 did 列是外键，它关联的是 Departments 表的 did 列，部门名称保存在 Departments 表的 name 列中。因此可以用如下 SELECT 语句连接 Employees 表和 Departments 表。

```
SELECT eid '编号',ename '姓名',post '职称',Employees.did '所在部门编号',dname
'部门名称'
```

```
FROM Employees,Departments
WHERE Departments.did=Employees.did
```

由于两个表中都有 did 列,为了避免冲突,上述语句采用"表名.列名"形式限定使用 Employees 表的 did 列。

下面在该语句的基础上添加筛选职称为"经理"的条件,最终 SELECT 语句如下。

```
SELECT eid '编号',ename '姓名',post '职称',Employees.did '所在部门编号',dname
'部门名称'
FROM Employees,Departments
WHERE Departments.did=Employees.did
AND Post='经理'
```

执行上述语句后,其查询结果如下。

编号	姓名	职称	所在部门编号	部门名称
100301	邵秋泽	经理	10003	营销部
100304	张均焘	经理	10003	营销部
100401	侯霞	经理	10004	会计部
100404	祝悦桐	经理	10004	会计部
100501	凌得伟	经理	10005	生产部

如练习 2 所示,使用 SELECT 多表查询的语法如下。

```
SELECT 列名
FROM 表名
WHERE 同等连接表达式
```

在创建多表查询时应遵循下述基本原则。

❑ 在列名中多个列之间使用逗号分隔。

❑ 如果列名为多表共有时应该使用"表名.字段列"形式进行限制。

❑ FROM 子句应当包括所有的表名,多个表名之间同样使用逗号分隔。

❑ WHERE 子句应定义一个同等连接。

只要遵循了上述原则,在表与表之间存在逻辑上的联系时,便可以自由创建任何形式的 SELECT 查询语句,从多个表中提取需要的信息。

提示

如果要在多表查询中加入对列值的限制,也可以使用条件表达式,将条件表达式放在 WHERE 后面,使用 AND 与同等连接表达式结合在一起。

8.1.2 指定表别名

在第 7 课使用查询语句时曾使用 AS 关键字将查询的字段重命名。在本节中要讲述的是使用别名也用 AS 关键字,方法与第 7 课数据查询一样,但增加了对表使用别名。对表使用别名除了增强可读性,还可以简化原有的表名,语法格式如下。

```
SELECT 字段列表
FROM 原表 1 AS 表 1,原表 2 AS 表 2
WHERE 表 1.字段名=表 2.字段名
```

这里的 AS 也只是改变查询结果中的列名,对原表不产生影响。AS 关键字可以省略,使用空格隔开原名与别名。

【练习 3】

查询 Personnel_sys 数据库中性别为"女"的员工信息,包括员工编号、员工姓名、职称以及所在部门编号和部门名称。

该查询需要连接 Employees 表和 Departments 表,实现语句如下。

```
SELECT E.eid AS '编号',E.ename AS '姓名',E.post AS '职称',E.did AS '所在部门编号',
D.dname AS '部门名称'
FROM Employees AS E,Departments AS D
WHERE E.did=D.did
AND E.SEX='女'
```

上述查询在 FROM 子句为 Employees 表定义了别名 E,所以 Employees 表的所有列都应该使用"E.列名"形式,为 Departments 表定义了别名 D。

执行结果如下。

编号	姓名	职称	所在部门编号	部门名称
100104	李萌萌	职员	10001	技术部
100203	张敏	职员	10002	服务部
100303	于莉	职员	10003	营销部
100401	侯霞	经理	10004	会计部
100404	祝悦桐	经理	10004	会计部

与单表 SELECT 语句一样,AS 关键字可以省略。因此,上面的查询可以简化为如下形式。

```
SELECT E.eid '编号',E.ename '姓名',E.post '职称',E.did '所在部门编号',D.dname
'部门名称'
FROM Employees E,Departments D
WHERE E.did=D.did
AND E.SEX='女'
```

若为表指定了别名,则只能用"别名.列名"来表示同名列,不能用"表名.列名"表示。

8.1.3 连接多个表

多表连接查询与两个表之间的连接一样,只是在 WHERE 后使用 AND 将同等连接的表达式连接在一起,基本语法如下。

```
SELECT 字段列表
FROM 表1,表2,表3...
WHERE 表1.字段名=表2.字段名 AND 表1.字段名=表3.字段名
```

多表连接查询的原理与两个表之间的查询一样,找出表之间关联的列,将表数据组合在一起。

【练习 4】

从人事调动信息表 Personnel_changes 中通过员工编号(eid 列)找出员工姓名,通过调动后的部门编号(now_deptid 列)找出部门名称。

员工姓名保存在 Employees 表,部门名称保存在 Departments 表,因此要实现此查询需要连接 3 个表,具体语句如下。

```
SELECT C.id '编号',E.ename '员工姓名',D.dname '调整后的部门名称'
FROM Employees E,Personnel_changes C,Departments D
WHERE C.eid=E.eid AND C.now_deptid=d.did
```

执行结果如下。

```
编号            员工姓名                        调整后的部门名称
--------------------------------------------------------------------------------
1             姚亮                          技术部
2             高云                          营销部
```

8.1.4　JOIN 关键字

前面内容中主要介绍的是一些基本的连接操作，本小节主要介绍含有关键字 JOIN 的连接查询。

在含有 JOIN 关键字的连接查询中，其连接条件主要是通过以下方法定义两个表在查询中的关联方式。

- ❑ 指定每个表要用于连接的列。典型的连接条件是在一个表中指定外键，在另一个表中指定与其关联的键。
- ❑ 指定比较各列的值时要使用的比较运算符（=、<>等）。

连接可以在 SELECT 语句的 FROM 子句或 WHERE 子句中建立。连接条件与 WHERE 子句和 HAVING 子句组合，用于控制 FROM 子句引用的基表中所选定的行。

在 FROM 子句中指定连接条件有助于将这些连接条件与 WHERE 子句中可能指定的其他搜索条件分开，所以在指定连接条件时最好使用这种方法。连接查询的主要语法格式如下。

```
SELECT <select_list>
FROM <table_reference1> join_type <table_reference2> [ ON <join_condition> ]
[ WHERE <search_condition> ]
[ ORDER BY <order_condition> ]
```

其中，占位符<table_reference1>和<table_reference2>指定要查询的基表，join_type 指定所执行的连接类型，占位符<join_condition>指定连接条件。

连接查询可以分为内连接、外连接和自连接，在下一小节将详细介绍每种连接的使用。

8.2　内连接

内连接是将两个表中满足连接条件的记录组合在一起，连接条件的一般格式如下所示。

```
ON 表名 1.列名 比较运算符 表名 2.列名
```

它所使用的比较运算符主要有 "="、">"、"<"、">="、"<="、"!="、"<>"等。根据所使用的比较方式不同，内连接又可分为等值连接、不等值连接和自然连接三种。

内连接的完整语法格式有两种，第一种格式如下。

```
SELECT 列名列表 FROM 表名 1 [INNER] JOIN 表名 2  ON 表名 1.列名=表名 2.列名
```

第二种格式如下。

```
SELECT 列名列表 FROM 表名 1,表名 2  WHERE 表名 1.列名=表名 2.列名
```

第一种格式使用 JOIN 关键字与 ON 关键字结合将两个表的字段联系在一起，实现多表数据的

连接查询；第二种格式之前使用过，是两个表的基本连接。

8.2.1 等值连接

所谓等值连接就是在连接条件中使用等于号"="运算符比较被连接列的列值，其查询结果中列出被连接表中的所有列，包括其中的重复列。换句话说，基表之间的连接是通过相等的列值连接起来的查询就是等值连接查询。

【练习5】

等值连接查询可以用两种表示方式来指定连接条件。例如，在人事数据库 Personnel_sys 中，基于员工信息表 Employees 和部门信息表 Departments 创建一个查询。限定查询条件为两个表中的部门编号（did 列）相等时返回，并要求返回员工信息表中的员工编号、姓名、性别、籍贯、部门信息表中的部门名称。

使用等值连接的实现语句如下。

```
SELECT E.eid '编号',E.ename '姓名',E.Sex '性别',E.HomeTown '籍贯',D.dname '部门
名称'
FROM Employees E,Departments D
WHERE E.did=D.did
```

在上述语句的 WHERE 子句中用等号"="指定查询为等值连接查询。将上述语句运行后，其查询结果如下。

编号	姓名	性别	籍贯	部门名称
100102	李朋	男	河北	技术部
100204	祝红涛	男	河南	服务部
100303	于莉	女	湖南	营销部
100304	张均焘	男	河北	营销部
100401	侯霞	女	河南	会计部
100403	李庆全	男	江苏	会计部
100404	祝悦桐	女	河南	会计部

还可以在查询语句的 FROM 子句中使用 INNER JOIN 关键字来指定查询是等值连接查询。

```
SELECT E.eid '编号',E.ename '姓名',E.Sex '性别',E.HomeTown '籍贯',D.dname '部门
名称'
FROM Employees E INNER JOIN Departments D
ON E.did=D.did
```

执行该语句后，其查询结果与上述查询结果完全相同。

注意

连接条件中各连接列的类型必须是可比较的，但没有必要是相同的。例如，可以都是字符型或者都是日期型；也可以一个是整型，另一个是实型，整型和实型都是数值型，因此是可以比较的。但若一个是字符型，另一个是整数型就不允许了，因为它们是不可比较的类型。

【练习6】

也可以对连接查询所得的查询结果利用 ORDER BY 子句进行排序。例如，将上述的等值连接查询的查询按"编号"列的降序进行排序。

```
SELECT E.eid '编号',E.ename '姓名',E.Sex '性别',E.HomeTown '籍贯',D.dname '部门
名称'
FROM Employees E INNER JOIN Departments D
ON E.did=D.did
ORDER BY E.eid DESC
```

执行后可从查询结果中看出，该查询结果与练习 5 中的内容是相同的，惟一不同的是该查询结果根据"编号"对查询的结果进行了降序排序。

8.2.2 不等值连接

在等值连接查询的连接条件中不使用等号，而使用其他比较运算符就构成了非等值连接查询。也就是说，非等值连接查询的是在连接条件中使用除了等于运算符以外的其他比较运算符比较被连接列的值。在非等值连接查询中，可以使用的比较运算符有："＞"、"＞="、"＜"、"＜="、"!="，还可以使用 BETWEEN AND 之类的关键字。

【练习 7】

在人事系统数据库 Personnel_sys 中根据薪酬调整表 Salary_Changes 找到调整后大于 1500 的员工编号，再根据该编号获取员工的姓名、性别和籍贯。

使用大于运算符，最终语句如下。

```
SELECT E.eid '编号',E.ename '姓名',E.Sex '性别',E.HomeTown '籍贯',C.Salary2 '调整后工资'
FROM Salary_Changes C ,Employees E
WHERE C.eid=E.eid AND C.Salary2>1500
```

执行结果如下所示。

编号	姓名	性别	籍贯	调整后工资
100202	王鹏通	男	山东	1800

8.2.3 自然连接

自然连接是在连接条件中使用等于"="运算符比较被连接列的列值，但它使用选择列表指出查询结果集合中所包括的列，并删除连接表中的重复列。简单地说，在等值连接中去掉重复的属性列，即为自然连接。

自然连接为具有相同名称的列自动地进行记录匹配。自然连接不必指定在任何同等连接条件。SQL 实现方式判断出具有相同名称列然后形成匹配。然而自然连接虽然可以指定查询结果包括的列，但是不能指定被匹配的列。

【练习 8】

例如，在数据库珠宝营销系统中，基于"顾客信息"和"珠宝商信息"两个表创建一个自然连接查询。这个连接查询的限定条件是两个表中"消费者所在城市"和"珠宝商所在城市"相同，并按列"消费者姓名"、"消费者地址"、"珠宝商姓名"和"珠宝商地址"返回查询结果。

```
SELECT 消费者姓名, 消费者地址, 消费者所在城市 AS 城市,珠宝商姓名, 珠宝商地址
FROM 顾客信息 A INNER JOIN 珠宝商信息 B
ON A.消费者所在城市=B.珠宝商所在城市
```

执行上述语句后，对其结果进行分析。尽管利用自然查询能够消除查询结果中重复的行，但是从上述语句的查询结果中能够发现，该查询结果也是由笛卡儿积形成。

8.3 外连接

当至少有一个同属于两个表的行符合连接条件时，内连接才能返回行。内连接消除与另一个表中的任何行不匹配的行，而外连接会返回 FROM 子句中提到的至少一个表或

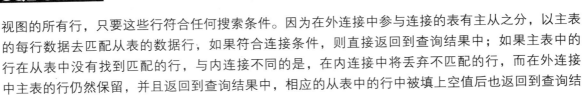
视图的所有行，只要这些行符合任何搜索条件。因为在外连接中参与连接的表有主从之分，以主表的每行数据去匹配从表的数据行，如果符合连接条件，则直接返回到查询结果中；如果主表中的行在从表中没有找到匹配的行，与内连接不同的是，在内连接中将丢弃不匹配的行，而在外连接中主表的行仍然保留，并且返回到查询结果中，相应的从表中的行中被填上空值后也返回到查询结果中。

外连接返回所有的匹配行和一些或全部不匹配行，主要取决于所建立的外连接的类型。SQL 支持三种类型的外连接：

- ❑ 左外连接（**LEFT OUTER JOIN**） LEFT 返回所有的匹配行并从关键字 JOIN 左边的表中返回所有不匹配的行。
- ❑ 右外连接（**RIGHT OUTER JOIN**） RIGHT 返回所有的匹配行并从关键字 JOIN 右边的表中返回所有不匹配的行。
- ❑ 完全连接（**FULL OUTER JOIN**） FULL 返回两个表中所有匹配的行和不匹配的行。

在 8.2 节中介绍进行内连接查询时，返回查询结果集中的仅是符合查询条件（WHERE 搜索条件或 HAVING 条件）和连接条件的行。而采用外连接查询时，它返回到查询结果集中的不仅包含符合连接条件的行，而且还包括左表（左外连接时）、右表（右外连接时）或两个连接表（完全连接时）中的所有数据行。

8.3.1 左外连接查询

左外连接的结果集中包括了左表的所有记录，而不仅仅是满足连接条件的记录。如果左表的某记录在右表中没有匹配行，则该记录在结果集行中属于右表的相应列值均为 NULL。

左外连接的语法格式如下。

```
SELECT 列名列表
FROM 表名 1 LEFT [OUTER] JOIN 表名 2
ON 表名 1.列名=表名 2.列名
```

【练习 9】

在人事系统数据库 Personnel_sys 的员工信息表 Employees 中获取员工编号、姓名、职称、学历和专业，再根据学号查找薪酬调整表 Salary_Changes 中对应调整后的工资。

在这里需要使用 Employees 表左外连接 Salary_Changes 表，最终语句如下。

```
SELECT  E.eid '编号',E.ename '姓名',E.Post '职称',E.Educational '学历',
E.Specialty '专业',C.Salary2 '调整后工资'
FROM  Employees E LEFT OUTER JOIN Salary_Changes C
ON C.eid=E.eid
```

执行结果显示如下。

编号	姓名	职称	学历	专业	调整后工资
100102	李朋	职员	本科	计算机	NULL
100103	戴飞	主管	大专	计算机	NULL
100104	李萌萌	职员	大专	计算机	1500
100202	王鹏通	职员	本科	管理	1800
100204	祝红涛	主管	大专	管理	NULL
100401	侯霞	经理	大专	会计	NULL

100403	李庆全	职员	大专	中文	1200

作为对比，可以执行去掉 LEFT OUTER 关键字的 SELECT 语句，如下所示。

```
SELECT   E.eid '编号',E.ename '姓名',E.Post '职称',E.Educational '学历',
E.Specialty '专业',C.Salary2 '调整后工资'
FROM  Employees E JOIN Salary_Changes C
ON  C.eid=E.eid
```

执行结果显示如下。

编号	姓名	职称	学历	专业	调整后工资
100104	李萌萌	职员	大专	计算机	1500
100202	王鹏通	职员	本科	管理	1800
100403	李庆全	职员	大专	中文	1200

与左外连接的查询结果相同，上面的内连接隐藏了两个表中列为 NULL 的行。

8.3.2 右外连接查询

右外连接的结果集中包括了右表的所有记录，而不仅仅是满足连接条件的记录。如果右表的某一记录在左 OP 表中没有匹配行，则该记录在结果集行中属于左表的相应列值均为 NULL。

右外连接的语法格式为如下。

```
SELECT 列名列表
FROM 表名 1 RIGHT [OUTER] JOIN 表名 2
ON 表名 1.列名=表名 2.列名
```

【练习 10】

根据员工信息表 Employees 中的部门编号 did 使用右外连接 Departments 表，查询员工编号、员工姓名和部门名称。

实现语句如下。

```
SELECT  E.eid '编号',E.ename '姓名',D.Dname '部门名称'
FROM  Employees E RIGHT OUTER JOIN Departments D
ON  E.did=D.did
```

执行结果如下所示。

编号	姓名	部门名称
100102	李朋	技术部
100105	姚亮	技术部
100204	祝红涛	服务部
100304	张均焘	营销部
100401	侯霞	会计部
100404	祝悦桐	会计部
100504	王克强	生产部
NULL	NULL	研发部
NULL	NULL	管理部

由于这里是使用部门信息表 Departments 作为外连接，所以结果将以 Departments 表为基准进行查询。如果某个部门没有员工信息，那么对应的列将显示 NULL。

8.3.3 完全连接查询

完全外连接的结果集中包括了左表和右表的所有记录。当某记录在另一个表中没有匹配的记录时，则另一个表的相应列值为 NULL。

完全外连接的语法格式为：

```
SELECT 列名列表
FROM 表名1 FULL [OUTER] JOIN 表名2
ON 表名1.列名=表名2.列名
```

【练习 11】

使用完全外连接员工信息表 Employees 和部门信息表 Departments，并查询员工编号、员工姓名和部门名称。

实现语句如下：

```
SELECT  E.eid '编号',E.ename '姓名',D.Dname '部门名称'
FROM  Employees E FULL OUTER JOIN Departments D
ON E.did=D.did
```

执行结果如下所示。

```
编号          姓名            部门名称
-----------------------------------------------------------------
100102      李朋            技术部
100105      姚亮            NULL
100203      张敏            服务部
100204      祝红涛          NULL
100301      邵秋泽          营销部
100304      张均焘          NULL
100305      高云            营销部
100401      侯霞            NULL
100404      祝悦桐          会计部
100504      王克强          生产部
NULL        NULL            研发部
NULL        NULL            管理部
```

8.4 自连接

连接不仅可以在不同的表之间进行，也可以使一个表同其自身进行连接，这种连接称为自连接，相应的查询称为自连接查询。自连接是表与自身进行的内连接或者外连接。

自连接的连接操作可以利用别名的方法实现一个表自身的连接。实质上，这种自身连接方法与两个表的连接操作完全相似。只是在每次列出这个表时便为它命名一个别名。

【练习 12】

在医药系统数据库 Medicine 中有一个药品分类信息表 MedicineBigClass，该表包含三列分别是分类编号 BigClassId、分类名称 BigClassName 和上次分类编号 ParentId。作为顶级药品分类的名称，将 ParentId 指定为 0 表示没有上级分类编号。

下面使用自连接查询获取 MedicineBigClass 表中除顶级分类以外，其他药品分类的编号、分类名称、上次分类编号以及上级分类名称。

```
USE Medicine
GO
SELECT C1.BigClassId '分类编号',C1.BigClassName '分类名称',C2.BigClassId '上次分
类编号',C2.BigClassName '上级分类名称'
FROM MedicineBigClass C1 INNER JOIN MedicineBigClass C2
ON C1.ParentId=C2.BigClassId
WHERE C1.ParentId<>0
```

执行结果显示如下。

分类编号	分类名称	上次分类编号	上级分类名称
24	抗生素	1	抗微生物药物
27	抗结核、麻风病药	1	抗微生物药物
39	硝咪类	2	抗寄生虫病药物
41	防治心绞痛药	3	作用于心血管系统的药物
46	脑血管及周围血管扩张药	3	作用于心血管系统的药物
54	平喘药	6	作用于消化系统抗微生物药物
56	胃肠解痉药	7	作用于中枢神经的药物
61	中枢神经兴奋药	8	作用于植物神经的药物
82	微量元素类	14	维生素、微量元素及营养药
84	酶类	15	酶类及其他生物制品
67	抗躁狂药	65	抗精神失常药

8.5 联合查询

UNION 运算符可以将两个或两个以上 SELECT 语句的查询结果集合并成一个结果集显示，即联合查询，语法格式如下。

```
SELECT select_list
FROM table_source
[WHERE search_conditions]
{UNION [ALL]
SELECT select_list
FROM table_source
[WHERE search_conditions]}
[ORDER BY order_expression]
```

其中，**ALL** 为可选项，在查询中若使用该关键字则返回所有满足匹配的数据行，包括重复行。另外，执行联合查询时，查询结果的列标题为第一个查询语句的列标题。因此，要定义列标题必须在第一个查询语句中定义。要对联合查询结果排序时，也必须使用第一个查询语句中的列标题。

【练习 13】

从人事系统数据库 Personnel_Sys 中的员工信息表 Employees 查询出所有政治面貌为"党员"的数据，并将结果与职称为"经理"的数据进行联合。

实现语句如下。

```
SELECT eid '编号',ename '姓名',did '部门编号',post '职称',titles '政治面貌',
Educational '学历'
FROM Employees
WHERE Titles='党员'
UNION
SELECT eid '编号',ename '姓名',did '部门编号',post '职称',titles '政治面貌',
Educational '学历'
FROM Employees
WHERE Post='经理'
```

联合查询执行结果如下。

编号	姓名	部门编号	职称	政治面貌	学历
100102	李朋	10001	职员	党员	本科
100103	戴飞	10001	主管	党员	大专
100301	邵秋泽	10003	经理	团员	大专
100303	于莉	10003	职员	党员	本科
100304	张均焘	10003	经理	群众	大专
100401	侯霞	10003	经理	团员	大专
100404	祝悦桐	10004	经理	群众	大专
100501	凌得伟	10005	经理	团员	本科

8.6 实现子查询

子查询遵循 SQL Server 查询规则，它可以运用在 SELECT、INSERT、UPDATE 等语句中。根据子查询用法的不同可以将其分为：IN 关键字子查询、EXISTS 关键字子查询、多行子查询、单值子查询等。

使用子查询或连接查询可以实现根据多个表中的数据获取查询结果。

8.6.1 使用比较运算符

在子查询语句中可以使用比较运算符进行一些逻辑判断，查询的结果集返回一个列表值，语法格式如下。

```
SELECT select_list
FROM table_source
WHERE expression operator [ANY|ALL|SOME] (subquery)
```

operator 表示比较运算符，ANY、ALL 和 SOME 是 SQL 支持的在子查询中进行比较的关键字。ANY、ALL 和 SOME 的含义如下。

- ❑ ANY 和 SOME 表示相比较的两个数据集中，至少有一个值的比较为真，满足搜索条件。若子查询结果集为空，则不满足搜索条件。

❑ ALL 与结果集中所有值比较都为真，才满足搜索条件。

【练习 14】

例如，在 Personnel_Sys 数据库中查询包含女性员工的部门编号和部门名称。

由于员工信息保存在 Employees 表中，因此首先需要编写一个子查询获取性别为"女"的员工部门编号，再根据部门编号在 Departments 表中查找部门名称。

使用 ANY 比较运算符的实现语句如下。

```
SELECT did '编号',dname '部门名称'
FROM Departments
WHERE did =ANY(
    SELECT did
    FROM Employees
    WHERE sex='女'
)
```

上面语句首先执行括号内的子查询，在子查询中返回所有性别为"女"的员工部门编号，然后判断外部查询中的 did 字段是否在子查询列表中。

执行结果显示如下。

```
编号         部门名称
-------------------------------------------------
10001      技术部
10002      服务部
10003      营销部
10004      会计部
```

8.6.2 使用 IN 关键字

IN 关键字可以用来判断指定的值是否包含在另外一个查询结果集中。通过使用 IN 关键字将一个指定的值（或表的某一列）与返回的子查询结果集进行比较，如果指定的值与子查询的结果集一致或存在相匹配的行，则使用该子查询的表达式值为 TRUE。

使用 IN 关键字的子查询语法格式如下：

```
SELECT select_list
FROM table_source
WHERE expression IN|NOT IN (subquery)
```

在上面语法格式中，subquery 表示相应的子查询，括号外的查询将子查询结果集作为查询条件进行查询。

【练习 15】

例如，在 Personnel_Sys 数据库中查询所有已婚员工的编号、姓名、性别、籍贯以及调整后的工资。

在这里需要连接员工信息表 Employees 和薪酬调整表 Salary_Changes，最终实现语句如下。

```
SELECT E.eid '编号',E.ename '姓名',E.Sex '性别',E.HomeTown '籍贯',C.Salary2 '调整后工资'
FROM Salary_Changes C INNER JOIN Employees E
ON C.eid=E.eid
WHERE E.eid IN(
    SELECT eid
```

```
    FROM Employees
    WHERE married='已婚'
)
```

执行结果显示如下。

编号	姓名	性别	籍贯	调整后工资
100202	王鹏通	男	山东	1800
100104	李萌萌	女	河北	1500

8.6.3 使用 EXISTS 关键字

EXISTS 关键字的作用是在 WHERE 子句中测试子查询返回的数据行是否存在，但是子查询不会返回任何数据行，只产生逻辑值 TRUE 或 FALSE，语法格式如下。

```
SELECT select_list
FROM table_source
WHERE EXISTS|NOT EXISTS (subquery)
```

【练习 16】

在 Personnel_sys 数据库中如果存在一个部门没有员工的情况，那么就显示所有部门信息。这就需要使用 EXISTS 关键字判断子查询是否有结果，如果有则查询所有部门信息表，最终语句如下。

```
SELECT * FROM Departments
WHERE EXISTS(
    SELECT E.eid '编号',E.ename '姓名',D.Dname '部门名称'
    FROM  Employees E RIGHT OUTER JOIN Departments D
    ON E.did=D.did
    WHERE E.eid IS NULL
)
```

执行结果显示如下。

did	dname	peoples
10001	技术部	5
10002	服务部	4
10003	营销部	6
10004	会计部	3
10005	生产部	10
10006	研发部	NULL
10007	管理部	NULL

8.6.4 单值子查询

单值子查询就是子查询的查询结果只返回一个值，然后将某一列值与这个返回的值进行比较。在返回单值的子查询中，比较运算符不需要使用 ANY、SOME 等关键字，在 WHERE 子句中可以直接使用比较运算符来连接子查询。

【练习 17】

在 Personnel_Sys 数据库中输出编号为 100401 员工所在部门的编号、部门名称以及人数，实现语句如下。

```
SELECT * FROM Departments
WHERE did=(
    SELECT did
    FROM Employees
    WHERE eid=100401
)
```

上面代码首先执行子查询，得到编号为 100401 员工对应的部门编号，然后使用外部查询的编号与其比较，并输出信息，执行结果显示如下。

```
did       dname                    peoples
-----------------------------------------------------
10003     营销部                    6
```

【练习 18】

从薪酬调整表 Salary_Changes 中获取调整后工资最低的员工编号，再显示该编号对应的员工姓名、性别以及籍贯，实现语句如下。

```
SELECT  eid '编号',ename '姓名',Sex '性别',HomeTown '籍贯'
FROM Employees
WHERE eid=
(
    SELECT TOP 1 eid FROM Salary_Changes ORDER BY Salary2
)
```

执行结果显示如下。

```
编号          姓名          性别          籍贯
------------------------------------------------------------------
100403      李庆全        男            江苏
```

8.6.5 嵌套子查询

在查询语句中包含一个或多个子查询，这种查询方式就是嵌套查询。通过对前面几节的学习，读者对子查询都有了一定了解。嵌套子查询的执行不依赖外部查询，通常放在括号内先被执行，并将结果传给外部查询，作为外部查询的条件来使用，然后执行外部查询，并显示整个查询结果。

【练习 19】

查询并显示调整过薪酬的员工信息，包含员工编号、姓名、性别和籍贯，使用语句如下。

```
SELECT  eid '编号',ename '姓名',Sex '性别',HomeTown '籍贯'
FROM Employees
WHERE eid IN
(
    SELECT eid FROM Salary_Changes
)
```

执行结果显示如下。

编号	姓名	性别	籍贯
100104	李萌萌	女	河北
100202	王鹏通	男	山东
100403	李庆全	男	江苏

【练习 20】

查询有职位调整记录信息的员工编号、姓名、性别、职称以及调整后的部门名称。

实现这个查询需要连接 3 个表，分别是员工信息表 Employees、部门信息表 Departments 和职位调整信息表 Personnel_Changes，并在子查询中获取有调整记录的员工编号，最终实现语句如下。

```
SELECT E.eid '编号',E.ename '姓名',E.sex '性别',E.Post '职称',D.dname '调整后部门名称'
FROM Departments D,Personnel_changes C,Employees E
WHERE D.did=C.now_deptid AND D.did=E.did
AND E.eid IN(
    SELECT eid FROM Personnel_changes
)
```

执行结果显示为。

编号	姓名	性别	职称	调整后部门名称
100105	姚亮	男	职员	技术部
100305	高云	男	职员	营销部

8.7 实例应用：查询图书管理系统借阅信息

8.7.1 实例目标

表与表之间的联系决定了一些数据的查询要涉及到多个表；也就是说，需要的数据往往不是一个简单的 SELECT 语句就可以查询到。在前面小节中详细学习了 SELECT 查询多表和复杂数据查询的方法。

在本节将通过对图书管理系统数据库中的图书借阅信息进行查询，演示多表查询的应用。该库包含了如下表及列。

- ❑ **BorrowerInfo 表** 包含 CardNumber、BookNumber、BorrowerDate、ReturnDate、RenewDate 和 BorrowerState 列。
- ❑ **CardInfo 表** 包含 CardNumber、UserId、CreateTime、Scope 和 MaxNumber 列。
- ❑ **UserInfo 表** 包含 ID、UserName、Sex、Age、IdCard、Phone 和 Address 列。

查询要求如下：

（1）查询借书卡表 CardInfo 中的所有信息，但要求同时列出每一张借书卡对应的用户信息。

（2）查询借书卡表 CardInfo 中的所有信息，并且同时列出每一张借书卡对应的用户信息。不过这里要求只连接查询在 2011 年 6 月 1 日以前创建的借书卡信息。

（3）查询借书卡表 CardInfo 中的所有信息，但要求同时列出每一张借书卡对应的用户姓名。

（4）使用左外连接查询 UserInfo 表和 CardInfo 表中的内容，并将表 UserInfo 作为左外连接的主表，CardInfo 作为左外连接的从表。

（5）使用联合查询查询出用户信息表 UserInfo 中的所有男性用户和年龄大于 22 岁的用户的集合。

（6）使用子查询实现查询图书管理系统数据库 db_books 中的没有办理借书卡的用户信息。

（7）使用子查询实现查询图书管理系统数据库 db_books 中的已经办理过借书卡的用户信息。

（8）查询图书管理系统数据库 db_books 中的卡号为 B002 的借书卡对应的用户信息。

（9）使用 ANY 查询图书管理系统数据库 db_books 中的已经办理过借书卡的用户信息。

8.7.2　技术分析

根据查询要求得知，使用 SELECT 语句的单表查询肯定无法完成。对于复杂的业务逻辑，就需要从多个表中查询数据，也就是多表查询。

在 8.1 节中详细讲解了 SELECT 多表查询的应用。虽然语法结构很简单，但是读者在查询之前一定要清楚与多个表之间的关联情况，即 XX 表的 XX 列作为主键或者外键关联到另外 XX 表的 XX 列。如果列名有重复还应该为表名和列名指定别名。

清楚关联方式之后，还要根据查询要求选择一种连接方式，例如内连接或者外连接，之后在编写语句时加上连接方式的关键字。另外，为了对连接的结果进行限制可以使用 WHERE 语句，但是要注意多个条件表达式之间使用逻辑运算符（AND、OR 或者 NOT）连接，并且对于要优先执行的条件应该放在小括号内。

8.7.3　实现步骤

（1）查询借书卡表 CardInfo 中的所有信息，但要求同时列出每一张借书卡对应的用户信息。

```
SELECT UI.*, CI.*
FROM CardInfo CI
INNER JOIN UserInfo UI
ON CI.UserID = UI.ID
```

（2）查询借书卡表 CardInfo 中的所有信息，并且同时列出每一张借书卡对应的用户信息。不过这里要求只连接查询在 2011 年 6 月 1 日以前创建的借书卡信息。

```
SELECT UI.*, CI.*
FROM CardInfo CI
INNER JOIN UserInfo UI
ON CI.UserID = UI.ID AND CI.CreateTime < '2011-06-01'
```

（3）查询借书卡表 CardInfo 中的所有信息，但要求同时列出每一张借书卡对应的用户姓名。

```
SELECT UI.Username, CI.*
FROM CardInfo CI
INNER JOIN UserInfo UI
ON CI.UserID = UI.ID
```

（4）使用左外连接查询 UserInfo 表和 CardInfo 表中的内容，并将表 UserInfo 作为左外连接的主表，CardInfo 作为左外连接的从表。

```
SELECT UI.*, CI.*
```

```
FROM UserInfo UI
LEFT OUTER JOIN CardInfo CI
ON CI.UserID = UI.ID
```

（5）使用联合查询查询出用户信息表 UserInfo 中的所有男性用户和年龄大于 22 岁的用户的集合。

```
SELECT *
FROM UserInfo
WHERE Sex = '男'
UNION
SELECT *
FROM UserInfo
WHERE Age > 22
```

（6）使用子查询实现查询图书管理系统数据库 db_books 中的没有办理借书卡的用户信息。

```
SELECT *
FROM UserInfo
WHERE ID NOT IN (
    SELECT UserID
    FROM CardInfo
    )
```

（7）使用子查询实现查询图书管理系统数据库 db_books 中的已经办理过借书卡的用户信息。

```
SELECT *
FROM UserInfo AS UI
WHERE EXISTS (
    SELECT UserID
    FROM CardInfo AS CI
    WHERE UI.ID = CI.UserID
    )
```

（8）查询图书管理系统数据库 db_books 中的卡号为 B002 的借书卡对应的用户信息。

```
SELECT *
FROM UserInfo AS UI
WHERE ID = (
    SELECT UserID
    FROM CardInfo
    WHERE CardNumber = 'B002'
    )
```

（9）使用 ANY 查询图书管理系统数据库 db_books 中的已经办理过借书卡的用户信息。

```
SELECT *
FROM UserInfo AS UI
WHERE ID = ANY(
    SELECT UserID
    FROM CardInfo
    )
```

拓展训练

完成学生选课系统的查询要求

假设在学生选课系统数据库中包含了如下表及字段：

- 教师信息表 **Teacher**　包含教师编号 Tno、姓名 Tname、性别 Tsex、电话 Tphone、所在系编号 Dno 和任教课程编号 Cno。
- 学生信息表 **Student**　包含学生编号 Sno、学生姓名 Sname、性别 Ssex、出生日期 Sbirth、入学时间 Stime、所在系院 Dno 和籍贯 SAdrs。
- 课程表 **Course**　包含课程编号 Cno、课程名称 Cname、所在系名称 Dno 和是否为必修课 Smust。
- 系院表 **dept**　包含院系编号 Dno、院系名称 Dname 和院系主任的教师编号 DManageTno。
- 学生选课表 **SC**　包含学生编号 Sno、课程编号 Cno、任课教师编号 Tno 和考生成绩 Grade。

根据具体功能查询需要的表，具体要求如下。

（1）使用 IN 查询学生选课表中成绩小于 75 分的学生编号和学生姓名。

（2）不使用 IN 查询学生选课表中成绩小于 60 分的学生编号和学生姓名。

（3）将以上两个结果集联合在一起。

（4）查询成绩小于 75 分的学生编号、学生姓名和该课程的任课老师的姓名。

（5）查询年龄最大的学生的选课科目和课程成绩。

（6）查询课程表中教师为男性的课程名称、课程编号和教师信息表中的教师姓名，要求显示课程表中全部课程名称及编号。

（7）查询院系表中男女学生所在的系名称。

课后练习

一、填空题

1. 在子查询中，_____关键字可以用来判断指定的值是否包含在另外一个查询结果集中。

2. _____运算符可以将两个或两个以上 SELECT 语句的查询结果集合并成一个结果集显示，即联合查询。

3. 在联合查询中添加_____关键字可以返回所有的行，而不管查询结果中是否含有重复的值。

4. 内连接是最常用的连接查询，一般用_____关键字来指定内连接。

5. 在 SELECT 语句中如果一个子查询中还包含其他子查询，这样的查询称为_____。

二、选择题

1. 关于 UNION 使用原则，下列说法不正确的是_____。

    A. 每一结果集的数据类型都必须相同或兼容

    B. 每一结果集中列的数量都必须相等

    C. 如果对联合查询的结果进行排序，则必须把 ORDER BY 子句放在第一个 SELECT 子句后面

    D. 如果对联合查询的结果进行排序，进行排序的依据必须是第一个 SELECT 列表中的列

2. 下面关于自连接说法错误的一项是_____。

    A. 自连接是指一个表与自身相连接的查询，连接操作是通过给基表定义别名的方式来实现

    B. 自连接可以将自身表的一个镜像当作另一个表来对待，从而能够得到一些特殊的数据

    C. 在自连接中可以使用内连接和外连接

    D. 在自连接中不能使用内连接和外连接

3. 下面关于完全连接说法正确的是_____。

    A. 完全外连接查询返回左表和右表中所有行的数据

    B. 在完全连接查询中，当一个基表中某行在另一个基表中没有匹配行时，则另一个基表与之相对应的列值设为 NULL 值

    C. 在完全连接查询中，当一个基表中某行在另一个基表中没有匹配行时，则另一个基表与之相对应的列值设为 0

    D. 在完全连接查询中，当一个基表中某行在另一个基表中没有匹配行时，将不返回这些行

4. 下列选项中，不属于外连接的是_____。

    A. 左外连接

    B. 右外连接

    C. 交叉连接

    D. 完全连接

5. 当利用 IN 关键字进行子查询时，可以在 SELECT 子句中指定_____列名。

    A. 1 个

    B. 2 个

    C. 3 个

    D. 任意多个

三、简答题

1. 简述内连接和外连接。

2. 简述左外连接和右外连接的主从表位置。

3. 创建查询时，应遵循基本原则有哪些？

4. 在含有 JOIN 关键字的连接查询中，其连接条件主要是通过哪些方法定义两个表在查询中的关联方式？

5. 连接表时，根据 SELECT 语句的不同,，有时查询结果中会返回重复的行。那么怎样能够使查询结果中不出现重复的行？

6. 使用 EXISTS 关键字引入的子查询与使用 IN 关键字引入的子查询在语法上有哪两个方面不同？

第 9 课
索引与视图

索引（Index）是数据库中的一个特殊对象，是一种可以加快数据检索的数据库结构。它可以从大量的数据中迅速找到需要的内容，使得数据查询时不必扫描整个数据库。而视图（View）是一种查看数据的方法，当用户需要同时从数据库的多个表中查看数据时，可以通过使用视图来实现。因此视图对于数据库用户来说非常重要。

本课将对索引和视图这两大数据库对象的应用展开详细介绍，包括索引的概念和分类、创建索引、查看索引、视图的创建及管理等。

本课学习目标：

❑ 了解索引的概念

❑ 理解不同索引类型的作用及检索方式

❑ 熟悉选择使用索引列的方法

❑ 掌握索引的创建和查看索引属性的方法

❑ 掌握索引的修改和删除

❑ 了解视图的概念以及与基表的区别

❑ 掌握视图的创建、修改和删除

❑ 熟悉使用视图修改数据的方法

9.1 索引简介

    索引是一个单独的、物理的数据库结构，它是某个表中一列或者若干列的集合和相应的指向表中物理标识这些值数据页的逻辑指针清单。索引的建立依赖于表，它提供了数据库中编排表中数据的内部方法。一个表的存储由两个部分组成，一部分用来存放表的数据页面，另一部分存放索引页面。索引就存放在索引页面上，通常索引页面相对于数据页面来说小很多。当进行数据检索时，系统首先搜索索引页面，从索引页面中找到所需数据的指针，再直接通过指针从数据页面中读取数据。从某种程度上，可以把数据库看作一本书，把索引看作书的目录，通过目录查找书中的信息，显然要比没有目录的书方便、快捷。

    索引一旦创建，将由数据库自动管理和维护。例如，在向表中插入、更新或者删除一条记录时，数据库会自动在索引中做出相应的修改。在编写 SQL 查询语句时，具有索引的表与不具有索引的表没有任何区别，索引只是提供一种快速地访问指定记录的方法。

    使用索引进行检索数据具有以下优点。

❑ 保证数据记录的惟一性。惟一性索引的创建可以保证表中数据记录不重复。

❑ 加快数据检索速度。表中创建了索引的列几乎可以立即响应查询，因为在查询时数据库首先会搜索索引列，找到要查询的值，然后按照索引中的位置确定表中的行，从而缩短了查询时间。而未创建索引的列在查询时就需要等待很长的时间，因为数据库会按照表的顺序逐行进行搜索。

❑ 加快表与表之间的连接速度。如果从多个表中检索数据，而每个表中都有索引列，则数据库可以通过直接搜索各表的索引列，找到需要的数据。不但加快了表间的连接速度，也加快表间的查询速度。

❑ 在使用 ORDER BY 和 GROUP BY 子句中进行检索数据时，可以显著减少查询中分组和排序的时间。如果在表中的列创建索引，在使用 ORDER BY 和 GROUP BY 子句对数据进行检索时，其执行速度将大大提高。

❑ 可以在检索数据的过程中使用优化隐藏器，提高系统性能。在执行查询的过程中，数据库会自动对查询进行优化，所以在建立索引后，数据会依据所建立的索引采取相应的措施而使检索的速度最快。

    虽然索引具有诸多优点，但是仍要注意避免在一个表上创建大量的索引，否则不但会影响插入、删除、更新数据的性能，也会在表中的数据更改时增加调整所有索引的操作，从而影响系统的维护速度。

技巧
在 SQL Server 2008 中将表和索引分别存储在不同的文件组，会大大提高操作数据的速度。

9.2 索引类型

    在 SQL Server 2008 系统中有两种基本类型的索引：聚集索引和非聚集索引。除此之外，还有惟一索引、包含索引、索引视图和全文索引等。在这些索引类型中，聚集索引和非聚集索引是数据库引擎中索引的基本类型，是理解惟一索引、包含索引和索引视图的基础。

9.2.1　B-Tree 索引结构

SQL Server 将索引组织为 B-Tree（Balanced Tree、平衡树）结构。索引内的每一页包含一个页首，页首后面跟着索引行。每个索引行都包含一个键值以及一个指向较低级页或数据行的指针。

B-Tree 的顶端节点称为根节点（Root Node），底层节点称为叶节点（Leaf Node），在根节点和叶节点之间的节点称为中间节点（Intermediate Node）。每级索引中的页链接在双向链接列表中。B-Tree 数据结构从根节点开始，以左右平衡的方式排列数据，中间可以根据需要分成许多层，如图 9-1 所示。

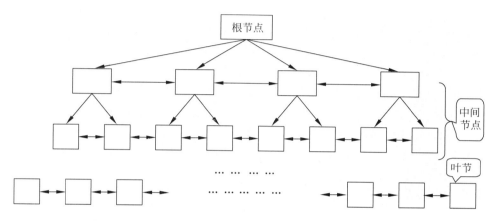

图 9-1　B-Tree 的数据结构

由于 B-Tree 的结构非常适合检索数据，因此在 SQL Server 中采用该结构建立索引页和数据页。

9.2.2　聚集索引

在 SQL Server 中索引按 B-Tree 树结构进行组织。索引 B-Tree 树中的每一页称为一个索引节点。B-Tree 树的顶端节点称为根节点。索引中的底层节点称为叶节点。根节点与叶节点之间的任何索引级别统称为中间级。在聚集索引中，叶节点包含基础表的数据页。根节点和叶节点包含有索引行的索引页。每个索引行包含一个键值和一个指针，该指针指向 B-Tree 树上的某一个中间级页或者叶级索引中的某个数据行。每级索引中的页均被链接在双向链接列表中。

由于真正的数据页链只能按一种方式进行排序。因此，一个表只能包含一个聚集索引。聚集索引将数据行的键值在表内排序存储对应的数据记录，使表的物理顺序与索引顺序一致。如果不是聚集索引，表中各行的物理顺序与键值的逻辑顺序就不会匹配。查询优化器非常适用于聚集索引，因为聚集索引的叶级页不是数据页。因此聚集索引定义了数据的真正顺序，所以对一些范围查询来说该索引能够提供特殊的快速访问。

假如，对于聚集索引 Employee 中的 root_page 列指向该聚集索引某个特定分区的顶部。SQL Server 将在索引中向下移动以查找与某个聚集索引键对应的行。为了查找键的范围，SQL Server 将在索引中移动以查找该范围的起始键值，然后用向前或者向后指针在数据页中进行扫描。为了查找数据页链的首页，SQL Server 将从索引的根节点沿最左边的指针进行扫描，整个过程如图 9-2 所示。

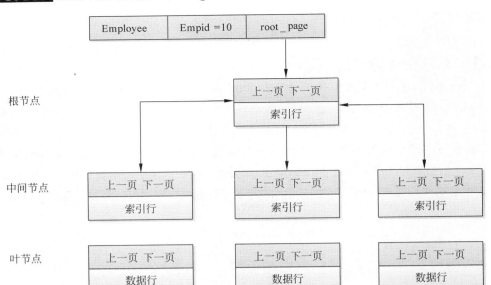

图 9-2　查找数据的聚集索引结构

在默认情况下，表中的数据在创建索引时排序。但是，如果因聚集索引已经存在，且正在使用同一个名称和列重新创建，而数据已经排序，则会重建索引，而不是从头创建该索引，这时就会自动跳过排序操作。重建索引操作会检查行是否在生成索引时进行了排序。如果有任何行排序不正确，即会取消操作，不创建索引。

由于聚集索引的索引页面指针指向数据页面，所以使用聚集索引查找数据几乎总是比使用非聚集索引快。每张表只能创建一个聚集索引，并且聚集索引至少需要相当于该表 120%的附加空间，以存放该表的副本和索引中间页。

聚集索引按下列方式实现。

1．PRIMARY KEY 和 UNIQUE 约束

在创建 PRIMARY KEY 约束时，如果不存在该表的聚集索引且未指定惟一非聚集索引，则将自动对一列或者多列创建惟一聚集索引，主键列不允许空值。在创建 UNIQUE 约束时，默认情况下将创建惟一非聚集索引，以便强制 UNIQUE 约束。如果不存在该表的聚集索引，则可以指定惟一聚集索引。将索引创建为约束的一部分后，会自动将索引命名为与约束名称相同的名称。

2．独立于约束的索引

指定非聚集主键约束后，可以对非主键的列创建聚集索引。

3．索引视图

若要创建索引视图，可以对一个或者多个视图列定义惟一聚集索引。视图将具体化，并且结果集存储在该索引的页级别中，其存储方式与表数据存储在聚集索引中的方式相同。

9.2.3　非聚集索引

非聚集索引的数据存储在一个位置，索引存储在另一个位置，索引带有指针指向数据的存储位置。索引中的项目按索引值的顺序存储，而表中的信息按另一种顺序存储。

非聚集索引与聚集索引具有相同的 B-Tree 结构，但是非聚集索引与聚集索引有两个重大区别。

❑ 数据行不按非聚集索引键的顺序排序和存储。

❑ 非聚集索引的叶层不包含数据页，相反叶节点包含索引行。每个索引行包含非聚集键值以及一个或者多个行定位器，这些行定位器指向有该键值的数据行（如果索引不惟一，则可能是多行）。

有没有非聚集索引搜索都不会影响数据页的组织，因此每个表可以有多个非聚集索引，而不像聚集索引只能有一个。在 SQL Server 2008 中每个表可以创建的非聚集索引最多为 249 个，其中包括 PRIMARY KEY 或者 UNIQUE 约束创建的任何索引，但不包括 XML 索引。如图 9-3 所示为单个分区中的非聚集索引的数据结构。

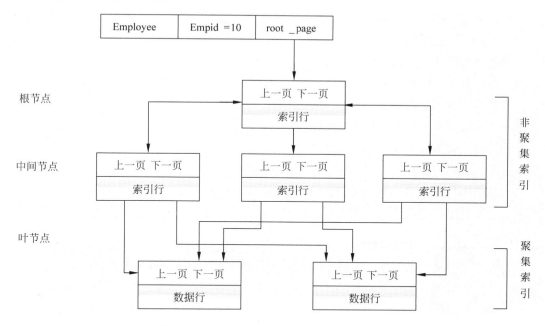

图 9-3 单个分区中的非聚集索引的数据结构

数据库在搜索数据值时，先对非聚集索引进行搜索，找到数据值在表中的位置，然后从该位置直接检索数据。这样使得非聚集索引成为精确查询的最佳方法，因为索引包含描述查询所搜索的数据值在表中的精确位置的条目。

非聚集索引可以提高从表中提取数据的速度，但也会降低向表中插入和更新数据的速度。当用户改变一个建立非聚集索引表的数据时，必须同时更新索引。如果预计一个表需要频繁地更新数据，那么就不要对它建立太多的非聚集。另外，如果硬盘和内存空间有限，也应该限制使用非聚集的数量。

非聚集索引可以通过下列方法实现。

1．PRIMARY KEY 和 UNIQUE 约束

在创建 PRIMARY KEY 约束时，如果不存在该表的聚集索引且未指定惟一非聚集索引，将自动对一列或者多列创建惟一聚集索引，主键列不允许空值。在创建 UNIQUE 约束时，默认情况下将创建惟一非聚集索引，以便强制 UNIQUE 约束。如果不存在该表的聚集索引，则可以指定惟一聚集索引。

2．独立于约束的索引

默认情况下，如果未指定聚集，将创建非聚集索引。每个表可以创建的非聚集索引最多为 249 个，其中包括 PRIMARY KEY 或者 UNIQUE 约束创建的任何索引，但不包括 XML 索引。

3．索引视图的非聚集索引

对视图创建惟一的聚集索引后，便可以创建非聚集索引。

对更新频繁的表来说，表上的非聚集索引比聚集索引和根本没有索引需要更多的额外开销。对移到新页的每一行而言，指向该数据的每个非聚集索引的页级行也必须更新，有时可能还需要索引页的分理。从一个页面删除数据的进程也会有类似的开销，另外，删除进程还必须把数据移到页面上部，以保证数据的连续性。

9.2.4 惟一索引

创建惟一索引可以确保索引列不包含任何重复键值。如果创建的单个查询导致添加了重复的和非重复的键值，SQL Server 会拒绝所有的行，包括非重复的键值。例如，如果一个单个的插入语句从表 table1 检索了 20 行，然后将它们插入到表 table2 中，而这些行中有 10 行包含重复键值，则默认情况下所有 20 行都将被拒绝。不过，在创建该索引时可以指定 IGNORE_DUP_KEY 子句，使得只有重复的键值才被拒绝，而非重复的键值将被添加。这样 SQL Server 将只会拒绝 10 个重复的键值，其他 10 个非重复的键值将被添加到表 table2 中。

在一个数据库表中，如果一个单个的列中不止一行有包含 NULL 值，则无法在该列上创建惟一索引。在列的组合中，如果其中有多个列包含 NULL 值，则这些 NULL 值被视为重复的值。因此，在这样的多个列上也不能创建惟一索引。

聚集索引和非聚集索引都可以是惟一的。因此，只要列中的数据是惟一的，就可以在同一个表上创建一个惟一的聚集索引和多个惟一的非聚集索引。

> **提示**
>
> 只有当惟一性是数据本身的特征时，指定惟一索引才有意义。如果必须实施惟一性以确保数据的完整性，则应在列上创建 UNIQUE 或 PRIMARY KEY 约束，而不要创建惟一索引。

9.3 使用索引

关于索引的基础知识在前面两节中已经进行了详细介绍。本节将介绍索引的具体应用，如创建索引、查看索引以及修改等。但是在使用索引之前，还必须确定为哪些列使用索引。

9.3.1 确定索引列

在前面的内容中介绍了索引的优点，读者可能会觉得既然索引有如此多的优点，为什么不为表中的每一列创建一个索引呢？这种想法固然有其合理性，然而也有其片面性。虽然索引有许多优点，但是为表中的每一列都增加索引，非常不明智。

因为增加索引也有许多不利的因素，主要体现在如下几点。

- ❑ 创建索引和维护索引要耗费时间，这种时间随着数据量的增加而增加。
- ❑ 索引需要占物理空间，除了数据表占数据空间之外，每一个索引还要占一定的物理空间，如果要建立聚簇索引，那么需要的空间就会更大。
- ❑ 当对表中的数据进行增加、删除和修改的时候，索引也要动态的维护，这样就降低了数据的维护速度。

索引是建立在数据库表中的某些列的上面。因此，在创建索引的时候，应该仔细考虑在哪些列上可以创建索引，在哪些列上不能创建索引。如表 9-1 所示提供了一些适合创建索引的原则。

表 9-1 选择表和列创建索引的原则

适合创建索引的表或者列	不适合创建索引的表或者列
有许多行数据的表	几乎没有数据的表
经常用于查询的列	很少用于查询的列
有宽范围的值并且在一个典型的查询中，行极有可能被选择的列	有宽范围的值并且在一个典型的查询中，行不太可能被选择的列
用于聚合函数的列	列的字节数大
用于 GROUP BY 查询的列	有许多修改，但很少实际查询的表
用于 ORDER BY 查询的列	
用于表级联的列	

表 9-2 还提供了应该使用聚集索引或者非聚集索引的列类型的建议。

表 9-2　使用聚集索引和非聚集索引的原则

可以使用聚集索引的列	可以使用非聚集索引的列
被大范围地搜索的主键，如账户	顺序的标识符的主键，如标识列
返回大结果集的查询	返回小结果集的查询
用于许多查询的列	用于聚合函数的列
强选择性的列	外键
用于 ORDER BY 或者 GROUP BY 查询的列	
用于表级联的列	

9.3.2　创建索引

在 Microsoft SQL Server 2008 中创建索引的方法主要有两种：第一种是在 SQL Server Management Studio 中使用现有命令和功能，通过方便的图形化工具创建，第二种是通过书写 Transact-SQL 语句创建。本小节将对在这两个场所中创建索引的方法分别阐述。

1. 使用 SQL Server Management Studio 创建索引

使用 SQL Server Management Studio 创建索引是初学者的首选，因为是在图形界面下完成的。

【练习 1】

下面为医药系统数据库 Medicine 中的药品信息表 MedicineInfo 创建一个惟一性的非聚集索引 "index_Medicine"，操作步骤如下。

（1）在 SQL Server Management Studio 中，连接到包含默认的数据库的服务器实例。

（2）在【对象资源管理器】中，展开【服务器】|【数据库】|Medicine|【表】|MedicineInfo 节点，右击【索引】节点，在弹出的菜单中选择【新建索引】命令。

（3）在【新建索引】窗口的【常规】页面可以配置索引的名称、选择索引的类型、是否是惟一索引等，如图 9-4 所示。

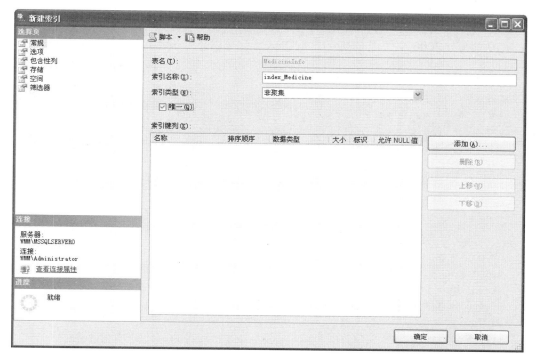

图 9-4　【新建索引】窗口

（4）单击【添加】按钮打开【从"dbo.MedicineInfo"中选择列】窗口，在窗口中的【表列】列表中启用 MedicineName 复选框，如图 9-5 所示。

（5）单击【确定】按钮返回【新建索引】窗口。然后再单击【新建索引】窗口的【确定】按钮，【索引】节点下便生成了一个名"index_Medicine"的索引，说明该索引创建成功，如图 9-6 所示。

图 9-5　选择索引列　　　　　　　图 9-6　索引创建成功

2. 使用 CREATE INDEX 语句创建索引

使用 CREATE INDEX 语句来创建索引，这是最基本的索引创建方式，并且这种方法最具有适应性，可以创建出符合自己需要的索引。在使用这种方式创建索引时，可以使用许多选项，例如指定数据页的充满度、进行排序、整理统计信息等，从而优化索引。使用这种方法，可以指定索引类型、惟一性、包含性和复合性，也就是说既可以创建聚集索引，也可以创建非聚集索引，既可以在一个列上创建索引，也可以在两个或者两个以上的列上创建索引。

在 SQL Server 2008 中使用 CREATE INDEX 语句可以在关系表上创建索引，其基本的语法形式如下。

```
CREATE [UNIQUE] [CLUSTERED] [NONCLUSTERED] INDEX index_name
ON table_or_view_name (colum [ASC | DESC] [,…n])
[INCLUDE (column_name[,…n])]
[WITH
(   PAD_INDEX = {ON | OFF}
 |  FILLFACTOR = fillfactor
 |  SORT_IN_TEMPDB = {ON | OFF}
 |  IGNORE_DUP_KEY = {ON | OFF}
 |  STATISTICS_NORECOMPUTE = {ON | OFF}
 |  DROP_EXISTING = {ON | OFF}
 |  ONLINE = {ON | OFF}
 |  ALLOW_ROW_LOCKS = {ON | OFF}
 |  ALLOW_PAGE_LOCKS = {ON | OFF}
 |  MAXDOP = max_degree_of_parallelism)[,…n]]
ON {partition_schema_name(column_name) | filegroup_name | default}
```

下面对语法中各个参数的含义进行介绍。

- **UNIQUE** 该选项表示创建惟一性的索引，在索引列中不能有相同的两个列值存在。
- **CLUSTERED** 该选项表示创建聚集索引。
- **NONCLUSTERED** 该选项表示创建非聚集索引。这是 CREATE INDEX 语句的默认值。
- **第一个 ON 关键字** 表示索引所属的表或者视图，这里用于指定表或者视图的名称和相应的列名称。列名称后面可以使用 ASC 或者 DESC 关键字，指定是升序还是降序排列，默认值是 ASC。
- **INCLUDE** 该选项用于指定将要包含到非聚集索引的页级中的非键列。
- **PAD_INDEX** 该选项用于指定索引的中间页级，也就是说为非叶级索引指定填充度。这时的填充度由 FILLFACTOR 选项指定。
- **FILLFACTOR** 该选项用于指定叶级索引页的填充度。
- **SORT_INT_TEMPDB** 该选项为 ON 时，用于指定创建索引时产生的中间结果，在 tempdb 数据库中进行排序。该选项为 OFF 时，在当前数据库中排序。
- **IGNORE_DUP_KEY** 该选项用于指定惟一性索引键冗余数据的系统行为。当选项为 ON 时，系统发出警告信息，违反惟一行的数据插入失败。选项为 OFF 时，取消整个 INSERT 语句，并且发出错误信息。
- **STATISTICS_NORECOMPUTE** 该选项用于指定是否重新在计算机上分发统计住处。选项为 ON 时，不自动计算过期的索引统计信息。选项为 OFF 时，启动自动计算功能。
- **DROP_EXIXTING** 该选项用于是否可以删除指定的索引，并且重建该索引。选项为 ON 时，可以删除并且重建已有的索引。选项为 OFF 时，不能删除重建。
- **ONLINE** 该选项用于指定索引操作期间的基础表和关联索引是否可用于查询。选项为 ON 时，不持有表锁，允许用于查询。选项为 OFF 时，持有表锁，索引操作期间不能执行查询。
- **ALLOW_ROW_LOCKS** 该选项用于指定是否使用行锁。选项为 ON 时，表示使用行锁。
- **ALLOW_PAGE_LOCKS** 该选项用于指定是否使用页锁。选项为 ON 时，表示使用页锁。
- **MAXDOP** 该选项用于指定索引操作期间覆盖最大并行度的配置选项，主要目的是限制执行并行计划过程中使用的处理器数量。

【练习 2】

为医药系统数据库 Medicine 中的药品信息表 MedicineInfo 创建一个惟一性的非聚集索引 "index_Medicine"，索引列为 MedicineName。

使用 CREATE INDEX 语句的实现如下。

```
USE Medicine
GO
CREATE UNIQUE NONCLUSTERED INDEX index_Medicine
ON MedicineInfo(MedicineName)
```

9.3.3 查看索引属性

索引信息包括索引统计信息和索引碎片信息，通过查询这些信息分析索引性能，可以更好的维护索引。

1. 查看索引信息

在 Microsoft SQL Server 2008 系统中，可以使用一些目录视图和系统函数查看有关索引的信息。这些目录视图和系统函数如表 9-3 所示。

表 9-3　查看索引信息的目录视图和系统函数

目录视图和系统函数	描　　述
sys.indexes	用于查看有关索引类型、文件组、分区方案、索引选项等信息
sys.index_columns	用于查看列 ID、索引内的位置、类型、排列等信息
sys.stats	用于查看与索引关联的统计信息
sys.stats_columns	用于查看与统计信息关联的列 ID
sys.xml_indexes	用于查看 XML 索引信息，包括索引类型、说明等
sys.dm_db_index_physical_stats	用于查看索引大小、碎片统计信息等
sys.dm_db_index_operational_stats	用于查看当前索引和表 I/O 统计信息等
sys.dm_db_index_usage_stats	用于查看按查询类型排列的索引使用情况统计信息
INDEXKEY_PROPERTY	用于查看索引的索引列的位置以及列的排列顺序
INDEXPROPERTY	用于查看元数据中存储的索引类型、级别数量和索引选项的当前设置等信息
INDEX_COL	用于查看索引的键列名称

2．查看索引碎片

在【对象资源管理器】窗口中右击要查看碎片信息的索引，从弹出菜单中选择【属性】命令打开【索引属性】窗口。在【选择页】中选择【碎片】选项，可以看到当前索引的碎片信息，如图 9-7 所示。

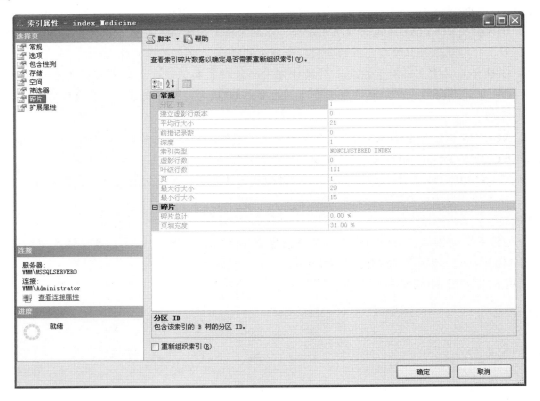

图 9-7　查看索引碎片

3．查看统计信息

在【对象资源管理器】窗口中展开 MedicineInfo 表中的【统计信息】节点，右击要查看统计信息的索引（如 index_Medicine 索引），选择【属性】命令打开【统计信息属性】窗口。在【统计信息属性】窗口中选择【详细信息】选项即可看到当前索引的统计信息，如图 9-8 所示。

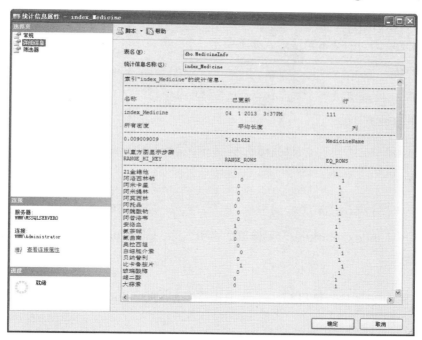

图 9-8　查看详细的统计信息

9.3.4　修改索引

当数据更改以后需要重新生成索引、重新组织索引或者禁止索引，这些操作统称为修改索引。修改索引既可以通过图形界面操作也可以使用 ALTER INDEX 语句进行修改。

1. 使用图形界面

使用图形界面修改索引主要是对索引属性的修改。在【索引属性】窗口中单击【选项】页，在该页中可以选择是否重新生成索引或者是否禁止索引，单击【碎片】选项页，可以选择是否重新组织索引，如图 9-9 所示。

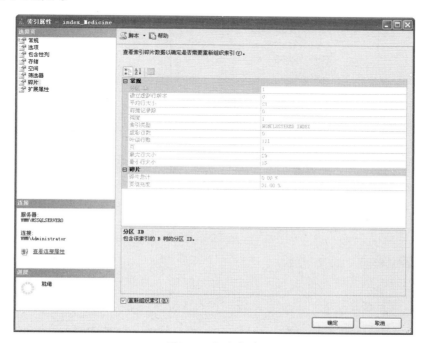

图 9-9　修改索引

2. 使用 ALTER INDEX 语句

ALTER INDEX 语句的基本语法形式如下所示。

（1）重新生成索引

```
ALTER INDEX index_name ON table_or_view_name REBUILD
```

（2）重新组织索引

```
ALTER INDEX index_name ON table_or_view_name REORGANIZE
```

（3）禁用索引

```
ALTER INDEX index_name ON table_or_view_name DISABLE
```

在上述语句中，index_name 表示要修改的索引名称，table_or_view_name 表示当前索引基于的表名或者视图名。

【练习3】

使用 ALTER INDEX 语句禁用 Medicine 数据库中 MedicineInfo 表上的 index_Medicine 索引，实现语句如下。

```
USE Medicine
GO
ALTER INDEX index_Medicine ON MedicineInfo DISABLE
```

执行后再次查看【索引属性】，可以看到【选项】选项页中的"使用索引"复选框为空，表示已经禁用该索引，如图 9-10 所示。

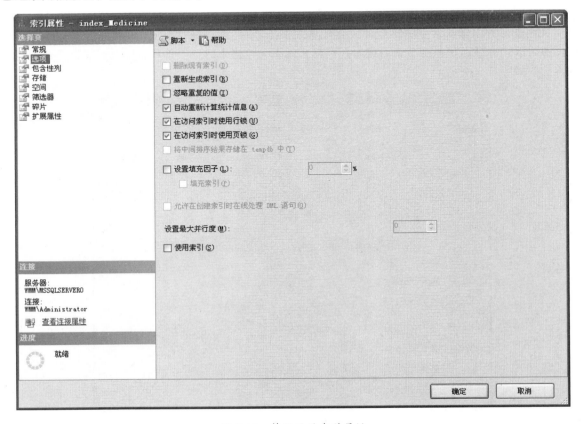

图 9-10 禁用后的索引属性

9.3.5　删除索引

当不需要索引时可以将其删除。与创建索引一样，删除索引也可以通过两种方式完成。最简单的一种是在 SQL Server Management Studio【对象资源管理器】窗口下右击要删除的索引选择【删除】命令。第二种方式是通过 DROP INDEX 语句将该索引删除，具体的语法格式如下。

```
DROP INDEX <table or view name>.<index name>
```

也可以使用如下语法格式。

```
DROP INDEX <index name> ON <table or view name>
```

【练习 4】

要删除 Medicine 数据库中 MedicineInfo 表上的 index_Medicine 索引，实现语句如下。

```
USE Medicine
GO
DROP INDEX index_Medicine ON MedicineInfo
```

执行完以上代码，即可删除 index_Medicine 索引。

9.4　视图简介

视图是原始数据库中数据的一种变换，是查看表中数据的另外一种方式。在描述视图的作用时，可以把视图看做一个可以移动的窗口，通过它可以看到不同表的数据。在 SQL Server 数据库管理系统中，视图是根据预定义的查询建立起来的一个表，定义以模式对象的方式存在。视图是一种逻辑对象，从一个或者几个基本表中导出的表是一种虚拟表。

在定义一个视图时，只是把其定义存放在系统数据中，而不直接存储视图对应的数据，直到用户使用视图时才去查找对应的数据。在视图中被查询的表称为视图的基表。定义一个视图后，就可以把它当作表来引用。在每次使用视图时，视图都是从基表提取所包含的行和列，用户再从中查询所需要的数据。所以视图结合了基表和查询两者的特性。

在创建视图时，视图的内容可以包括以下方面。

❏ **基表中列的子集或者行的子集**　视图可以是基表的一部分。

❏ **两个或者多个基表的联合**　视图是多个基表联合检索的产物。

❏ **两个或者多个基表的连接**　视图通过对多个基表的连接生成。

❏ **基表的统计汇总**　视图不仅是基表的映射，还可以是通过对基表的各种复杂运算得到的结果集。

❏ **其他视图的子集**　视图既可以基于表，也可以基于其他的视图。

❏ **视图和基表的混合**　视图和基表可以起到同样查看数据的作用。

对于使用数据库的每一项操作集都有各自的优点，视图也不例外，视图的优点主要表现在以下几点。

❏ 数据集中显示。视图着重于用户感兴趣的某些特定数据及所负责的特定任务，可以提高数据操作效率。

❏ 简化对数据的操作。在对数据库进行操作时，用户可以将经常使用的连接、投影、联合查询等定义为视图，这样在每次执行相同的查询时，就不必再重新写查询语句，而可以直接地在视图中查询，从而可以大大地简化用户对数据的操作。

❑ 自定义数据。视图可以让不同的用户以不同的方式看到不同或者相同的数据集。

❑ 导出和导入数据。用户可以使用视图将数据导出至其他应用程序。

❑ 合并分割数据。在一些情况下，由于表的数据量过大，在表的设计过程中可能需要经常对表进行水平分割或者垂直分割，表的这种变化会对使用它的应用程序产生不小的影响。使用视图则可以重新保持原有的结构关系，从而使外模式保持不变，应用程序仍可以通过视图来重载数据。

❑ 安全机制。通过视图可以限定用户查询权限，使部分用户只能查看和修改特定的数据。对于其他数据库或者表中的数据既不可见也不能访问。

视图可以使应用程序和数据库表在一定程度上独立。如果没有视图，应用程序一定建立在表上。有了视图之后，程序可以建立在视图之上，从而程序与数据库表被视图分割。视图可以在以下几个方面使程序与数据独立。

❑ 如果应用建立在数据库表上，当数据库表发生变化时，可以在表上建立视图，通过视图屏蔽表的变化，从而应用程序可以不动。

❑ 如果应用建立在数据库表上，当应用发生变化时，可以在表上建立视图，通过视图屏蔽应用的变化，从而使数据库表不动。

❑ 如果应用建立在视图上，当数据库表发生变化时，可以在表上修改视图，通过视图屏蔽表的变化，从而应用程序可以不动。

❑ 如果应用建立在视图上，当应用发生变化时，可以在表上修改视图，通过视图屏蔽应用的变化，从而数据库可以不动。

9.5 使用视图

通过上一小节对视图的介绍，我们知道视图只是一个虚表，它只是从一个或几个基本表中查看数据的方式。本节将介绍视图的使用方法，包括视图的创建和管理，以及使用视图修改数据等。

9.5.1 创建视图

在 SQL Server 2008 数据库系统有两种方式创建视图：图形界面操作和使用 Transact-SQL 命令（CREATE VIEW 语句）。

1. 使用图形界面创建视图

在人事信息系统数据库 Personnel_sys 中创建一个可查看员工基本信息、职务调动信息和薪酬调整信息的视图。

【练习 5】

（1）在 SQL Server Management Studio 中，连接到包含默认的数据库的服务器实例。

（2）打开 Microsoft SQL Server Management Studio 窗口展开数据库 Personnel_sys 节点，再右击【视图】节点选择【新建视图】命令打开【添加表】对话框。

（3）在【添加表】对话框中选择 Employees 表、Personnel_Changes 表和 Salary_Changes 表，如图 9-11 所示。

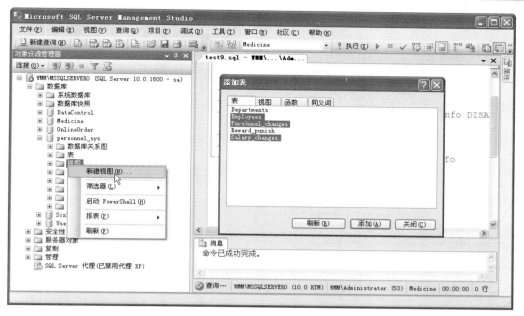

图 9-11　【添加表】对话框

（4）选择完成之后单击【添加】按钮添加到视图，再单击【关闭】按钮关闭【添加表】对话框。

（5）在视图设计器窗口上方的为【关系图】窗口，在这里可以选择查询中要包含的列；中间的为【条件】窗口，这里显示了所选择的列名，而且可以设置排序类型、排序顺序以筛选器；再往下是【显示 SQL】窗口，这里显示了对上面两个窗体操作后生成的 SQL 语句；最下方的是【结果】窗口，用于显示视图执行的结果，默认为空。

如图 9-12 所示为视图最终设计后的关系、条件和 SQL 语句。

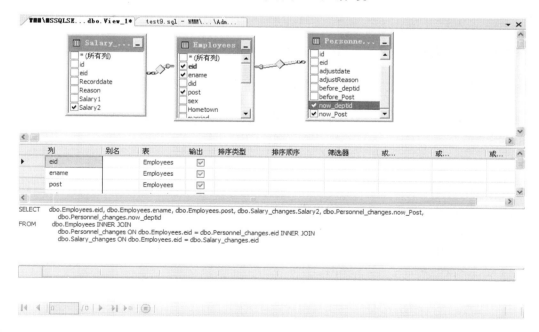

图 9-12　创建视图窗口

（6）单击按钮 ▋ 执行视图，将在【显示结果】窗口中显示查询到的结果集，如图 9-13 所示。

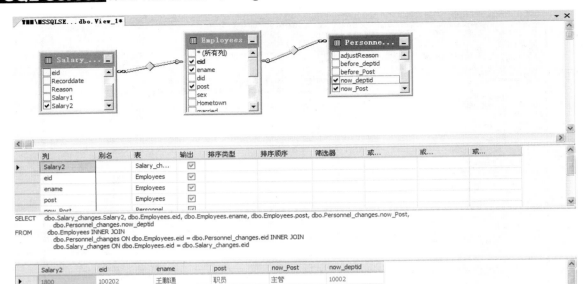

图 9-13 查看查询结果集

（7）单击按钮■保存视图。在弹出的【选择名称】窗口中输入视图名称"View_EmployeeInfo"，单击【确定】按钮即可。

2. 使用 CREATE VIEW 语句视图

在 Microsoft SQL Server 2008 中，可以使用 CREATE VIEW 语句创建视图，语法格式如下。

```
CREATE VIEW [ schema_name . ] view_name [ (column [ ,...n ] ) ]
[ WITH <view_attribute> [ ,...n ] ]
AS select_statement
[ WITH CHECK OPTION ] [ ; ]
<view_attribute> ::=
{
    [ ENCRYPTION ]
    [ SCHEMABINDING ]
    [ VIEW_METADATA ]
}
```

语法说明如下所示。

❏ **schema_name**   视图所属架构的名称。

❏ **view_name**   表示视图的名称，视图名称必须符合有关标识符的规则。可以选择是否指定视图所有者名称。

❏ **column**   视图中的列使用的名称。

提示

仅在下列情况下需要列名：从算术表达式、函数或常量派生的列；两个或更多的列可能会具有相同的名称（通常是由于联接的原因）；视图中的某个列的指定名称不同于其派生来源列的名称。还可以在 SELECT 语句中分配列名。

❏ **select_statement**   定义视图的 SELECT 语句。该语句可以使用多个表和其他视图。

❑ **CHECK OPTION** 强制针对视图执行的所有数据修改语句都必须符合在 select_statement 中设置的条件。通过视图修改行时，WITH CHECK OPTION 可确保提交修改后，仍可以通过视图看到数据。

❑ **SCHEMABINDING** 将视图绑定到基础表的架构。

注意

如果指定 SCHEMABINDING，则不能按照影响视图定义的方式修改基表或表。首先必须修改或删除视图定义本身，才能删除将要修改表的依赖关系。

❑ **VIEW_METADATA** 指定为引用视图的查询请求浏览模式的元数据时，SQL Server 实例将向 DB-Library、ODBC 和 OLE DB API 返回有关视图的元数据信息，而不返回基表的元数据信息。

【练习6】

使用 CREATE VIEW 语句创建一个名为 V_Employee_Department 的视图，要求视图可以查询每个员工的编号、姓名、职称以及所在部门名称，实现语句如下。

```
CREATE VIEW V_Employee_Department
(
编号,姓名,职称,所在部门名称
)
AS
SELECT E.eid,E.ename,E.post,D.dname
FROM Employees E INNER JOIN Departments D
ON E.did=D.did
```

执行上面的代码就可以创建一个 V_Employee_Department 视图，在小括号内为查询结果中的每个列定义了一个别名，AS 后面是视图的 SQL 语句。

成功创建视图之后就可以使用 SELECT 语句进行查询。与查询表的 SELECT 语句格式一样，具体的查询语句和结果如图 9-14 所示。

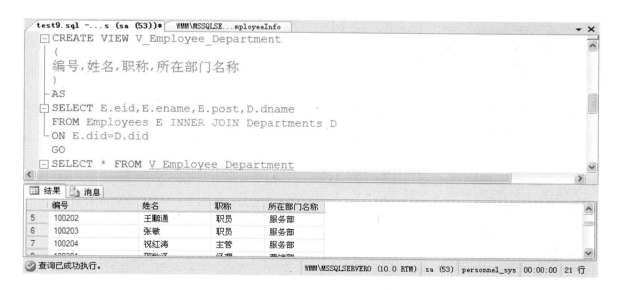

图 9-14 视图查询结果

9.5.2 查看视图

使用 sp_helptext 系统存储过程，可以查看视图的定义文本。

【练习 7】

例如，查看 V_Employee_Department 视图的定义文本，如下代码所示。

```
EXEC sp_helptext V_Employee_Department
```

执行后的结果如图 9-15 所示，显示了 V_Employee_Department 视图的定义文本信息。

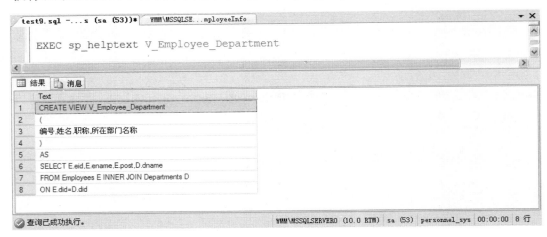

图 9-15　查看视图

9.5.3 修改视图

如果基表发生变化，或者要通过视图查询更多的信息，可以根据需要使用 ALTER VIEW 语句修改视图的定义，语法格式如下所示。

```
ALTER VIEW [ schema_name . ] view_name [ ( column [ ,...n ] ) ]
[ WITH <view_attribute> [ ,...n ] ]
AS select_statement
[ WITH CHECK OPTION ] [ ; ]
<view_attribute> ::=
{
    [ ENCRYPTION ]
    [ SCHEMABINDING ]
    [ VIEW_METADATA ]
}
```

提 示

如果在创建视图时，使用了 WITH CHECK OPTION 子句，并且要保留选项提供的功能，那么必须在 ALTER VIEW 语句中包含该子句，否则将丢失原有的定义。

【练习 8】

修改练习 6 中创建的 V_Employee_Department 视图，要求向视图中添加一个政治面貌列和学历列。使用 ALTER VIEW 语句的实现如下。

```
ALTER VIEW V_Employee_Department
(
编号,姓名,职称,政治面貌,学历,所在部门名称
)
AS
SELECT E.eid,E.ename,E.post,E.Titles,E.Educational,D.dname
FROM Employees E INNER JOIN Departments D
ON E.did=D.did
```

修改后查看 V_Employee_Department 视图的结果，会显示添加后的政治面貌列和学历列，如图 9-16 所示。

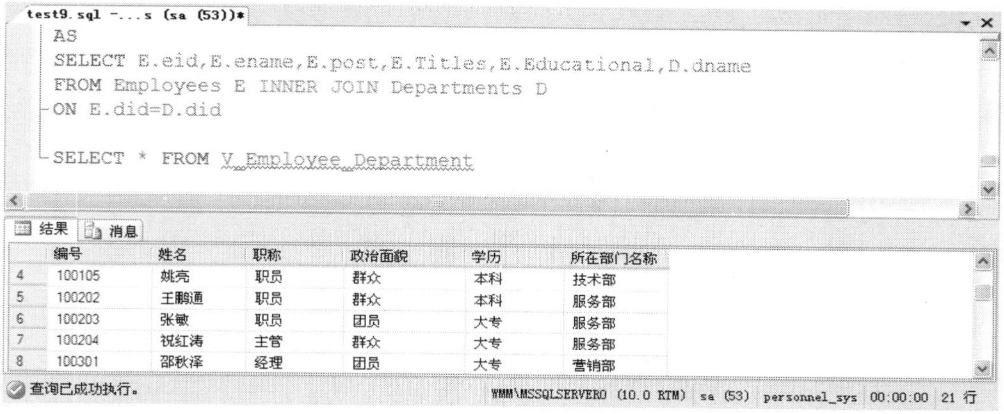

图 9-16　查询修改后的视图

9.5.4　删除视图

使用 DROP VIEW 语句可以删除视图，删除一个视图，就是删除其定义和赋予它的全部权限，并且使用 DROP VIEW 语句可以同时删除多个视图，语法格式如下所示。

```
DROP VIEW view_name
```

【练习 9】

删除 V_Employee_Department 视图的语句如下所示。

```
DROP VIEW V_Employee_Department
```

注意

删除一个视图后，不会对基于视图的表和数据造成任何影响，但是对于信赖该视图的其他对象或查询来说，将会在执行时出现错误。

9.5.5　基于视图修改数据

通过视图可以向数据库表中插入数据、修改数据和删除表中的数据。如果在创建视图时，SELECT 语句中包含 DISTINCT、表达式（如计算列和函数），或是在 FROM 子句中引用多个表或引用不可更新的试图，或有 GROUP BY 或 HAVING 子句都不能通过视图操作数据。

1．新增数据

在视图中插入数据与在基本表中插入数据的操作相同，都是通过 INSERT 语句进行操作。

【练习 10】

在 Personnel_sys 数据库创建一个名为 V_Employee 的视图，并使用该视图查询员工接受教育的情况。以下是使用 CREATE VIEW 实现语句。

```
CREATE VIEW V_Employee
(id,name,post,titles,educational,specialty)
AS
SELECT eid,ename,post,titles,educational,specialty
FROM Employees
```

使用 INSERT 语句向 V_Employee 视图中添加一条数据，语句如下所示。

```
INSERT INTO V_Employee
VALUES(2013,'祝红涛','组长','党员','本科','管理')
```

在数据库中执行上面的语句，执行成功后查询 V_Employee 视图中的数据，如图 9-17 所示。

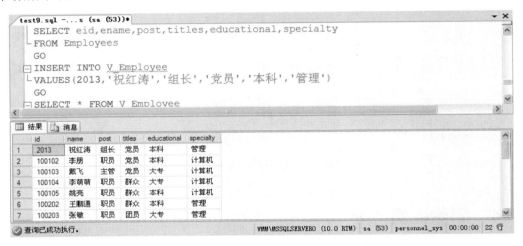

图 9-17　查询插入数据后的视图

提示

使用 INSERT 语句进行插入操作的视图必须能够在基表中插入数据，否则插入操作会失败。如果视图上没有包括基表中所有属性为 NOT NULL 的行，那么插入操作会由于那些列的 NULL 值而失败。如果在视图中包含使用统计函数的结果，或者是包含多个列值的组合，则插入操作不成功。如果创建视图的 CREATE VIEW 语句中使用了 WITH CHECK OPTION，那么所有对视图进行修改的语句必须符合 WITH CHECK OPTION 中限定的条件。对应由多个基表连接而成的视图来说，一个插入操作只能作用于一个基表上。

2．更新数据

修改数据同样与修改基本表相同，通过使用 UPDATE 语句进行视图更新。

【练习 11】

将 View_Student 视图中编号为 2013 的员工姓名修改为"陈景"，UPDATE 语句如下。

```
UPDATE V_Employee SET name='陈景'
WHERE id=2013
```

在数据库中执行上面的语句，执行成功后查询 V_Employee 视图中的数据，如图 9-18 所示。

注意

当视图是基于多个表创建时，那么修改数据只能修改一个表中的数据。

图 9-18　查询更新后的试图

3. 删除数据

通过使用 DELETE 语句可以将视图中的数据删除，在视图中删除的数据同时在表中也被删除。

【练习 12】

删除 View_Student 视图中编号为 2013 的员工信息，DELETE 语句如下所示。

```
DELETE V_Employee WHERE id=2013
```

在数据库中执行上面的语句，执行成功后查询 View_Student 视图中的数据，如图 9-19 所示。

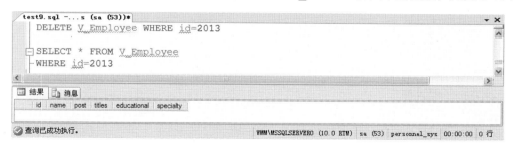

图 9-19　查询删除数据后的视图

提示

如果一个视图连接了两个以上的基表时，则不允许进行数据删除操作。如果视图中的列是常数或者几个字符串列值的和，那么在插入和更新操作时不允许，但可以在删除操作中进行。

9.6 实例应用

9.6.1　设计药品索引

索引是一种物理结构，能够提供一种以一列或者多列的值为基础迅速查找表中行的能力。通过索引，可以大大提高数据库的检索速度，改善数据库性能。在前面小节详细介绍了索引的优点、类型以及使用。

本次实例以医药系统数据库 Medicine 为例，为经常需要查询的列，以及有许多行数据的表创建索引。例如，保存药品信息的 MedicineInfo 表和 MedicineDetail 表。

下面为 MedicineInfo 表的 MedicineId（药品编号）列创建一个聚集惟一索引。再为 MedicineInfo 表的 MedicineCode（药品编码）列和 ShowPrice（药品价格）列创建一个非聚集索引，并按 ShowPrice 降序排列。具体步骤如下所示。

（1）使用 SQL Server Management Studio 连接到 Medicine 数据库。

（2）在【对象资源管理器】窗口中展开 MedicineInfo 节点，右击【索引】节点选择【新建索引】命令。

（3）在【新建索引】窗口设置索引名称为"药品编号_聚集索引"、选择索引类型为"聚集"，并启用【惟一】复选框。

（4）单击【添加】按钮将 MedicineId 列作为索引键列，如图 9-20 所示。

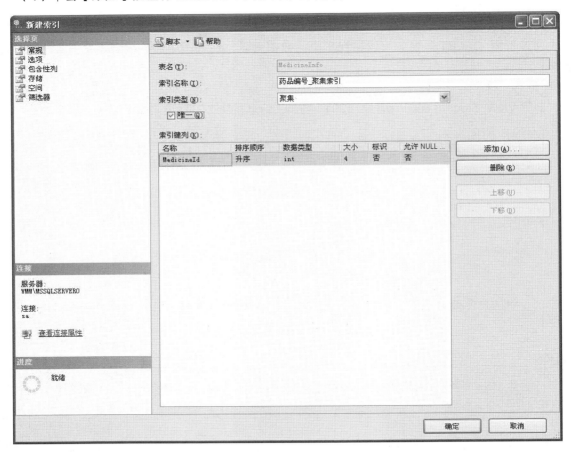

图 9-20　创建聚集索引

（5）单击左侧的【选项】页，在进入的界面中启用【设置填充因子】复选框和【填充索引】复选框，如图 9-21 所示。

（6）单击【确定】按钮完成第一个索引的创建。

（7）为 MedicineDetail 表创建一个名为"药品信息索引"的非聚集索引，将 MedicineCode 列和 ShowPrice 列添加到索引键列，并设置 ShowPrice 列为降序，如图 9-22 所示。

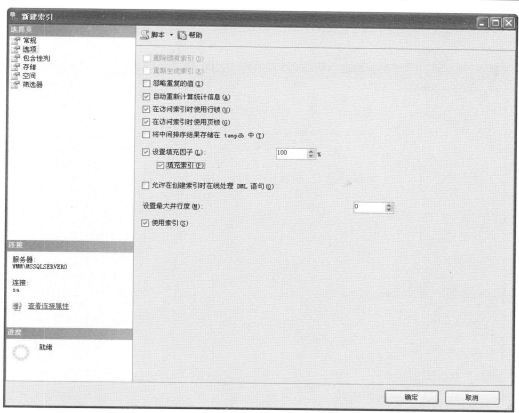

图 9-21　为索引设置填充因子

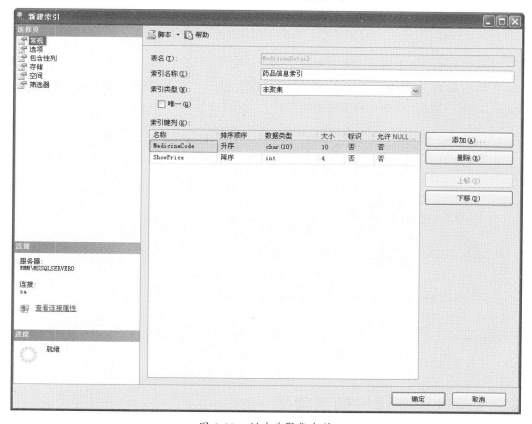

图 9-22　创建非聚集索引

（8）进入【包含性列】页将 ProviderName、MedicineId 和 MedicineName 添加到非键列，如图 9-23 所示。

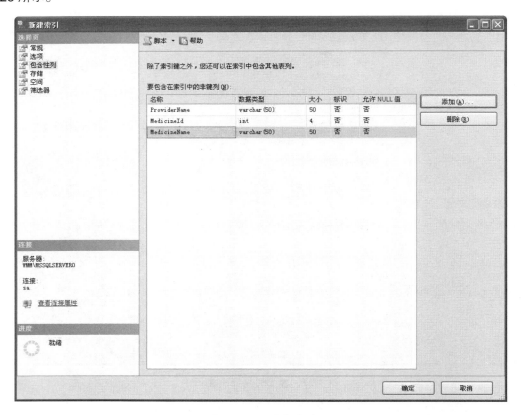

图 9-23　设置非键列

（9）最后单击【确定】按钮完成创建过程。

（10）索引创建之后便生效，现在即可查看索引的碎片和统计信息。例如，这里使用 sp_helpindex 系统存储过程查看两个索引的属性，执行结果如图 9-24 所示。

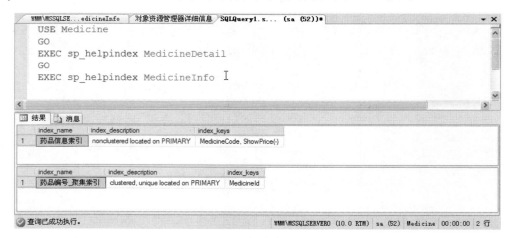

图 9-24　查看索引属性

9.6.2　设计药品详细信息视图

使用视图可以将多个表组合到一块，并提供像单表一样的查询方式。本次实例将在 Medicine

数据库中创建一个视图，该视图可以查看药品的分类情况、基本信息以及详细信息。

实现上述要求需要涉及三个表，分别是：药品分类信息表 MedicineBigClass、药品基本信息表 MedicineInfo 和药品详细信息表 MedicineDetail。这三个表中 BigClassId 是 MedicineBigClass 的主键；MedicineInfo 表的 MedicineId 列是主键，TypeId 列是外键关联 MedicineBigClass 表；MedicineDetail 表的 MedicineId 列是外键关联 MedicineInfo 表。具体步骤如下所示。

（1）使用 SQL Server Management Studio 连接到 Medicine 数据库。

（2）在【对象资源管理器】窗口中右击【视图】节点选择【新建视图】命令。

（3）在弹出的【添加表】对话框中选择 MedicineBigClass、MedicineInfo 和 MedicineDetail，再单击【添加】按钮将这三个表添加到视图中。

（4）从视图设计器的【关系】窗口中设置三个表之间的关联。

（5）选择 MedicineBigClass 表的 BigClassName 列和 MedicineDetail 表的所有列。如图 9-25 所示为此时视图的设计效果。

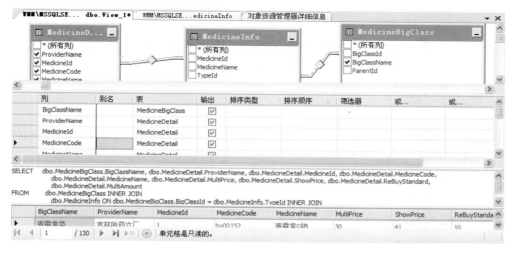

图 9-25　设计视图

（6）将视图保存为 View_Medicine，然后使用该视图按 ShowPrice 升序查看结果，如图 9-26 所示。

图 9-26　查看视图执行结果

（7）使用视图查询"青霉素类"类别下的药品信息，执行结果如图 9-27 所示。

图 9-27　查询执行结果

9.7 拓展训练

操作索引与视图

假设在数据库中有一个 Person 表，其中包含字段有：id（int）、name（varchar(10)）、sex（char(2)）、age（int）和 height（float）。

在 Person 表完成以下操作。

（1）为 name 字段创建一个聚集索引。

（2）查看聚集索引的统计信息。

（3）使用 Transact-SQL 命令创建一个基于 Person 表的视图，要求显示 name 和 height。

（4）使用创建的视图向 Person 表中插入一行数据。

（5）查询视图的执行结果。

（6）使用 Transact-SQL 命令删除上面创建的索引和视图。

9.8 课后练习

一、填空题

1. 在关系数据库中，＿＿＿＿＿＿＿＿＿＿是一种可以加快数据检索速度的结构。

2. 在 SQL Server 2008 的数据库中，按存储结果的不同可以将索引分为＿＿＿＿＿＿＿＿＿和非聚集索引。

3. 如果表中已存在聚集索引，或者显式地指定了非聚集索引，那么在创建索引时将会创建一个惟一的聚集索引，以实施＿＿＿＿＿＿＿＿＿＿＿约束。

4. 在 SQL Server 2008 数据库系统中可以使用＿＿＿＿＿＿＿＿＿语句创建视图。

5. 在视图中插入数据与在基本表中插入数据的操作是完全相同的，都是通过＿＿＿＿＿＿＿＿＿语句完成的。

6. 如果在建立视图的定义时，使用了 WITH CHECK OPTION 子句，并且要保留选项所提供的功能，那么必须在＿＿＿＿＿＿＿＿＿语句中包含该子句。

二、选择题

1. 下面哪个是创建索引的 Transact-SQL 命令？ _____

    A. CREATE SCHEMA

    B. CREATE VIEW

    C. CREATE INDEX

    D. ALTER INDEX

2. 修改索引需要使用下列哪个 Transact-SQL 命令？ _____

    A. ALTER INDEX

    B. ALTER TABLE

    C. UPDATE

    D. CHANGE

3. 使用下面语句创建了一个视图。

```
CREATE VIEW View_Theacher
(
    编号,教师姓名
)
AS
SELECT * FROM theacher
```

请问下面对于 View_Theacher 视图进行操作的语句中 _____ 是错误的。

    A.

```
EXEC sp_helptext View_Theacher
```

    B.

```
DROP VIEW View_Theacher
```

    C.

```
DELETE VIEW View_Theacher
```

    D.

```
ALTER VIEW View_Theacher
(
    教师姓名
)
AS
SELECT teacherName FROM theacher
```

4. 以下关于视图的描述，正确的是 _____ 。

    A. 视图是一个虚表，并不存储数据

    B. 视图同基表一样可以修改

    C. 视图只能从基表导出

    D. 视图只能浏览，不能查询

5. 下面哪个 Transact-SQL 命令可以通过视图管理数据库表中的数据？ _____

    A. ALTER VIEW_NAME

B. DROP VIEW_NAME

    C. CREATE VIEW_NAME

    D. DELETE VIEW_NAME

6. 当_____时，可以通过视图向基本表插入记录。

    A. 视图所依赖的基表有多个

    B. 视图所依赖的基表只有一个

    C. 视图所依赖的基表只有两个

    D. 视图所依赖的基表最多有五个

三、简答题

1. 简述索引的作用和运行原理。

2. 下面的一条 SQL 语句是用来创建一个索引的，并解释其作用。

```
CREATE UNIQUE CLUSTERED INDEX index1
ON table1(column1,column4 DESC)
WITH PAD_INDEX,FILLFACTO=60,
DROP EXISTING
```

3. 使用视图的优点主要有哪些?

4. 简述可更新视图必须符合的条件。

5. 如果一个视图中的数据是基于对基表中的值计算得出的,那么该视图是否是可更新视图? 并说明理由。

第 10 课
SQL Server 编程技术

SQL Server 2008 为用户提供了一个交互式查询语言 Transact-SQL。在前面课节中介绍的所有语句都是该语言的成员，使用 Transact-SQL 可以完成所有数据库的管理工作。对于用户来说，Transact-SQL 是惟一可以和 SQL Server 2008 的数据库管理系统进行交互的语言。任何应用程序，只要向数据库管理系统发出命令以获得数据库管理系统的响应，最终都必须体现为以 Transact-SQL 语句为表现形式的指令。

在本课将主要介绍 Transact-SQL 语言编程基础，包括声明常量和使用变量、各类运算符的计算和优先级，以及控制程序执行过程的语句。同时还简单介绍了 SQL Server 内置函数的应用，以及如何自定义函数。

本课学习目标：

❏ 了解什么是 Transact-SQL

❏ 理解常量与变量的区别

❏ 熟练掌握变量的声明与使用

❏ 掌握各种类型的运算符的使用

❏ 掌握 Transact-SQL 中控制语句的使用

❏ 熟练掌握函数的使用

10.1 Transact-SQL 语言简介

SQL Server 2008 中各种功能的实现基础是 Transact-SQL 语言，只有 Transact-SQL 语言可以直接和数据库引擎进行交互。Transact-SQL 语言是基于商业应用的结构化查询语言，是标准 SQL 语言的增强版本。

10.1.1 什么是 Transact-SQL

SQL（Structure Query Language，结构化查询语言）是由美国国家标准协会（ANSI，American National Standards Institute）和国际标准化组织（ISO，International Standards Organization）定义的一种数据库查询语言标准。

SQL 最初是由 IBM 的研究员们开发的。在 SQL 的正式版本推出之前，SQL 被称为 SEQUEL（Structured English Query Language，结构化英语查询语言），在第一个正式版本推出后，SEQUEL 被重新命名为 SQL。

> **提示**
> 目前最新的 SQL 标准是 1999 年出版发行的 ANSI SQL-99，Microsoft SQL Server 2008 就是遵循该标准。

Transact-SQL 是 Microsoft 公司对 SQL 标准的一个实现，同时又是对 SQL 的增强。T-SQL 拥有自己的数据类型、表达式和关键字等，它主要有以下几个特点。

- ❑ **一体化** 将数据定义语言、数据操纵语言、数据控制语言元素集为一体。
- ❑ **使用方式** 有两种使用方式，即交互使用方式和嵌入到应用程序语言中的使用方式。例如用户可以把 Transact-SQL 语言嵌套到 C#或 Java 语言中使用。
- ❑ **非过程化语言** 只需要提出"做什么"，不需要指出"如何做"，语句的操作过程由系统自动完成。
- ❑ **人性化** 符合人们的思维方式容易理解和掌握。

10.1.2 Transact-SQL 分类

在 SQL Server 2008 中按照功能可以将 Transact-SQL 分为三种类型，即数据定义语言、数据操纵语言和数据控制语言。

1．数据定义语言

数据定义语言（Data Definition Language，DDL）是最基础的 Transact-SQL 语言类型，用来定义数据的结构，例如创建、修改和删除数据库对象。这些数据库对象包括数据库、表、触发器、存储过程、视图、索引、函数、类型以及用户等。

常用的数据定义语言有以下几种。

- ❑ **CREATE 语句** 用于创建对象。
- ❑ **ALTER 语句** 用于修改对象。
- ❑ **DROP 语句** 用于删除对象。

2．数据操纵语言

使用数据定义语言可以创建表和视图，而表和视图中的数据则需要通过数据操纵语言（Data Manipulation Language，DML）进行管理，例如查询、插入、更新和删除表中的数据。

常用的数据操纵语言有以下几种。

- ❑ **SELECT** 语句　用于查询表（或视图）中的数据。
- ❑ **INSERT** 语句　用于向表（或视图）中插入数据。
- ❑ **UPDATE** 语句　用于更新表（或视图）中的数据。
- ❑ **DELETE** 语句　用于删除表（或视图）中的数据。

3. 数据控制语言

数据控制语言（Data Control Language，DCL）用于设置或者更改数据库用户或角色的权限。默认状态下，只有 sysadmin、dbcreator、db_owner 或 db_securityadmin 等角色的用户成员才有权限执行数据控制语言。

常用的数据控制语言有以下几种。

- ❑ **GRANT** 语句　用于将语句权限或者对象权限授予其他用户和角色。
- ❑ **REVOKE** 语句　用于删除授予的权限，但是该语句并不影响用户或者角色从其他角色中作为成员继承过来的权限。
- ❑ **DENY** 语句　用于拒绝给当前数据库内的用户或者角色授予权限，并防止用户或角色通过组或角色成员继承权限。

10.2　常量与变量的使用

Transact-SQL 语言是一系列操作数据库及数据库对象的命令。在使用 T-SQL 命令操作数据库或数据库对象之前，首先需要了解什么是常量和变量。本节将详细讲解 T-SQL 语言中常量和变量的相关知识。

10.2.1　常量

常量是指在程序运行过程中的值始终不变的量，是一个固定的值。在 T-SQL 程序设计过程中，定义常量的格式取决于它所表示值的数据类型。

表 10-1 列出了 SQL Server 2008 中可用的常量类型及常量的表示说明。

表 10-1　常量类型与常量表示

常量类型	常量表示说明
字符串常量	包括在单引号中，由字母（a~z、A~Z）、数字字符（0~9）以及其他特殊字符组成。例如，'Cincinnati'、'40%'
二进制常量	只有 0 或者 1 构成的串，并且不使用引号。如果使用一个大于 1 的数字，它将被转换为 1。例如，10111101、111001011、11
十进制整型常量	使用无小数点的十进制数据表示。例如，1984、2008、644、+2008、-1120 等
十六进制整型常量	使用前缀 0X 后跟十六进制数字串表示。例如，0XEEFD、0X127468EFD 等
日期常量	使用单引号将日期时间字符串引用起来表示。 常见的日期格式： 1. 字母日期格式：'July 25，2008'、'25-July-2008' 2. 数字日期格式：'03/06/2010'、'1997-08-01'、'02-26-98'、'1978 年 3 月 2 日' 3. 未分隔的字符格式：'19820624'
实型常量	有定点表示和浮点表示两种方式： 1. 定点表示：1984.1121、4.0、+1984.0123、-1984.0144 2. 浮点表示：10E24、0.24E-6、+644.82E-6、-84E8
货币常量	以前缀为可选的小数点和可选的货币符号的数字字符串来表示。例如，$4451、$74074.11

以下是一些常量的示例。

```
11001
5E102
49394.02
$394.01
0x3AFE
2012-12-31
'2012-12-31'
'010-66202195'
'你好啊。他说:"大家早"。'
```

10.2.2 局部变量

与常量相反,在程序运行过程中变量的值可以改变。变量由变量名与变量值组成,其类型与常量一样,但变量名不能与 SQL Server 2008 的系统关键字相同。按照变量的有效作用域可以分为局部变量和全局变量。

局部变量可以保存单个特定类型数据值的对象,只有在一定范围内起作用。Transact-SQL 中声明局部变量需要使用 DECLARE 语句,语法如下。

```
DECLARE
{
{{ @local_variable [AS] data_type } | [ = value ] }
    | { @cursor_variable_name CURSOR }
} [,…n]
    | { @table_variable_name [AS] <table_type_definition> }
```

语法说明如下。

❑ **@local_variable** 变量的名称,变量名必须以 "@" 开头。

❑ **data_type** 变量的数据类型,可以是系统提供的或用户定义的数据类型,但不能是 text、ntext 或 image 数据类型。

❑ **value** 以内联方式为变量赋值。值可以是常量或表达式,但它必须与变量声明的数据类型匹配,或者可隐式转换为该类型。

❑ **@cursor_variable_name** 游标变量的名称。

❑ **CURSOR** 指定变量是局部游标变量。

❑ **n** 表示可以指定多个变量并对变量赋值的占位符。但声明表数据类型变量时,表数据类型变量必须是 DECLARE 语句中声明的惟一变量。

❑ **@table_variable_name** 表数据类型变量的名称。

❑ **table_type_definition** 定义表数据类型。

例如,要声明一个用于保存身份证号码的变量,可以用以下语句。

```
DECLARE @creditID char(18)
```

上面语句执行后将声明一个名称为@creditID 的变量,变量数据类型是 char,长度是 18。

【练习 1】

使用 DECLARE 语句还可以同时声明多个变量。例如,要声明变量表示图书编号、图书名称和出版日期，语句如下。

```
DECLARE @id int , @name varchar(20) , @pubdate datetime
```

上面声明了 4 个变量：int 类型的@s_id 变量（学号）、varchar(20)类型的@s_name 变量（姓名）、char(2)类型的@s_sex 变量（性别）、datetime 类型的@s_birthday 变量（出生日期）。

声明变量之后还没有值，也没有实际意义。为变量赋值可以在声明时进行，也可以在声明后使用 SET 语句或 SELECT 语句完成。赋值的语法形式如下。

```
SET @local_variable = expression
SELECT @local_variable = expression [, …n]
```

其中，@local_variable 不可以是 cursor、text、ntext、image 或 table 类型变量的名称；expression 则表示任何有效的表达式。

一个 SELECT 语句可以同时为多个变量赋值，变量之间使用逗号分隔。SELECT 语句的 expression 返回多个值时，则将返回的最后一个值赋给变量。

【练习 2】

使用 SET 和 SELECT 语句为前面声明的变量赋值，语句如下所示。

```
DECLARE @creditID char(18)='000000000000000000'
DECLARE @s_id int , @s_name varchar(20) , @s_sex char(2) , @s_birthday datetime
SET @s_id=1001
SELECT @s_name='祝红涛'
SELECT @s_sex='男',@s_birthday='1990-12-30'
SELECT @s_id '学号',@s_name '姓名',@s_sex '性别',@s_birthday '出生日期',@creditID
'身份证号'
```

由于局部变量只在一个程序块内有效，所以为变量赋值的语句应该与声明变量的语句一起执行，运行结果如图 10-1 所示。

图 10-1　使用局部变量

10.2.3　全局变量

全局变量在所有程序中都有效，是由 SQL Server 系统自身提供并赋值的变量，并且用户不能自定义系统全局变量，也不能手工修改系统全局变量的值。

SQL Server 的全局变量分为以下两类。

❑ 与当前 SQL Server 连接有关的全局变量，与当前处理有关的全局变量。例如，@@Rowcount

表示最近一个语句影响的行数；@@error 保存最近执行操作的错误状态。

❑ 与整个 SQL Server 系统有关的全局变量。例如，@@version 表示 SQL Server 的版本信息。
表 10-2 列出了 SQL Server 中最常用的全局变量及其含义说明。

表 10-2 常用全局变量

全局变量名称	说　　明
@@CONNECTIONS	返回 SQL Server 启动后，所接受的连接或试图连接的次数
@@CURSOR ROWS	返回游标打开后，游标中的行数
@@ERROR	返回上次执行 SQL 语句产生的错误数
@@LANGUAGE	返回当前使用的语言名称
@@OPTION	返回当前 SET 选项信息
@@PROCID	返回当前的存储过程标识符
@@ROWCOUNT	返回上一个语句所处理的行数
@@SERVERNAME	返回运行 SQL Server 的本地服务器名称
@@SERVICENAME	返回 SQL Server 运行时的注册名称
@@VERSION	返回当前 SQL Server 服务器的日期、版本和处理器类型

【练习 3】
调用全局变量显示当前 SQL Server 2008 的服务器名称、语言以及版本，语句如下所示。

```
SELECT @@SERVERNAME '服务器名称',@@LANGUAGE '语言',@@VERSION '版本'
```

在查询窗口中执行上述语句，结果如下所示。

```
服务器名称    语言      版本
-------------------------------------------------------------------------
HZKJ        简体中文    Microsoft SQL Server 2008 R2(RTM) -10.50.1600.1(Intel X86)...
```

10.3 注释

当编写的语句过长或复杂时，可以适当的添加注释来说明语句的含义，从而增强可读性。

在 SQL Server 2008 数据库系统中，支持两种形式的程序注释语句。一种是使用"/*"和"*/"括起来的可以书写多行的注释语句。另一种是使用两个减号"--"表示只能书写行的注释语句。

例如，在下面列出的语句中使用了这两种注释方式，而且不影响语句执行。

```
--打开 Medicine 数据库
USE Medicine
DECLARE @n int  --声明一个变量@n，类型为 int
/*
对变量@n 赋值 2013
然后输出该变量@n 的值
*/
SET @n = 2013
SELECT @n
```

执行后结果集如图 10-2 所示，从结果集中可以看出注释语句对查询语句不存在影响。

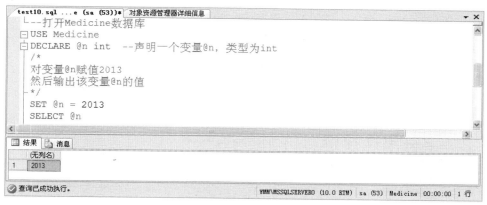

图 10-2　使用注释语句

10.4 运算符

运算符是一种符号，用来指定要在表达式中执行的操作。简单一点来说，运算符就是参加运算的符号。

SQL Server 2008 中的运算符可以分为算术运算符、比较运算符、赋值运算符、位运算符、逻辑运算符、字符串连接运算符和一元运算符等。本节将详细讲解运算符的相关应用。

10.4.1　赋值运算符

等号"="是惟一的 Transact-SQL 赋值运算符，可以用于将表达式的值赋值给一个变量，也可以在列标题和定义列值的表达式之间建立关系。

【练习 4】

定义两个变量，然后为该变量赋值，并且输出该值，同时为变量指定一个列名，实现代码如下。

```
DECLARE @PI varchar(50),@Words varchar(50)
SET @PI= '3.14159265358979323846426433832795'
SELECT @Words='How many students in the school'
SELECT 'PI'=@PI,@Words 'Some Word'
```

执行后的输出结果如下所示。

```
PI                                           Some Word
----------------------------------------------------------------------
3.14159265358979323846426433832795           How many students in the school
```

【练习 5】

编写一个计算长方形面积的程序，其中宽和高需要在程序内指定，实现语句如下。

```
DECLARE @width int,@height int,@result int=0
SET @width=20
SET @height=5
SET @result=@width*@height
SELECT @width '宽',@height '高',@result '结果'
```

上面声明了三个变量@width、@height 和@result，然后使用 SET 语句为@width 和@height

变量赋值时就使用了赋值运算符。第 4 行语句将@width 和@height 的乘积赋给@result 变量,输出结果如下。

```
宽          高          结果
---------------------------------------------
20          5           100
```

10.4.2 字符串连接运算符

字符串连接运算符用于连接字符串,SQL Server 中的字符串连接运算符是加号"+"。除了字符串连接操作以外,其他所有字符串操作都使用字符串函数(如 SUBSTRING 函数)进行处理。

连接的两个表达式必须具有相同的数据类型,或者其中一个表达式必须能够隐式转换为另一个表达式的数据类型。若要连接两个数值,这两个数值都必须显式转换为某种字符串数据类型。

【练习 6】

例如,下面的语句声明一个字符串变量,使其与一个字符串常量连接。

```
DECLARE @str char(6)
SET @str='Hello'
SELECT @str+'world',@str+''+'world'
```

输出结果为"Hello world Hello world"。

下面使用连接运算符将 course 表的 cno 和 cname 组合成字符串作为一列。

```
SELECT cno+cname '组合字符串' FROM course
```

注意

默认情况下,连接 varchar、char 或 text 数据类型的数据时,空的字符串被解释为空字符串,如'a' + '' + 'b'的结果为'ab'。但是,如果兼容级别设置为 65,则空的字符串将作为单个空白字符处理,此时'a' + '' + 'b'的结果为'a b'。

10.4.3 算术运算符

算术运算符用于对两个表达式执行算术运算。这两个表达式的结果可以是任何数值型数据。SQL Server 2008 中的算术运算符如表 10-3 所示。

表 10-3 算术运算符

算术运算符	说　　明
+(加)	对两个表达式进行加运算
-(减)	对两个表达式进行减运算
*(乘)	对两个表达式进行乘运算
/(除)	对两个表达式进行除运算
%(取模)	返回一个除法运算的整数余数

【练习 7】

例如,要计算一个简单的数学表达式 5+6*3-4 的结果,可以使用以下语句。

```
SELECT 5+6*3-4 '结果'
```

执行后的输出结果如下所示。

```
结果
```

```
-----------
19
```

【练习 8】

在 Medicine 数据库 MedicineDetail 表的 ShowPrice 列中保存了药品的价格，将该价格减去 10 作为优惠价格输出，具体语句如下所示。

```sql
SELECT MedicineName '名称',ShowPrice '价格',ShowPrice-10 '优惠价格'
FROM MedicineDetail
```

执行结果如图 10-3 所示。

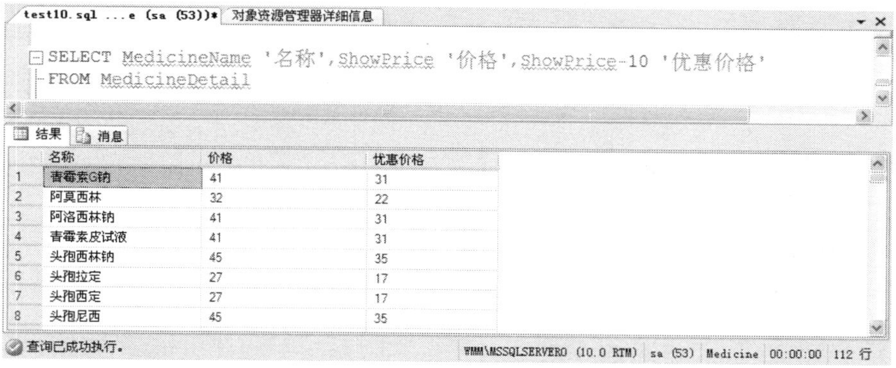

图 10-3　计算优惠价格

10.4.4　比较运算符

比较运算符可以对两个表达式进行比较，可以使用除 text、ntext 或 image 数据类型以外的所有的表达式。比较运算符执行的结果是 Boolean 类型的值，返回 TRUE、FALSE 或 UNKNOWN。

关于 SQL Server 2008 中的比较运算符的说明如表 10-4 所示。

表 10-4　比较运算符

比较运算符	示　例	说　　明
＝（等于）	A＝B	判断两个表达式 A 和 B 是否相等。如果相等，则返回 TRUE，否则返回 FALSE
＞（大于）	A＞B	判断表达式 A 的值是否大于表达式 B 的值。如果大于，则返回 TRUE，否则返回 FALSE
＜（小于）	A＜B	判断表达式 A 的值是否小于表达式 B 的值。如果小于，则返回 TRUE，否则返回 FALSE
＞＝（大于等于）	A＞＝B	判断表达式 A 的值是否大于或等于表达式 B 的值。如果大于或等于，则返回 TRUE，否则返回 FALSE
＜＝（小于等于）	A＜＝B	判断表达式 A 的值是否小于或等于表达式 B 的值。如果小于或等于，则返回 TRUE，否则返回 FALSE
＜＞（不等于）	A＜＞B	判断表达式 A 的值是否不等于表达式 B 的值。如果不等于，则返回 TRUE，否则返回 FALSE
!=（不等于）	A!=B	判断表达式 A 的值是否不等于表达式 B 的值。非 ISO 标准
!<（不小于）	A!<B	判断表达式 A 的值是否不小于表达式 B 的值。非 ISO 标准
!>（不大于）	A!>B	判断表达式 A 的值是否不大于表达式 B 的值。非 ISO 标准

提示

比较运算符的执行结果通常不作为输出结果，而是作为输出条件来使用。

【练习 9】

例如，要根据一个逻辑表达式 1024=64+960 的结果，决定是否输出圆周率 PI 的值，可以使用下面语句。

```
SELECT '3.1415926535897932384626433832795' AS '结果'
WHERE 1024=64+960
```

因为 64 加上 960 的结果等于 1024，所以系统会输出 SELECT 语句后面的值，输出结果如下所示。

```
结果
--------------------------------------------------------
3.1415926535897932384626433832795
```

【练习 10】

从 EmployeerInfo 表中查询性别为"男"员工的编号、姓名、性别和职务，语句如下。

```
SELECT EmployeerId '编号',EmployeerName '姓名',EmployeerSex '性别',EmployeerPost
'职务'
FROM EmployeerInfo
WHERE EmployeerSex='男'
```

执行结果如下所示。

编号	姓名	性别	职务
2	祝红涛	男	销售代表
5	孙林	男	销售代表
8	李可	男	销售副总裁
10	林浩	男	销售协调
12	陈汉	男	销售副经理

由于性别只有"男"和"女"两个值，因此上面的语句也可以写成以下形式。

```
SELECT EmployeerId '编号',EmployeerName '姓名',EmployeerSex '性别',EmployeerPost
'职务'
FROM EmployeerInfo
WHERE EmployeerSex= <>'女'
```

10.4.5 逻辑运算符

逻辑运算符用于对某些条件进行合并，以获得其合并结果。逻辑运算符和比较运算符一样，返回 Boolean 数据类型。可能返回的结果有：TRUE、FALSE 或 UNKNOWN。

SQL Server 2008 中的逻辑运算符如表 10-5 所示。

表 10-5　逻辑运算符

逻辑运算符	说　　明
ALL	如果一组的比较都返回 TRUE，则比较结果为 TRUE
AND	如果两个布尔表达式都返回 TRUE，则结果为 TRUE
ANY	如果一组的比较中任何一个返回 TRUE，则结果为 TRUE
BETWEEN	如果操作数在某个范围之内，则结果为 TRUE
EXISTS	如果子查询中包含了一些行，则结果为 TRUE
IN	如果操作数等于表达式列表中的一个，则结果为 TRUE
LIKE	如果操作数与某种模式相匹配，则结果为 TRUE
NOT	对任何其他布尔运算符的结果值取反
OR	如果两个布尔表达式中的任何一个为 TRUE，则结果为 TRUE
SOME	如果在一组比较中，有些比较为 TRUE，则结果为 TRUE

逻辑运算符和比较运算符一样，都可以作为输出条件来使用。

【练习11】

例如，如果4和5相加结果等于9，并且21处于10~50之间的时候，输出圆周率的值，代码如下所示。

```
SELECT '3.14159265358979323846264338327957' AS PI
WHERE 4+5=9 AND 21 BETWEEN 10 AND 50
```

上面这段代码在 SQL 编辑器中执行结果如下所示。

```
PI
----------------------------------------------------
3.14159265358979323846264338327957
```

【练习12】

假设要查询年龄在24~26之间，或者性别是"女"的员工编号、姓名、性别和职务。语句如下。

```
SELECT EmployeerId '编号',EmployeerName '姓名',EmployeerSex '性别',EmployeerPost
'职务',year(GETDATE()-EmployeerBirthday)-1900 '年龄'
FROM EmployeerInfo
WHERE   (year(GETDATE()-EmployeerBirthday)-1900   BETWEEN   24   AND   26)   OR
(EmployeerSex='女')
```

使用 OR 运算符来连接两个表达式，任何一个表达式的值为 TRUE 都可输出，结果如下。

编号	姓名	性别	职务	年龄
1	张颖	女	销售代表	26
3	林芳	女	销售代表	26
4	郑洁	女	销售协调	30
5	孙林	男	销售代表	26
6	侯霞	女	销售经理	32
7	张丽	女	销售代表	27
9	张雪	女	销售代表	27
11	吴小小	女	销售代表	24

10.4.6 位运算符

位运算符用于对两个表达式结果执行按位运算，这两个表达式可以是整数或二进制字符串数据（image 数据类型除外），但两个操作数不能同时是二进制字符串数据类型。

SQL Server 2008 中的位运算符如表 10-6 所示。

表 10-6 位运算符

位运算符	说　明
&（位与）	按位与运算。从两个表达式中取对应的二进制位，当且仅当两个表达式中的对应位的值都为1时，结果中的位才为1；否则，结果中的位为0
|（位或）	按位或运算。从两个表达式中取对应的位，如果两个表达式中的对应位有一个位的值为1，结果的位就被设置为1；两个位的值都为0时，结果中的位才被设置为0
^（位异或）	按位异或运算。从两个表达式中取对应的位，如果两个表达式中的对应位只有一个位的值为1，结果中相应的位就被设置为1；而当两个位的值相同时，结果中的位被设置为0

【练习13】

例如，要计算出下面几个值的位运算结果，代码如下所示：

```
SELECT  2013 & 501 AS '2013 & 501',
        1987 | 7891 AS '1987 | 7891',
        2003 ^ 808 AS '2003 ^ 808'
```

在 SQL 编辑器中执行以后，结果如图 10-4 所示。

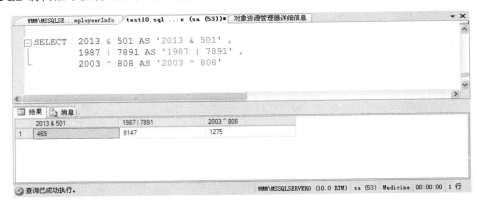

图 10-4　位运算符执行结果

10.4.7　一元运算符

一元运算符只对一个值执行操作，该值可以是数值类型中的任何一种类型的数据。SQL Server 2008 中的一元运算符如表 10-7 所示。

表 10-7　一元运算符

一元运算符	说　　明
＋（正）	数值为正
－（负）	数值为负，或取一个数值的负数
~（位非）	返回数字的非

注意

~（位非）运算符只能用于整数数据类型类别中任意一种数据类型的表达式，用于返回一个数的补数。

10.4.8　运算符的优先级

一般来说，在一个稍微有些复杂的表达式中会有多种运算符，这些运算符的执行顺序会决定表达式的运行结果，而运算符的执行顺序是由运算符的优先级决定的。

SQL Server 2008 中的运算符优先级如表 10-8 所示。

表 10-8　运算符优先级

优　化　级	运　算　符
1	~（位非）
2	*（乘）、/（除）、%（取模）
3	＋（正）、-（负）、＋（加）、（+连接）、-（减）、&（位与）、^（位异或）、|（位或）
4	=、>、<、>= 、<= 、<>、!=、!>、!<（比较运算符）
5	^（位异或）、|（位或）
6	NOT（逻辑运算符）
7	AND（逻辑运算符）
8	ALL、ANY、BETWEEN、IN、LIKE、OR、SOME（逻辑运算符）
9	=（赋值运算符）

【练习 14】

例如，下面代码演示了在一个比较复杂的表达式中使用括号的执行效果。

```
DECLARE @n1 int
DECLARE @n2 int
SET @n1 = 5 + 2 * 4 + 6 /3
SET @n2 = 5 + 2 * (4 + 6)/3
SELECT @n1 '@n1 结果', @n2 '@n2 结果'
```

以上代码在 **SQL** 编辑器中执行以后，结果如下所示。

```
@n1 结果        @n2 结果
-----------------------------------------
15              11
```

10.5 结构控制语句

Transact-SQL 在标准 SQL 基础上增加了用于控制程序执行顺序的语句，使程序更加灵活，从而实现一些复杂的功能。本节将详细介绍 Transact-SQL 中的控制语句，包括语句块、条件语句和循环语句等。

10.5.1 语句块

BEGIN END 语句块用于定义一个 Transact-SQL 语句块，从而可以将语句块中的 Transact-SQL 语句作为一个语句组来执行。

BEGIN END 语句块的语法如下。

```
BEGIN
{
    sql_statement | statement_block
}
END
```

语法说明如下。

❑ **BEGIN** 起始关键字，定义 Transact-SQL 语句块的起始位置。

❑ **sql_statement** 任何有效的 Transact-SQL 语句。

❑ **statement_block** 任何有效的 Transact-SQL 语句块。

❑ **END** 结束关键字，定义 Transact-SQL 语句块的结束位置。

【练习 15】

从 Medicine 数据库中查询价格在某个范围之内的药品信息，具体语句如下所示。

```
USE Medicine
GO
BEGIN
```

```
    DECLARE @MinPrice int,@MaxPrice int
    SET @MinPrice=20
    SELECT @MaxPrice=30
    SELECT * FROM MedicineDetail
    WHERE ShowPrice BETWEEN @MinPrice AND @MaxPrice
END
```

上面使用 BEGIN 和 END 的语句块中包含了 4 条语句，它们将作为一个语句块进行处理。

10.5.2　条件语句

IF 语句是 Transact-SQL 语言中最简单的分支语句，它为分支代码的执行提供了一种便利的方法。IF 语句的最简单格式构成了单分支结构，此时表示"如果满足某种条件，就进行某种处理"。例如，如果到 18:30 点就下班，如果明天不下雨就去逛街等。

IF 语句的语法格式如下。

```
IF boolean_expression
    { sql_statement | statement_block }
[ ELSE
    { sql_statement | statement_block } ]
```

语法说明如下。

❑ **boolean_expression**　布尔表达式，返回 TRUE 或 FALSE。如果布尔表达式中含有 SELECT 语句，则必须用括号将 SELECT 语句括起来。

❑ **sql_statement**　任何有效的 Transact-SQL 语句。

❑ **statement_block**　任何有效的 Transact-SQL 语句块。

【练习 16】

例如，要实现测试一个学生成绩是否及格的功能，就要使用 IF ELSE 语句。如果一个学生的成绩大于或者等于 90 分，表示学生成绩优秀就输出"你真棒"，实现该功能的代码如下所示。

```
DECLARE @score int
SET @score = 91

IF @score >= 90
    SELECT '你真棒' AS '成绩结果'
```

上述语句在@score 变量中保存了学生成绩 91，然后在 IF 语句中使用大于等于运算符判断成绩是否大于或者等于 90，如果满足条件则执行输出提示，如图 10-5 所示。

【练习 17】

ELSE 子句在不满足 IF 语句指定的条件时执行。下面对练习 16 进行扩展，在不满足条件时输出"加油哦。"。

```
DECLARE @score int
SET @score = 89

IF @score >= 90
    SELECT '你真棒' AS '成绩结果'
ELSE
    SELECT '加油哦' AS '成绩结果'
```

现在执行将看到如图 10-6 所示的输出结果。

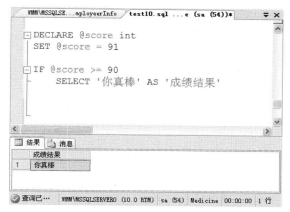
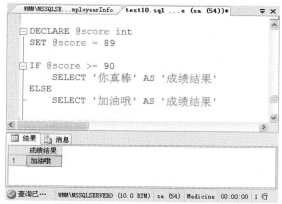

图 10-5　IF 语句执行结果　　　　　　　　　图 10-6　IF ELSE 语句执行结果

10.5.3　分支语句

CASE 分支语句用于计算条件列表并返回多个可能结果表达式中的一个。CASE 语句可以分为两种形式：简单 CASE 语句和搜索 CASE 语句。

1. 简单 CASE 语句

简单 CASE 语句用于将某个表达式的值与一组简单表达式进行比较以确定结果，其语法如下。

```
CASE input_expression
    WHEN when_expression THEN result_expression
    [ …n ]
    [
        ELSE else_result_expression
    ]
END
```

语法说明如下。

❑ **input_expression**　要计算的表达式或值。

❑ **when_expression**　要与 input_expression 进行比较的表达式或值。

❑ **result_expression**　当 input_expression 和 when_expression 两个表达式相匹配的时候返回的表达式。

❑ **n**　表明可以使用多个 WHEN when_expression THEN result_expression 子句。

❑ **else_result_expression**　当 input_expression 不能与任何一个 when_expression 匹配的时候返回的表达式。

简单 CASE 语句的执行步骤如下。

（1）计算 input_expression，然后按代码顺序与每个 WHEN 子句的 when_expression 进行计算。

（2）返回 input_expression 与 when_expression 匹配的第一个 result_expression。

（3）如果 input_expression 与 when_expression 没有匹配项，则返回 ELSE 子句中的表达式结果。

【练习 18】

例如，可以使用 CASE 语句实现查询学生成绩评级标准的功能，代码如下。

```
DECLARE @grade varchar
SET @grade = 'A'

SELECT CASE @grade
    WHEN 'A' THEN '成绩在 90 到 100 之间'
    WHEN 'B' THEN '成绩在 80 到 89 之间'
    WHEN 'C' THEN '成绩在 70 到 79 之间'
    WHEN 'D' THEN '成绩在 60 到 69 之间'
    WHEN 'E' THEN '成绩在 0 到 59 之间'
    ELSE '输入错误'
END
```

在 SQL 编辑器中执行以后，结果如图 10-7 所示。

2．搜索 CASE 语句

搜索 CASE 语句用于计算一组布尔表达式以确定结果，其语法如下。

```
CASE
    WHEN boolean_expression THEN result_
    expression
    [ ...n ]
    [
        ELSE else_result_expression
    ]
END
```

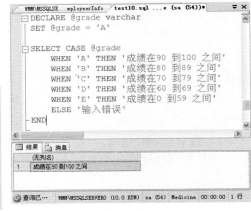

图 10-7　使用简单 CASE 语句

语法说明如下。

❑ **boolean_expression** 要计算的布尔表达式。

❑ **result_expression** 当 boolean_expression 表达式的结果为 TRUE 时执行的表达式。

搜索 CASE 函数的结果取值步骤如下。

（1）按代码顺序对每个 WHEN 子句的 boolean_expression 进行计算。

（2）返回 boolean_expression 的第一个计算结果为 TRUE 的 result_expression。

（3）如果所有的 boolean_expression 计算结果都不为 TRUE，并且指定了 ELSE 子句，返回 else_result_expression；如果没有指定 ELSE 子句，返回 NULL。

【练习 19】

例如，可以使用搜索 CASE 语句实现学生成绩评级的功能，代码如下所示。

```
DECLARE @score int
SET @score = 72

SELECT CASE
    WHEN @score >= 90 THEN 'A'
    WHEN @score >= 80 THEN 'B'
    WHEN @score >= 70 THEN 'C'
    WHEN @score >= 60 THEN 'D'
    ELSE 'E'
END AS '级别'
```

在 SQL 编辑器中执行以后，结果如图 10-8 所示。

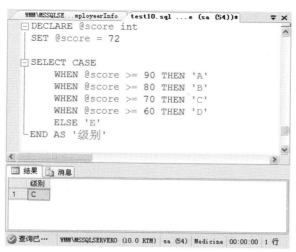

图 10-8　搜索 CASE 语句执行结果

10.5.4　循环语句

WHILE 语句可以用来实现根据条件循环执行指定语句（或语块）的业务逻辑。只要指定的条件为真，就再次执行语句（或语句块）。

在使用 WHILE 执行循环操作的时候，可以在循环内部使用 BREAK 或 CONTINUE 关键字，控制 WHILE 循环语句的跳过或跳出逻辑。

WHILE 循环语句的语法如下。

```
WHILE boolean_expression
    { sql_statement | statement_block }
    [ BREAK ]
    { sql_statement | statement_block }
    [ CONTINUE ]
    { sql_statement | statement_block }
```

语法说明如下。

❑ **boolean_expression**　布尔表达式，其值为 TRUE 或 FALSE。

❑ **sql_statement | statement_block**　任何有效的 T-SQL 语句或语句块。

❑ **BREAK**　从最内层的 WHILE 循环中退出。将执行出现在 END 关键字后面的任何语句。如果嵌套了两个或多个 WHILE 循环，则内层的 BREAK 将退出到下一个外层循环。

❑ **CONTINUE**　使 WHILE 循环重新开始执行，忽略 CONTINUE 关键字后面的任何语句。

【练习 20】

假设要输出从 1~12 之间的数，使用 WHILE 循环语句的实现代码如下。

```
--声明一个变量表示循环初始值
DECLARE @number int=1
--判断是否满足循环条件，即小于等于12
WHILE @number<=12
BEGIN                            --开始循环
    SELECT @number               --输出当前的数字
    SET @number = @number + 1    --将数字增加1
END                              --结束循环
```

【练习 21】

假设要利用 WHILE 循环求 1+2+3+……+100 的和，语句如下。

```
DECLARE @sum int,@i int
SET @sum=0
SET @i=1
WHILE @i<=100
begin
    SET @sum=@sum+@i
    SET @i=@i+1
end
SELECT @sum as '结果'
```

在上述语句中，首先定义两个变量@sum 与@i，然后分别对这两个变量赋值。在 WHILE 语句块中，利用循环对@sum 进行赋值，从而计算出最终结果，执行后的结果为"5050"，如图 10-9 所示。

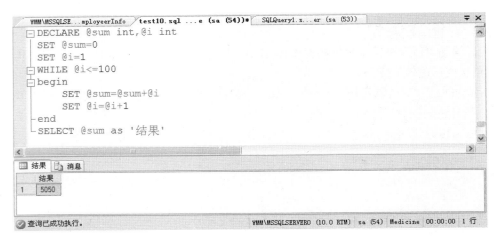

图 10-9　累加执行结果

10.5.5　错误处理语句

TRY…CATCH 语句用于对 T-SQL 代码实现错误处理的功能。T-SQL 语句组可以包含在 TRY 块中，如果 TRY 块内部发生错误，则系统会将控制权传递给 CATCH 块中包含的语句组。

TRY…CATCH 错误处理语句的语法如下。

```
BEGIN TRY
    { sql_statement | statement_block }
END TRY
BEGIN CATCH
    [ { sql_statement | statement_block } ]
END CATCH
```

其中，sql_statement | statement_block 表示任何有效的 T-SQL 语句或语句块。语句块应该使用 BEGIN…END 来定义。

使用 TRY…CATCH 错误处理语句应注意以下几点。

❑ TRY 块后必须紧跟相关联的 CATCH 块。在 END TRY 和 BEGIN CATCH 语句之间不能有任何语句，否则将出现语法错误。

❑ TRY…CATCH 语句不能跨越多个批处理。TRY…CATCH 语句不能跨越多个 T-SQL 语句块。例如，TRY….CATCH 语句不能跨越 T-SQL 语句的两个 BEGIN…END 块，且不能跨越 IF…ELSE 语句。

❑ 如果 TRY 块所包含的代码中没有错误，则当 TRY 块中最后一条语句完成运行时，会将控制传递给紧跟在相关联的 END CATCH 语句之后的语句。

❑ 当 CATCH 块中的代码完成时，会将控制权传递给紧跟在 END CATCH 语句之后的语句。

❑ TRY…CATCH 语句可以嵌套。TRY 块或 CATCH 块均可包含嵌套的 TRY…CATCH 语句。例如，CATCH 块可以包含内嵌的 TRY…CATCH 语句，以处理 CATCH 代码所遇到的错误。

提示

处理 CATCH 块中遇到错误的方法与处理任何其他位置生成的错误一样。如果 CATCH 块包含嵌套的 TRY…CATCH 语句，则嵌套的 TRY 块中的任何错误都会将控制传递给嵌套的 CATCH 块。如果没有嵌套的 TRY…CATCH 语句，则会将错误传递给调用方。

下面的代码演示了如何使用 TRY CATCH 语句处理错误。

```
BEGIN TRY
SELECT 10/0 AS '结果'
END TRY
BEGIN CATCH
SELECT  ERROR_NUMBER() AS '错误编码',ERROR_MESSAGE() AS '错误信息'
END CATCH
```

10.5.6　其他语句

除了前面介绍的几种控制语句以外，Transact-SQL 中还有 BREAK 语句、CONTINUE 语句、WAITFOR 语句和 GOTO 语句等。

1. BREAK 语句

BREAK 语句只能用在 WHILE 语句块内，表示强制从当前的语句块退出，执行语句块后面的语句。

【练习 22】

例如下面代码从 1 开始累加，当结果大于 153 时停止。

```
DECLARE @sum int=0,@i int=1
WHILE @i<=100
BEGIN
    SET @sum=@sum+@i
    IF @sum>153 BREAK        --如果当前的累加结果大于153则使用BREAK语句退出循环
    SET @i=@i+1
END
SELECT @sum as '结果'
```

2. CONTINUE 语句

CONTINUE 语句将重新开始一个 WHILE 循环，在 CONTINUE 之后的任何语句都将被忽略。通常会使用 IF 在满足某个条件时使用 CONTINUE 语句。

3. WAITFOR 语句

WAITFOR 语句用于在达到指定时间或时间间隔之前，或者指定语句至少修改或返回之前，阻止（延迟）执行批处理、存储过程或事务。

WAITFOR 延迟语句的语法如下。

```
WAITFOR
{
    DELAY 'time_to_pass'
    | TIME 'time_to_execute'
    | [ ( receive_statement ) | ( get_conversation_group_statement ) ]
     [ , TIMEOUT timeout ]
}
```

语法说明如下。

- **DELAY** 指定可以继续执行批处理、存储过程或事务之前必须经过的指定时段，最长可为24 小时。
- **time_to_pass** 表示要等待的时段。可以使用 datetime 数据可接受的格式之一指定 time_to_pass，也可以将其指定为局部变量，但是不能指定日期。
- **TIME** 指定运行批处理、存储过程或事务的时间。
- **time_to_execute** 表示 WAITFOR 语句完成的时间。
- **receive_statement** 有效的 RECEIVE 语句。
- **get_conversation_group_statement** 有效的 GET CONVERSATION GROUP 语句。
- **TIMEOUT timeout** 指定消息到达队列前等待的时间（以毫秒为单位）。

【练习 23】

使用 WAITFOR 语句延迟 10 分钟再执行存储过程 sp_helpdb。

```
BEGIN
    WAITFOR DELAY '00:10';
    EXECUTE sp_helpdb;
END;
```

使用 WAITFOR 语句的 TIME 选项指定到晚上 23 点执行对 Medicine 数据库的收缩。

```
BEGIN
    WAITFOR TIME '23:00'
    DBCC SHRINKDATABASE (Medicine)
END
```

4. GOTO 语句

GOTO 跳转语句用于将执行流更改到标签处，也就是跳过 GOTO 后面的 Transact-SQL 语句，并从标签位置继续处理。GOTO 语句和标签可以在过程、批处理或语句块中的任何位置使用且可以嵌套使用。

GOTO 跳转语句的语法比较简单，如下所示。

```
GOTO label
```

其中，label 表示已经设置的标签。如果 GOTO 语句指向该标签，则其为处理的起点。标签必须符合标识符规则，并且无论是否使用 GOTO 语句，标签均可作为注释方法使用。

10.6　SQL Server 内置函数

为了方便用户执行各种统计或处理操作，系统 SQL Server 2008 提供了大量的内置函数，也称为系统函数。这些内置函数覆盖了类型转换、字符串处理、数学计算以及聚合和日期处理等，下面将详细介绍。

10.6.1　数据类型转换函数

在 SQL Server 2008 数据库系统中，数据类型的转换有两种方式：隐式转换和显式转换。隐式转换是指在默认情况下，SQL Server 会根据需要对数据进行按类型范围执行从小到大的转换。显式转换是指需要使用 CAST 和 CONVERT 转换函数，将一种数据类型的数据转换为另一种数据类型的数据的方法。

CAST 和 CONVERT 函数的语法格式很简单，如下所示。

```
-- CAST 函数
CAST ( expression AS data_type [ (length ) ])
-- CONVERT 函数
CONVERT ( data_type [ ( length ) ] , expression [ , style ] )
```

其中，expression 用于指定任何有效的表达式，data_type 用于指定目标数据类型，length 用于指定目标数据类型长度的可选整数，默认值为 30。

使用 CAST 或 CONVERT 时，需要提供以下信息。

❏ 要转换的表达式。
❏ 转换后最终数据类型。

【练习 24】

例如，当一个字符串和一个浮点类型进行运算时必须进行类型转换，否则将出错，示例代码如下。

```
PRINT '随机数: '+RAND()
```

错误提示两个类似无法进行转换，如图 10-10 所示。

解决的方法是将浮点转换为字符串，如下是使用 CAST()和 CONVERT()的实现代码。

```
SELECT '随机数: '+CAST(RAND() AS char(50)) '使用 CAST()函数'

SELECT '随机数: '+CONVERT(char(50), RAND()) '使用 CONVERT()函数'
```

上述代码使用了两种方式进行转换，运行效果如图 10-11 所示。

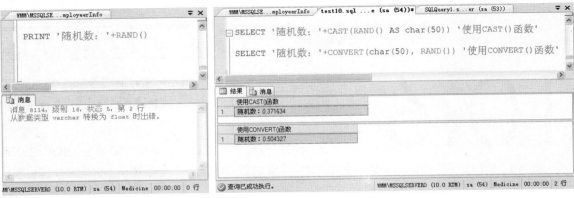

图 10-10　类型转换之前　　　　　　图 10-11　类型转换之后

10.6.2　字符串函数

字符串函数也是使用率非常高的一种函数。SQL Server 2008 为方便用户进行字符型数据的操作，提供了功能全面的字符串函数。关于字符串函数的说明如表 10-9 所示。

表 10-9　字符串函数

字符串函数	语　法	描　述
ASCII	ASCII(character_expression)	ASCII 函数，返回字符表达式中最左侧的字符的 ASCII 代码值
CHAR	CHAR (integer_expression)	ASCII 代码转换函数，返回指定 ASCII 代码的字符
LEFT	LEFT(character_expression, integer_expression)	左子串函数，返回字符串中从左边开始指定个数的字符
LEN	LEN (string_expression)	字符串函数，返回指定字符表达式的字符（不是字节）数，其中不包含尾随空格
LOWER	LOWER (character_expression)	小写字母函数，将大写字符数据转换为小写字符数据后返回字符表达式
LTRIM	LTRIM (character_expression)	删除前导空格字符串，返回删除了前导空格之后的字符表达式
REPLACE	REPLACE(string_expression1,string_expression2, string_expression3)	替换函数，用第三个表达式替换第一个字符串表达式中出现的所有第二个指定字符串表达式的匹配项
REPLICATE	REPLICATE (string_expression,integer_expression)	复制函数，以指定的次数重复字符表达式
RIGHT	RIGHT(character_expression, integer_expression)	右子串函数，返回字符串中从右边开始指定个数的字符
RTRIM	RTRIM (character_expression)	删除尾随空格函数，删除所有尾随空格后返回一个字符串
SPACE	SPACE (integer_expression)	空格函数，返回由重复的空格组成的字符串
STR	STR (float_expression [, length [, decimal]])	数字向字符转换函数，返回由数字数据转换来的字符数据
SUBSTRING	SUBSTRING (value_expression, start_expression, length_expression)	子串函数，返回字符表达式、二进制表达式、文本表达式或图像表达式的一部分
UPPER	UPPER(character_expression)	大写函数，返回小写字符数据转换为大写的字符表达式

【练习 25】

使用表 10-9 列出的函数对字符串进行各种操作。

```
DECLARE @str varchar(20)
SET @str=' Hello SQL Server '              --定义原始字符串
SELECT @str '原始字符串', LEN(@str) '长度',
       LOWER(@str) '转换小写', UPPER(@str) '转换大写',
       LEFT(@str,3) '左边取前3', RIGHT(@str,3) '右边取前3'
```

在这里使用了 LEN()、LOWER()、UPPER()、LEFT()和 RIGHT()函数，执行后的输出结果如图 10-12 所示。

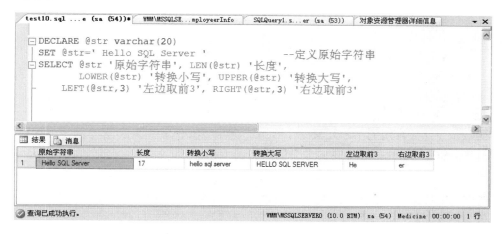

图 10-12　大小写转换函数执行结果

【练习 26】

下面编写一个案例演示对字符串的复制、替换和截取操作，语句如下。

```
DECLARE @str varchar(100)
SET @str='A A'
PRINT '字符串原始值=''A A'''
PRINT '长度: '+STR(LEN(@str))
SET @str=REPLICATE(@str,5)
PRINT '使用 REPLICATE()函数'
PRINT '内容: '''+@str+''''
PRINT '长度: '+STR(LEN(@str))
SET @str=SPACE(5)+@str
PRINT '使用 SPACE()函数'
PRINT '内容: '''+@str+''''
PRINT '长度: '+STR(LEN(@str))
SET @str=REPLACE(@str,'A A','B')
PRINT '使用 REPLACE()函数'
PRINT '内容: '''+@str+''''
PRINT '长度: '+STR(LEN(@str))
SET @str='ABCDE';
PRINT '从第1位开始取3位: '+SUBSTRING(@str, 1, 3)
PRINT '从第3位开始取3位: '+SUBSTRING(@str, 3, 3)
```

在上述语句中同时使用了 STR()、LEN()、REPLICATE()、SPACE()、REPLACE()和 SUBSTRING()共 6 个字符串函数，执行后的输出结果如下所示。

```
字符串原始值='A A'
长度:          3
使用 REPLICATE() 函数
内容: 'A AA AA AA AA A'
长度:         15
使用 SPACE() 函数
内容: '    A AA AA AA AA A'
长度:         20
使用 REPLACE() 函数
内容: '     BBBBB'
长度:         10
从第 1 位开始取 3 位: ABC
从第 3 位开始取 3 位: CDE
```

▌10.6.3 数学函数

数学函数也是比较常用的 T-SQL 函数。SQL Server 2008 提供了 20 多个用于处理整数与浮点数的数学函数。SQL Server 2008 中的数学函数如表 10-10 所示。

表 10-10 数学函数

函　数	描　　述	语　　法
ABS	返回数值表达式的绝对值	ABS (numeric_expression)
EXP	返回指定表达式以 e 为底的指数	EXP (float_expression)
CEILING	返回大于或等于数值表达式的最小整数	CEILING (numeric_expression)
FLOOR	返回小于或等于数值表达式的最大整数	FLOOR (numeric_expression)
LN	返回数值表达式的自然对数	LN(float_expression)
LOG	返回数值表达式以 10 为底的对数	LOG (float_expression)
POWER	返回对数值表达式进行幂运算的结果	POWER (float_expression , y)
ROUND	返回舍入到指定长度或精度的数值表达式	ROUND (numeric_expression , length [,function])
SIGN	返回数值表达式的正号、负号或零	SIGN (numeric_expression)
SQUARE	返回数值表达式的平方	SQUARE (float_expression)
SQRT	返回数值表达式的平方根	SQRT (float_expression)

【练习 27】

例如，求任意两个数的差就需要使用 ABS 函数。因为两个数的差可能是负数，所以需要在两个数相减以后使用 ABS 函数将它们换为正数，代码如下。

```
DECLARE @number1 int
DECLARE @number2 int
SET @number1 = 1541
SET @number2 = 9749
DECLARE @Result int
SET @Result = @number1 - @number2
SELECT @Result '使用 ABS 之前',ABS(@Result) '使用 ABS 之后'
```

这段代码在 SQL 编辑器中执行以后，结果如下所示。

```
使用 ABS 之前      使用 ABS 之后
------------------------------------------------
-8208           8208
```

【练习 28】

使用表 10-10 的 ABS()、POWER()、SQUARE()、SQRT()和 ROUND()函数编写一个程序,语句如下。

```
SELECT ABS(-15.687) '绝对值',
POWER(5,3) '5 的 3 次幂',
SQUARE(5) '5 的平方',
SQRT(25) '25 的平方根',
ROUND(12345.34567,2) 精确小数点后 2 位,
ROUND(12345.34567,-2) 精确小数点前 2 位
```

执行后的输出结果如下所示。

绝对值	5 的 3 次幂	5 的平方	25 的平方根	精确小数点后 2 位	精确小数点前 2 位
15.687	125	25	5	12345.35000	12300.00000

10.6.4 聚合函数

聚合函数是指对一组值执行统计计算,并返回单个需要的值的一个函数。通常情况下聚合函数与 SELECT 语句的 GROUP BY、HAVING 子句一起使用。

所有聚合函数均为确定性函数,也就是说只要使用一组特定输入值调用聚合函数,该函数总是返回相同的值。

 提示

在 SQL Server 2008 提供的所有聚合函数中,除了 COUNT 函数以外,聚合函数都会忽略空值。

SQL Server 2008 中提供了大量的聚合函数,如表 10-11 所示列出了一些常用的聚合函数。

表 10-11 聚合函数

函 数 名 称	语 法	含 义
AVG	AVG ([ALL | DISTINCT] expression)	返回组中各值的平均值,忽略空值
CHECKSUM	CHECKSUM (* | expression [,...n])	用于生成哈希索引,返回按照表的某一行或一组表达式计算出来的校验和值
CHECKSUM_AGG	CHECKSUM_AGG ([ALL | DISTINCT] expression)	返回组中各值的校验和,忽略空值
COUNT	COUNT ({ [[ALL | DISTINCT] expression] | * })	返回组中项目的数量,不忽略空值。返回值为 int 类型
COUNT_BIG	COUNT_BIG ({ [ALL | DISTINCT] expression } | *)	返回组中项值的数量,不忽略空值。返回值为 bigint 类型
GROUPING	GROUPING (<column_expression>)	当行由 CUBE 或 ROLLUP 运算符添加时,该函数将导致附加列的输出值为 1,否则将导致附加列的输出值为 0
MAX	MAX ([ALL | DISTINCT] expression)	返回列表中的最大值
MIN	MIN ([ALL | DISTINCT] expression)	返回列表中的最小值
SUM	SUM ([ALL | DISTINCT] expression)	返回列表中各值的总和
STDEV	STDEV ([ALL | DISTINCT] expression)	返回指定表达式中所有值的标准偏差
STDEVP	STDEVP ([ALL | DISTINCT] expression)	返回指定表达式中所有值的总体标准偏差
VAR	VAR ([ALL | DISTINCT] expression)	返回指定表达式中所有值的方差
VARP	VARP ([ALL | DISTINCT] expression)	返回指定表达式中所有值的总体方差

聚合函数一般用于聚合查询某个数据库表中的一些信息,比如统计表中的记录或计算某一列的

平均值等。

【练习 29】

例如，在 Medicine 数据库中统计总共有多少药品，以及这些药品的总价格、平均价格、最高价以及最低价，使用以下代码可以完成这些操作。

```
USE Medicine
GO
SELECT COUNT(*) '药品数量',SUM(ShowPrice) '总价格',AVG(ShowPrice) '平均价格',
MAX(ShowPrice) '最高价',MIN(ShowPrice) '最低价'
FROM MedicineDetail
```

这段代码在 SQL 编辑器中执行结果如图 10-13 所示。

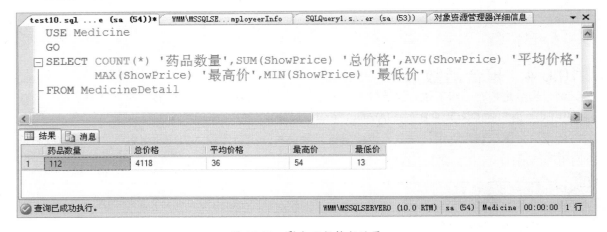

图 10-13　聚合函数执行结果

10.6.5　日期时间函数

SQL Server 2008 提供了 9 个日期和时间处理函数。关于这 9 个日期和时间处理函数及其说明，如表 10-12 所示。

表 10-12　日期和时间函数

日 期 函 数	语　　法	描　　述
DATEADD	DATEADD (datepart , number , date)	返回给指定日期加上一个时间间隔后的新 datetime 值
DATEDIFF	DATEDIFF (datepart , startdate , enddate)	返回跨两个指定日期的日期和时间边界数
DATENAME	DATENAME (datepart , date)	返回表示指定日期的指定部分的字符串
DATEPART	DATEPART (datepart , date)	返回表示指定日期的指定部分的整数
DAY	DAY (date)	返回一个整数，表示指定日期的天 DATEPART 部分
GETDATE	GETDATE ( )	以 datetime 值的 SQL Server 2008 标准内部格式返回当前系统日期和时间
GETUTCDATE	GETUTCDATE ( )	返回表示当前的 UTC 时间（通用协调时间或格林尼治标准时间）的 datetime 值
MONTH	MONTH (date)	返回表示指定日期的月份的整数
YEAR	YEAR (date)	返回表示指定日期的年份的整数

例如，DATEADD()函数接受三个参数，分别是一个日期常量、一个整数数字和一个日期，并返回给指定日期添加上数字指定日期后的结果。例如，要在当前日期上增加 5 天，可以使用下列语句。

```
DATEADD(d,31,GETDATE())  --返回 31 天后的日期
```

【练习 30】

使用 GETDATE()函数获取当前系统日期时间，并使用 DATEADD()函数获取明天的日期时间，语句如下。

```
SELECT GETDATE() AS '今天' , DATEADD(DAY , 1 , GETDATE()) AS '明天'
```

执行后的输出结果如下所示。

```
今天                           明天
-------------------------------------------------------------
2012-12-17 18:03:45.187      2012-12-18 18:03:45.187
```

10.7 用户自定义函数

使用 SQL Server 2008 提供的多种类型的函数，解决了普遍的数据处理问题，但是在特殊情况下，这些类型的函数可能满足不了应用的需要。这时用户可以根据需要，创建自定义函数。创建用户自定义函数，需要使用 CREATE FUNCTION 语句。

用户自定义函数可以分为三种类型：标量值函数、内联表值函数和多语句表值函数。下面介绍这三种类型的用户自定义函数的创建与使用，以及修改和删除用户自定义函数的语句。

10.7.1 标量值函数

创建标量值函数的语法如下。

```
CREATE FUNCTION [ schema_name. ] function_name
( [ { @parameter_name [ AS ][ type_schema_name. ] parameter_data_type
    [ = default ] [ READONLY ] }
    [ ,…n ]
  ]
)
RETURNS return_data_type
    [ WITH <function_option> [ ,…n ] ]
    [ AS ]
    BEGIN
        function_body
        RETURN scalar_expression
    END
```

语法说明如下。

❑ **schema_name** 用户自定义函数所属架构的名称。

❑ **function_name** 用户自定义函数的名称。

- **@parameter_name** 用户自定义函数中的参数。可以声明一个或多个参数。执行函数时，如果未定义参数的默认值，则用户必须提供每个已声明参数的值。
- **type_schema_name** 参数的数据类型其所属的架构。
- **parameter_data_type** 参数的数据类型。
- **default** 参数的默认值。如果定义了 default 值，则执行函数时，可以不指定此参数的值。
- **READONLY** 指定不能在函数定义中更新或修改参数。如果参数类型为用户自定义的表类型，则应指定此选项。
- **return_data_type** 函数的返回值。允许使用除 text、ntext、image 和 timestamp 数据类型之外的所有数据类型（包括 CLR 用户定义类型）。
- **function_option** 用来指定创建函数的选项。常用选项为 ENCRYPTION，用于将 CREATE FUNCTION 语句的原始文本转换为模糊格式。模糊代码的输出在任何目录视图中都不能直接显示。对系统表或数据库文件没有访问权限的用户不能检索模糊文本。
- **function_body** 指定一系列 Transact-SQL 语句，这些语句一起使用的计算结果为标量值。
- **scalar_expression** 指定标量函数返回的标量值。

【练习 31】

了解创建标量值函数的语法格式及参数含义之后，以下创建一个非常简单求阶乘的函数，语法如下。

```
CREATE FUNCTION JieCheng(@Number int)
RETURNS int
AS
BEGIN
    DECLARE @sum int,@i int
    SET @sum=0
    SET @i=1
    WHILE @i<=@Number
    BEGIN
        SET @sum=@sum+@i
        SET @i=@i+1
    END
    RETURN @sum
END
```

上面执行后将创建一个名为 JieCheng 的函数，该函数有一个 int 类型的参数，@Number 表示要求阶乘的数。RETURNS int 表示 JieCheng 函数返回值是一个整型。在 BEGIN END 语句块内是函数的具体实现语句，最后使用 RETURN 关键字将计算结果返回。

要调用用户自定义函数，必须保证在当前数据库中，而且在自定义函数前要指定所有者。例如要调用 JieCheng()函数，语句如下。

```
SELECT dbo.JieCheng(5) '求 5 的阶乘',dbo.JieCheng(100) '求 100 的阶乘'
```

执行结果如图 10-14 所示。

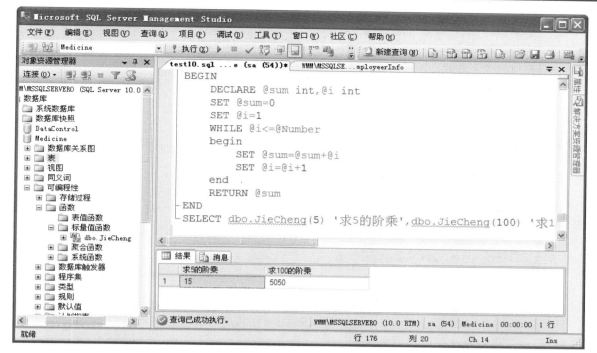

图 10-14　调用 JieCheng()函数

提示
查看标量值函数的方法是在展开创建时所在的数据库节点，然后展开【可编程性】|【函数】|【标量值函数】节点。在图 10-14 中列出了 JieCheng ()函数的所有者和名称。

【练习 32】

在 Medicine 数据库中创建一个根据药品编号获取所在分类名称的函数，具体实现语句如下。

```
CREATE FUNCTION GetClassNameById(@id int)
RETURNS varchar(50)
AS
BEGIN
    DECLARE @ClassId int,@ClassName varchar(50)='无'
    SET @ClassId=(SELECT TypeId FROM MedicineInfo WHERE MedicineId=@id)
    SET @ClassName=(SELECT BigClassName FROM MedicineBigClass WHERE BigClassId
    =@ClassId)
    RETURN @ClassName
END
```

上述语句创建的函数名称为 GetClassNameById，它接受一个数字表示要查询的药品编号，返回一个字符串。在函数体内首先根据药品编号找到对应的类别编号，根据类别编号找到对应的类别名称，最后返回。接下来调用 GetClassNameById()函数显示编号是 5 和 10 的分类名称，语句如下。

```
SELECT dbo.GetClassNameById(5) '药品 5 的分类名称'
SELECT dbo.GetClassNameById(10) '药品 10 的分类名称'
```

执行结果如图 10-15 所示。

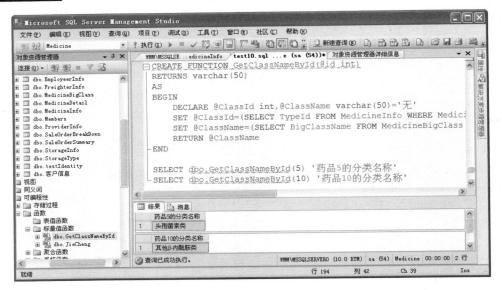

图 10-15 调用 GetClassNameById()函数

10.7.2 内联表值函数

创建内联表值函数时，需要使用 TABLE 关键字，指定表值函数的返回值为表，其语法如下。

```
CREATE FUNCTION [ schema_name. ] function_name
( [ [ { @parameter_name [ AS ] [ type_schema_name. ] parameter_data_type
    [ = default ] [ READONLY ] }
    [ ,…n ]
  ]
)
RETURNS TABLE
    [ WITH <function_option> [ ,…n ] ]
    [ AS ]
    RETURN [ ( ] select_stmt [ ) ]
```

语法说明如下。

❑ **TABLE** 指定表值函数的返回值为表。TABLE 返回值是通过单个 SELECT 语句定义的。

❑ **select_stmt** 定义内联表值函数返回值的单个 SELECT 语句。

从函数的语法可以看出，内联表值函数直接使用 RETURN 子句，返回 SELECT 语句检索的数据，说明内联表值函数从某种意义上来说是一个可以提供参数的视图。

【练习 33】

创建一个内联表值函数的实现可以根据药品类别名称查找该分类药品的编号、药品名称、药品价格和生产厂家。

创建函数的语句如下。

```
CREATE FUNCTION getAllMedicineByClsName(@ClsName varchar(50))
RETURNS table
AS
RETURN(
    SELECT MD.MedicineId '编号',MD.MedicineName '名称',ShowPrice '价格',
    ProviderName '生产厂家'
```

```
    FROM MedicineDetail MD JOIN MedicineInfo MI
    ON MD.MedicineId=MI.MedicineId
    JOIN MedicineBigClass MC
    ON MI.Typeid=MC.BigClassId
    WHERE MC.BigClassName=@ClsName
)
```

假设要查看'青霉素类'下的药品信息，调用 getAllMedicineByClsName 函数的语句如下。

```
--调用自定义函数查看'青霉素类'下的药品信息
SELECT * FROM getAllMedicineByClsName('青霉素类')
```

运行结果如图 10-16 所示。

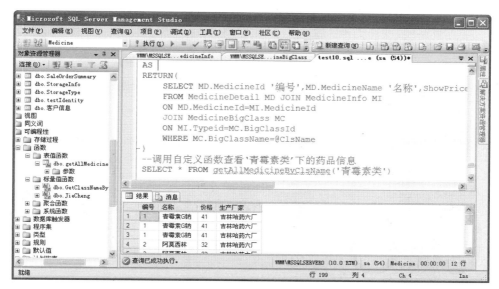

图 10-16　执行内联表值函数 getAllMedicineByClsName

10.7.3　多语句表值函数

多语句表值函数所返回的表数据不限于一条 SELECT 语句，而是可以在函数体中使用 BEGIN…END 定义一个 Transact-SQL 语句块，用来对返回的表数据进行筛选或合并，这就使得多语句表值函数比内联表值函数更灵活。

创建多语句表值函数的语法如下。

```
CREATE FUNCTION [ schema_name. ] function_name
( [ { @parameter_name [ AS ] [ type_schema_name. ] parameter_data_type
    [ = default ] [READONLY] }
    [ ,…n ]
  ]
)
RETURNS @return_variable TABLE <table_type_definition>
    [ WITH <function_option> [ ,…n ] ]
    [ AS ]
    BEGIN
        function_body
```

223

```
      RETURN
      END
```

语法说明如下。

❏ **@return_variable**　TABLE 变量，用于存储和汇总作为函数值返回的数据行。

❏ **table_type_definition**　表数据类型。

> **提示**
>
> 多语句表值函数结合了标量值函数与内联表值函数的形式，它同样返回表中的数据行，只不过数据行以表类型变量的形式返回，而数据由函数体中的 Transact-SQL 语句插入到表类型变量中。

10.7.4　修改与删除用户自定义函数

修改用户自定义函数，需要使用 ALTER FUNCTION 语句。修改函数的语法与创建函数的语法一样，只需要将 CREATE 关键字换成 ALTER 即可。

删除用户自定义函数，需要使用 DROP FUNCTION 语句，语法如下。

```
DROP FUNCTION { [ schema_name. ] function_name } [ ,…n ]
```

【练习 34】

假设要删除前面创建的表值函数 getAllMedicineByClsName，可以用如下语句。

```
DROP FUNCTION getAllMedicineByClsName
```

10.8 拓展训练

1．使用 WHILE 循环输出一个倒三角形

使用 Transact-SQL 中的 WHILE 语句可以实现循环执行同一个语句块的功能，直到满足某个条件的时候退出。

本次训练要求读者使用 WHILE 循环语句在输出窗口中打印出以下一个倒三角形图案。

```
******
****
***
**
*
```

2．自定义一个比较大小的函数

编写一个自定义函数，该函数接收两个 int 类型的数据，然后在该函数中对这两个 int 类型的数值进行比较，最后返回比较结果。

3．产生固定长度的随机数

SQL Server 2008 允许用户自定义函数以实现系统函数无法实现的功能。本次训练要求读者创建一个名为 getRandomNumber 的标量值函数，该函数有一个整型参数用于指定产生随机数的长度。调用后的执行效果如图 10-17 所示。

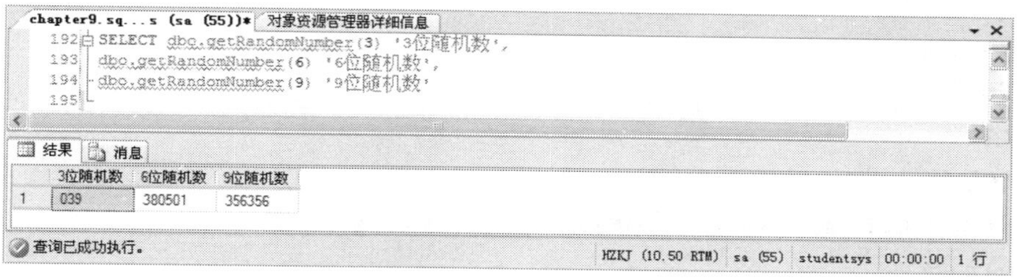

图 10-17 产生随机数运行效果

10.9 课后练习

一、填空题

1. Transact-SQL 分为三种类型，即_____、数据操纵语言和数据控制语言。

2. 声明局部变量需要使用_____关键字，变量以@字符开头。

3. 转换数据的类型，可以使用 CAST 函数和_____函数。

4. 在 SQL Server 2008 的比较运算符中使用_____运算符比较两个表达式不相等。

5. 使用_____可以定义一个 Transact-SQL 语句块，从而可以将语句块中的 Transact-SQL 语句作为一组语句来执行。

6. 用户自定义函数可以分为标量值函数、_____和多语句表值函数。

7. 假设有语句 CAST(getdate() AS varchar(10))，编写使用 CONVERT()函数的实现语句_____。

二、选择题

1. 执行下面两条 SELECT 语句，返回结果分别为_____。

```
SELECT 'abc' + 222
SELECT '111' + 222
```

A.

```
abc222
111222
```

B.

```
abc222
333
```

C.

```
333
```

D. 报错，无返回结果

2. 下列语句执行后的输出结果是_____。

```
DECLARE @result int
SET @result=POWER(3,2)
SET @result=SQUARE(4)+@result
PRINT @result
```

    A. 25

    B. 26

    C. 27

    D. 不能执行，报错

3. 如果要统计表中有多少行记录，应该使用下列哪种聚合函数？ _____

    A. SUM 函数

    B. COUNT 函数

    C. AVG 函数

    D. MAX 函数

4. 表达式 SUBSTRING('abcdefg', 2, 4)的返回结果为_____。

    A. 'de'

    B. 'ef'

    C. 'bcde'

    D. 'cdef'

5. 使用 CREATE FUNCTION 语句可以创建自定义函数。在以下四个选项中，哪个不是用户自定义函数类型？ _____

    A. 内联表值函数

    B. 多语句表值函数

    C. 行集函数

    D. 标量值函数

6. 下列语句中可以实现删除 fun()函数的是_____。

    A. CREATE FUNCTION fun

    B. ALTER FUNCTION fun

    C. DELEE FUNCTION fun

    D. DROP FUNCTION fun

三、简答题

1. 如何定义一个字符串常量和字符串变量？

2. 在 Transact-SQL 中使用注释有哪些方法。

3. 在编写复杂表达式时如何更改运算符的优先级。

4. 简述 IF ELSE 条件语句与 CASE 分支语句的区别，并分别使用这两种类型的控制语句编写一段程序。

5. 描述一下 TRY CATCH 语句的执行过程。

第 11 课
管理 SQL Server 2008 数据库

在 SQL Server 2008 中数据库是数据和对象的集合，对象主要包括表、视图、存储过程、触发器和约束等。在使用过程中随着数据和对象的增加，创建数据库时指定的容量可能不能满足需求，或者需要修改数据库的名称，甚至是出于安全的考虑，需要将数据库文件移动到其他位置、导出数据或者进行备份等。此时就需要针对数据库和数据库文件进行管理，这也是数据库管理员的主要工作。本课将详细介绍 SQL Server 2008 中数据库的各种管理操作。

本课学习目标：
- ❑ 掌握修改数据库名称的方法
- ❑ 掌握数据库的扩大和收缩
- ❑ 掌握删除数据库的两种方法
- ❑ 掌握数据库的分离和附加
- ❑ 了解数据库快照的使用方法
- ❑ 熟悉常见的备份类型
- ❑ 掌握备份数据库的方法
- ❑ 掌握恢复数据库的方法

11.1 数据库简单操作

数据库是 SQL Server 2008 系统管理和维护的核心对象，它可以存储应用程序所需要的全部数据。用户通过对数据库的操作可以实现对所需数据的查询和调用，从而返回不同的数据结果。在本节将介绍一些针对数据库的简单操作，帮助用户快速掌握数据库的管理。

11.1.1 修改数据库名称

在 SQL Server 2008 中修改数据库的名称，最简单、最直接的方式是使用 SQL Server Management Studio 图形管理界面。

【练习 1】

假设要修改 Medicine 数据库的名称，方法如下。

（1）使用 SQL Server Management Studio 连接到 SQL Server 实例。

（2）在【对象资源管理器】窗口中展开【数据库】节点，右击 Medicine 数据库选择【重命名】命令，如图 11-1 所示。

（3）选择【重命名】命令以后，数据库的名称 Medicine 变为可编辑状态，直接输入新名称即可，如图 11-2 所示。

图 11-1　重命名数据库　　　　图 11-2　修改数据库名称

（4）修改完成后，按回车键或者使用鼠标单击窗体空白处取消输入焦点，即可修改该数据库的名称。

技巧

在【对象资源管理器】窗口中两次单击指定的数据库名称也可以进入修改数据库名称的状态。

【练习 2】

使用 ALTER DATABASE 语句修改数据库的名称，具体的语句如下。

```
ALTER DATABASE old_database_name MODIFY NAME=new_database_name
```

例如，将 Medicine 数据库修改为"医药系统进销存系统"，语句如下。

```
ALTER DATABASE Medicine MODIFY NAME=医药系统进销存系统
```

在上述语句中 ALTER DATABASE 指定源数据库名称 Medicine，而 MODIFY NAME 指定更改

后的数据库名称。

> **提示**
>
> ALTER DATABASE 语句只是修改数据库的逻辑名称，而对数据库的物理名称并没有影响。

【练习3】

使用 sp_renamedb 存储过程也可以修改数据库名称，语法如下。

```
sp_renamedb [ @dbname = ] 'old_name' , [ @newname = ] 'new_name'
```

参数说明如下。

- **[@dbname =] 'old_name'** 数据库的当前名称。
- **[@newname =] 'new_name'** 数据库的新名称，要求必须遵循有关标识符的规则。

同样以将 Medicine 数据库修改为"医药系统进销存系统"为例，使用存储过程的实现语句如下。

```
EXEC sp_renamedb 'Medicine ','医药系统进销存系统'
```

11.1.2　扩大数据库文件

如果数据量不断地增加，而现有的数据库文件不能满足用户的使用，就需要通过扩大数据库文件的方式满足用户的需求。实现方法有两种，第一种是在图形界面的属性窗口中实现，第二种是使用语句实现。

1．通过属性窗口扩大数据库

假设要对 Medicine 数据库的大小进行扩充，步骤如下。

【练习4】

（1）在【对象资源管理器】窗口中右击 Medicine 数据库，选择【属性】命令打开【数据库属性】窗口。

（2）在弹出属性窗口的【初始大小】列中键入需要修改的初始值，如图 11-3 所示。

图 11-3　修改初始值

（3）使用同样的方法为日志文件的初始大小进行修改。

（4）通过单击【自动增长】列的按钮，在打开的【更改自动增长设置】对话框中可以设置自动增长方式及大小，如图 11-4 与图 11-5 所示。

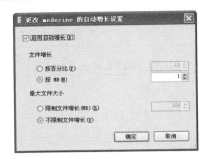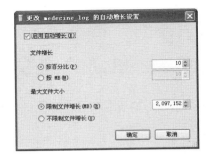

图 11-4 数据文件自动增长对话框　　　图 11-5 日志文件自动增长对话框

（5）单击【确定】按钮关闭对话框，然后再次单击【确定】按钮完成操作。

提示
自动增长是设置数据库文件存满以后每次增长大小的幅度。如果数据库文件增长的速度过快，自动增长的值可以设置的稍大一些。

2. 通过语句扩大数据库

通过 ALTER DATABASE 语句的 ADD FILE 选项可以为数据库添加数据文件或者日志文件扩大数据库。

【练习5】

假设要对 Medicine 数据库增加一个文件名为 Medicine_data2.ndf 的数据文件来扩大数据库。使用 ALTER DATABASE 的实现语句如下。

```
ALTER DATABASE Medicine
ADD FILE
(
NAME=Medicine_data2,
FILENAME = 'D:\sql 数据库\Medicines_data2.ndf',
SIZE = 10MB,
MAXSIZE = 20MB,
FILEGROWTH = 5%
)
```

技巧
如果要增加日志文件，可以使用 ADD LOG FILE 子句。在一个 ALTER DATABASE 语句中，一次可以增加多个数据文件或日志文件，多个文件之间需要使用逗号分开。

11.1.3 收缩数据库文件

在 SQL Server 2008 中不仅可以收缩数据库，还可以对数据库中的数据文件和日志文件进行收缩。SQL Server 2008 支持两种方法收缩数据库文件，下面将详细讲解。

1. 图形化界面数据库文件收缩

下面以 Medicine 数据库的数据文件进行收缩为例，使用图形化界面的步骤如下。

【练习6】

（1）在【对象资源管理器】中的【数据库】节点下右击 studentsys 数据库，然后执行【任务】|【收缩】|【文件】命令。

（2）在打开的对话框中选择【文件类型】为数据，如图 11-6 所示。

图 11-6　收缩数据库文件

（3）根据需要对图 11-6 中的选项进行设置，选项说明如下。

❏ **释放未使用的空间**　如果启用该选项，将为操作系统释放文件中所有未使用的空间，并将文件收缩到上次分配的区。将减小文件的大小，但不移动任何数据。

❏ **在释放未使用的空间前重新组织文件**　如果启用该选项，将为操作系统释放文件中所有未使用的空间，并尝试将行重新定位到未分配页。此时必须指定【将文件收缩到】值（值介于 0 ～ 99 之间）。默认情况下，该选项为清除状态。

❏ **通过将数据迁移到同一文件组中的其他文件来清空文件**　选中此选项后，将指定文件中的所有数据移至同一文件组中的其他文件中，然后就可以删除空文件。此选项与执行包含 EMPTYFILE 选项的 DBCC SHRINKFILE 相同。

（4）设置完成，单击【确定】按钮即可。

2．手动数据库文件收缩

手动收缩数据库文件需要使用 DBCC SHRINKFILE 语句，该语句的语法如下。

```
DBCC SHRINKFILE
(
{ file_name | file_id }
{ [ , EMPTYFILE ]
| [ [ , target_size ] [ , { NOTRUNCATE | TRUNCATEONLY } ] ]
}
)
[ WITH NO_INFOMSGS ]
```

语法说明如下。

❏ **file_name**　要收缩文件的逻辑名称。

❏ **file_id**　要收缩文件的标识（ID）号。

❏ **target_size**　用兆字节表示的文件大小（用整数表示）。如果没有指定，则 DBCC SHRINKFILE 将文件大小减少到默认大小。默认大小为创建文件时指定的大小。如果指定了 target_size，则 DBCC SHRINKFILE 尝试将文件收缩到指定大小。

- ❑ **EMPTYFILE** 将指定文件中的所有数据迁移到同一文件组中的其他文件。由于数据库引擎
  不再允许将数据放在空文件内，因此可以使用 ALTER DATABASE 语句来删除该文件。
- ❑ **NOTRUNCATE** 在指定或不指定 target_percent 的情况下，将已分配的页从数据文件的末
  尾移动到该文件前面的未分配页。
- ❑ **TRUNCATEONLY** 将文件末尾的所有可用空间释放给操作系统，但不在文件内部执行任
  何页移动。数据文件只收缩到最后分配的区。
- ❑ **WITH NO_INFOMSGS** 取消显示所有提示性消息。

【练习 7】

假设要收缩 Medicine 数据库的数据文件 Medicine_data，可以用如下语句。

```
USE Medicine
GO
DBCC SHRINKFILE (Medicine_data)
```

▌11.1.4　添加辅助文件

在 SQL Server 2008 数据库系统中，一个数据库中必须包含一个主数据文件，但可以包含多个
辅助数据文件。通过添加一个或多个辅助数据文件可以扩大数据库容量，也可以使数据文件分布在
不同的硬盘分区当中。

【练习 8】

假设要为 Medicine 数据库添加两个数据库文件，具体步骤如下。

（1）右击 Medicine 数据库选择【属性】命令，打开其属性窗口的【文件】选项卡。

（2）单击【添加】按钮在【数据库文件】列表的【逻辑名称】字段中输入名称"Medicine1"。

（3）设置【文件类型】为【行数据】，【文件组】为"PRIMARY"，【初始值大小】为 3。

（4）单击【自动增长】字段中的【浏览】按钮，在弹出的对话框设置文件按 10%的大小进行增
长，最大文件大小限制为 100MB。

（5）单击【确定】按钮即可添加一个数据库辅助文件。

（6）重复上述步骤添加一个名为 Medicine2 的辅助文件，如图 11-7 所示。

图 11-7　添加辅助数据文件

11.1.5　删除数据库

如果在一个SQL Server 2008服务器中不再需要某个数据库,就可以对该数据库执行删除操作。
SQL Server Management Studio 图形界面提供了一种很简单的执行删除操作的方法。

【练习 9】

假设要删除 Medicine 数据库,具体步骤如下。

(1)打开 SQL Server Management Studio 窗口,并使用 Windows 或 SQL Server 身份验证建立到指定 SQL Server 实例的连接。

(2)在【对象资源管理器】窗口中展开服务器,然后展开【数据库】结点。

(3)从展开的数据库节点列表中右击数据库 Medicine 选择【删除】命令。

(4)在弹出的【删除对象】窗口中单击【确定】按钮确认删除,如图 11-8 所示。

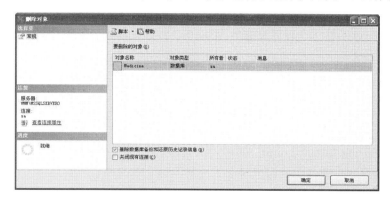

图 11-8　删除数据库

> **提示**
>
> 数据库可能会因为正在使用等原因删除失败,如果要强制删除,可以选中窗口下方的【关闭现有连接】复选框再单击【确定】按钮。

【练习 10】

除了上述方法外还可以使用 DROP DATABASE 语句删除数据库,语法如下。

```
DROP DATABASE database [,…n]
```

同样以删除 Medicine 数据库为例,实现语句如下。

```
DROP DATABASE Medicine
```

> **警告**
>
> 使用 DROP DATABASE 删除数据库不会出现确认信息,因此使用这种方法时要小心谨慎。此外,千万不能删除系统数据库,否则会导致 SQL Server 2008 无法使用。

11.2　维护操作

在一个数据库服务器中应用程序数据存储的最基本单元就是数据库。一般来说,每一个应用程序都使用一个数据库,不同的应用程序使用不同的数据库。在掌握对数据库的简单操作之后,本节将介绍常见的数据库维护操作及其实现步骤。

11.2.1 分离数据库

分离数据库是指在 SQL Server 2008 实例中解除对该数据库的管理。分离操作不影响该数据库文件和事务日志文件。

分离以后的数据库文件和日志文件可以被任何 SQL Server 2008 数据库实例附加，所以如果需要移动数据库，将数据库和 SQL Server 2008 实例分离是必不可少的操作。

如果数据库出现下列情况，则分离数据库操作将执行失败。

❏ 该数据库中存在快照数据库。

❏ 该数据库已复制并发布。

❏ 数据库处于未知状态。

分离数据库的方法有很多种，可以用存储过程进行分离，也可以用图形化界面进行分离。

【练习 11】

例如，使用 sp_detach_db 存储过程分离 Medicine 数据库，可以使用如下代码。

```
EXEC sp_detach_db Medicine
```

【练习 12】

通过 SQL Server 图形化界面分离数据库时可以看到当前数据库的详细信息。假设要分离 Medicine 数据库，具体步骤如下。

（1）在 SQL Server Management Studio 中，使用 sa 账户连接到服务器。

（2）在【对象资源管理器】窗口中展开服务器下的【数据库】节点。

（3）使用右键单击 Medicine 数据库节点，选择【任务】|【分离】命令，打开【分离数据库】窗口，如图 11-9 所示。

图 11-9 【分离数据库】窗口

如图 11-9 所示的窗口中包括以下信息。

❏【数据库名称】列 显示所选数据库的名称。

❏【更新统计信息】列 以复选框形式显示。默认情况下，分离操作将在分离数据库时保留过期的优化统计信息；如果要更新现有的优化统计信息，可启用该复选框

❏【状态】列 显示"就绪"或者"未就绪"。如果状态是"未就绪"，在【消息】列将显示有

关数据库的超链接信息。当数据库涉及复制时，【消息】列将显示 Database replicated。

□【消息】列　如果数据库有一个或多个活动连接，该列将显示"<活动连接数>活动连接"。此时在分离时必须启用【删除连接】复选框断开所有活动的连接。

（4）以上信息设置完成后，单击【确定】按钮即可分离该数据库。

11.2.2　附加数据库

附加数据库是指将分离的数据库重新添加到 SQL Server 2008 服务器实例中。附加数据库时，所有数据库文件（.mdf 和.ldf 文件）都必须可用。

与分离数据库一样，SQL Server 2008 提供了图形向导和使用语句来实现附加数据库。

【练习 13】

例如，将分离的 Medicine 数据库附加到当前服务器实例中，语句如下。

```
CREATE DATABASE Medicine
ON
(
FILENAME= 'D:\SQL 数据库\medecine.mdf'
)
LOG ON
(
FILENAME='D:\SQL 数据库\medecine_log.ldf'
)
FOR ATTACH
```

【练习 14】

下面使用图形化界面附加数据库。

（1）在 SQL Server Management Studio 中使用 sa 账户连接到服务器。

（2）在【对象资源管理器】窗口中右击【数据库】节点，选择【附加】命令打开【附加数据库】窗口，如图 11-10 所示。

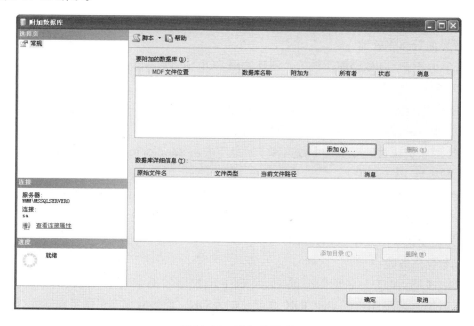

图 11-10　附加数据库

（3）在【附加数据库】窗口中单击【添加】按钮，打开【定位数据库文件】对话框。

（4）在【定位数据库文件】对话框中的【选择文件】列表中找到并选中要附加的数据库文件，然后单击【确定】按钮即可返回【附加数据库】窗口，如图 11-11 所示。

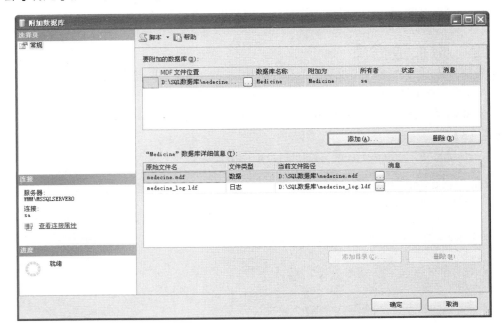

图 11-11　选择要附加的数据库

（5）单击【确定】按钮即可完成数据库的附加。

11.2.3　收缩数据库

在 SQL Server 2008 中收缩数据库的方法有：图形界面数据库收缩、自动数据库收缩和手动数据库收缩。操作时要注意收缩后的数据库不能小于数据库的最小大小。最小大小是在数据库最初创建时指定的大小，或是上一次使用文件大小更改操作设置的显式大小。

1. 图形界面数据库收缩

在 SQL Server 2008 数据库系统中，通常使用 SQL Server Management Studio 中的对象管理器收缩数据库文件。

【练习 15】

下面以收缩 Medicine 数据库为例，使用图形界面的步骤如下。

（1）在【对象资源管理器】的【数据库】节点下右击 Medicine 数据库，然后执行【任务】|【收缩】|【数据库】命令。

（2）在打开的对话框中启用【在释放未使用的空间前重新组织文件】复选框，然后为【收缩后文件中的最大可用空间】指定值（值介于 0~99 之间），如图 11-12 所示。

（3）设置后单击【确定】按钮完成即可。

2. 自动数据库收缩

默认数据库的 AUTO_SHRINK 选项为 OFF，表示没有启用自动收缩。可以在 ALTER DATABASE 语句中，将 AUTO_SHRINK 选项设置为 ON，此时数据库引擎将自动收缩为可用空间的数据库，并减少数据库中文件的大小。该活动在后台进行，并且不影响数据库内的用户活动。

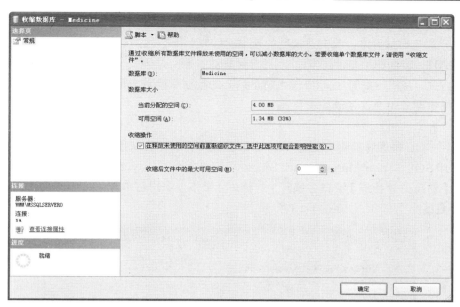

图 11-12　收缩数据库

3．手动数据库收缩

手动收缩数据库是指在需要的时候运行 DBCC SHRINKDATABASE 语句进行收缩。该语句的语法如下。

```
DBCC SHRINKDATABASE ( database_name | database_id | 0 [ , target_percent ] )
```

参数说明如下。

❑ **database_name** | **database_id** | **0**　要收缩的数据库名称或 ID。如果指定 0，则使用当前数据库。

❑ **target_percent**　数据库收缩后的数据库文件中所需的剩余可用空间的百分比。

【练习 16】

使用 DBCC SHRINKDATABASE 语句对 Medicine 数据库进行手动收缩，实现语句如下。

```
DBCC SHRINKDATABASE (Medicine)
```

或者

```
USE Medicine
GO
DBCC SHRINKDATABASE (0 ,5)
```

11.2.4　复制数据库

使用 SQL Server 2008 的【复制数据库向导】工具可以复制或移动数据库。该操作可以在不同的数据库实例之间进行，也可以在同一数据库实例中执行。

在 SQL Server 2008 中可以使用两种方法进行复制和移动操作，除 model、msdb、master 和 tempdb 等系统数据库外的所有数据库都可以复制或者移动。

1．分离与附加

前面内容已经讲过分离与附加数据库，但是使用该方法时，用户必须是源服务器和目标服务器 sysadmin 固定服务器角色的成员。而且在开始复制操作前，用户应该把数据库设置为单用户模式，以确保没有活动的会话。

2．使用 SQL 管理对象

相对于分离与附加方法，此方法执行的速度比较慢，而且用户必须是源数据库的所有者，并且必须有 CREATE DATABASE 的权限，而且在目标服务器上是固定 dbcreator 服务器角色的成员。但是使用此方式，在执行复制/移动操作之前不需要把数据库设置为单用户模式，而且由于数据库没有脱机，在操作期间也允许活动的连接。

【练习 17】

下面使用 SQL 管理对象实现复制 Medicine 数据库，具体方法如下。

（1）打开 SQL Server Management Studio 窗口连接到 SQL Server 2008 实例。

（2）在【对象资源管理】窗口中展开【数据库】节点，使用右击 Medicine 数据库节点选择【任务】|【复制数据库】命令，如图 11-13 所示。

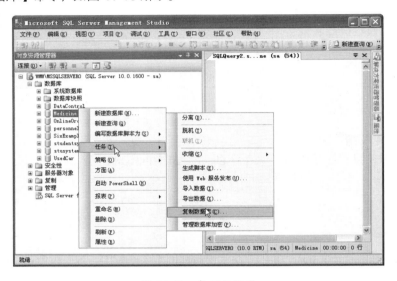

图 11-13　复制数据库

（3）执行【复制数据库】命令，打开【复制数据库向导】的欢迎界面，直接单击【下一步】按钮，打开【选择源服务器】界面，如图 11-14 所示。

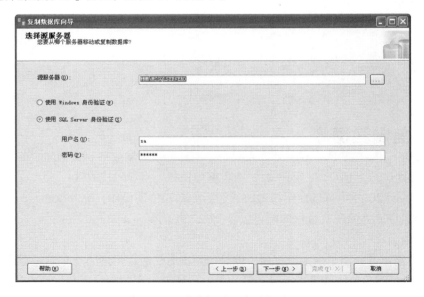

图 11-14　【选择源服务器】界面

（4）在【选择源服务器】中保持默认设置，单击【下一步】按钮，打开【选择目标服务器】界面，如图 11-15 所示。

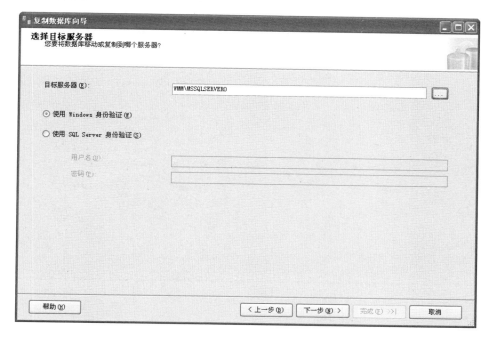

图 11-15　【选择目标服务器】界面

（5）在【选择目标服务器】界面中采用默认的 Windows 身份验证，然后单击【下一步】按钮，打开【选择传输方法】界面，如图 11-16 所示。

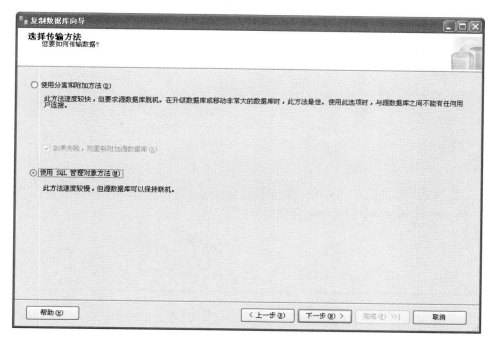

图 11-16　选择传统方法

（6）在【选择传输方法】界面中选择【使用 SQL 管理对象方法】选项，并单击【下一步】按钮，打开【选择数据库】界面，如图 11-17 所示。

图 11-17　选择数据库

（7）从【数据库】列表中选择要移动和复制的数据库，选择 Medicine 数据库，然后单击【下一步】按钮，打开【配置目标数据库】界面，如图 11-18 所示。

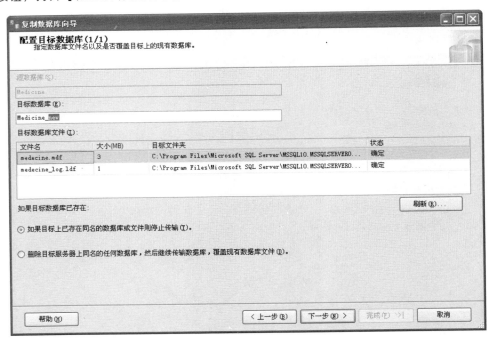

图 11-18　配置目标数据库

（8）在【配置目标数据库】页中定义正在复制或移动的每个数据库的配置信息（可以保持默认），然后单击【下一步】按钮，打开【配置包】界面，如图 11-19 所示。

（9）在【配置包】界面中可以设置【包名称】和【日志记录选项】等，然后单击【下一步】按钮，打开【安排运行包】界面，如图 11-20 所示。

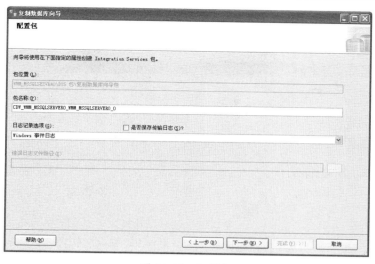

图 11-19　配置包

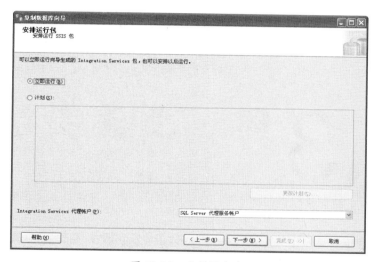

图 11-20　安排运行包

（10）在【安排运行包】界面保持默认选项，单击【下一步】按钮，打开【完成该向导】界面，如图 11-21 所示。

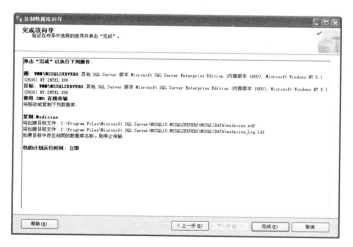

图 11-21　完成该向导

（11）单击【完成】按钮，打开【正在执行操作】界面开始执行复制操作，如图 11-22 所示，稍等片刻即可完成操作。

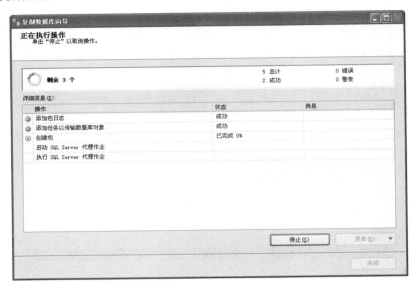

图 11-22　正在执行操作

11.3　生成数据库快照

数据库快照是一种关于某数据库状态的某一时刻只读的、静态的视图。它提供了一种恢复数据库的手段，当数据库损坏时，使用数据库快照可以将数据库还原到快照时的状态。

数据库快照就像是数据库在某一时刻的照片。数据库快照提供了指定数据库在某一时刻的一种只读、静态视图。当对数据库创建了快照，该数据库快照就是源数据库在那时刻静止的状态，不管数据库以后发生什么变化，该数据库快照不会有任何变化。

由于数据库快照最终的作用在数据库上，所以对于创建了快照的数据库来说，在使用时存在以下一些限制。

❑ 不允许删除、还原或分离源数据库。

❑ 不允许从源数据库或快照中删除任何数据文件。

❑ 源数据库的性能会降低。

❑ 源数据库必须处于在线状态。

11.3.1　创建数据库快照

在创建数据库快照时，对数据库快照命名是十分重要的。同数据库一样，每一个数据库快照都需要惟一的一个名称。

在 SQL Server 2008 中，创建数据库快照使用 CREATE DATABASE 语句，具体的语法格式如下。

```
CREATE DATABASE database_snapshot_name
ON
```

```
(
NAME=logical_file_name,
FILENAME='os_file_name'
)[,…n]
AS SNAPSHOT OF source_database_name
```

database_snapshot_name 用于指定数据库快照的名称,这个名称必须符合数据库的命名规则,而且必须具有惟一性。NAME 和 FILENAME 用于指定数据库快照的文件名和文件路径,AS SNAPSHOT OF 用于指定源数据库名称。

【练习 18】

例如,为 Medicine 数据库创建数据库快照,可以使用如下代码。

```
CREATE DATABASE Medicine_0501 快照
ON
(
NAME = medecine,
FILENAME = 'E:\数据库快照\Medicine_snopshot_05011.mdf'
)
AS SNAPSHOT OF Medicine
```

执行上段代码后创建了一个名称为"Medicine_0501 快照"的数据库快照。在【对象资源管理器】窗口中依次展开【数据库】│【数据库快照】节点可以进行查看,其内容与源数据库完全相同,如图 11-23 所示。

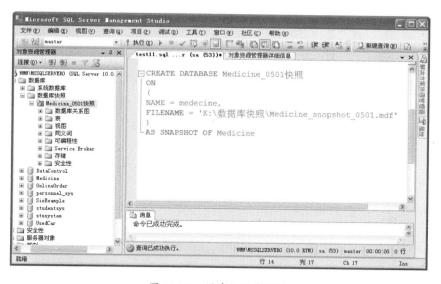

图 11-23　创建数据库快照

注意

创建的数据库快照必须保存在 NTFS 文件系统的分区上,否则运行时会提示"无法使文件成为稀疏文件"信息。

11.3.2　使用数据库快照

当源数据库出错或被损坏时,可以通过数据库快照来恢复源数据库到创建快照时的状态,此时恢复的数据会覆盖原来的数据库。执行恢复操作要求对源数据库具有 RESTORE DATABASE 权限。

使用数据库快照恢复数据库的语法格式如下。

```
RESTORE DATABASE database_name FROM DATABASE_SNAPSHOT=database_snapshot_name
```

【练习 19】

例如，从数据库快照"Medicine_0501 快照"中恢复 Medicine 数据库，可以使用如下代码。

```
RESTORE DATABASE Medicine
FROM DATABASE_SNAPSHOT = 'Medicine_0501 快照'
```

注意

执行上述语句时，在会话中不能使用当前要恢复的数据库，否则会出错，建议在执行时使用 master 数据库，或者可以选择除当前要恢复的数据库的其他数据库。

11.3.3 删除数据库快照

和删除数据库一样，删除数据库快照也使用 DROP DATABASE 语句。另外，在删除数据库快照时，不能删除正在使用的数据库快照。

【练习 20】

例如，这里要删除前面创建的"Medicine_0501 快照"数据库快照，代码如下。

```
DROP DATABASE Medicine_0501 快照
```

11.4 备份数据库

在实际应用中，可能会由于各种原因造成数据被破坏或丢失，甚至整个数据库崩溃的风险。为了防止这种灾难事故的发生，数据备份就成为了一项必不可少的数据库管理工作。

11.4.1 选择备份类型

数据库备份类型有三种方式，即完整数据库备份、差异备份和事务日志备份。下面将具体介绍这三种备份方式。

1. 完整数据库备份

完整数据库备份就是备份整个数据库，它备份数据库文件、数据库文件的地址以及事务日志的某些部分。这是任何备份策略中都要求完成的第一种备份类型，因为其他所有备份类型都依赖于完整备份。

提示

完整数据库需要花费更多的时间和存储空间，所以完整数据库备份不需要频繁的进行。如果使用完整数据库备份，那么执行数据恢复时只能恢复到最后一次备份时的状态，之后的所有的改变都将丢失。

2. 差异数据库备份

差异备份是指备份最近一次完整数据库备份以后发生改变的数据。如果在完整备份后将某个文件添加至数据库，则下一个差异备份会包括该新文件。

提示

与完整数据库备份相比，执行差异备份的速度更快。虽然差异备份每做一次就会变得更大一些，但仍然比完整备份所占用的空间小很多。

3．事务日志备份

尽管事务日志备份依赖于完整备份，但并不备份数据库本身。事务日志备份只记录事务日志的适当部分，即从上一次备份以后又发生了变化的部分。事务日志备份比完整数据库节省时间和空间，而且利用事务日志进行恢复时，可以指定恢复到某一个时间，比如可以将其恢复到某个破坏性操作执行之前，这是完整备份和差异备份所不能做到的功能。

> **提示**
>
> 与完整数据库备份和差异备份相比，日志备份恢复数据库要花费较长的时间，这是因为日志备份仅存放日志信息，恢复时需要按照日志重新插入、修改或删除数据。所以通常情况下，事务日志备份需要与完整备份和差异备份结合使用。

11.4.2　备份数据库

在 SQL Server 2008 中，执行数据库备份操作有两种方式：使用图形化工具执行备份和使用 T-SQL 命令执行备份。下面将分别介绍这两种方式。

1．使用图形化工具执行备份

在 SQL Server 2008 中使用 SQL Server Management Studio 提供的图形化界面可以很方便地执行数据库的备份。

【练习 21】

例如，这里要为前面创建的医药进销存系统数据库 Medicine 执行一次完整备份，使用图形化工具 SQL Server Management Studio 操作的步骤如下。

（1）使用 SQL Server Management Studio 连接上 SQL Server 服务器，在【对象资源管理器】窗口中展开【数据库】节点。

（2）右击数据库 Medicine 节点选择【任务】|【备份】命令，打开如图 11-24 所示【备份数据库】窗口。

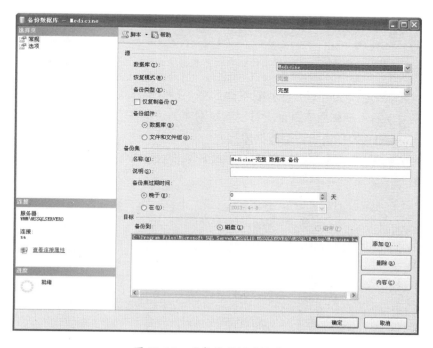

图 11-24　【备份数据库】窗口

（3）从【数据库】下拉菜单中选择 Medicine 数据库；从【备份类型】下拉菜单中选择"完整"。

还可以在【目标】选项组中设置备份的目标文件存储位置，如果不需要修改，保持默认即可。

（4）从左侧的【选择页】列表中打开【选项】页面。

（5）在【选项】页面中，启用【覆盖所有现有备份集】选项（该选项用于初始化新的设备或覆盖现在的设备），选中【完成后验证备份】选项（该选项用来核对实际数据库与备份副本，并确保它们在备份完成之后是一致的），设置完成以后的结果如图 11-25 所示。

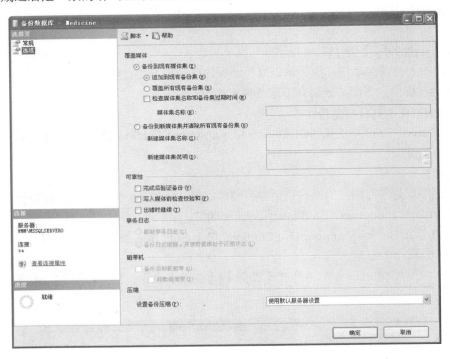

图 11-25　配置备份选项

（6）设置完成以后，单击【确定】按钮完成配置（备份操作执行成功以后会弹出提示对话框）。

（7）备份完成以后，在相应的目录中可以看到刚才创建的备份文件。

2．使用 Transact-SQL 语句备份数据库

在 SQL Server 2008 中也可以使用 Transact-SQL 的 BACKUP 语句完成备份数据库的操作。BACKUP 语句的基本语法如下。

```
BACKUP DATABASE database_name
TO <backup_device> [    n]
[WITH
[[,] NAME=backup_set_name]
[ [,] DESCRIPITION= 'TEXT']
[ [,] {INIT | NOINIT } ]
[ [,]DIFFERENTIAL]
]
```

下面是上述语法中的一些参数选项的说明。

❑ **database_name**　指定了要备份的数据库。

- **backup_device**　为备份的目标设备，采用"备份设备类型=设备名"的形式。
- **WITH 子句**　指定备份选项。
- **NAME=backup_set_name**　指定了备份的名称。
- **DESCRIPTION= 'TEXT'**　给出了备份的描述。
- **INIT|NOINIT**　INIT 表示新备份的数据覆盖当前备份设备上的每一项内容，即原来在此设备上的数据信息都将不存在；NOINIT 表示新备份的数据添加到备份设备上已有内容的后面。
- **DIFFERENTIAL**　表示本次备份是差异备份。

【练习 22】

例如，下面要对数据库 Medicine 做一次完整备份，代码如下。

```
BACKUP DATABASE Medicine
TO DISK = 'D:\SQL 数据库\医药数据库备份.bak'
WITH INIT,
NAME = 'Medicine_Full_Backup',
DESCRIPTION = 'Medicine 数据库的完整备份'
```

这段代码在 SQL 编辑器中执行结果如图 11-26 所示。

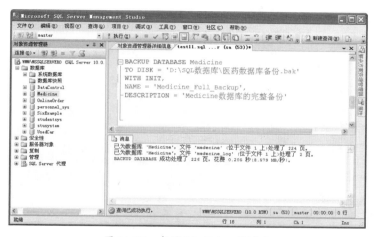

图 11-26　备份 Medicine 数据库

11.4.3　备份事务日志

尽管事务日志备份依赖于完整备份，但它并不备份数据库本身，这种类型的备份只记录事务日志的适当部分。在 SQL Server 2008 系统中日志备份有三种类型：纯日志备份、大容量操作日志备份和尾日志备份，具体说明如表 11-1 所示。

表 11-1　事务日志类型

日志备份类型	说　　明
纯日志备份	仅包含一定间隔的事务日志记录，而不包含在大容量日志恢复模式下执行的任何大容量更改的备份
大容量操作日志备份	包含日志记录以及由大容量操作更改的数据页的备份。不允许对大容量操作日志备份进行时恢复
尾日志备份	对可能已损坏的数据库进行的日志备份，用于捕获尚未备份的日志记录。尾日志备份在出现故障时进行，用于防止丢失工作，可以包含纯日志记录或大容量操作日志记录

警告

当事务日志变成100%满时，用户无法访问数据库，直到数据库管理员清除了事务日志为止。避开这个问题的最佳办法是执行定期的事务日志备份。

1．使用图形界面操作创建事务日志备份

使用图形界面为 Medicine 数据库创建一个事务日志备份，具体操作步骤如下。

【练习23】

（1）使用 SQL Server Management Studio 连接 SQL Server 服务器，在【对象资源管理器】窗口中展开【数据库】节点。

（2）右击数据库 Medicine 节点选择【任务】|【备份】命令，打开【备份数据库】窗口。

（3）将【备份类型】选项列表中的值改为【事务日志】；在【目标】列表中删除默认的备份目标，添加一个自定义的备份目标，备份目标文件名为 Medicine_log.bak，如图 11-27 所示。

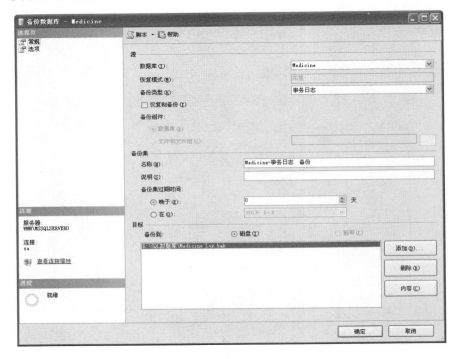

图 11-27　事务日志备份

（4）切换到【选项】页面，启用【可靠性】区域的【完成后验证备份】复选框。

（5）单击【保存】按钮执行该次备份操作。

警告

除非已经执行了至少一次完整数据库备份，否则不应该备份事务日志。另外，使用简单恢复模型时不能备份事务日志。

2．使用 BACKUP LOG 语句

使用 BACKUP LOG 语句创建事务日志备份的基本语法格式如下。

```
BACKUP LOG database_name
TO <backup_device> [    n]
WITH
 [[,] NAME=backup_set_name]
 [ [,] DESCRIPTION='TEXT']
```

```
[ [,] {INIT | NOINIT } ]
[ [,]{ COMPRESSION | NO_COMPRESSION }
]
```

其中 LOG 指定仅备份事务日志。该日志是从上一次成功执行的日志备份到当前日志的末尾，必须创建完整备份，才能创建第一个日志备份。

【练习 24】

下面使用 BACKUP LOG 语句为 Medicine 数据库创建一个事务日志备份，语句如下。

```
BACKUP LOG Medicine
TO DISK = 'D:\SQL 数据库\Medicine_log_backup.bak'
WITH NOINIT,
NAME='Medicine_log_backup',
DESCRIPTION='Medicine 数据库事务日志备份'
```

上面代码执行结果如图 11-28 所示。

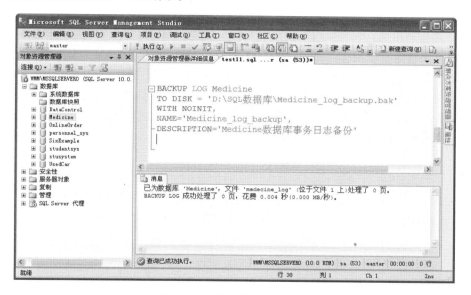

图 11-28　执行事务日志备份

11.5 恢复数据库

数据库备份完成后，假如有一天数据库被恶意破坏，或者数据丢失需要恢复，就可以使用数据库备份恢复数据库。

11.5.1　恢复模式简介

SQL Server 2008 包括三种恢复模型，其中每种恢复模型都能在数据库发生故障时恢复相关的数据。不同的恢复模型在 SQL Server 备份、恢复的方式和性能方面存在差异，而且，采用不同的恢复模型对于避免数据损失的程度也不相同。

SQL Server 2008 主要包括三种恢复模型：简单恢复模型、完全恢复模型和大容量日志记录恢复模型。

1．简单恢复模型

使用简单恢复模型可以将数据库恢复到上一次的备份。简单恢复模型的优点在于日志的存储空间较小，而且也是最容易实现的模型。但是，使用简单恢复模型无法将数据库还原到故障点或特定的即时点。如果要还原到即时点，则必须使用完全恢复模型。

技巧

对于小型数据库或者数据更改频度不高的数据库，通常会使用简单恢复模型。在简单恢复模式下，可以执行两类备份：完整备份和差异备份。

2．完全恢复模型

完全恢复模型在故障还原中具有最高的优先级。这种恢复模型使用数据库备份和日志备份，能够较为安全地解决数据库故障。

技巧

对于不能承受数据损失的用户，推荐使用完全恢复模型。SQL Server 2008 默认使用完全恢复模型。用户可以在任何时间内修改数据库恢复模型，但是必须在更改恢复模型的时候备份数据库。

3．大容量日志记录恢复模型

与完全恢复模型相似，大容量日志记录恢复模型使用数据库和日志备份来恢复数据库。该模型对某些大规模或大容量数据操作（比如 INSERT INTO、CREATE INDEX、大批量装载数据、处理大批量数据）时提供最佳性能和最少的日志使用空间。

在这种模型下，日志只记录多个操作的最终结果，而并非存储操作的过程细节，所以日志尺寸更小，大批量操作的速度也更快。如果事务日志没有受到破坏，除了故障期间发生的事务以外，SQL Server 能够还原全部数据。

11.5.2　配置恢复模式

在实际应用中，用户可以根据实际需求选择适合的恢复模式。配置数据库恢复模式可以在 SQL Server Management Studio 视图界面中的【数据库属性】中来完成，如图 11-29 所示。

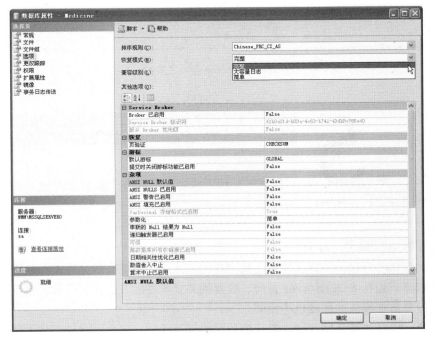

图 11-29　配置数据库恢复模式

注意

master、msdb 和 templdb 使用简单恢复模式，model 数据库使用完整恢复模式。因为 model 数据库是所有新建数据库的模板数据库，所以用户数据库默认也是使用完整恢复模式。

▌11.5.3 开始恢复数据库

恢复数据库就是让数据库根据备份的数据回到备份时的状态。当恢复数据库时，SQL Server 会自动将备份文件中的数据全部复制到数据库，并回滚所有未完成的事务，以保证数据库中数据的完整性和一致性。

1. 使用图形界面恢复数据库

在执行恢复之前，首先介绍 RECOVERY 选项，如果该选项设置不正确，则可能导致数据库恢复工作全部失败。该选项用于通知 SQL Server 数据库恢复过程已经结束，用户可以重新开始使用数据库。它只能用于恢复过程的最后一个文件。

 注意

如果备份来自 C 盘中的文件，SQL Server 2008 就会将它恢复到 C 盘。但是如果希望将备份在 C 盘中的文件恢复到 D 盘或者其他的地方可以使用 MOVE TO 选项，该选项允许将备份的数据库转移到其他地方。

SQL Server 2008 允许在恢复数据库之前，先执行安全检查，以防止意外地恢复错误的数据库。SQL Server 2008 首先比较当前恢复的数据库名称与备份设备中记录的数据库名称。如果两者不同，SQL Server 2008 不执行恢复。如果两者不同还要进行恢复，则需要指定 REPLACE 选项，该选项可以忽略安全检查。

【练习 25】

假设使用图形界面恢复 Medicine 数据库，具体步骤如下。

（1）打开 SQL Server Management Studio 工具，使用 sa 账户连接到服务器。

（2）在【对象资源管理器】窗口中展开【数据库】节点，右击 Medicine 数据库选择【任务】｜【还原】｜【数据库】命令，打开【还原数据库】窗口，如图 11-30 所示。

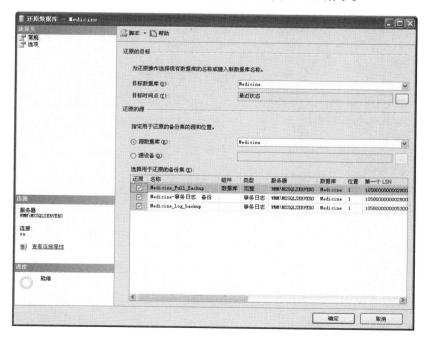

图 11-30 【还原数据库】窗口

（3）在【还原数据库】窗口中选择【源设备】单选按钮。

（4）单击【源设备】文本框后面的按钮....，打开【指定备份】对话框，如图 11-31 所示。

（5）在【指定备份】对话框中单击【添加】按钮，打开【定位备份文件】对话框，在该对话框中的【文件类型】下拉列表框中选择【所有文件】，并在【选择文件】树中找到并选中备份文件"医药数据库备份.bak"，如图 11-32 所示。

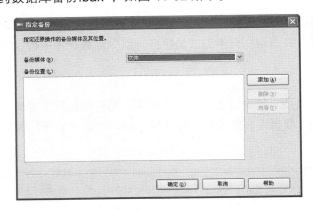

图 11-31　【指定备份】对话框　　　　　　　图 11-32　【定位备份文件】对话框

（6）单击【确定】按钮确认选择，回到【指定备份】对话框。

（7）在【指定备份】对话框中单击【确定】按钮确认操作回到【还原数据库】窗口。

（8）在【还原数据库】窗口中的【选择用于还原的备份集】列表中选中刚才添加的备份文件，如图 11-33 所示。

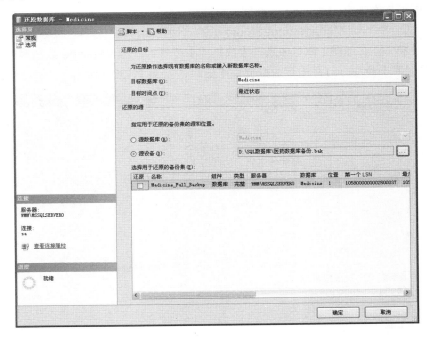

图 11-33　选择备份文件

（9）单击【确定】按钮，完成对数据库的还原操作（还原完成弹出还原成功消息对话框）。

注意

还原数据库需要停止一切对该数据库的访问，否则恢复操作将执行失败。

2. 使用 RESTORE 语句恢复

RESTORE 语句是用于还原 BACKUP 语句创建的数据库备份，其语法格式如下所示。

```
RESTORE DATABASE | LOG { database_name | @database_name_var }
[FROM <backup_device> [ ,…n ] ]
[WITH
{
[ RECOVERY | NORECOVERY | STANDBY =
{standby_file_name | @standby_file_name_var }
]
|, <general_WITH_options>[ ,…n ]
|, <replication_WITH_option>
|, <change_data_capture_WITH_option>
|, <service_broker_WITH options>
|,<point_in_time_WITH_options—RESTORE_DATABASE>
}[ ,…n ]
]
[;]
```

语法说明如下。

- ❑ **DATABASE | LOG**　用于标识恢复的是数据库备份还是事务日志备份。
- ❑ **database_name**　指定还原的数据库名称。
- ❑ **backup_device**　指定还原操作要使用的逻辑或物理备份设备。
- ❑ **WITH 子句**　指定备份选项。
- ❑ **RECOVERY|NORECOVERY**　当还有事务日志需要还原时，应指定 NORECOVERY，如果所有的备份都已还原，则指定 RECOVERY。
- ❑ **STANDBY**　指定撤销文件名以便可以取消恢复效果。

【练习 26】

假设使用磁盘中保存的"Medicine_log_backup.bak"备份文件还原数据库 Medicine，代码如下。

```
RESTORE DATABASE Medicine
FROM DISK = 'D:\SQL 数据库\Medicine_log_backup.bak'
WITH FILE=1
```

上面代码执行以后，将使用磁盘中的指定备份文件恢复 Medicine 数据库。

提示

执行数据库恢复操作，当前数据库为 master，而且在执行恢复操作以前，需要先备份一下数据库的事务日志，否则将会提示代码为 3159 的错误消息。

11.6 实例应用：维护人事管理系统数据库

11.6.1 配置恢复模式

在本节前面针对数据库的各种管理操作都给出了具体步骤及对应语句的实现。本次实例以人事管理系统数据库 Personnel_sys 为例，对它进行如下维护操作，要求所有操作都用语句来实现。

（1）收缩数据库和数据文件。

（2）创建一个完整备份和事务日志备份。

（3）创建一个数据库快照。

（4）增加一个辅助数据文件和一个日志文件。

（5）重命名数据库。

11.6.2 技术分析

为了保证对 Personnel_sys 数据库维护操作的顺利，在执行之前首先查看一个数据库的状态和文件组成情况，然后在 NTFS 格式分区上创建一个目录用于存放数据库的完整备份、事务日志备份、数据库快照文件、辅助数据文件以及日志文件。

接下来根据要求依次编写对 Personnel_sys 数据库的维护语句，每个语句之间使用 GO 语句进行分隔。

11.6.3 实现步骤

（1）打开 SQL Server Management Studio 窗口，使用 SQL Server 身份验证建立连接。

（2）选择【文件】|【新建】|【使用当前连接查询】命令打开查询编辑器窗口。

（3）调用 sp_helpdb 存储过程查看 Personnel_sys 数据库当前的状态和文件组成情况。

```
USE Personnel_sys
GO
sp_helpdb Personnel_sys
```

执行效果如图 11-34 所示。

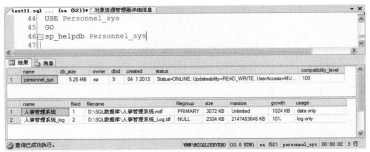

图 11-34 查看 Personnel_sys 数据库

（4）使用 DBCC 语句对 Personnel_sys 数据库和数据文件进行收缩。

```
DBCC SHRINKDATABASE (0 ,5)
DBCC SHRINKFILE(medicine_DATA1)
```

执行效果如图 11-35 所示。

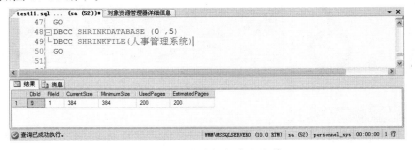

图 11-35 收缩数据库和文件

（5）使用 BACKUP DATABASE 语句创建一个 Personnel_sys 数据库的完整备份，并定义备份文件名称为"人事数据库完整备份.bak"，保存在"E:\人事数据库文件"目录中。

```
BACKUP DATABASE Personnel_sys
TO DISK = 'E:\人事数据库文件\人事数据库完整备份.bak'
WITH INIT,
NAME = 'Personnel_sys_Full_Backup',
DESCRIPTION = 'Personnel_sys 数据库的完整备份，备份日期20130501'
```

执行效果如图 11-36 所示。

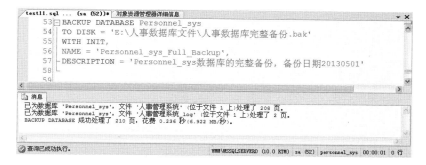

图 11-36　数据库完整备份

（6）使用 BACKUP LOG 语句创建 Personnel_sys 数据库的事务日志备份。

```
BACKUP LOG Personnel_sys
TO DISK = 'E:\人事数据库文件\人事数据库事务日志备份.bak'
WITH NOINIT,
NAME='Personnel_sys_log_backup',
DESCRIPTION='Personnel_sys 数据库事务日志备份，备份日期20130501'
```

执行效果如图 11-37 所示。

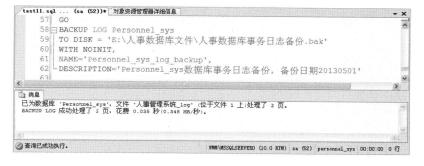

图 11-37　数据库事务日志备份

（7）创建 Personnel_sys 数据库的快照，并将快照文件保存在"E:\人事数据库文件"目录中。

```
CREATE DATABASE 人事系统数据库快照
ON
(
NAME = 人事管理系统,
FILENAME = 'E:\人事数据库文件\人事系统数据库快照.mdf'
)
AS SNAPSHOT OF Personnel_sys
```

（8）为 Personnel_sys 数据库增加一个保存在"E:\人事数据库文件"目录的辅助数据文件。

```
ALTER DATABASE Personnel_sys
ADD FILE
(
NAME=Personnel_sys_DATA1,
FILENAME='E:\人事数据库文件\Personnel_sys_DATA1.ndf',
SIZE=2MB,
MAXSIZE=10MB,
FILEGROWTH=5%
)
```

（9）为 Personnel_sys 数据库增加一个保存在"E:\人事数据库文件"目录的日志文件。

```
ALTER DATABASE Personnel_sys
ADD LOG FILE
(
NAME=Personnel_sys_LOG1,
FILENAME='E:\人事数据库文件\Personnel_sys_LOG1.ldf',
SIZE=2MB,
MAXSIZE=10MB,
FILEGROWTH=5%
)
```

（10）再次执行"sp_helpdb Personnel_sys"语句，即可看到为 Personnel_sys 数据库增加的数据文件和日志文件，执行结果如图 11-38 所示。

图 11-38　增加文件后的 Personnel_sys 数据库

（11）调用系统存储过程 sp_renamedb 将 Peronnel_sys 数据库重命名为"人事管理系统"。

```
EXEC sp_renamedb 'Personnel_sys','人事管理系统'
```

（12）最后打开"E:\人事数据库文件"目录即可看到上述语句创建的文件，如图 11-39 所示。

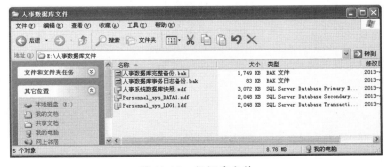

图 11-39　数据库文件

11.7　拓展训练

1．修改数据库文件的自动增长方式

在创建数据库的时候，可以设置数据库文件的初始大小和自动增长方式。另外在数据库创建完成后，还可以根据实际情况修改为合适的自动增长方式，以提高应用程序的性能。

本次练习以人事管理系统 Personnel_sys 为例，修改数据库文件的增量为 10MB，最大大小限制为 100MB。修改日志文件的增量为 5MB，最大大小限制为 20MB。

2．移动 Personnel_sys 数据库

通过对本课学习，首先为 Personnel_sys 数据库创建一个完整备份，然后将该数据库从当前计算机中的 SQL Server 2008 服务器中分离出去，并将数据库文件和日志文件移动到其他计算机中，再执行数据库附加操作。

11.8　课后练习

一、填空题

1. 可以使用_____存储过程修改数据库名称。

2. 可以使用_____存储过程实现数据库的分离。

3. 数据库备份类型有三种，即事务日志备份、差异备份和_____。

4. SQL Server 2008 主要包括以下三种恢复模型：简单恢复模型、完全恢复模型和_____。

5. 在 SQL Server 2008 中使用_____语句可以完成数据库的备份操作。

6. 在 SQL Server 2008 中使用_____语句可以完成数据库的恢复操作。

二、选择题

1. 将 AUTO_SHRINK 选项设置为_____，数据库引擎将自动收缩有可用空间的数据库。

   A. On

   B. Off

   C. True

   D. False

2. 在 CREATE DATABASE 语句中使用_____选项可以附加数据库。

   A. FOR ATTACH

   B. sp_addmessage

   C. DBCC SHRINKFILE

   D. sp_detach_db

3. 下列关于 SQL Server 2008 中恢复模型的类型，说法错误的是_____。

   A. 简单恢复模型

   B. 完整恢复模型

   C. 完全恢复模型

   D. 大容量日志记录恢复模型

4. 如果数据库出现下列哪一种情况仍然可以正确的分离数据库? _____

　　A. 该数据库中存在快照数据库

　　B. 该数据库已复制并发布

　　C. 数据库处于未知状态

　　D. 该数据库执行过备份操作

5. 下列说法正确的是_____。

　　A. 创建的数据库快照必须保存在 FAT32 分区上

　　B. 不能删除正在使用的数据库快照

　　C. 在附加数据库的过程中，如果没有日志文件，系统将提示错误

　　D. 可以给日志文件创建数据库快照

三、简答题

1. 简述使用向导和语句扩大数据库的方法。

2. 简述如何使用语句分离和附加数据库。

3. 在分离数据时应该注意哪些问题?

4. 简述什么是数据库快照和数据库快照的作用。

5. 简述分离和附加数据库与备份和恢复数据库的区别。

第 12 课
使用数据库触发器

前面内容介绍了如何在表上定义约束和规则,来实现数据的完整性和强制使用业务规则。除了约束之外,SQL Server 2008 还提供了另外一种机制保证数据完整性——触发器。触发器可以在对数据库执行操作前后由 SQL Server 触发。根据引起执行触发器操作的语言不同,可以将触发器分为 DML 触发器和 DDL 触发器。

本课将详细讲解每类触发器的创建,以及修改、禁用和启用触发器的方法,另外对触发器的嵌套和递归形式进行了简单介绍。

本课学习目标:

❑ 了解触发器的作用与类型
❑ 掌握各种 DML 触发器的创建方法
❑ 掌握 DDL 触发器的创建
❑ 掌握修改与删除触发器
❑ 掌握如何禁用与启用触发器
❑ 了解嵌套触发器
❑ 了解递归触发器

12.1 触发器简介

在 SQL Server 2008 中触发器（Trigger）是为了执行业务规则和保持数据完整性而提供的一种机制。它与表紧密相连，也可以看作是表或视图的一部分。当用户修改表或者视图中的数据时，触发器编写的代码将会自动执行。

12.1.1 什么是触发器

触发器是建立在触发事件上的。例如用户在对表执行 INSERT、UPDATE 或 DELETE 操作时，SQL Server 就会触发相应的事件，并自动执行和这些事件相关的触发器。

触发器中包含了一系列用于定义业务规则的 SQL 语句，用来强制用户实现这些规则，从而确保数据的完整性。

1．触发器的作用

触发器的主要作用就是能够实现由主外键所不能保证的、复杂的参照完整性和数据一致性。触发器具有如下特点。

❑ 触发器可以自动执行。当表中的数据做了任何修改时，触发器将立即激活。

❑ 触发器可以通过数据库中的相关表进行层叠更改。这比直接将代码写在前台的做法更安全合理。

❑ 触发器可以强制用户实现业务规则，这些限制比用 CHECK 约束定义的更复杂。

触发器能够对数据库中的相关表进行级联修改，还可以自定义错误消息，维护非规范化数据，以及比较数据修改前后的状态。

触发器适用于以下情况强制实现复杂的引用完整性。

❑ 强制数据库间的引用完整性。

❑ 创建多行触发器。当插入、更新或者删除多行数据时，必须编写一个处理多行数据的触发器。

❑ 执行级联更新或者级联删除操作。

❑ 级联修改数据库中所有相关表。

❑ 撤销或者回滚违反引用完整性的操作，防止非法修改数据。

2．触发器的执行环境

触发器的执行环境是一种 SQL 执行环境，可以将一个执行环境看作是创建在内存中，在语句执行过程中保存执行进程的空间。

当调用触发器时，就会创建触发器的执行环境。如果调用多个触发器，就会分别为每个触发器创建执行环境。但是在任何时候，一个会话中只有惟一的一个执行环境是活动的。

触发器的执行环境如图 12-1 所示。

在图 12-1 中显示了两个触发器，一个是定义在表 1 上的 UPDATE 触发器，一个是定义在表 2 上的 INSERT 触发器。当对表 1 执行 UPDATE 操作时，UPDATE 触发器被激活，系统为该触发器创建执行环境。而 UPDATE 触发器需要向表 2 中添加数据，就会触发表 2 上的 INSERT 触发器，此时系统为 INSERT 触发器创建执行环境，该环境变成活动状态。INSERT 触发器执行结束后，它所在的执行环境被销毁，UPDATE 触发器的执行环境再次变为活动状态。当 UPDATE 触发器执行结束后，它所在的执行环境也会被销毁。

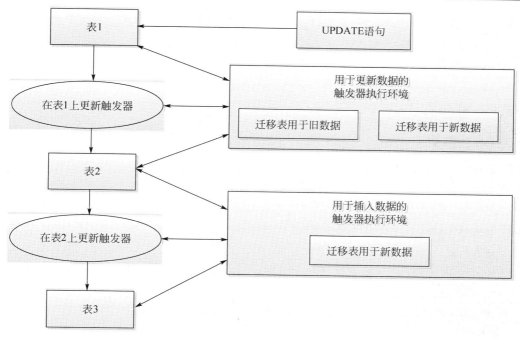

图 12-1　两个触发器的执行环境

12.1.2　认识触发器的类型

在 SQL Server 2008 中按照触发事件的不同可以把触发器分成三大类型：DML 触发器、DDL 触发器和登录触发器。

1．DML 触发器

当数据库中发生数据操纵语言（DML）事件时将调用 DML 触发器。DML 事件包括所有对表或视图中数据进行改动的操作，如 INSERT、UPDATE 或 DELETE。

> **提示**
>
> DML 触发器将触发器本身和触发它的语句作为可在触发器内回滚的单个事务对待。如果检测到错误（例如，磁盘空间不足），则整个事务自动回滚。

DML 触发器的作用如下所示。

❏ 通过数据库中的相关表实现级联更改。

❏ 防止恶意或错误的 INSERT、UPDATE 和 DELETE 操作，并强制执行比 CHECK 约束定义的限制更为复杂的业务逻辑。

❏ 与 CHECK 约束不同，DML 触发器可以引用其他表中的列。例如，触发器可以使用对另一个表的 SELECT 查询比较插入或更新的数据，以及执行其他操作（如修改数据或显示用户定义错误信息）。

❏ 评估数据修改前后表的状态，并根据该差异采取相应措施。

❏ 一个表中的多个同类 DML 触发器允许采取多个不同的操作来响应同一个修改语句。

按照 DML 事件类型的不同，可以将 DML 触发器分为：INSERT 触发器、UPDATE 触发器和 DELETE 触发器，它们分别在对表执行 INSERT、UPDATE 和 DELETE 操作时执行。

按照触发器和触发事件操作时间的不同，可以将 DML 触发器分为如下两类。

（1）AFTER 触发器

在执行了 INSERT、UPDATE 或 DELETE 操作之后，执行的触发器类型就是 AFTER 触发器。

INSERT、UPDATE 和 DELETE 触发器都属于 AFTER 触发器。AFTER 触发器只能在表上指定。

（2）INSTEAD OF 触发器

执行 INSTEAD OF 触发器可以代替通常的触发动作，即可以使用 INSTEAD OF 触发器替代 INSERT、UPDATE 和 DELETE 触发事件的操作。

技巧

可以为带有一个或多个基表的视图定义 INSTEAD OF 触发器，这些触发器能够扩展视图可支持的更新类型，大大改善通过视图修改表中数据的功能。

SQL Server 2008 为每个 DML 触发器语句创建两个特殊的表：deleted 表和 inserted 表分别用于存放从表中删除的行和向表中插入的行。这是两个逻辑表，由系统自动创建和维护，存放在内存而不是数据库中，因此用户不能对它们进行修改。这两个表的结构总是与定义触发器的表的结构相同。触发器执行完成后，与该触发器相关的两个表也会被删除。这两个表的作用如下。

❑ **deleted 表**　用于存放对表执行 UPDATE 或 DELETE 操作时，要从表中删除的所有行。

❑ **inserted 表**　用于存放对表执行 INSERT 或 UPDATE 操作时，要向表中插入的所有行。

2．DDL 触发器

当数据库中发生数据定义语言(DDL)事件时将调用 DDL 触发器。DDL 事件主要包括 CREATE、ALTER、DROP、GRANT、DENY 和 REVOKE 等语句操作。

注意

DDL 触发器仅在 DDL 事件发生之后触发，所以 DDL 触发器只能作为 AFTER 触发器使用，而不能作为 INSTEAD OF 触发器使用。

3．登录触发器

登录触发器响应 LOGIN 事件而激发存储过程。与 SQL Server 实例建立用户会话时将引发此事件。登录触发器将在登录的身份验证阶段完成之后且用户会话建立之前激发。因此，登录触发器内部通常将到达用户的所有消息（例如错误消息和来自 PRINT 语句的消息）会传送到 SQL Server 错误日志。如果身份验证失败，将不激发登录触发器。可以使用登录触发器审核和控制服务器会话。例如通过跟踪登录活动、限制 SQL Server 的登录名或限制特定登录名的会话数。

提示

登录触发器可以在任何数据库中创建，但在服务器级注册，并保存在 master 数据库中。

12.2 DML 触发器创建语法

ML 触发器是指当数据库服务器中发生数据操作语言（DML）事件时要执行的操作。DML 事件包括对表或者视图发出的 UPDATE、INSERT 或者 DELETE 命令。

默认情况下，表的所有者拥有该表上的 DML 触发器创建权限，但是不能将该权限授予其他用户。DML 触发器可以引用当前数据库以外的对象，但只能在当前数据库中创建 DML 触发器。DML 触发器可以引用临时表，但不能对临时表或系统表创建 DML 触发器。

创建 DML 触发器的语法如下。

```
CREATE TRIGGER trigger_name
ON { table | view }
{
    { { FOR | AFTER | INSTEAD OF }
```

```
    { [DELETE] [,] [INSERT] [,] [UPDATE] }
     AS
     sql_statement
    }
}
```

使用 CREATE TRIGGER 语句创建触发器，必须是批处理中的第一个语句，该语句后面所有的其他语句将被解释为 CREATE TRIGGER 语句定义的一部分。

在 CREATE TRIGGER 的语法中，各个主要参数含义如下。

❑ **trigger_name**　用于指定创建触发器的名称。

❑ **Table | view**　用于指定在其上执行触发器的表或者视图。

❑ **FOR|AFTER|INSTEAD OF**　用于指定触发器触发的时机。

❑ **DELETE|INSERT|UPDATE**　用于指定在表或者视图上执行哪些数据修改语句时将触发触发器的关键字。

❑ **sql_statement**　用于指定触发器所执行的 Transact-SQL 语句。

12.3　创建 DML 触发器

DSQL Server 2008 提供的 DML 触发器可分成四种，即 INSERT 触发器、DELETE 触发器、UPDATE 触发器和 INSTEAD OF 触发器。下面将详细介绍每种 DML 触发器的创建。

12.3.1　INSERT 触发器

INSERT 触发器对定义触发器的表执行 INSERT 语句时被执行。创建 INSERT 触发器，需要在 CREATE TRIGGER 语句中指定 AFTER INSERT 选项。

【练习1】

例如，要在 Medicine 数据库的药品分类信息表 MedicineBigClass 中创建一个 AFTER INSERT 触发器，该触发器实现了在添加药品类别之后统计当前的分类总数。

触发器的创建语句如下：

```
USE Medicine
GO
CREATE TRIGGER Trig_GetClassCount
ON MedicineBigClass
AFTER INSERT
AS
BEGIN
    DECLARE @num int
    SELECT @num = COUNT(*) FROM MedicineBigClass
    SELECT @num '分类数量'
END
```

上述语句创建触发器名称为 Trig_GetClassCount，ON 关键字指定该触发器作用于 MedicineBigClass 表，AFTER INSERT 表示在 MedicineBigClass 表的 INSERT 操作之后触发。

现在向 MedicineBigClass 表使用 INSERT 语句插入一行数据测试触发器，语句如下。

```
INSERT MedicineBigClass VALUES(110,'消炎类药',15)
```

上述 INSERT 语句执行后将会看到输出结果，说明触发器生效，如图 12-2 所示。

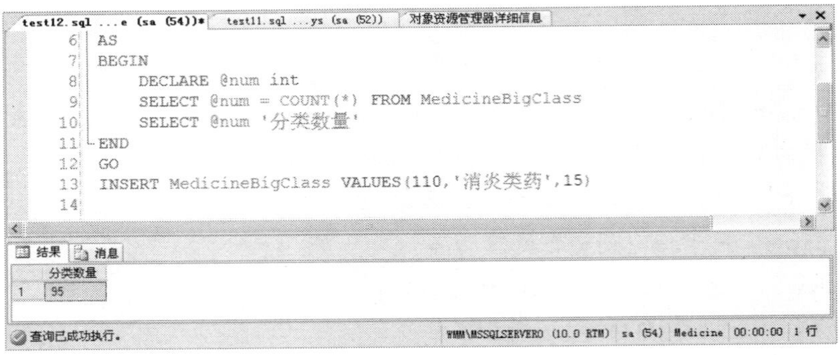

图 12-2　测试 Trig_GetClassCount 触发器

【练习 2】

在 EmployeerInfo 表上创建一个 INSERT 触发器 Trig_CheckEmployeeSex，用于检查新添加的员工性别是否填写规范，如果不符合规范，则拒绝添加。触发器的创建语句如下。

```
CREATE TRIGGER Trig_CheckEmployeeSex
ON EmployeerInfo
AFTER INSERT
AS
IF (SELECT EmployeerSex FROM inserted) NOT IN ('男' , '女')
BEGIN
    PRINT '员工性别不符合规范，请核对！'
    ROLLBACK TRANSACTION
END
```

使用 SELECT 语句从系统自动创建的 inserted 表中查询新添加员工的性别是否为"男"或者"女"。如果不是，则使用 PRINT 命令输出错误信息，并使用 ROLLBACK TRANSACTION 语句进行事务回滚，拒绝向 EmployeerInfo 表中添加。

例如，使用如下语句向 EmployeerInfo 表中插入一行数据测试上述触发器。

```
INSERT EmployeerInfo VALUES(110,'祝红涛','销售代表','不限','1988-12-12','2009-10-12','0371- 65345780','建设西路12号','China',NULL)
```

上面的 INSERT 语句中将 EmployeerSex 列（性别）设为"不限"，明显不符合规范。该语句执行时将会显示"员工性别不符合规范，请核对！"，如图 12-3 所示。

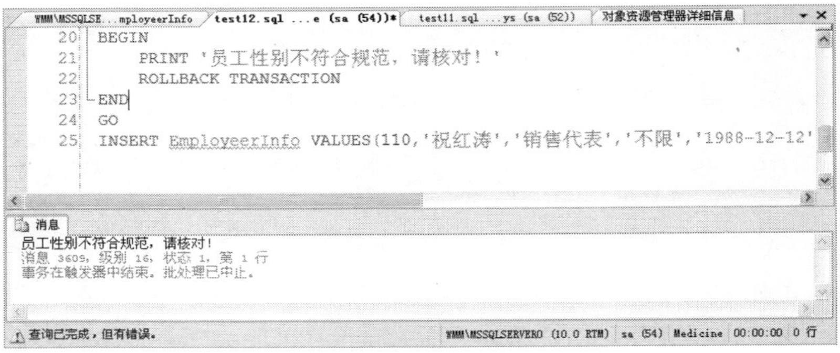

图 12-3　测试 Trig_CheckEmployeeSex 触发器

12.3.2　UPDATE 触发器

当一个 UPDATE 语句在目标表上运行的时候，就会调用 UPDATE 触发器。这种类型的触发器专门用于约束用户能修改的现有数据。

可以将 UPDATE 语句看作两个步骤来操作：捕获数据前的 DELETE 语句和捕获数据后的 INSERT 语句。当在定义有触发器的表上执行 UPDATE 语句时，原始行被移到临时表 deleted 表，更新行被移入到临时表 inserted 表。

> **提示**
>
> 可以使用 IF UPDATE 语句定义一个监视指定数据列的更新操作的触发器。这样就可以让触发器监视特定列的更新操作。当它检测到指定数据列已经更新时，触发器就会进一步执行适当的动作。

【练习 3】

在 Medicine 数据库中创建一个 UPDATE 触发器，显示更新前后药品信息的变化。触发器的创建语句如下。

```
CREATE TRIGGER Trig_UpdateMedicinePrice
ON MedicineDetail
AFTER UPDATE
AS
BEGIN
    SELECT * FROM deleted
    SELECT * FROM inserted
END
```

在触发器的 BEGIN END 语句块中包含了两个 SELECT 语句，一个用于从 deleted 表查询更新之前的信息，一个用于从 inserted 表查询更新之后的信息。

编写 UPDATE 触发器的测试语句如下。

```
UPDATE MedicineDetail
SET ShowPrice=21,ProviderName='广州白云制药厂',MedicineCode= 'by13500', Multi
Amount='每箱 10 盒'
WHERE MedicineId=2
```

执行结果如图 12-4 所示。

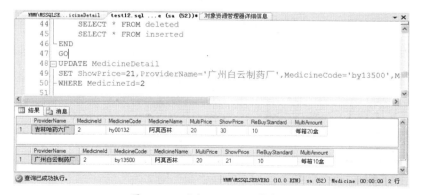

图 12-4　测试 UPDATE 触发器

【练习 4】

如果数据表中的某一列不允许被修改，那么可以在该列上定义 UPDATE 触发器，并且使用

ROLLBACK TRANSACTION 选项回滚事务。

例如，在 Medicine 数据库的药品进货订单信息 BuyOrderBreakDown 表上定义 UPDATE 触发器，使其禁止更新订单编号列 OrderBreakId，触发器语句如下。

```
CREATE TRIGGER Trig_DenyUpdateOrderId
ON BuyOrderBreakDown
FOR UPDATE
AS
IF UPDATE(OrderBreakId)
BEGIN
    PRINT '订单编号不可以修改。'
    ROLLBACK TRANSACTION
END
```

上述语句指定触发器名称为 Trig_DenyUpdateOrderId，然后使用 ON 关键字指定触发器作用于 BuyOrderBreakDown 表。"IF UPDATE(OrderBreakId)"语句指定仅在更新 OrderBreakId 列时触发，接下来显示提示信息，使用 ROLLBACK TRANSACTION 选项回滚事务。

当触发器创建完成之后，编写 BuyOrderBreakDown 表的更新语句以测试触发器创建是否成功。例如，要将订单编号 1 修改为 10，语句如下。

```
UPDATE BuyOrderBreakDown SET OrderBreakId=10
WHERE OrderBreakId=1
```

执行后的结果如图 12-5 所示，显示了触发器中定义的提示信息。

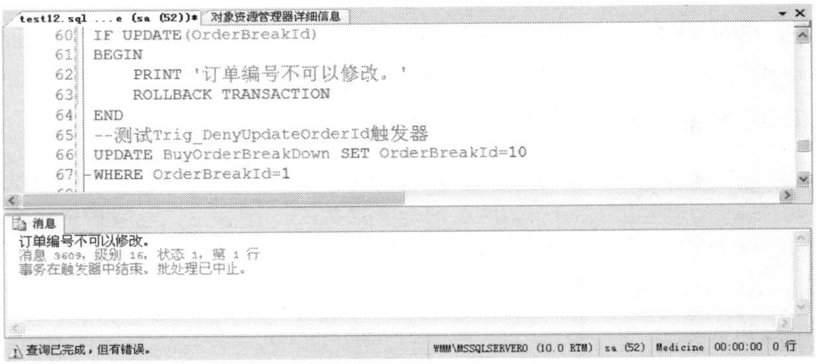

图 12-5　创建并调用 UPDATE 触发器

注意

对于含有用 UPDATE 操作定义的外键的表，不能定义 INSTEAD OF UPDATE 触发器。

12.3.3　DELETE 触发器

当针对目标表运行 DELETE 语句时，就会激活 DELETE 触发器。DELETE 触发器用于约束用户能够从数据库中删除的数据。

使用 DELETE 触发器时，需要考虑以下的事项和原则。

❑ 当某行被添加到 deleted 表中时，该行就不再存在于数据库表中。因此，deleted 表和数据库表没有相同的行。

❑ 创建 deleted 表时，空间从内存中分配。deleted 临时表总是被存储在高速缓存中。

【练习 5】

例如，为 Medicine 数据库的客户代表 ClientInfo 添加一个 DELETE 触发器，使其在删除客户信息时显示删除的客户详细信息，代码如下所示。

```
CREATE TRIGGER Trig_DeleteClientInfo
ON ClientInfo
AFTER DELETE
AS
    SELECT ClientId '已删除客户编号',ClientName '客户名称',ConPerson '联系人',
    ConPost '职称', ClientPhoneNum '联系电话',Address '联系地址',[E-mail] '联系邮箱'
    FROM deleted
GO
```

上面代码创建了一个名称为 Trig_DeleteClientInfo 的触发器，该触发器从 deleted 中查询出要删除的数据信息，输出到屏幕中。

编写一条 DELETE 语句对 UserInfo 表执行删除操作，语句如下。

```
DELETE ClientInfo WHERE ClientId=12
```

使用该语句执行删除操作以后，可以删除编号为 12 的客户信息。因为触发器 Trig_DeleteClientInfo 的原因，会同时将删除的该条记录显示出来，结果如图 12-6 所示。

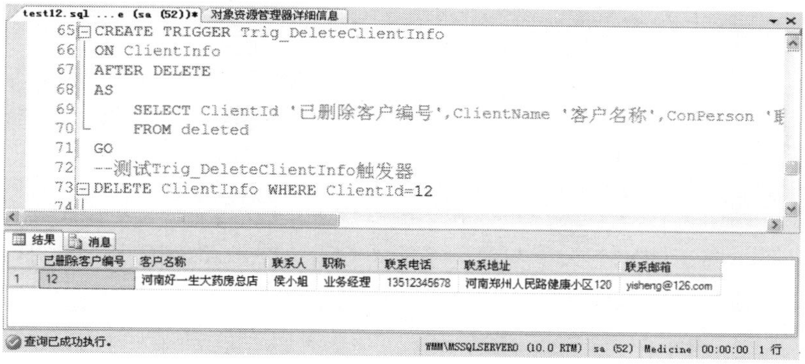

图 12-6　删除 ClientInfo 表数据

> **注意**
> 对于含有用 DELETE 操作定义的外键表，不能定义 INSTEAD OF DELETE 触发器。

12.3.4　INSTEAD OF 触发器

INSTEAD OF 触发器可以指定执行触发器的 SQL 语句，从而屏蔽原来的 SQL 语句，转向执行触发器内部的 SQL 语句。对于每一种触发动作（INSERT、UPDATE 或者 DELETE），每一个表或者视图只能有一个 INSTEAD OF 触发器。

【练习 6】

例如，在 Medicine 数据库中 MedicineInfo 表的 TypeID 列是外键关联 MedicineBigClass 表 MedicineId 列。因此，在删除 MedicineBigClass 表的药品分类时，如果该分类下的 MedicineId 在 MedicineInfo 中存在，则系统拒绝删除操作。

为了解决这个问题，可以在 MedicineBigClass 表上创建一个 INSTEAD OF DELETE 触发器用于对该表执行 DELETE 操作时，先从 MedicineInfo 表中删除与该分类编号有关的药品信息，然后再删除药品分类信息。

触发器的创建语句如下。

```
CREATE TRIGGER Trig_RmoveMedicineClass
ON MedicineBigClass
INSTEAD OF DELETE
AS
BEGIN
    DELETE FROM MedicineInfo
        WHERE TypeId IN (SELECT MedicineId FROM deleted)
    DELETE FROM MedicineBigClass
        WHERE MedicineId IN (SELECT MedicineId FROM deleted)
END
```

上述语句创建的触发器名称为 Trig_RmoveMedicineClass。其中包含两个 DELETE 语句，第一个 DELETE 语句删除 MedicineInfo 表中 TypeId 列包含 MedicineID 的数据行，第二个 DELETE 语句删除 MedicineBigClass 表包含 MedicineId 的数据行，也就是使用两个 DELETE 语句的组合，先删除从表再删除主表。

提示

INSTEAD OF 触发器的主要优点是可以使不能更新的视图支持更新。基于多个基表的视图必须使用 INSTEAD OF 触发器来支持引用多个表中数据的插入、更新和删除操作。

12.4 创建 DDL 触发器

DDL 触发器和 DML 触发器一样，可以根据相应事件而激活。与 DML 触发器不同的是，DDL 触发器只是为了响应 CREATE、ALTER 和 DROP 语句而激活。

创建 DDL 触发器的 CREATE TRIGGER 语句的基本语法形式如下所示。

```
CREATE TRIGGER trigger_name
ON { ALL SERVER | DATABASE }
WITH ENCRYPTION
{ FOR | AFTER | {event_type }
AS sql_statement
```

下面对上述语法中的各个参数进行说明。

❑ **ALL SERVER**　用于表示 DDL 触发器的作用域是整个服务器。

❑ **DATABASE**　用于表示 DDL 触发器的作用域是整个数据库。

❑ **event_type**　用于指定触发 DDL 触发器的事件。

如果想要控制哪位用户可以修改数据库结构以及如何修改，甚至只想跟踪数据库结构上发生的修改，那么使用 DDL 触发器非常合适。

【练习 7】

例如，创建一个作用于 Medicine 数据库作用域的 DDL 触发器，该触发器的作用是拒绝在 Medicine 数据库中创建新建表。DDL 触发器实现语句如下。

```
USE Medicine
GO
```

```
CREATE TRIGGER Trig_NoCreateTable
ON DATABASE
FOR CREATE_TABLE
AS
BEGIN
    PRINT 'Medicine 数据库已锁定，不能创建数据表！'
    ROLLBACK TRANSACTION
END
```

在上述代码中创建了一个名称为 Trig_NoCreateTable 的 DDL 触发器。下面向 Medicine 数据库中创建一个临时表进行测试，语句如下。

```
CREATE TABLE TestTable
(
uname VARCHAR(20),
upass VARCHAR(20)
)
```

执行上述 CREATE TABLE 语句之后由于触发器的作用会提示"Medicine 数据库已锁定，不能创建数据表！"，结果如图 12-7 所示。从图 12-7 中可以看到，触发器拦截了创建数据库表的操作，并且向用户提示相应的信息。

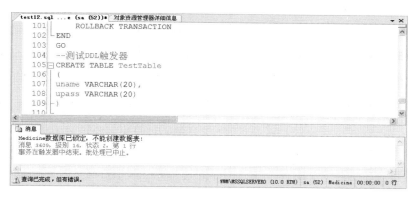

图 12-7　创建数据库表

【练习 8】

DDL 触发器不仅可以作用于某个数据库，还可以作用于整个 SQL Server 服务器。例如，下面创建一个作用于整个 SQL Server 服务器的 DDL 触发器，该触发器实现了禁止在服务器中创建数据库，实现语句如下。

```
CREATE TRIGGER Trig_NoCreateDatabase
ON ALL SERVER
FOR CREATE_DATABASE
AS
    PRINT '不能在当前服务器中创建数据库！'
    ROLLBACK TRANSACTION
GO
```

该代码执行完以后，即可禁止该服务器中创建数据库的操作。下面使用 CREATE DATABASE 语句来创建一个数据库，对上面的触发器进行测试，语句如下。

```
CREATE DATABASE TestDb
```

执行上面这段创建数据库的语句之后将看到触发器的输出，结果如图 12-8 所示。

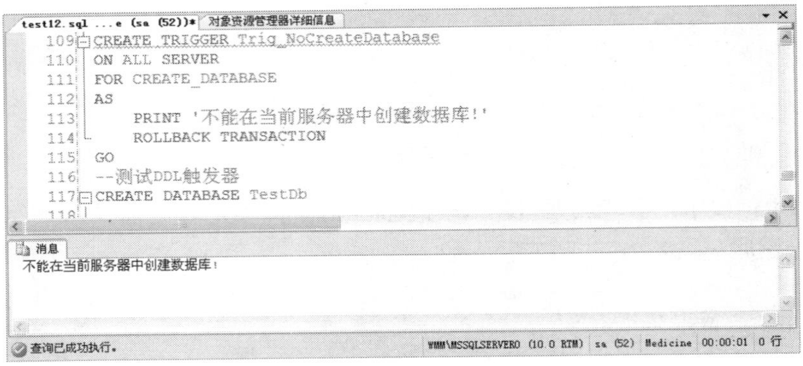

图 12-8　创建数据库

12.5　触发器的维护

通过对前面两个小节的学习，相信读者一定掌握了如何创建 DML 触发器和 DDL 触发器，以及测试触发器的方法。

本节将介绍触发器创建之后的维护操作，包括触发器的修改、删除、禁用以及启用等。

12.5.1　修改触发器

在 SQL Server 2008 中修改触发器有两种方法：第一种是先删除指定的触发器，再重新创建与之同名的触发器；第二种就是直接修改现有的触发器。

直接修改现有触发器需要使用 ALTER TRIGGER 语句，其语法格式如下。

```
ALTER TRIGGER trigger_name
ON { table | view }
{
    { { FOR | AFTER | INSTEAD OF }
    { [DELETE] [,] [INSERT] [,] [UPDATE] }
        AS
        sql_statement
    }
}
```

【练习 9】

对练习 7 中创建的拒绝在 Medicine 数据库上执行创建表操作的触发器进行修改，使其同时拒绝数据表的修改和删除操作。

如下所示为使用 ALTER TRIGGER 语句修改触发器的代码。

```
ALTER TRIGGER Trig_NoCreateTable
ON DATABASE
FOR ALTER_TABLE,CREATE_TABLE,DROP_TABLE
```

```
AS
BEGIN
    PRINT 'Medicine 数据库已锁定，不能对数据表执行创建、修改和删除操作！'
    ROLLBACK TRANSACTION
END
```

修改之后编写一个删除数据表的语句进行测试，语句如下。

```
DROP TABLE ClientInfo
```

执行之后将看到如图 12-9 所示的输出，说明触发器修改成功。

图 12-9　拒绝删除表操作

12.5.2　删除触发器

当不再需要某个触发器时，可以将其删除。触发器删除时，触发器所在表中的数据不会改变，但是当某个表被删除时，该表上的所有触发器也会自动被删除。

在 SQL Server 2008 中使用 DROP TRIGGER 语句来删除当前数据库中的一个或者多个触发器。

【练习 10】

例如，要删除在练习 1 中创建的 Trig_GetClassCount 触发器，语句如下。

```
DROP TRIGGER Trig_GetClassCount
```

（提示）

如果要同时删除多个触发器，则需要在多个触发器名称之间用半角逗号隔开。

【练习 11】

如果要删除的是 DDL 触发器，则需要在 DROP TRIGGER 语句后面添加 ON DATABASE 关键字。

例如，删除练习 7 中创建的 DDL 触发器 Trig_NoCreateTable，语句如下。

```
DROP TRIGGER Trig_NoCreateTable ON DATABASE
```

（试一试）

使用图形界面删除触发器，方法是右击要删除的触发器选择【删除】命令即可。

12.5.3　触发器的禁用与启用

触发器在创建后将自动启用，不需要该触发器起作用时可以禁用，然后在需要的时候再次启用。

1．禁用触发器

触发器被禁用后，触发器仍然作为对象存储在当前数据库中，但是当执行 INSERT、UPDATE 或 DETELE 语句时，触发器将不再激活。

禁用触发器的语法如下。

```
DISABLE TRIGGER { [ schema_name . ] trigger_name [ ,…n ] | ALL }
ON { object_name | DATABASE | ALL SERVER }
```

语法说明如下。

❑ **schema_name**　触发器所属架构名称，只针对 DML 触发器。
❑ **trigger_name**　触发器名称。
❑ **ALL**　指示禁用在 ON 子句作用域中定义的所有触发器。
❑ **object_name**　触发器所在的表或视图名称。
❑ **DATABASE | ALL SERVER**　针对 DDL 触发器，指定数据库范围或服务器范围。

【练习 12】

假设要禁用 MedicineBigClass 表上的 DML 触发器 Trig_RmoveMedicineClass，语句如下。

```
DISABLE TRIGGER Trig_RmoveMedicineClass ON MedicineBigClass
```

假设要禁用 Medicine 数据库上的 DDL 触发器 Trig_NoCreateTable，语句如下。

```
DISABLE TRIGGER Trig_NoCreateTable ON DATABASE
```

假设要禁用作用于整个服务器上的 DDL 触发器 Trig_NoCreateDatabase，语句如下。

```
DISABLE TRIGGER Trig_NoCreateDatabase ON ALL SERVER
```

【练习 13】

同样是禁用 MedicineBigClass 表上的 DML 触发器 Trig_RmoveMedicineClass，使用 ALTER TABLE…DISABLE 的实现语句如下。

```
ALTER TABLE MedicineBigClass
DISABLE TRIGGER Trig_RmoveMedicineClass
```

2．启用触发器

启用触发器的语法如下。

```
ENABLE TRIGGER { [ schema_name . ] trigger_name [ ,…n ] | ALL }
ON { object_name | DATABASE | ALL SERVER }
```

启用触发器与禁用触发器的语法大致相同，只是一个使用 DISABLE 关键字，一个使用 ENABLE 关键字。针对 DML 触发器，还可以使用 ALTER TABLE…ENABLE 语句启用。

【练习 14】

启用 MedicineBigClass 表上的 DML 触发器 Trig_RmoveMedicineClass，语句如下。

```
ENABLE TRIGGER Trig_RmoveMedicineClass ON MedicineBigClass
```

启用 Medicine 数据库上的 DDL 触发器 Trig_NoCreateTable，语句如下。

```
ENABLE TRIGGER Trig_NoCreateTable ON DATABASE
```

启用作用于整个服务器上的 DDL 触发器 Trig_NoCreateDatabase，语句如下。

```
ENABLE TRIGGER Trig_NoCreateDatabase ON ALL SERVER
```

使用 ALTER TABLE...ENABLE 语句启用 MedicineBigClass 表上的 DML 触发器 Trig_RmoveMedicineClass，语句如下。

```
ALTER TABLE MedicineBigClass
ENABLE TRIGGER Trig_RmoveMedicineClass
```

使用图形界面禁用触发器，方法是右击需要禁用的触发器节点选择【禁用】命令即可。

12.6 触发器的高级应用

上面小节中创建的触发器都是单向的、独立的。如果一个触发器的执行触发了另外一个触发器，称为嵌套触发器；另外如果触发器执行时又触发了本身则称为递归触发器。本节将对触发器的两种高级应用进行介绍。

12.6.1 嵌套触发器

如果一个触发器在执行操作时引发了另外一个触发器，而这个触发器又接着引发下一个触发器，那么这些触发器就是嵌套触发器。嵌套触发器在安装时就会被启用，但是可以使用系统存储过程 sp_configure 禁用和重新启用嵌套触发器。

DML 触发器和 DDL 触发器最多可以嵌套 32 层，可以通过 nested triggers 服务器配置选项来控制是否可以嵌套 AFTER 触发器。

使用嵌套触发器时，需要考虑以下事项和原则。

❏ 默认情况下，嵌套触发器配置选项开启。
❏ 在同一个触发器事务中，一个嵌套触发器不能被触发两次。
❏ 由于触发器是一个事务，如果在一系列嵌套触发器的任意层中发生错误，则整个事务都将取消，而且所有数据修改将回滚。

嵌套触发器每被触发一次，嵌套层数都将增加。用户可以限制嵌套的层数以避免超过最大嵌套层数，可以使用 @@NESTLEVEL 函数来查看当前的嵌套层数。

嵌套是用来保持整个数据库数据完整的重要功能，但有时可能需要禁用嵌套功能。如果禁用了嵌套，那么修改一个表触发器的实现不会再触发该表上的任何触发器。

使用如下语句禁用嵌套。

```
EXEC sp_configure 'nested triggers',0
```

如果想要再次启用嵌套可以使用如下语句。

```
EXEC sp_configure 'nested triggers',1
```

在下述情况下，用户可能需要禁止使用嵌套。

❏ 嵌套触发器要求复杂有条理的设计，级联修改可能会修改用户不想涉及的数据。
❏ 在一系列嵌套触发器中任意点的数据修改操作都会触发一系列触发器。尽管这时数据提供了

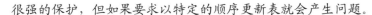

很强的保护，但如果要求以特定的顺序更新表就会产生问题。

【练习 15】

在 Medicine 数据库中将药品的采购信息存放在 BuyOrderSummary 表和 BuyOrderBreakDown 表，其中前者保存采购的药品信息，后者保存采购的订单信息。BuyOrderSummary 和 BuyOrderBreakDown 是一对多关系，OrderId 是 BuyOrderSummary 表的主键，BuyOrderBreakDown 表是外键。

现在要实现在删除 BuyOrderSummary 表中的采购订单信息时，同时删除与之对应的药品采购信息，并且输出删除的行数以及这些行的数据。

首先在主表 BuyOrderSummary 上编写 AFTER DELETE 触发器实现删除时根据主键在外键表 BuyOrderBreakDown 中删除相应的数据。

```
CREATE TRIGGER Trig_DeleteOrderSummary
ON BuyOrderSummary
AFTER DELETE
AS
BEGIN
    DELETE BuyOrderBreakDown
    WHERE OrderID IN
    (
        SELECT Orderid FROM deleted
    )
END
```

上述语句创建的触发器执行了 BuyOrderBreakDown 表上的删除操作。下面在 BuyOrderBreakDown 表创建一个 AFTER DELETE 触发器，该触发器实现统计要删除的行，并输出这些行。

```
CREATE TRIGGER Trig_OrderDeleteLog
ON BuyOrderBreakDown
AFTER DELETE
AS
BEGIN
    DECLARE @num int
    SELECT @num = COUNT(*) FROM deleted
    SELECT @num '本次删除数据行'
    SELECT * FROM deleted
END
```

执行上述语句之后，Trig_DeleteOrderSummary 触发器和 Trig_OrderDeleteLog 触发器就形成了嵌套结构，实现了在删除 BuyOrderSummary 表中采购订单时，将会同时删除订单中的药品信息，然后显示被删除的行数和药品信息。

下面来使用 DELETE 语句来执行删除编号为 3 的订单，代码如下。

```
DELETE BuyOrderSummary WHERE OrderId=3
```

该删除命令执行完以后，系统将删除编号为 3 的订单信息，同时删除对应的药品信息，并输出被删除的行数和药品信息，结果如图 12-10 所示。

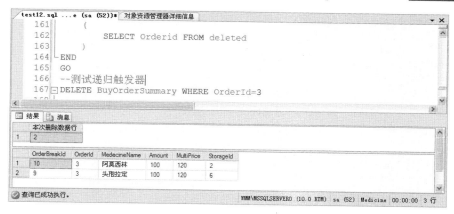

图 12-10　删除订单信息

12.6.2　递归触发器

在 SQL Server 2008 数据库系统中，递归触发器包括两种：直接递归和间接递归。

- ❑ **直接递归**　即触发器被触发并执行一个操作，而该操作又使同一个触发器再次被触发。例如，当对 T1 表执行 UPDATE 操作时，触发了 T1 表上的 UpdateTrig 触发器；而在 UpdateTrig 触发器中又包含有对 T1 表的 UPDATE 语句，这就导致 UpdateTrig 触发器再次被触发。

- ❑ **间接递归**　即触发器被触发并执行一个操作，而该操作又使另一个触发器被触发；第二个触发器执行的操作又再次触发第一个触发器。

例如，当对 T1 表执行 UPDATE 操作时，触发了 T1 表上的 UpdateTrig1 触发器；而在 UpdateTrig1 触发器中又包含了对 T2 表的 UPDATE 语句，这就导致 T2 表上的 UpdateTrig2 触发器被触发；又由于 UpdateTrig2 触发器中包含有对 T1 表的 UPDATE 语句，使得 UpdateTrig1 触发器再次被触发。

1. 递归触发器注意事项

递归触发器具有复杂特性，可以用来解决如自引用这样的复杂关系。使用递归触发器时，需要注意如下几点注意事项和基本原则。

- ❑ 递归触发器很复杂，必须经过有条理地设计和全面地测试。
- ❑ 在任意点的数据修改会触发一系列触发器。尽管提供处理复杂关系的能力，但是如果要求以特定的顺序更新用户的表时，使用递归触发器就会产生问题。
- ❑ 所有触发器一起构成一个大事务。任何触发器中的任何位置上的 ROLLBACK 命令都将取消所有数据的修改。
- ❑ 触发器最多只能递归 16 层。如果递归链中的第 16 个触发器激活了第 17 个触发器，则结果与使用 ROLLBACK 命令一样，将取消所有数据的修改。

2. 使用图形界面禁用与启用递归

在数据库创建时，默认情况下递归触发器选项禁用，但可以使用 ALTER DATABASE 语句来启用，当然也可以通过图形界面启用递归触发器选项，具体操作步骤如下。

【练习 16】

（1）在 SQL Server Management Studio 中的【对象资源管理器】窗口中，选择需要启用递归触发器选项的数据库 Medicine。

（2）右击 Medicine 数据库节点执行【属性】命令，打开【数据库属性】对话框。

（3）单击【选项】标签，打开【选项】选项卡，如图 12-11 所示。

图 12-11　设置递归触发

（4）如果允许递归触发器，则可以选择【设置】选项组中的【递归触发器已启用】列表框的值为 True。

如果嵌套触发器选项关闭，则不管数据库的递归触发器选项设置是什么，递归触发器都将被禁用。给定触发器的 inserted 和 deleted 表只包含对应于上次触发触发器的 UPDATE、INSERT 或者 DELETE 操作影响的行。

提示

使用 sp_settriggerorder 系统存储过程来指定哪个触发器作为第一个被触发的 AFTER 触发器或者作为最后一个被触发的 AFTER 触发器，而为指定事件定义的其他触发器的执行则没有固定的触发顺序。

3．使用语句禁用与启用递归

如果想要启用触发器的递归功能，可以通过使用系统存储过程 sp_dboption，设置数据库选项 RECURSIVE_TRIGGERS 的值为 TRUE 来实现。

启用递归的语句如下。

```
EXEC sp_dboption 'database_name' , 'RECURSIVE_TRIGGERS' , 'TRUE'
```

其中，database_name 表示数据库名。

禁用递归的语句如下。

```
EXEC sp_dboption 'database_name' , 'RECURSIVE_TRIGGERS' , 'FASLE'
```

上述语句仅仅只能禁用直接递归，如果想要禁用间接递归，需要设置 nested triggers 服务器配置选项值为 0。

12.7 实例应用：维护学生信息数据库中的班级

▌12.7.1　实例目标

假设在学生信息数据库 StudentSystem 中保存了学生信息、班级信息、科目信息和教师信息。这些信息包含在以下表中。

- □ **班级表 Class** 包含 ClaId 列（班级编号）和 ClaName 列（班级名称）。
- □ **科目表 Subject** 包含 SubId 列（科目编号）和 SubName 列（科目名称）。
- □ **班级科目表 Cla_Sub** 包含 Cla_Sub_Id 列（编号）、ClaId（班级编号）列和 SubId 列（科目编号）。
- □ **学生表 Student** 包含 StuId 列（学生编号）、StuNumber 列（学号）、StuName 列（姓名）、StuSex 列（性别）、StuBirthday 列（出生日期）和 ClaId（班级编号）。
- □ **班级教师表 Cla_Tea** 包含 Cla_Tea 列（编号）、ClaId 列（班级编号）和 TeaId 列（教师编号）。
- □ **学生成绩表 Achievement** 包含 AchId 列（编号）、StuId 列（学生编号）、SubId（科目编号）列和 Score 列（科目成绩）。

从上述表中可以看到，班级表 Class 中的班级信息并不是独立存在的，它与 Cla_Sub 表、Student 表和 Cla_Tea 表都有关联。因此如果要删除一个班级，首先需要删除其他表中与该班级有关联的信息。否则将会出现班级编号在数据库中不一致，导致信息查询、更新和删除失败。

本次实例将针对学生信息数据库创建一个级联删除班级信息的触发器。

12.7.2 技术分析

首先分析删除一个班级之前需要执行哪些操作如下所示。

- □ 删除 cla_sub 表中与该班级有关的记录，也就是取消该班级与相关科目的关联关系。
- □ 删除 cla_tea 表中与该班级有关的记录，也就是取消该班级与教师的关联关系。
- □ 删除 student 表中与该班级有关的记录，也就是删除该班级中的学生。而在删除学生之前，又需要先删除 achievement 表中该学生的成绩信息。

从以上分析可以看出，需要创建一个 INSTEAD OF 触发器来实现删除一个班级。

12.7.3 实现步骤

为了不直接将学生信息彻底删除，首先创建一个与 student 表结构相似的表来存储从 student 表中删除的学生信息，例如创建一个表 student_temp（不包含外键）。然后使用如下语句创建一个 INSTEAD OF 触发器 Remove_Class，具体实现语句如下。

```
USE StudentSystem
GO
CREATE TRIGGER Remove_Class
ON class
WITH ENCRYPTION
INSTEAD OF DELETE
AS
    BEGIN
    DECLARE @error_value int    --定义一个变量，用于最后判断是否出现操作错误
        --删除 cla_sub 表中与班级相关的信息
        DELETE FROM cla_sub WHERE claid IN (SELECT claid FROM deleted)
        SET @error_value = @error_value + @@ERROR
        --删除 cla_tea 表中与班级相关的信息
        DELETE FROM cla_tea WHERE claid IN (SELECT claid FROM deleted)
        SET @error_value = @error_value + @@ERROR
        --删除 achievement 表中与学生相关的学生成绩信息
        DELETE FROM achievement
```

```
                  WHERE stuid IN
                  (
                       --搜索 student 表中与班级相关的学生信息
                       SELECT stuid FROM student
                       WHERE claid IN (SELECT claid FROM deleted)
                  )
             SET @error_value = @error_value + @@ERROR
             --将删除的学生信息存储到 student_temp 表中
             INSERT INTO student_temp SELECT * FROM student
                  WHERE claid IN (SELECT claid FROM deleted)
             SET @error_value = @error_value + @@ERROR
             --删除 student 表中与班级相关的学生信息
             DELETE FROM student WHERE claid IN (SELECT claid FROM deleted)
             SET @error_value = @error_value + @@ERROR
             --删除 class 表中与班级相关的信息
             DELETE FROM class WHERE claid IN (SELECT claid FROM deleted)
             IF(@error_value <> 0)
                  BEGIN
                       PRINT '数据操作出现错误！'
                       ROLLBACK
                  END
        END
```

在上述触发器 remove_class 中，定义了一个 int 类型变量 error_value，用来保存每一个操作可能出现的错误号，最后判断这个变量的值是否为 0，如果为 0，则表示没有出现错误，否则使用 PRINT 命令提示操作出错，并使用 ROLLBACK 命令进行回滚。

12.8 拓展训练

维护会员表的数据完整性

假设有一个会员表 Member，包含的字段有：id(int)、name(varchar(10))、password(varchar(10))、sex(char(2))、age(int)、birthday(date)和 email(varchar(50))。

下面使用本课学习的知识对 Member 表完整如下触发器的操作。

（1）编写一个 INSERT 触发器对要插入的数据进行验证。其中 sex 字段的值只允许为"男"或"女"，age 值只允许在 18~55 之间。如果数据不符合要求，则提示错误信息，并进行回滚。

（2）编写一个 UPDATE 触发器禁止对 id 列和 password 列进行数据修改。

（3）编写一个 UPDATE 触发器检查更新时是否有相同的 name，如果有，则提示错误信息，并进行回滚。

（4）编写一个 INSTEAD OF 触发器。要求不允许直接删除 name 以"admin_"开头的记录。如果删除这些记录，则应该先将它们转储到 temp 表中，然后再删除。

（5）针对上面创建的触发器编写测试语句。

（6）禁用触发器之后再进行测试，最后删除这些触发器。

12.9 课后练习

一、填空题

1. SQL Server 2008 中包含的触发器类型有 DML 触发器、_____和登录触发器。

2. 按触发器触发事件的操作时间,可以将 DML 触发器分为_____和 INSTEAD OF 触发器。

3. 系统为 DML 触发器自动创建两个表_____和 deleted,分别用于存放向表中插入的行和从表中删除的行。

4. 触发器最多只能递归_____层。如果超出这个层数,则结果与使用 ROLLBACK 命令一样,将取消所有数据的修改。

二、选择题

1. 下列不属于 DML 触发器类型的是_____。

   A. INSERT 触发器

   B. UPDATE 触发器

   C. DELETE 触发器

   D. AFTER 触发器

2. 禁用触发器应该使用下列哪种语句?_____

   A. ALTER TRIGGER

   B. ENABLE TRUGGER

   C. DISABLE TRIGGER

   D. DROP TRIGGER

3. 假设要删除触发器 trig,可以使用下列哪个语句?_____

   A. DROP trig

   B. DROP TRIGGER trig

   C. DROP * FROM trig

   D. DROP TRIGGER WHERE NAME = 'trig'

4. 下面哪种情况属于直接递归触发器?_____

   A. A 触发 A

   B. A 触发 B、B 触发 A

   C. A 触发 B、B 触发 C

   D. A 触发 B、B 触发 C、C 触发 A

三、简答题

1. 触发器有什么用处?与 CHECK 约束相比,触发器有什么优点?

2. 简述 DML 触发器与 DDL 触发器的不同。

3. 简述 AFTER 触发器与 INTEAD OF 触发器的区别。

4. 简述禁用触发器的方法。

5. 嵌套触发器有哪些优缺点。

第 13 课
使用数据库存储过程

存储过程（Stored Procedure）是由一系列 Transact-SQL 语句组成的程序，它们经过编译后保存在数据库中。因此存储过程比普通 Transact-SQL 语句执行更快，且可以多次调用。SQL Server 2008 内置了大量的系统存储过程辅助开发人员增强数据库功能，同时允许用户自定义存储过程。

本课首先讨论了存储过程的类型，然后详细介绍如何创建和使用用户自定义存储过程，如创建临时存储过程、查看存储过程的内容，为存储过程指定输入和输出参数等。

本课学习目标：
❏ 了解存储过程的定义
❏ 掌握创建存储过程的方法
❏ 掌握执行存储过程的方法
❏ 了解如何查看存储过程
❏ 掌握如何修改存储过程
❏ 掌握如何删除存储过程
❏ 掌握如何为存储过程指定输入参数、输出参数和默认值参数

13.1 存储过程概述

在开发 SQL Server 2008 应用程序时，Transact-SQL 语句是应用程序与 SQL Server 2008 数据库之间使用的主要编程接口。应用程序与 SQL Server 2008 数据库的交互有两种方法：一种是存储在本地应用程序中记录操作命令，应用程序向 SQL Server 2008 发送每一个命令，并对返回的数据进行处理；另一种是在 SQL Server 2008 中定义某个过程，其中记录了一系列的操作，每次应用程序只需要调用该过程就可以完成操作。这种在 SQL Server 2008 中定义的过程被称为存储过程。

在 SQL Server 2008 中包含的存储过程类型包括：系统存储过程、扩展存储过程和用户定义存储过程。

13.1.1 系统存储过程

系统存储过程主要存储在 master 数据库中并以 sp_为前缀，并且系统存储过程主要是从系统表中获取信息，从而为系统管理员 SQL Server 提供支持。

在 SQL Server 2008 中许多管理活动和信息活动都可以使用系统存储过程来执行。如表 13-1 所示列出了这些系统存储过程的类型及其描述。

表 13-1　系统存储过程的类型及描述

类　　　型	描　　　述
活动目录存储过程	用于在 Windows 的活动目录中注册 SQL Server 实例和 SQL Server 数据库
目录访问存储过程	用于实现 ODBC 数据字典功能，并且隔离 ODBC 应用程序，使之不受基础系统表更改的影响
游标过程存储	用于实现游标变量功能
数据库引擎存储过程	用于 SQL Server 数据库引擎的常规维护
数据库邮件和 SQL Mail 存储过程	用于从 SQL Server 实例内执行电子邮件操作
数据库维护计划存储过程	用于设置管理数据库性能所需的核心维护任务
分布式查询存储过程	用于实现和管理分布式查询
全文搜索存储过程	用于实现和查询全文索引
日志传送存储过程	用于配置、修改和监视日志传送配置
自动化存储过程	用于在 Transact-SQL 批处理中使用 OLE 自动化对象
通知服务存储过程	用于管理 Microsoft SQL Server 2008 系统的通知服务
复制存储过程	用于管理复制操作
安全性存储过程	用于管理安全性
Porfile 存储过程	在 SQL Server 代理用于管理计划的活动和事件驱动活动
Web 任务存储过程	用于创建网页
XML 存储过程	用于 XML 文本管理

虽然 SQL Server 2008 中的系统存储过程被放在 master 数据库中，但是仍然可以在其他数据库中对其进行调用，而且在调用时不必在存储过程名前加上数据库名。甚至当创建一个新数据库时，一些系统存储过程会在新数据库中被自动创建。

SQL Server 2008 支持表 13-2 所示的系统存储过程，这些存储过程用于对 SQL Server 2008 实例进行常规维护。

表 13-2　系统存储过程

sp_add_data_file_recover_suspect_db	sp_help	sp_recompile
sp_addextendedproc	sp_helpconstraint	sp_refreshview
sp_addextendedproperty	sp_helpdb	sp_releaseapplock
sp_add_log_file_recover_suspect_db	sp_helpdevice	sp_rename
sp_addmessage	sp_helpextendedproc	sp_renamedb
sp_addtype	sp_helpfile	sp_resetstatus
sp_addumpdevice	sp_helpfilegroup	sp_serveroption
sp_altermessage	sp_helpindex	sp_setnetname
sp_autostats	sp_helplanguage	sp_settriggerorder
sp_attach_db	sp_helpserver	sp_spaceused
sp_attach_single_file_db	sp_helpsort	sp_tableoption
sp_bindefault	sp_helpstats	sp_unbindefault
sp_bindrule	sp_helptext	sp_unbindrule
sp_bindsession	sp_helptrigger	sp_updateextendedproperty
sp_certify_removable	sp_indexoption	sp_updatestats
sp_configure	sp_invalidate_textptr	sp_validname
sp_control_plan_guide	sp_lock	sp_who
sp_create_plan_guide	sp_monitor	sp_createstats
sp_create_removable	sp_procoption	sp_cycle_errorlog
sp_datatype_info	sp_detach_db	sp_executesql
sp_dbcmptlevel	sp_dropdevice	sp_getapplock
sp_dboption	sp_dropextendedproc	sp_getbindtoken
sp_dbremove	sp_dropextendedproperty	sp_droptype
sp_delete_backuphistory	sp_dropmessage	sp_depends

13.1.2　扩展存储过程

扩展存储过程允许使用编程语言(例如 C)创建自己的外部进程。扩展存储过程是指 SQL Server 2008 的实例可以动态加载和运行的 DLL，它可以直接在 SQL Server 2008 实例的地址空间中运行。在 SQL Server 2008 中可以使用 SQL Server 扩展存储过程 API 完成编程。

默认情况下扩展存储过程的名称以 "xp_" 为前缀。

13.1.3　自定义存储过程

用户定义存储过程是指封装了可重用代码的模块或者例程。存储过程可以接受输入参数、向客户端返回表格或者标量结果和消息、调用数据定义语言（DDL）和数据操作语言（DML），然后返回输出参数。

在 SQL Server 2008 中用户定义的存储过程有两种类型：Transact-SQL 或者 CLR，简要说明如下。

1.　Transact-SQL 存储过程

在这种存储过程中，保存的是 Transact-SQL 语句的集合，它可以接受和返回用户提供的参数。

例如，在一个 Transact-SQL 存储过程中保存对学生表的操作语句，如 INSERT、UPDATE 等，在接收用户提供的某个学生的信息后，实现向学生表中添加或修改学生信息。当然，Transact-SQL 存储过程也可以接受用户提供的搜索条件，从而向用户返回搜索结果。

2. CLR 存储过程

这种存储过程主要是对 Microsoft .NET Framework 公共语言运行时（CLR）方法的引用，它可以接受和返回用户提供的参数。

> **提示**
> CLR 存储过程，在.NET Framework 程序集中是作为类的公共静态方法实现的。

13.2 执行存储过程

存储过程创建之后必须通过执行才有意义，就像函数必须调用一样。在 SQL Server 2008 中可以使用 EXECUTE 语句执行存储过程，也可以简写为 EXEC，其语法格式如下。

```
[[EXEC[USE]]
{
[@return_status=]
{procedure_name[;number]|@procedure_name_var}
[[@parameter=]{value|@variable[OUTPUT]|[DEFAULT]}
[,…n]
[WITH RECOMPILE]
```

语法说明如下。

- ❑ **@return_status** 可选的整型变量，存储模块的返回状态。这个变量用于 EXECUTE 语句前，必须在批处理、存储过程或函数中声明过。
- ❑ **procedure_name** 表示存储过程名。
- ❑ **@procedure_name_var** 表示局部定义的变量名。
- ❑ **@parameter** 表示参数。
- ❑ **value** 表示参数值。
- ❑ **@variable** 用来存储参数或返回参数的变量。

下面以系统的常用系统过程为例，演示在 SQL Server 2008 中如何调用存储过程。

1. sp_who 存储过程

sp_who 存储过程用于查看当前用户、会话和进程的信息。该存储过程可以筛选信息以便只返回那些属于特定用户或特定会话的非空闲进程，语法格式如下所示。

```
sp_who [ [ @loginame = ] 'login' | session ID | 'ACTIVE' ]
```

其中，login 用于标识属于特定登录名的进程，session ID 是属于 SQL Server 实例的会话标识号，ACTIVE 排除正在等待用户发出下一个命令的会话。

【练习 1】

例如，查看 Medicine 数据库中所有的当前用户信息，语句如下。

```
USE Medicine
EXEC sp_who
GO
```

执行后的结果集如图 13-1 所示，显示了状态、登录名、数据库名称等信息。

图 13-1　使用 sp_who 存储过程

当然也可以通过登录名查看有关单个当前用户的信息。例如，查看 sa 用户的信息，语句如下。

```
USE Medicine
EXEC sp_who sa
GO
```

2. sp_helpdb 存储过程

sp_helpdb 存储过程用于报告有关指定数据库或者所有数据库的信息，语法格式如下。

```
sp_helpdb [ [ @dbname= ] 'name' ]
```

其中，@dbname 参数用于指定数据库名称。

【练习 2】

例如，查看 Medicine 数据库的信息，语句如下。

```
EXEC sp_helpdb Medicine
```

在上述语句中，@dbname 的值为 Medicine，执行结果如图 13-2 所示，显示了 Medicine 数据库的相关信息。如：大小、所有者、创建时间以及状态等信息。

如果执行 sp_helpdb 没有指定特定数据库，则表示查看所有数据库信息，执行结果如图 13-3 所示。

图 13-2　查看 Medicine 数据库信息

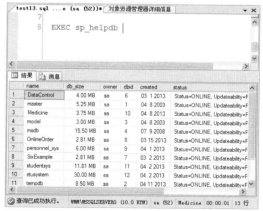

图 13-3　查看所有数据库信息

 注意

在指定一个数据库时需要具有数据库中的 public 角色成员身份。当没有指定数据库时需要具有 master 数据库中的 public 角色成员身份。

3. sp_monitor 存储过程

sp_monitor 存储过程用于显示有关 SQL Server 的统计信息。执行该操作必须具有 sysadmin 固定服务器角色的成员身份。

【练习3】

例如，查看 SQL Server 的统计信息，语句如下。

```
EXEC sp_monitor
```

执行结果如图 13-4 所示，显示了上次运行 sp_monitor 时间、当前运行 sp_monitor 时间、sp_monitor 自运行以来所经过的秒数、CPU 处理 SQL Server 工作所用的秒数等信息。

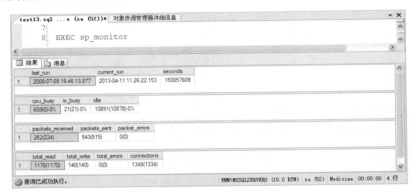

图 13-4　查看 SQL Server 的统计信息

13.3 创建自定义存储过程

在 SQL Server 2008 中可以使用 CREATE PROCEDURE 语句创建存储过程。有一点需要注意的是：执行该命令的用户必须具有创建存储过程的权限才能创建存储过程。

本小节将详细介绍每一种存储过程的创建方法，但是在创建之前首先应该了解注意事项。

13.3.1 创建注意事项

在创建存储过程时，应该满足一定的约束和规则。具体的约束条件有以下几点。

（1）理论上，CREATE PROCEDURE 定义自身可以包括任意数量和类型的 SQL 语句。但是有一些语句可能会使存储过程在执行时造成程序逻辑上的混乱，所以禁止使用这些语句，具体如表 13-3 所示。

表 13-3　CREATE PROCEDURE 定义中不能出现的语句

CREATE AGGREGATE	CREATE RULE
CREATE DEFAULT	CREATE SCHEMA
CREATE 或者 ALTER FUNCTION	CREATE 或者 ALTER TRIGGER
CREATE 或者 ALTER PROCEDURE	CREATE 或者 ALTER VIEW
SET PARSEONLY	SET SHOWPLAN_ALL
SET SHOWPLAN_TEXT	SET SHOWPLAN_XML
USE Database_name	

（2）可以引用在同一个存储过程中创建的对象，只要在引用时已经创建了该对象即可。

（3）可以在存储过程内引用临时表。

（4）如果在存储过程内创建本地临时表，则临时表仅为该存储过程而存在。

（5）如果执行的存储过程调用另一个存储过程，则被调用的存储过程可以访问由第一个存储过程创建的所有对象。

（6）如果执行远程 SQL Server 2008 实例进行更改远程存储过程，则不能回滚更改。

（7）存储过程中的参数的最大数量为 2100。

（8）根据可用内存的不同，存储过程最大内存可达 128MB。

13.3.2　普通存储过程

在 SQL Server 2008 中使用 CREATE PROCEDURE 语句创建存储过程，具体的语法格式如下。

```
CREATE PROC[EDURE]procedure_name[;number]
[{@parameter data_type}
[VARYING][=default][OUTPUT]][,…n]
[WITH
{RECOMPILE|ENCRYPTION|RECOMPILE,ENCRYPTION}]
[FOR REPLICATION]
AS sql_statement[…n]
```

下面简单介绍各个参数含义。

❑ **procedure_name**　用于指定存储过程的名称。

❑ **number**　用于指定对同名的过程分组。

❑ **@parameter**　用于指定存储过程中的参数。

❑ **data_type**　用于指定参数的数据类型。

❑ **VARYING**　指定作为输出参数支持的结果集，仅适用于游标参数。

❑ **default**　用于指定参数的默认值。

❑ **OUTPUT**　指定参数是输出参数。

❑ **RECOMPILE**　指定数据库引擎不缓存该过程的计划，该过程在运行时编译。

❑ **ENCRYPTION**　指定 SQL Server 加密 syscomments 表中包含 CREATE PROCEDURE 语句文本的条目。

❑ **FOR REPLICATION**　指定不能在订阅服务器上执行为复制创建的存储过程。

❑ **<sql_statement>**　要包含在过程中的一个或者多个 Transact-SQL 语句。

在命名自定义存储过程时，建议不要使用"sp_"作为名称前缀，因为"sp_"前缀是用于标识系统存储过程的。如果指定的名称与系统存储过程相同，由于系统存储过程的优先级高，那么自定义的存储过程永远也不会执行。在本书的自定义存储过程都以"Proc_"作为前缀。

【练习 4】

例如，创建一个用于从 Medicine 数据库获取员工简要信息的存储过程，包括员工编号、姓名及职称。语句如下。

```
USE Medicine
GO
--在 EmployeerInfo 表上创建一个存储过程
CREATE PROCEDURE Proc_GetEmployeerBasicInfo
AS
BEGIN
    --这里是存储过程包含的语句块
    SELECT EmployeerId '编号',EmployeerName '姓名',EmployeerPost '职称'
```

```
    FROM EmployeerInfo
END
```

上述语句执行后会在 Medicine 数据库创建一个名称为 Proc_GetEmployeerBasicInfo 的存储过程，在 BEGIN END 语句块中是存储过程包含的语句，这里仅使用了一个 SELECT 语句。

执行自定义存储过程的方法与系统存储过程一样，都是使用 EXEC 语句。如下语句执行了上面创建的 Proc_GetEmployeerBasicInfo 存储过程。

```
EXEC Proc_GetEmployeerBasicInfo
```

查看存储过程的方法是在【对象资源管理器】窗口中展开【数据库】|Medicine|【可编程性】|【存储过程】节点，如图 13-5 所示。

图 13-5　查看存储过程

> 注意
> 实际应用时存储过程中可能包含复杂的业务逻辑处理，在本课作为示例仅包含了最简单的 SELECT 语句。

【练习 5】

除了使用 CREATE PROCEDURE 语句之外，还可以使用图形向导创建存储过程。具体方法是：在【对象资源管理器】窗口中选择要创建存储过程的数据库，然后展开【可编程性】节点，再右击【存储过程】选择【新建存储过程】命令。此时将打开创建存储过程的代码编辑器，并提供了基本的模板，如图 13-6 所示。

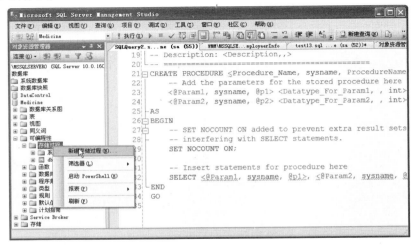

图 13-6　使用向导新建存储过程

在代码编辑器中根据需要更改存储过程的名称、语句及其他部分，最后单击【执行】按钮完成创建。

13.3.3 加密存储过程

如果需要对创建的存储过程进行加密，可以使用 WITH ENCRYPTION 子句。加密后的存储过程将无法查看其文本信息。

【练习6】

例如，创建一个加密的存储过程实现从 Medicine 数据库中查询药品编号、药品名称和分类名称，语句如下。

```
CREATE PROCEDURE Proc_GetNameAndClass
WITH ENCRYPTION
AS
BEGIN
    SELECT MedicineId '药品编号',MedicineName '药品名称',BigClassName '分类名称'
    FROM MedicineInfo MI JOIN MedicineBigClass MB
    ON MI.TypeId =MB.BigClassID
END
```

在上述语句中，首先指定存储过程名称 Proc_GetNameAndClass，然后使用 WITH ENCRYPTION 子句对其加密，最后定义 SELECT 查询语句。在 Proc_GetNameAndClass 存储过程创建完成后，使用如下语句查看其内容信息。

```
EXEC sp_helptext Proc_GetNameAndClass
```

在执行结果中会看到提示文本已加密，如图 13-7 所示。从图 13-7 中可以看到，刚才创建的存储过程 Proc_GetNameAndClass 的图标上带有一个钥匙标记，说明该存储过程是一个加密存储过程。

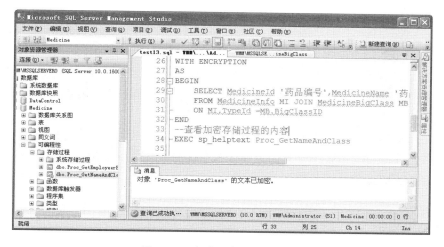

图 13-7　查看加密的存储过程

13.3.4 临时存储过程

临时存储过程又分为本地临时存储过程和全局临时存储过程。与创建临时表类似，通过给名称添加 "#" 和 "##" 前缀的方法进行创建。其中 "#" 表示本地临时存储过程，"##" 表示全局临时存储过程。SQL Server 关闭后，临时存储过程将不复存在。

【练习7】

例如，创建一个临时的存储过程实现从 Medicine 数据库中查询药品编号、药品名称和分类名称，语句如下。

```
CREATE PROCEDURE #Proc_GetNameAndClass
WITH ENCRYPTION
AS
BEGIN
    SELECT MedicineId '药品编号',MedicineName '药品名称',BigClassName '分类名称'
    FROM MedicineInfo MI JOIN MedicineBigClass MB
    ON MI.TypeId =MB.BigClassID
END
```

上述语句创建了一个名为#Proc_GetNameAndClass 的存储过程，该存储过程的结果来源于 MedicineInfo 和 MedicineBigClass 表，如图 13-8 所示。当 SQL Server 服务关闭或者重启之后 #Proc_GetNameAndClass 存储过程将无效。

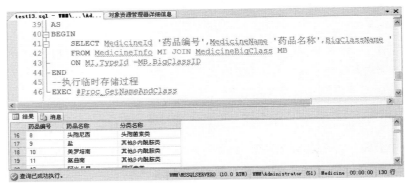

图 13-8　执行临时存储过程

13.3.5　嵌套存储过程

所谓嵌套存储过程是指在一个存储过程中调用另一个存储过程。嵌套存储过程的层次最高可达 32 级，每当调用的存储过程开始执行时嵌套层次就增加一级，执行完成后嵌套层次就减少一级。

【练习8】

在 SQL Server 2008 中可以使用@@NESTLEVEL 全局变量返回当前的嵌套层次。例如，创建一个存储过程 Proc_testA，再创建一个 proc_testB 存储过程调用 proc_testA，每个过程都显示当前过程的@@NESTLEVEL 值。语句如下。

```
CREATE PROCEDURE proc_testA AS
    --输出内层存储过程的层次
    SELECT @@NESTLEVEL AS '内层存储过程'
GO
CREATE PROCEDURE proc_testB AS
    --输出外层存储过程的层次
    SELECT @@NESTLEVEL AS '外层存储过程'
    --调用 proc_testA
    EXEC proc_testA
GO
```

```
EXEC proc_testB
GO
```

在上述语句中，创建了两个存储过程，即 proc_testA 与 proc_testB。在执行存储过程时，应该先执行内层存储过程，然后再执行外层存储过程，执行后的结果如图 13-9 所示，由执行结果可以看出，proc_testB 存储过程的层次为 1，当执行@@NESTLEVEL 时返回的值为"1+当前嵌套层次"，因而 proc_testA 存储过程的层次为 2。

通过使用 SELECT、EXEC、sp_executesql 调用@@NESTLEVEL 以查看返回值，语句如下。

```
CREATE PROCEDURE proc_testNestLevelValue AS
SELECT @@NESTLEVEL AS 'SELECT 层次'
EXEC ('SELECT @@NESTLEVEL AS EXEC 层次')
EXEC sp_executesql N'SELECT @@NESTLEVEL as sp_executesql 层次'
GO
EXEC proc_testNestLevelValue
GO
```

执行后的结果如图 13-10 所示。

图 13-9　创建嵌套存储过程　　　　图 13-10　调用@@NESTLEVEL

13.4 管理存储过程

存储过程与表、视图以及关系图这些数据库对象一样，在创建之后可以根据需求对它进行修改和删除操作。

13.4.1 查看存储过程信息

对于已经创建好的存储过程，SQL Server 2008 提供了查看文本信息、基本信息以及详细信息的方法，下面详细介绍具体的应用。

1. 查看文本信息

查看存储过程文本信息最简单的方法是调用 sp_helptext 系统存储过程。

【练习9】

例如，查看 Proc_GetEmployeerBasicInfo 存储过程的文本信息，语句如下。

```
sp_helptext Proc_GetEmployeerBasicInfo
```

从执行结果中可以看到 Proc_GetEmployeerBasicInfo 存储过程语句的文本信息，如图 13-11 所示。

还可以使用 OBJECT_DEFININTION() 函数查看存储过程的文本信息。同样查看 Proc_GetEmployeerBasicInfo 存储过程的文本信息，使用 OBJECT_DEFININTION() 函数的实现语句如下。

```
SELECT OBJECT_DEFINITION(OBJECT_ID(N'Proc_GetEmployeerBasicInfo'))
  AS [存储过程 Proc_GetEmployeerBasicInfo 的文本信息]
```

此时的执行结果如图 13-12 所示。

图 13-11 使用 sp_helptext 查看

图 13-12 使用 OBJECT_DEFININTION()函数查看

2. 查看基本信息

使用 sp_help 系统存储过程可以查看存储过程的基本信息。

【练习 10】

例如，查看 Proc_GetEmployeerBasicInfo 存储过程的基本信息，语句如下。

```
EXEC sp_help Proc_GetEmployeerBasicInfo
```

执行后的结果如图 13-13 所示，显示了该存储过程的所有者、类型、创建时间，如果有参数还会显示参数名、类型、长度等基本信息。

3. 查看详细信息

查看存储过程的详细信息，可以使用 sys.sql_dependencies 对象目录视图、sp_depends 系统存储过程。

【练习 11】

例如，查看 Proc_GetEmployeerBasicInfo 存储过程的详细信息，语句如下。

```
EXEC sp_depends Proc_GetEmployeerBasicInfo
```

从执行结果中可以看到 Proc_GetEmployeerBasicInfo 存储过程的名称、类型、更新等信息，如图 13-14 所示。

图 13-13　使用 sp_help 查看存储过程

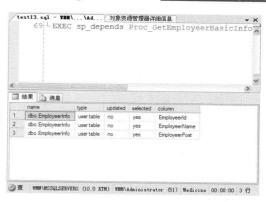

图 13-14　使用 sp_depends 查看存储过程

13.4.2　修改存储过程

在 SQL Server 2008 中通常使用 ALTER PROCEDURE 语句修改存储过程，具体的语法格式如下。

```
ALTER PROCEDURE procedure_name[;number]
[{@parameter data_type}
[VARYING][=default][OUTPUT]]
[,…n]
[WITH
{RECOMPILE|ENCRYPTION|RECOMPILE,ENCRYPTION}]
[FOR REPLICATION]
AS
sql_statement[…n]
```

使用 ALTER PROCEDURE 语句时，应该注意以下事项。

❑ 如果要修改具有任何选项的存储过程，必须在 ALTER PROCEDURE 语句中包括该选项，以保留该选项提供的功能。

❑ ALTER PROCEDURE 语句只能修改一个单一的过程，如果过程调用其他存储过程，嵌套的存储过程不受影响。

❑ 在默认状态下，允许该语句的执行者是存储过程最初的创建者、sysadmin 服务器角色成员和 db_owner 与 db_ddladmin 固定的数据库角色成员，用户不能授权执行 ALTER PROCEDURE 语句。

注意

修改存储过程与删除和重建存储过程不同，修改存储过程仍然保持存储过程的权限不发生变化。而删除和重建存储过程将会撤销与该存储过程关联的所有权限。

【练习 12】

修改 Proc_GetEmployeerBasicInfo 存储过程，要求查询所有销售代表的员工编号、姓名、职称、性别和地址，语句如下。

```
ALTER PROCEDURE Proc_GetEmployeerBasicInfo
```

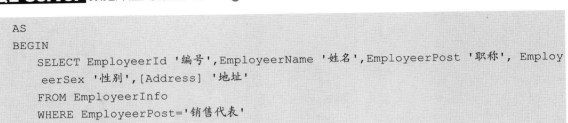

```
AS
BEGIN
    SELECT EmployeerId '编号',EmployeerName '姓名',EmployeerPost '职称', Employ
    eerSex '性别',[Address] '地址'
    FROM EmployeerInfo
    WHERE EmployeerPost='销售代表'
END
```

使用 EXEC 语句执行修改后的存储过程，从执行的结果集中可以看到修改已经生效，如图 13-15 所示。

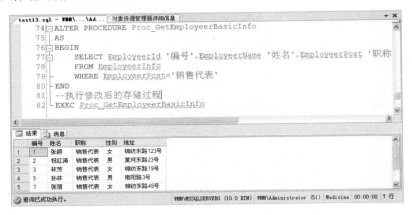

图 13-15　执行修改后的存储过程

【练习 13】

除语句外还可以通过 SQL Server 2008 的图形界面打开修改存储过程的编辑器。方法是在【对象资源管理器】窗口中展开 studentsys |【可编程性】|【存储过程】节点，再右击要修改的存储过程选择【修改】命令。然后将打开该存储过程的编辑器，修改完成之后单击【执行】按钮进行保存，如图 13-16 所示。

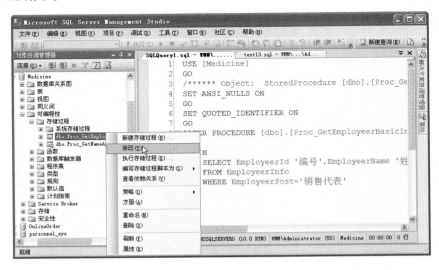

图 13-16　修改存储过程代码窗口

13.4.3　删除存储过程

在 SQL Server 2008 中删除存储过程有语句和图形界面两种方式。一般使用 DROP

PROCEDURE 语句删除当前数据库中的自定义存储过程，基本语法如下。

```
DROP PROCEDURE {procedure_name}[,...n]
```

【练习 14】

例如，删除 Proc_GetEmployeerBasicInfo 存储过程，语句如下。

```
DROP PROCEDURE Proc_GetEmployeerBasicInfo
```

技巧
在图形界面中只需要右击存储过程名称，选择【删除】命令即可。

如果另一个存储过程调用某个已经被删除的存储过程，SQL Server 2008 将在执行调用进程时显示一条错误消息。但是，如果定义了具有相同名称和参数的新存储过程来替换已经被删除的存储过程，那么引用该过程的其他过程仍能成功执行。

试一试
删除存储过程之前先执行 sp_depends 存储过程来确定是否有对象依赖于此存储过程。

13.5 存储过程的参数应用

存储过程的优势不仅在于存储在服务器端、预编译、运行速度快，还有重要的一点就是存储过程的功能非常强大。

前面课节中已经详细讲解并练习了创建和使用无参的存储过程的方法，本节将学习如何在存储过程使用参数，包括输入参数和输出参数，以及为参数设置默认值等。

13.5.1 创建带参数存储过程

在使用带参数的存储过程之前，首先简单介绍参数的定义方法。SQL Server 2008 中的存储过程可以使用两种类型的参数：输入参数和输出参数，说明如下。

❑ 输入参数允许用户将数据值传递到存储过程内部。

❑ 输出参数允许存储过程将数据值或者游标变量传递给用户。

存储过程的参数在创建时应该在 CREATE PRODURCE 和 AS 关键字之间定义，每个参数都要指定参数名和数据类型，参数名必须以@符号为前缀。多个参数定义之间用逗号隔开，参数声明的语法如下。

```
@parameter_name data_type [=default] [OUTPUT]
```

上面语法格式中，如果声明了 OUTPUT 关键字，表明该参数是一个输出参数；否则表明是一个输入参数。

【练习 15】

在 Medicine 数据库中创建一个存储过程实现可以查询在某个价格范围内的药品编号、药品名称和价格信息，语句如下。

```
--创建一个带有两个参数的存储过程
CREATE PROCEDURE Proc_SearchByPrice
@MinPrice int,@MaxPrice int
```

```
    AS
    BEGIN
        SELECT MedicineId '药品编号',MedicineName '名称',ShowPrice '价格'
        FROM MedicineDetail
        WHERE ShowPrice BETWEEN @MinPrice AND @MaxPrice
    END
```

在上述语句中定义的存储过程名称为 Proc_SearchByPrice，然后定义整型参数@MinPrice 表示要查询价格范围的最小值，整型参数@MaxPrice 表示价格范围的最大值，再使用 SELECT 语句的 WHERE 子句将两个条件进行合并。

在执行带参数的存储过程时必须为参数指定值，SQL Server 2008 提供了两种传递参数的方式。

1. 按位置传递

这种方式是在执行存储过程的语句中直接给出参数的值。当有多个参数时，给出的参数顺序与创建存储过程语句中的参数顺序一致。

例如，执行 p Proc_SearchByPrice 存储过程，语句如下。

```
EXEC Proc_SearchByPrice 10,40
```

在上述语句中，参数的顺序就是创建存储过程语句中的参数顺序。执行结果如图 13-17 所示。

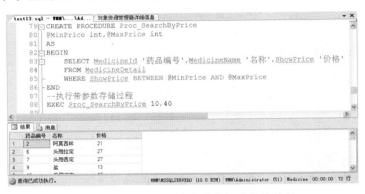

图 13-17 执行按位置传递参数的存储过程

2. 通过参数名传递

这种方式是在执行存储过程的语句中，使用"参数名=参数值"的形式给出参数值。通过参数名传递参数的好处是，参数可以以任意顺序给出。

例如执行 Proc_SearchByPrice 存储过程，语句如下。

```
EXEC Proc_SearchByPrice @MaxPrice=25,@MinPrice=10
```

在上述语句中通过参数名传递参数值，所以参数的顺序可以任意排列，执行结果如图 13-18 所示。

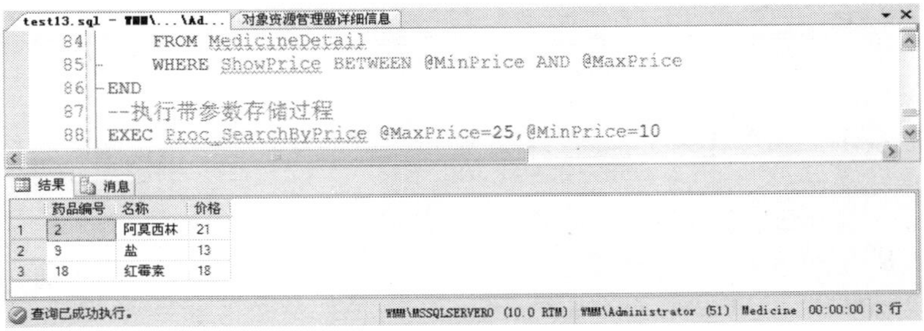

图 13-18 执行按参数名传递参数的存储过程

13.5.2　指定输入参数

输入参数是指在存储过程中设置一个条件，在执行存储过程时为这个条件指定值，通过存储过程返回相应的信息。使用输入参数可以向同一存储过程多次查找数据库。

【练习 16】

在 Medicine 数据库中创建一个存储过程，实现可以根据指定的药品分类名称统计包含的药品数量。语句如下。

```
--根据分类名称统计数量
CREATE PROCEDURE Proc_GetMedicineAmountByClassName
@ClassName varchar(50)
AS
BEGIN
    SELECT BigClassName '分类名称',COUNT(*) '下属药品数量'
    FROM MedicineInfo MI JOIN MedicineBigClass MB
    ON MI.TypeId =MB.BigClassID
    WHERE BigClassName=@ClassName
    GROUP BY BigClassName
END
```

上述语句指定存储过程名称为 Proc_GetMedicineAmountByClassName，然后定义一个 @ClassName 参数表示要统计的分类名称，最后通过 SELECT 进行多表查询统计对应的结果。

当完成存储过程的创建之后，可以使用执行存储过程查看不同分类名称下的药品数量信息，语句如下。

```
--执行带参数存储过程
EXEC Proc_GetMedicineAmountByClassName '青霉素类'
EXEC Proc_GetMedicineAmountByClassName '抗高血压药'
```

在上述执行语句中查看"青霉素类"类和"抗高血压药"类下的药品数量，执行结果如图 13-19 所示。

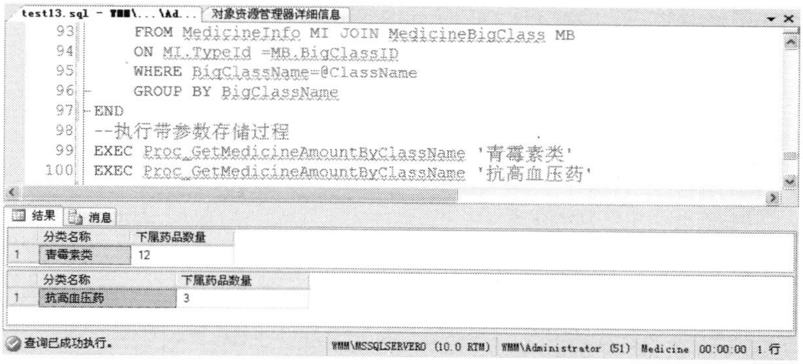

图 13-19　执行 Proc_GetMedicineAmountByClassName 存储过程

13.5.3　指定输出参数

通过输出参数可以从存储过程中返回一个或者多个值。要指定输出参数，需要在创建存储过程时为参数指定 OUTPUT 关键字。

【练习 17】

在 Medicine 数据库中创建一个存储过程，实现可以根据指定的药品分类编号统计该分类下药品价格信息，包括药品的最低价、最高价、平均价以及总价，并将这些价格返回。实现语句如下。

```
--根据分类编号统计价格
CREATE PROCEDURE Proc_TongJiByClasssId
@id int,
@MaxPrice int OUTPUT,@MinPrice int OUTPUT,@SumPrice int OUTPUT,@AvgPrice int
OUTPUT
AS
BEGIN
    SELECT @MaxPrice=MAX(ShowPrice),
            @MinPrice=MIN(ShowPrice),
            @SumPrice=SUM(ShowPrice),
            @AvgPrice=AVG(ShowPrice)
    FROM MedicineDetail MD JOIN MedicineInfo MI
    ON MD.MedicineId=MI.MedicineId
    WHERE Typeid=@id
    GROUP BY TypeId
END
```

上述语句创建的存储过程名称为 Proc_TongJiByClasssId。该存储过程包含 5 个参数：@id 为输入参数，表示要统计的药品分类编号；其他 4 个为输出参数分别表示最高价、最低价、总价和平均价。

为了接收存储过程的返回值需要一个变量保存返回的参数值，而且执行有返回的存储过程时，必须为变量添加 OUTPUT 关键字。具体代码如下所示。

```
--声明保存存储过程返回值的变量
DECLARE @MaxPrice int ,@MinPrice int ,@SumPrice int ,@AvgPrice int
--测试带输出参数的存储过程,并指定接收输出参数的变量
EXEC Proc_TongJiByClasssId 30,@MaxPrice OUTPUT,@MinPrice OUTPUT,@SumPrice OUTPUT,
@AvgPrice OUTPUT
--显示结果
SELECT TypeId '编号',@MinPrice '最高价',@MINPrice '最低价',@SUMPrice '总价格',
@AVGPrice '平均价格'
FROM MedicineDetail MD JOIN MedicineInfo MI
ON MD.MedicineId=MI.MedicineId
WHERE Typeid=30
GROUP BY TypeId
```

上述语句统计了分类编号为 30 的药品价格信息，执行结果如图 13-20 所示。

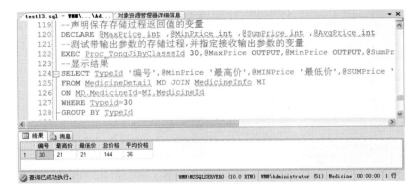

图 13-20　执行带输出参数的存储过程

13.5.4　指定参数默认值

在创建存储过程的参数时可以为其指定一个默认值，那么执行该存储过程时如果未指定其他值，则使用默认值。

【练习18】

创建一个带有参数的存储过程，实现根据指定的职称查询对应的客户信息，包括客户编号、名称、联系人、职称、地址和邮箱，如果没有指定参数值，默认使用"业务代表"。

具体的存储过程创建语句如下：

```
--创建一个带默认值参数的存储过程
CREATE PROCEDURE Proc_GetClientInfoByPost
@post varchar(30)='业务代表'
AS
BEGIN
    SELECT ClientId'编号',ClientName'名称',ConPerson '联系人',ConPost '职称',[Address]
    '地址',[E-mail] '邮箱'
    FROM ClientInfo
    WHERE  ConPost=@post
END
```

上述语句指定存储过程名称为 Proc_GetClientInfoByPost，然后定义字符类型参数@post 表示要查询的客户职称，并在这里指定默认值是"业务代表"，再使用 SELECT 语句查询相关表并获取结果。

创建完成后，假设要查询客户职称为"业务代表"的信息，可以使用如下三种语句：

```
--测试带默认值的存储过程
EXEC Proc_GetClientInfoByPost
EXEC Proc_GetClientInfoByPost '业务代表'
EXEC Proc_GetClientInfoByPost @post='业务代表'
```

上述三行语句的效果相同，第一行使用默认值直接调用，第二行使用直接传递参数值调用，第三行使用间接传递参数值调用，执行结果如图 13-21 所示。

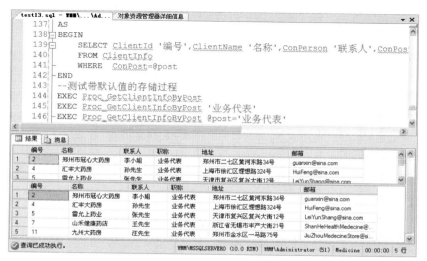

图 13-21　使用默认值

13.6 实例应用：操作人事管理系统数据库

13.6.1 实例目标

存储过程的最大特点是提供了很多 Transact-SQL 语言没有的高级特性，其传递参数和执行逻辑的功能，为处理各种复杂任务提供了支持。并且，由于存储过程是经过编译后存储在服务器上的，所以减少了执行过程中的传输带宽和执行时间。

通过对本课内容的学习，相信读者一定掌握了 SQL Server 2008 中各种存储过程的创建方法，以及如何执行存储过程并传递参数。

本节以人事管理系统数据库 Personnel_sys 为例，使用存储过程完成常见的维护操作。这些操作包括以下几个方面：

（1）查询员工的家庭背景和教育信息，包括员工编号、姓名、性别、籍贯、婚姻、政治面貌、文化程度、专业和照片。

（2）根据员工编号查询员工的工作信息，包括员工编号、姓名、担任职位、所在部门名称和入职时间。

（3）指定一个职位名称查询所有该职位的员工信息，包括员工编号、姓名、性别、担任职位、所在部门名称和政治面貌。如果不指定，则默认查询所有职员的信息。

（4）编写一个存储过程实现添加部门信息。

（5）根据员工姓名查询该员工的所有工作情况，包括所在部门信息、人事调动信息、薪酬调整信息以及奖惩信息。

13.6.2 技术分析

开始编写存储过程之前，首先要了解 Personnel_Sys 数据库的表关系，以及每个表的字段情况。如图 13-22 所示为 Personnel_Sys 数据库的关系图。

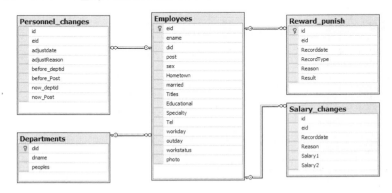

图 13-22　Personnel_Sys 数据库的关系图

如图 13-22 所示，其中最关键的是 Employees 表，它保存的是员工信息。Departments 表保存的是部门信息，Personnel_changes 表保存的是人事职位调动信息，Salary_changes 表保存的是调薪记录，Reward_punish 表保存的是奖惩记录。

在这些表中，除了 Departments 表使用 did 列与 Employees 表关联外，其他表都使用 eid 列与 Employees 表关联。

13.6.3　实现步骤

（1）在 SQL Server Management Studio 中，新建一个查询编辑器窗口并打开 Personnel_Sys 数据库。

（2）查询员工的家庭背景和教育信息，包括员工编号、姓名、性别、籍贯、婚姻、政治面貌、文化程度、专业和照片。

存储过程的实现语句如下。

```
CREATE PROCEDURE Proc_GetEmployeeFamilyInfo
AS
BEGIN
    SELECT eid '员工编号',ename '姓名',sex '性别',Hometown '籍贯',married '婚姻',
    Titles '政治面貌', Educational '文化程度',Specialty '专业',photo '照片'
    FROM Employees
END
```

（3）对上面创建的存储过程 Proc_GetEmployeeFamilyInfo 进行调用，执行结果如图 13-23 所示。

```
--调用 Proc_GetEmployeeFamilyInfo 存储过程
EXEC Proc_GetEmployeeFamilyInfo
```

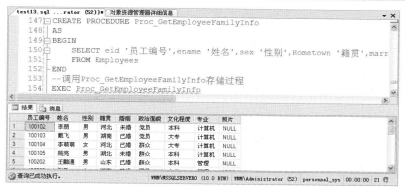

图 13-23　存储过程 Proc_GetEmployeeFamilyInfo 执行结果

（4）根据员工编号查询员工的工作信息，包括员工编号、姓名、担任职位、所在部门名称和入职时间。

存储过程的实现语句如下。

```
CREATE PROCEDURE Proc_GetEmployeeWorkInfoById
@Id int
AS
BEGIN
    SELECT eid '员工编号',ename '姓名',post '职位',dname '部门名称',workday '入职时间'
    FROM Employees JOIN Departments ON Employees.did=Departments.did
    WHERE eid=@Id
END
```

（5）调用 Proc_GetEmployeeWorkInfoById 存储过程查询编号为 100204 和 100401 员工的工作情况，执行结果如图 13-24 所示。

```
--调用 Proc_GetEmployeeFamilyInfo 存储过程
EXEC Proc_GetEmployeeWorkInfoById 100204
EXEC Proc_GetEmployeeWorkInfoById 100401
```

图 13-24　存储过程 Proc_GetEmployeeWorkInfoById 执行结果

（6）指定一个职位名称查询所有该职位的员工信息，包括员工编号、姓名、性别、担任职位、所在部门名称和政治面貌。如果不指定，则默认查询所有职员的信息。

存储过程的实现语句如下：

```
CREATE PROCEDURE Proc_GetEmployeeInfoByPostName
@PostName varchar(20)='职员'
AS
BEGIN
    SELECT eid '员工编号',ename '姓名',sex '性别',post '职位',dname '部门名称',
    Titles '政治面貌'
    FROM Employees JOIN Departments ON Employees.did=Departments.did
    WHERE post=@PostName
END
```

（7）假设要查看职位为主管和职员的员工信息可用如下语句。

```
--调用 Proc_GetEmployeeInfoByPostName 存储过程
EXEC Proc_GetEmployeeInfoByPostName @PostName='主管'
EXEC Proc_GetEmployeeInfoByPostName
```

上述语句执行后的结果如图 13-25 所示。

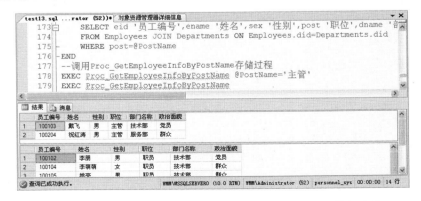

图 13-25　存储过程 Proc_GetEmployeeInfoByPostName 执行结果

（8）编写一个存储过程实现添加部门信息。存储过程的实现语句如下。

```
CREATE PROCEDURE Proc_AddDepartment
@id int,@name varchar(50),@peoples int
AS
BEGIN
    INSERT INTO Departments
    VALUES(@id,@name,@peoples)
END
```

（9）使用 Proc_AddDepartment 添加一个部门，并使用 SELECT 语句查询是否添加成功，语句如下。

```
--调用 Proc_AddDepartment 存储过程添加数据
EXEC Proc_AddDepartment 1008,'宣传部',0
GO
--查询添加的数据
SELECT * FROM Departments WHERE did=1008
```

上述语句执行后的结果如图 13-26 所示。

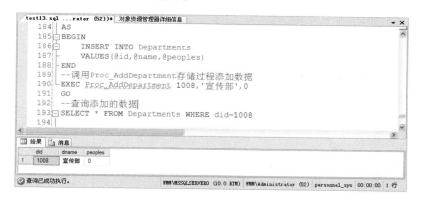

图 13-26　存储过程 Proc_AddDepartment 执行结果

（10）根据员工姓名查询该员工的所有工作情况，包括所在部门信息、人事调动信息、薪酬调整信息以及奖惩信息。存储过程的实现语句如下。

```
CREATE PROCEDURE Proc_GetEmployeeDetailByName
@ename varchar(20)
AS
BEGIN
    DECLARE @id int=0
    SELECT @id=eid FROM Employees WHERE ename=@ename
    --查询部门信息
    SELECT eid '员工编号',ename '姓名',dname '部门名称'
    FROM Employees JOIN Departments ON Employees.did=Departments.did
    WHERE eid=@id
    --查询人事调动信息
    SELECT * FROM Personnel_changes
    WHERE eid=@id
    --查询奖惩信息
    SELECT * FROM Reward_punish
    WHERE eid=@id
```

```
--查询薪酬调动信息
SELECT * FROM Salary_changes
WHERE eid=@id
END
```

（11）使用 Proc_GetEmployeeDetailByName 存储过程查询姓名为"祝红涛"的员工在数据库中的工作情况，语句如下。

```
--调用 Proc_GetEmployeeDetailByName 存储过程
EXEC Proc_GetEmployeeDetailByName '祝红涛'
```

上述语句执行后的结果如图 13-27 所示。

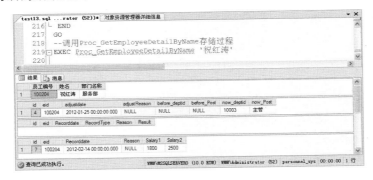

图 13-27　存储过程 Proc_GetEmployeeDetailByName 执行结果

13.7 拓展训练

使用存储过程操作会员表

假设有一个会员表 Member，包含的字段有 id(int)、name(varchar(10))、password(varchar(10))、sex(char(2))、age(int)、birthday(date)和 email(varchar(50))。

下面使用存储过程完成对会员表 Member 的如下操作。

（1）查询年龄最大的会员信息。

（2）查询密码中包含"h"的会员信息。

（3）创建带性别参数的存储过程查询会员信息。

（4）使用存储过程根据会员编号输出出生日期。

（5）使用存储过程根据会员编号更新会员的邮箱。

（6）使用系统存储过程查看第 2 步创建存储过程的内容。

（7）针对上面创建的存储过程编写调用语句。

13.8 课后练习

一、填空题

1. 在创建存储过程时使用了＿＿＿＿＿＿子句，则无法了解存储过程的定义信息。

2. 系统存储过程的名称一般以＿＿＿＿＿＿作为前缀，存放在 master 数据库中。

3. 使用＿＿＿＿＿＿＿存储过程可以显示有关 SQL Server 的统计信息。

4. 在使用带参数的存储过程的时候，声明一个输出参数应该使用＿＿＿＿＿＿关键字。

5. 修改存储过程可以使用＿＿＿＿＿＿语句。

二、选择题

1. 如果要查看存储过程的信息，不可以使用存储过程＿＿＿＿＿＿。

    A. sp_helptext

    B. sp_help

    C. sp_depends

    D. sp_who

2. 存储过程 proc_GetScoreByWhere 有一个带默认值的参数@score，下面调用方式不正确的是＿＿＿＿＿＿。

    A. EXEC proc_GetScoreByWhere

    B. EXEC proc_GetScoreByWhere 60

    C. EXEC proc_GetScoreByWhere @score=60

    D. EXEC proc_GetScoreByWhere(60)

3. 如果要创建全局临时存储过程，应该在存储过程名前面添加＿＿＿＿＿＿。

    A. #

    B. @

    C. ##

    D. @@

4. 要执行一个存储过程可以使用如下哪个语句？＿＿＿＿＿＿

    A. ALTER

    B. CREATE

    C. EXECUTE

    D. EXIT

三、简答题

1. 简述系统存储过程的作用及常用存储过程。

2. 简述创建存储过程时需要注意的事项。

3. 简述嵌套存储过程的运行过程及与普通存储过程的区别。

4. 简述可以从哪些方面查看存储过程的信息。

5. 执行带参数的存储过程时，应该注意哪些问题？

第 14 课
使用 XML 技术

XML（eXtensible Markup Language），中文含义为可扩展标记语言。XML 的应用非常广泛，SQL Server 从最早的 2000 版本就开始支持 XML。

SQL Server 2008 在之前版本的 XML 功能基础之上，并在各个方面进行改进和增强。例如，增强 FOR XML 子句、优化 XML 数据类型、扩展 XQuery 的支持和 OPENXML 函数等功能。本课将详细介绍 SQL Server 2008 提供的 XML 功能。

本课学习目标：

- ❏ 熟练掌握 FOR XML 子句的四种模式
- ❏ 了解 XML 数据类型
- ❏ 掌握 XML 数据类型提供的方法
- ❏ 了解 XQuery 查询
- ❏ 掌握 OPENXML 函数的使用
- ❏ 了解 XML 索引概念及使用方法

14.1 XML 查询

在前面内容中的 SELECT 语句都是将结果以行集形式返回，通过在 SELECT 语句中指定 FOR XML 子句可以将查询结果作为 XML 形式处理。在 FOR XML 子句中可以指定四种模式：AUTO 模式、RAW 模式、PATH 模式和 EXPLICIT 模式。

14.1.1 AUTO 模式

AUTO 模式将查询结果以嵌套 XML 元素的方式返回，生成 XML 中的 XML 层次结构取决于 SELECT 子句中指定字段所标识的表的顺序。该模式将其查询的表名称作为元素名称，查询的字段名称作为属性名称。

【练习 1】

在 Medicine 数据库中使用 AUTO 模式从 MedicineInfo 表中查询信息，语句如下。

```
SELECT MedicineId,MedicineName,TypeId
FROM MedicineInfo
FOR XML AUTO
```

上述语句使用 FOR XML AUTO 指定使用 AUTO 模式查询。执行后的表名 MedicineInfo 将作为 XML 的元素显示，而 MedicineId、MedicineName 和 TypeId 列将作为元素的属性显示。单击查询后返回的记录，在新打开的查询编辑器中查看该 XML，如图 14-1 所示。

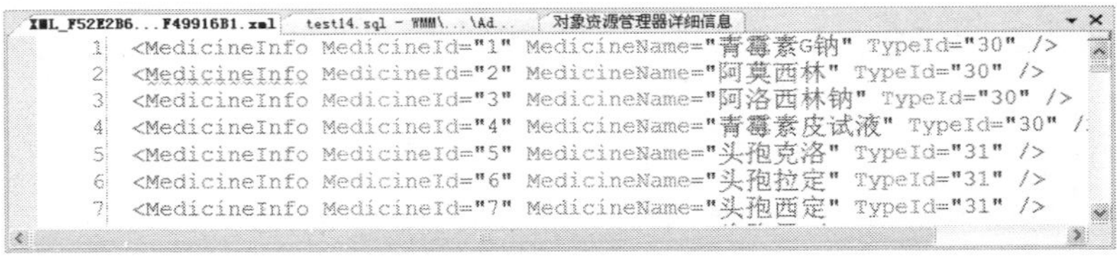

图 14-1　AUTO 模式返回结果

AUTO 模式是将查询结果返回为嵌套的 XML 树形式。为了产生数据的嵌套结构，AUTO 模式提供了一种启发式的方法。它与 RAW 模式的不同之处在于，AUTO 模式得到结果的元素名称是表名称，而 RAW 模式得到结果的元素名称是 row。

【练习 2】

在 Medicine 数据库中使用 AUTO 模式查询所有药品分类，及其中包含的药品信息，语句如下。

```
SELECT BigClassId,BigClassName,ParentId,MedicineId,MedicineName
FROM MedicineBigClass JOIN MedicineInfo
ON MedicineBigClass.BigClassId=MedicineInfo.TypeId
FOR XML AUTO
```

执行上述语句后，得到的返回结果如图 14-2 所示。从图 14-2 中可以看到从第二个表 MedicineInfo（药品信息表）查询出来的数据嵌套在第一个表 MedicineBigClass（药品分类表）的数据中。

> **注意**
>
> 在使用 AUTO 模式时，如果查询字段中存在计算字段（即不能直接得出字段值的查询字段）或者聚合函数将不能正常执行。可以为计算字段或者聚合函数的字段添加相应的别名后，再使用该模式。

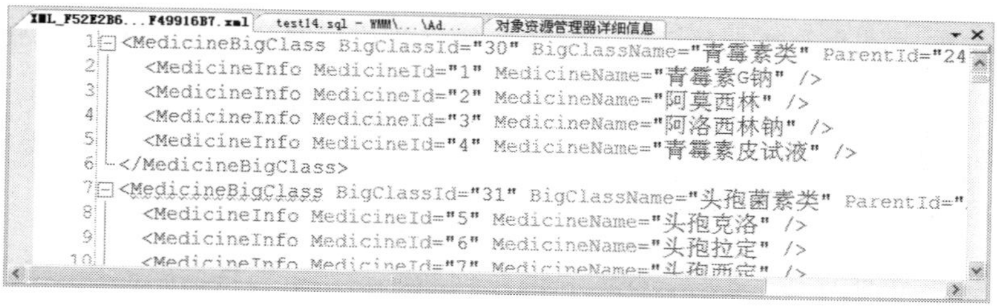

图 14-2　AUTO 模式显示层次结构数据

14.1.2　RAW 模式

RAW 模式在生成 XML 结果的数据集时，将结果集中的每一行数据作为一个元素输出。也就是说，在使用 RAW 模式时，每一条记录被作为一个元素而输出，因此记录中的每一个字段也将被作为相应的属性（除非该字段为 NULL）而输出。

【练习 3】

在 Medicine 数据库中使用 RAW 模式查询所有药品的编号、名称、价格及规格信息，语句如下。

```
SELECT MedicineId '编号',MedicineName '名称',ShowPrice '价格',MultiAmount '规格'
FROM MedicineDetail
FOR XML RAW
```

上述语句在 MedicineDetail 表中检索药品信息，并将指定的查询结果转换为 RAW 模式的 XML，执行结果如图 14-3 所示。

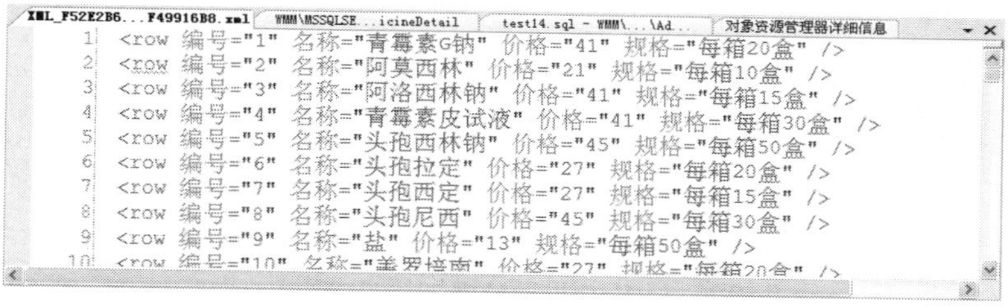

图 14-3　RAW 模式返回结果

14.1.3　PATH 模式

PATH 模式提供一种简单的方式混合元素和属性，该模式为结果集中的每一行生成一个<row>元素。在该模式中，列名或者列别名被作为 XPath 表达式来处理，这些表达式指明如何将值映射到 XML。

PATH 模式可以在各种条件下映射行集中的列，例如没有名称的列、具有名称的列以及名称指定为通配符的列等。

1. 没有名称的列

任何一个没有名称的列都将成为内联列。例如，不指定任何列别名或者嵌套标量查询将生成没有名称的列。如果该列是 XML 类型，那么将插入该数据类型实例的内容，否则列内容将作为文本节点插入。

【练习 4】

同样是在 Medicine 数据库中查询出所有药品的编号、名称、价格及规格信息，这里要求使用 PATH 模式显示，语句如下。

以下查询将返回一个包含两列的行集，其中在第二列没有名称，但是属于 XML 数据。

```
SELECT MedicineId ,MedicineName ,ShowPrice ,MultiAmount
FROM MedicineDetail
FOR XML PATH
```

在上述语句中没有为列指定名称，此时将使用列名作为元素名称，每行都嵌入到一个 row 元素中，执行结果如图 14-4 所示。

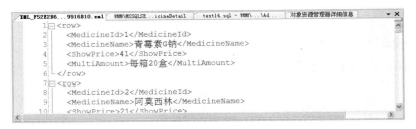

图 14-4　PATH 模式没有名称的列返回的记录

2．具有名称的列

如果使用具有名称的列，在列名称中可以包含如下信息。

（1）列名以@符号开头

如果列名以@符号开头，并且不包含斜杠标记"/"，将创建包含相应列值的<row>元素的属性。

（2）列名不以@符号开头

如果列名不以@符号开头，并且不包含斜杠标记"/"，将创建一个 XML 元素，该元素是行元素（默认情况下为<row>）的子元素。

（3）列名不以@符号开头并包含斜杠标记"/"

如果列名不以@符号开头并包含斜杠标记"/"，那么该列名指明一个 XML 层次结构。

（4）多个列共享同一个前缀

如果若干后续列共享同一个路径前缀，则它们将被分组到同一个名称下。如果它们使用的是不同的命名空间前缀，即使它们被绑定到同一个命名空间，也被认为是不同的路径。

（5）一列具有不同的名称

如果列之间出现具有不同名称的列，则该列将会打破分组。

【练习 5】

使用 PATH 模式查询每个药品的分类及对应的药品信息，语句如下。

```
SELECT BigClassId AS '@分类编号',
       BigClassName AS '分类名称',
       ParentId AS '上级分类编号',
       MedicineId AS '药品/编号',
       MedicineName AS '药品/名称'
FROM MedicineBigClass JOIN MedicineInfo
ON MedicineBigClass.BigClassId=MedicineInfo.TypeId
FOR XML PATH
```

以上语句包含 BigClassId 值的列名以@开头，因此将向<row>元素添加"分类编号"属性。其他所有列的列名中均包含指明层次结构的斜杠标记"/"，执行结果如图 14-5 所示。

图 14-5　PATH 模式具有名称列返回的记录

从图 14-5 可以看出在生成的 XML 中，<row>元素下包含<分类名称>、<上级分类编号>和<药品>子元素，其中<药品>元素又包含<编号>和<名称>两个子元素，所有子元素共用一个根元素<row>。

14.1.4　EXPLICIT 模式

EXPLICIT 模式与 AUTO 和 RAW 模式相比较，能够更好地控制从查询结果生成 XML 的形状，但是如果编写具有嵌套的查询，该模式没有 PATH 模式简单。使用该模式后，查询结果集将被转换为 XML 文档，该 XML 文档的结构与结果集中的结果一致。

在 EXPLICIT 模式中，SELECT 语句中的前两个字段必须分别命名为 TAG 和 PARENT。这两个字段是元数据字段，使用它们可以确定查询结果集的 XML 文档中元素的父子关系，即嵌套关系。

1．TAG 字段

TAG 字段表示查询字段列表中的第一个字段，用于存储当前元素的标记值。字段名称必须是 TAG，标记号可以使用的值是 1～255。

2．PARENT 字段

PARENT 字段用于存储当前元素的父元素标记号，字段名称必须是 PARENT。如果这一列中的值是 NULL 或者 0，该行就会被放置在 XML 层次结构的顶层。

在使用 EXPLICIT 模式时，添加上述两个附加字段后，应该至少包含一个数据列。这些数据列的语法格式如下。

```
ElementName!TagNumber!AttributeName!Directive
```

语法说明如下：

- **ElementName**　所生成元素的通用标识符，即元素名。
- **TagNumber**　分配给元素的惟一标记值。根据两个元数据字段 TAG 和 PARENT 信息，此值将确定 XML 中元素的嵌套。
- **AttributeName**　提供要在指定的 ElementName 中构造的属性名称。
- **Directive**　Directive 为可选项，可以使用它来提供有关 XML 构造的其他信息。Directive 选项的可用值如表 14-1 所示。

最后需要注意的是，一般情况下仅使用一个 SELECT 语句是不能体现出 FOR XML EXPLICIT 子句的优势。因此，为了使用 FOR XML EXPLICIT 子句，通常至少应该有两个 SELECT 语句，并且使用 UNION 子句将它们连接起来。

表 14-1　可用 Directive 值

Directive 值	描　述
element	返回的结果都是元素，不是属性
hide	允许隐藏节点
xmltext	如果数据中包含了 XML 标记，允许把这些标记正确地显示出来
xml	与 element 类似，但是并不考虑数据中是否包含了 XML 标记
cdata	作为 cdata 段输出数据
ID、IDREF 和 IDREFS	用于定义关键属性

【练习 6】

例如，同样在 Medicine 数据库中查询出所有的药品分类，以及其中包含的药品信息，这里要求以 EXPLICIT 模式显示。根据在 AUTO 模式时的结果，我们知道在这个结果中需要两个级别的层次结构，所以应该编写两个 SELECT 查询并应用 UNION ALL 进行连接。

首先是第一个层次结构，检索"<分类>"元素及其属性值"编号"和"名称"。因此应该在查询中将值 1 赋予"<分类>"元素的 Tag，将 NULL 赋予 Parent，因为它是一个顶级元素。如下所示为转换后的 SELECT 语句。

```
SELECT DISTINCT    1 AS TAG,
               NULL AS PARENT ,
        BigClassId AS [分类!1!编号],
        BigClassName AS [分类!1!名称] ,
        NULL AS [药品!2!编号],
        NULL AS [药品!2!名称]
FROM MedicineBigClass JOIN MedicineInfo
ON MedicineBigClass.BigClassId=MedicineInfo.TypeId
```

接下来是第二个查询，它检索"药品信息"的元素"药品编号"和"药品名称"。这里要将值 2 赋予"<药品信息>"元素的 Tag，将值 1 赋予 Parent，从而将"<分类>"元素标识为父元素。如下所示为这部分 SELECT 语句。

```
SELECT 2 AS TAG,
       1 AS PARENT,
       BigClassId,
       BigClassName,
       MedicineId,
       MedicineName
FROM MedicineBigClass JOIN MedicineInfo
ON MedicineBigClass.BigClassId=MedicineInfo.TypeId
ORDER BY  [分类!1!编号],[药品!2!编号]
FOR XML EXPLICIT
```

现在可以使用 UNION ALL 组合这些查询，应用 FOR XML EXPLICIT 子句，并使用 ORDER BY 子句按"分类编号"和"药品编号"排序。如果执行下面这个不带 FOR XML 子句的查询，将会看到一个普通的结果集。如下所示为最终使用带 FOR XML EXPLICIT 子句的查询语句。

```
SELECT DISTINCT 1 AS TAG,
        NULL AS PARENT ,
      BigClassId AS [分类!1!编号],
    BigClassName AS [分类!1!名称] ,
```

```
                    NULL AS [药品!2!编号],
                    NULL AS [药品!2!名称]
FROM MedicineBigClass JOIN MedicineInfo
ON MedicineBigClass.BigClassId=MedicineInfo.TypeId
UNION ALL
SELECT 2 AS TAG,
        1 AS PARENT,
        BigClassId,
        BigClassName,
        MedicineId,
        MedicineName
FROM MedicineBigClass JOIN MedicineInfo
ON MedicineBigClass.BigClassId=MedicineInfo.TypeId
ORDER BY  [分类!1!编号],[药品!2!编号]
FOR XML EXPLICIT
```

在 Medicine 数据库中运行上述语句得到如图 14-6 所示的结果。

单击【结果】选项卡下的一行结果，在进入的窗口中查看以 EXPLICIT 模式返回结果集的详细内容，如图 14-7 所示。该结果集与 AUTO 模式的结果集有些类似，但是 SELECT 语句不同，而且在 EXPLICIT 模式中可以自定义层次结构 1（药品分类表）和层次结构 2（药品信息表）中的元素内容。

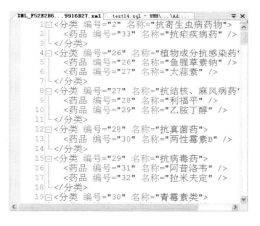

图 14-6　使用 EXPLICIT 模式　　　　　图 14-7　查看结果集内容

> **注意**
> 对通用表中的行进行排序很重要，因为这会使 FOR XML EXPLICIT 可以按顺序处理行集并生成所需的 XML。

本次实例中的第一个 SELECT 指定所得到的行集中的列名，这些名称形成列组，列名中 Tag 值为 1 的组将"分类"标识为元素，将分类的"编号"和"名称"标识为属性；另一个列组的列中的 Tag 值为 2，将"药品"标识为元素，将药品的"编号"和"名称"标识为属性。

假设对上述语句使用 ELEMENT 指令可以使检索的 XML 结果中使用元素而不是属性。如下所示为修改后的语句。

```
SELECT DISTINCT    1 AS TAG,
                NULL AS PARENT ,
       BigClassId AS [药品分类!1!编号],
```

```
            BigClassName AS [药品分类!1!名称] ,
            NULL AS [药品信息!2!编号!ELEMENT],
            NULL AS [药品信息!2!名称!ELEMENT]
FROM MedicineBigClass JOIN MedicineInfo
ON MedicineBigClass.BigClassId=MedicineInfo.TypeId
UNION ALL
SELECT 2 AS TAG,
        1 AS PARENT,
        BigClassId,
        BigClassName,
        MedicineId,
        MedicineName
FROM MedicineBigClass JOIN MedicineInfo
ON MedicineBigClass.BigClassId=MedicineInfo.TypeId
ORDER BY  [药品分类!1!编号],[药品信息!2!编号!ELEMENT]
FOR XML EXPLICIT
```

查询语句相同，只是在列名中添加了 ELEMENT 指令。因此，向"药品信息"元素添加了"编号"和"名称"子元素，而不是属性。如图 14-8 所示是使用 ELMENT 指令后的结果。

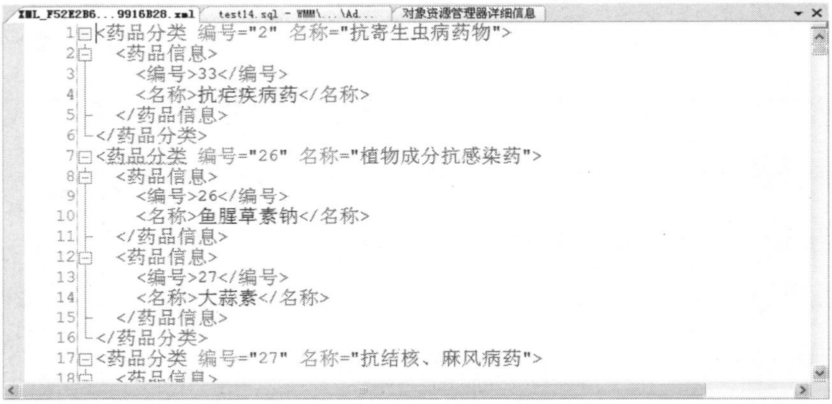

图 14-8　使用 ELMENT 指令结果

14.2 XML 数据类型

XML 数据类型是 SQL Server 2005 中的新增功能，SQL Server 2008 对其功能进行了改进和增强。与普通数据类型一样，XML 数据类型也可以定义在表的列、变量、存储过程的参数以及函数的返回类型中。

下面介绍 SQL Server 2008 中 XML 数据类型的声明、赋值以及使用方法。

14.2.1　XML 数据类型简介

在 SQL Server 2008 中 XML 是一种真正的数据类型。这就意味着，用户可以使用 XML 作为表和视图中的列，XML 也可以用于 SQL 语句中或者作为存储过程的参数，可以直接在数据库中存储、查询和管理 XML 文件。更重要的是，用户还能规定自己的 XML 必须遵循的模式。

XML 数据类型可以在 SQL Server 数据库中存储 XML 文档和片段（XML 片段指缺少单个顶级元素的 XML 实例），也可以创建 XML 类型的列和变量，并在其中存储 XML 实例。XML 数据类型还提供一些高级功能，例如借助 XQuery 语句执行搜索。另外，如果应用程序需要处理 XML，XML 数据类型在大多数情况下将比 varchar(max) 数据类型更加适合完成任务。

【练习 7】

使用 CREATE TABLE 语句创建一个表，并将 XML 类型作为其中一列，具体语句如下。

```
CREATE TABLE table1
(
COL1 int PRIMARY KEY,
COL2 xml
)
```

上面语句创建一个名称为 table1 的数据表，其中 COL2 列是 XML 类型。

提示

也可以使用 ALTER TABLE 命令语句，向数据库现有的表中添加 xml 数据类型，其方法与添加普通数据类型方法相同。

【练习 8】

创建一个 XML 类型的变量，并对其进行赋值，语句如下。

```
DECLARE @doc xml
SELECT @doc ='<Team name="Braves" />'
```

也可以使用一个查询和 SQL Server 的 FOR XML 语法对 XML 变量赋值，语句如下所示。

```
SELECT @doc=(SELECT * FROM Person.Contact FOR XML AUTO)
```

尽管在 SQL Server 2008 中 XML 数据类型与其他数据类型一样，但是在使用时还需要注意一些具体限制如下所示。

❑ 除了 string 类型，没有其他数据类型能够转换为 XML。

❑ XML 列不能应用于 GROUP BY 语句中。

❑ XML 数据类型实例的存储表示形式不能超过 2GB。

❑ XML 列不能成为主键或者外键的一部分。

❑ sql_variant 实例的使用不能把 XML 作为一种子类型。

❑ XML 列不能指定为惟一的。

❑ COLLATE 子句不能被使用在 XML 列上。

❑ 存储在数据库中的 XML 仅支持 128 级的层次。

❑ 表中最多只能拥有 32 个 XML 列。

❑ XML 列不能加入到规则中。

❑ 惟一可应用于 XML 列的内置标量函数是 ISNULL 和 COALESCE。

❑ 具有 XML 列的表不能有一个超过 15 列的主键。

14.2.2 使用 XML 数据类型

SQL Server 2008 系统提供了一些可用于 XML 数据类型的方法。与普通关系型数据不同的是，XML 数据是分层次的，具有完整的结构和元数据。表 14-2 列出了 XML 数据类型方法。

表 14-2　XML 数据类型方法

方 法 名	描　　　述
query	执行一个 XML 查询并且返回查询的结果
exists	执行一个 XML 查询，并且如果有结果返回值 1
value	计算一个查询以从 XML 中返回一个简单的值
modify	在 XML 文档的适当位置执行一个修改操作
nodes	允许把 XML 分解到一个表结构中

1. query()方法

query()方法仅有一个字符串类型参数，用于指定查询 XML 节点（元素或者属性）的 XQuery 表达式。该方法返回 XML 类型，这个值是一个非类型化的 XML 实例。

> **提示**
> XML 数据类型既可以存储类型化数据，也可以存储非类型化数据。

【练习 9】

使用 query()方法从一个 XML 数据类型的变量中查询 XML 实例的一部分，并输出结果，语句如下。

```
DECLARE @xmlDoc xml
SET  @xmlDoc =
'<students>
  <class name="英语" NO="8501">
   <student>
    <Name>祝红涛</Name>
    <Sex>男</Sex>
    <Age>20</Age>
   </student>
  </class>
</students>'
SELECT @xmlDoc.query('/students/class/student')  AS  学生信息
```

上面的语句声明 XML 类型的变量@xmlDoc，并将一个 XML 字符串赋给它，然后使用 query() 方法查询其中的<student>元素，最后作为学生信息返回，执行结果如图 14-9 所示。

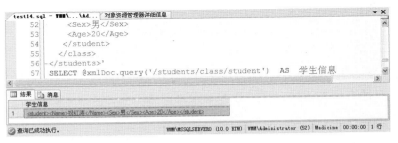

图 14-9　使用 query()方法效果

2. value()方法

value()方法用于对 XML 执行 XQuery 查询，并返回 SQL 类型的标量值。通常，使用此方法从 XML 类型列、参数或变量内存储的 XML 实例中提取值。这样就可以指定将 XML 数据与非 XML 列中的数据进行合并或比较的 SELECT 查询。

value()方法有如下两个参数。

- **XQuery** XQuery 表达式，一个字符串文字，从 XML 实例内部检索数据。XQuery 必须最多返回一个值，否则将返回错误。
- **SQLType** 要返回的 SQL 类型，此方法的返回类型要与 SQLType 参数匹配。

> **警告**
>
> SQLType 不能是 XML 数据类型、公共语言运行时(CLR)用户定义类型、image、text、ntext 或 sql_variant 数据类型，但 SQLType 可以是用户定义数据类型 SQL。

【练习 10】

假设在一个 XML 实例中保存学生的出生日期，要计算该学生今年的年龄。此时就可以对 XML 实例使用 value()方法获取出生日期，再通过计算得出年龄，具体实现代码如下。

```
DECLARE @xmlDoc xml
SET  @xmlDoc =
'<students>
  <class name="英语" NO="8501">
   <student>
    <Name>祝红涛</Name>
    <Sex>男</Sex>
    <birthday>1990-08-05</birthday>
   </student>
  </class>
</students>'
--声明一个日期型变量保存value()方法的返回值
DECLARE @birthday date
--对变量进行赋值
SET @birthday=@xmlDoc.value('(/students/class/student/birthday)[1]','date')
SELECT @birthday  AS '出生日期',
YEAR(GETDATE())-YEAR(@birthday) '今年年龄'
```

执行语句后，效果如图 14-10 所示。

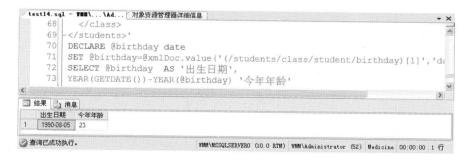

图 14-10   value()方法的使用

> **注意**
>
> query()和 value()方法之间的不同之处是：query()方法返回一个 XML 数据类型，这个数据类型包含查询的结果；而 value()方法返回一个带有查询结果的非 XML 数据类型。另外，value()方法仅能返回单个值（或标量值）。

3．exist()方法

该方法用于判断指定 XML 型结果集中是否存在指定的节点。如果存在，返回值为 1；否则，返回值为 0。

【练习 11】

假设在一个 XML 变量中保存了学生的成绩，下面使用 exist()方法查询是否存在优秀和不及格的学生，语句如下所示。

```
DECLARE @xmlDoc xml
SET @xmlDoc=
'
<Scores>
<student id="1" result="100" good="1"/>
<student id="2" result="60"/>
<student id="3" result="85"/>
</Scores>
'
SELECT @xmlDoc.exist('/Scores/student/@good') AS '是否有优秀学生',
 @xmlDoc.exist('/Scores/student/@bad') AS '是否有不及格学生'
```

执行语句后，效果如图 14-11 所示。

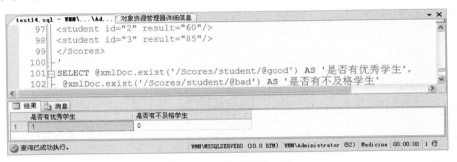

图 14-11　exist()方法效果

4．modify()方法

modify()方法可以修改 XML 文档的内容，它的参数 XML_DML 是使用 XML_DML 的字符串，然后根据此表达式更新 XML 文档。

【练习 12】

使用 modify()方法可在 XML 数据中插入、更新或删除节点。如下面语句使用 DML 语句为一个 XML 文档添加一个节点。

```
DECLARE @xmlDoc xml
SET @xmlDoc=
'
<Scores>
<student id="1" result="100"/>
<student id="2" result="60"/>
<student id="3" result="85"/>
</Scores>
'
SELECT @xmlDoc  AS '插入节点前信息'
SET @xmlDoc.modify('insert <student id="5" result="70"/>  after  (/Scores/
student)[1]')
SELECT @xmlDoc  '插入节点后信息'
```

上述语句使用modify()方法向 XML 类型变量中添加了一个节点，添加的节点位于第 1 个 student

节点后面，执行结果如图 14-12 所示。

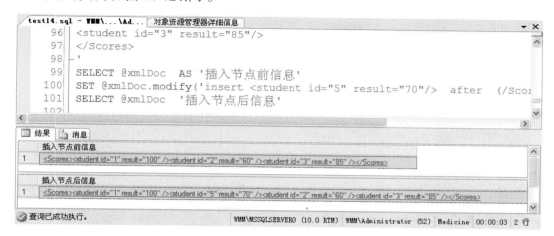

图 14-12　modify()方法使用

5．nodes()方法

nodes()方法允许把 XML 分解到一个表结构中，其目的是指定哪些节点映射到一个新数据集的行，语法格式如下。

```
nodes(XQuery) as Table(Column)
```

参数说明如下。

❑ **XQuery**　指定 XQuery 表达式。如果语句返回节点，那么节点包含在结果行集中。类似地，如果表达式的结果为空，那么结果行集也为空。

❑ **Table(Column)**　指定结果行集的表名称和字段名称。

【练习 13】

使用 nodes()方法将指定节点映射到一个新的数据集的行，语句如下。

```
DECLARE @xmlDoc xml
SET @xmlDoc=
'
<teacher>
    <teaid No = "5">
        <teaname>李兵</teaname>
    </teaid>
    <teaid No = "6">
        <teaname>王梦梅</teaname>
    </teaid>
</teacher>
'
SELECT teacher.teaid:query('.')
AS 结果
FROM @xmlDoc.nodes('/teacher/teaid')teacher(teaid)
```

以上语句使用 nodes()方法识别 XQuery 语句结果中的节点，并把它们作为一个行集合返回，每一个教师信息都是一行，执行结果如图 14-13 所示。

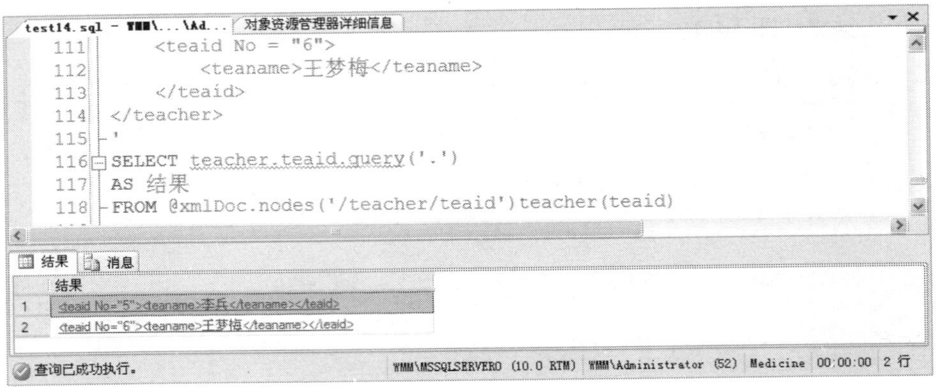

图 14-13 nodes()方法的使用

14.3 XQuery 技术

XQuery 是一种 XML 查询语言，可以查询结构化或者半结构化的 XML 数据。XQuery 基于现有的 XPath 查询语言，并且支持迭代、对结果集的排序，以及对查询的 XML 结果规范化的功能。

如果要查询 XML 类型的变量或字段中存储的 XML 实例，可以使用 XML 数据类型方法。例如，可以声明一个 XML 类型的变量，然后使用 XML 数据类型的 query()方法来查询该变量。

注意

对于 XQuery 语言的基础知识，此处就不再介绍。本书主要介绍如何使用 XQuery 查询 XML 数据类型中保存的数据。

XQuery 是一种灵活的查询语言，适合查询具有分层结构的 XML 文档。可以结合 T-SQL 语句使用 XQuery 查询 xml 数据类型中保存的数据。

【练习 14】

使用 XQuery 不仅可以返回多个元素还可以返回一个元素，如下所示。

```
DECLARE @xmlDoc xml
SET @xmlDoc=
'
<teacher>
    <teaid No = "5">
        <teaname>李兵</teaname>
    </teaid>
    <teaid No = "6">
        <teaname>王梦梅</teaname>
    </teaid>
</teacher>
'
SELECT @xmlDoc.query('/teacher/teaid') AS '返回所有 teaid 元素'
SELECT @xmlDoc.query('(/teacher/teaid)[1]') AS '返回第 1 个 teaid 元素'
```

执行结果如图 14-14 所示。

图 14-14 查询一个和多个元素

【练习 15】

使用 XQuery 还可以查询 XML 元素属性或者指定一个范围。例如，下面的示例语句如下。

```
DECLARE @xmlDoc xml
SET @xmlDoc=
'
<Scores>
<student id="1" result="100"/>
<student id="2" result="60"/>
<student id="3" result="85"/>
</Scores>
'
SELECT @xmlDoc.query('/Scores/student[@result=100]')
SELECT @xmlDoc.query('/Scores/student[@result>60]')
```

上述语句的第一个 SELECT 语句查询 result 属于等于 100 的节点，第二个 SELECT 语句查询 result 属性大于 60 的节点，执行结果如图 14-15 所示。

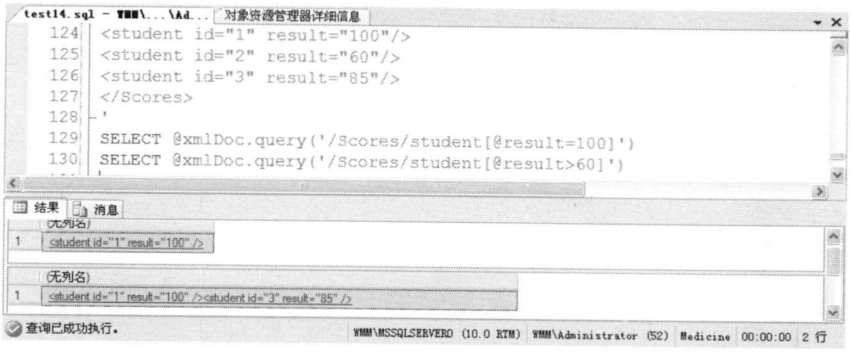

图 14-15 按条件查询

14.4 XML 高级应用

除了前面讲过的 XML 技术之外，在 SQL Server 2008 中还可以使用 OPENXML 函数从 XML 文档中返回关系型数据，也可以在 XML 数据类型上定义索引。

14.4.1 OPENXML 函数

如果说 FOR XML 子句可以把关系型数据检索为 XML，而使用 OPENXML 则可以把 XML 文档转为关系型数据表。

在使用 OPENXML 功能之前，必须先调用系统存储过程 sp_xml_preparedocument 来解析指定的 XML 文档。该存储过程可以返回被解析 XML 文档的句柄，通过该句柄，用户就可以像管理关系型数据集一样来管理被解析后的 XML 文档数据。

当 XML 文档处理完成后，需要调用 sp_xml_removedocument 存储过程释放 OPENXML 和 XML 文档对象模型占用的系统资源。

1. sp_xml_preparedocument 系统存储过程

sp_xml_preparedocument 创建的 XML 文档会一直保存在内存中，直到显式地删除或者终止调用 sp_xml_preparedocument 的连接，其语法格式如下。

```
sp_xml_preparedocument
hdoc
OUTPUT
[ , xmltext ]
[ , xpath_namespaces ]
```

参数说明如下。

- **hdoc** 新创建文档的句柄。hdoc 是一个整数。
- **[xmltext]** 需要被解析的 XML 文档。MSXML 分析器分析该 XML 文档。xmltext 是一个文本参数：char、nchar、varchar、nvarchar、text、ntext 或 xml。默认值为 NULL，在此情况下将创建一个空 XML 文档的内部表示形式。
- **[xpath_namespaces]** 记录字段的命名空间表达式。xpath_namespaces 是一个文本参数：char、nchar、varchar、nvarchar、text、ntext 或 xml。

注意

执行 sp_xml_preparedocument 系统存储过程后如果分析正确，则返回值 0，否则返回大于 0 的整数。在这个存储过程调用完成并把句柄保存到文档之后，就可以使用 OPENXML 返回该文档的行集数据。

2. OPENXML 函数

OPENXML 函数的语法形式如下所示。

```
OPENXML( @idoc , rowpattern , [ flags ] )
[ WITH ( SchemaDeclaration | TableName ) ]
```

语法说明如下。

- **@idoc** 表示已经准备的 XML 文档句柄。
- **rowpattern** 表示将要返回哪些数据行，使用 XPATH 模式提供了一个起始路径。
- **flags** 指示应在 XML 数据和关系行集间如何使用映射解释元素和属性，是一个可选输入参数，在表 14-3 中列出 flags 的可选值。

表 14-3 flags 参数

值	说　　明
0	默认值，使用以属性为中心的映射
1	以属性为中心的映射
2	以元素为中心的映射
8	可以与 XML_ATTRIBUTES 或 XML_ELEMENTS 组合使用（逻辑或）。在检索上下文中，该标志指示不应该将已使用的数据复制到溢出属性@mp:xmltext

❑ **SchemaDeclaration** 指定需要使用的数据集架构，例如字段及字段类型等。

❑ **TableName** 如果已存在一个具有指定架构的数据表，而且不需要对字段类型进行任何限制，此时可以使用一个数据表名来替代前面的 XML 架构。

3. sp_xml_removedocument 系统存储过程

完成 XML 文档到数据表的转换之后，可以使用系统存储过程 sp_xml_removedocument 来释放转换句柄所占用的内存资源，该存储过程的语法如下。

```
sp_xml_removedocument hDoc
```

其中 hDoc 为需要释放的句柄。

【练习 16】

通过一个示例来学习 sp_xml_preparedocument 系统存储过程的使用，以及 OPENXML 函数返回数据的方法。

（1）首先定义两个变量，即@Student 和@StudentInfo。这两个变量分别用来存储分析过的 XML 文档的句柄和将要分析的 XML 文档。

```
DECLARE @Student int
DECLARE @StudentInfo xml
```

（2）使用 SET 语句为@StudentInfo 变量赋值。

```
SET @StudentInfo=
'<row>
 <姓名>祝红涛</姓名>
<班级编号>200101300412</班级编号>
    <成绩>89</成绩>
    <籍贯>河南</籍贯>
</row>'
```

（3）使用 sp_xml_preparedocument 系统存储过程分析由@StudentInfo 变量表示的 XML 文档，将分析得到的句柄赋予@Student 变量。

```
EXEC SP_XML_PREPAREDOCUMENT  @Student OUTPUT,@StudentInfo
```

（4）在 SELECT 语句中使用 OPENXML 函数，返回行集中的指定数据。

```
SELECT * FROM OPENXML( @Student,'/row',2)
WITH (
     姓名 nvarchar(8),
     班级编号 varchar(14),
     成绩 int ,
     籍贯 varchar(20)
   )
```

（5）最后使用 sp_removedocument 系统存储过程删除@Student 变量所表示的内存中的 XML 文档结构。

```
EXEC SP_XML_REMOVEDOCUMENT @Student
```

按顺序执行上述语句将会看到结果，如图 14-16 所示。

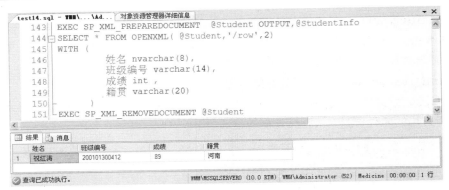

图 14-16　使用 OPENXML 函数

提示

在修改类型化的 XML 实例中，Expression2 必须是 Expression1 的相同类型或子类型，否则将返回错误。

11.4.2　XML 索引

XML 实例是作为二进制大型对象（Binary Large Objects，BLOB）存储在 xml 类型列中，这些 XML 实例可以很多（最大可以为 2GB）。如果在运行时拆分这些二进制大型对象以计算查询，那么拆分可能非常耗时，因此，需要创建合适的索引，以提高检索的效率。

XML 索引可以分为两类：主索引和辅助索引。

1. 主索引

xml 类型列的第一个索引必须是主 XML 索引，它是 xml 数据类型列中的 XML BLOB 的已拆分和持久的表示形式。对于列中的每个 XML 二进制大型对象，索引将创建几个数据行（该索引中的行数大约等于 XML 二进制大型对象中的节点数），每行存储以下的节点信息。

- ❑ 标记名，例如元素名或者属性名。
- ❑ 节点类型，例如元素节点、属性节点或文本节点等。
- ❑ 文档顺序信息，由内部节点标识符表示。
- ❑ 路径，从每个节点到 XML 树的根的路径。搜索此列可获得查询中的路径表达式。
- ❑ 节点的值。

注意

主 XML 索引对 XML 列中 XML 实例内的所有标记、值和路径进行索引。一个 xml 类型的列上只能创建一个 XML 主索引。如果要为 xml 类型的列创建主 XML 索引，则表中必须有一个聚集主键，而且主键包含的列数必须小于 16。

2. 辅助索引

必须在创建了主 XML 索引后才能创建辅助索引。辅助索引是为了增强搜索的功能，可以有三种类型的辅助索引。

（1）PATH 辅助 XML 索引

用于创建索引的文档路径。如果查询通常对 xml 类型列指定路径表达式，则需要创建 PATH 辅助索引。

（2）VALUE 辅助 XML 索引

用于创建索引的文档值。VALUE 索引的键列是主 XML 索引的节点值和路径。如果经常查询 XML 实例中的值，但不知道包含这些值的元素名称或属性名称，则需要创建 VALUE 辅助索引。

（3）PROPERTY 辅助 XML 索引

用于创建索引的文档属性。PROPERTY 索引是对主 XML 索引的列（PK、Path 和节点值）创建的，其中 PK 是基表的主键。如果从单个 XML 实例检索一个或多个值，则需要创建 PROPERTY 辅助索引。

3．创建索引

创建索引的简单语法如下。

```
CREATE [ PRIMARY ] XML INDEX index_name
ON <object> ( xml_column_name )
 [ USING XML INDEX xml_index_name
 [ FOR { VALUE | PATH | PROPERTY } ] ]
<object> :: =
{
 [ database_name. [ schema_name ] . | schema_name. ]
table_name
}
```

参数说明如下。

- ❑ **[PRIMARY] XML**　为指定的 xml 列创建 XML 索引。指定 PRIMARY 时，会使用由用户表的聚集键形成的聚集键和 XML 节点标识符来创建聚集索引。每个表最多可具有 249 个 XML 索引。
- ❑ **index_name**　索引的名称。索引名称在表中必须惟一，但在数据库中不必惟一，并且必须符合标识符的规则。主 XML 索引的名称不能使用的字符有#、##、@或@@。
- ❑ **xml_column_name**　索引所基于的 xml 列。在一个 XML 索引定义中只能指定一个 xml 列；但可以为一个 xml 列创建多个辅助 XML 索引。
- ❑ **USING XML INDEX xml_index_name**　指定创建辅助 XML 索引时要使用的主 XML 索引。
- ❑ **FOR { VALUE | PATH | PROPERTY }**　指定辅助 XML 索引的类型。其中的可选参数前面曾经介绍过。
- ❑ **<object> :: = { [database_name. [schema_name] . | schema_name. | table_name }**　要为其建立索引的完全限定对象或者非完全限定对象。其中 database_name 为数据库的名称；schema_name 为表所属架构的名称；table_name 为要索引的表的名称。

以下语句演示如何在 **table1** 表中创建主 XML 索引。

【练习 17】

假设要在 **table1** 数据表的 **Col2** 列上创建一个 XML 主索引，可用如下语句。

```
CREATE PRIMARY XML INDEX table1
ON table1(Col2)
```

【练习 18】

假设要在 **table1** 数据表的 **Col2** 列上创建一个辅助 XML 索引，可用如下语句。

```
CREATE XML INDEX pathindex
ON table1(COL2)
USING XML INDEX  table1 FOR PATH
```

创建 XML 索引时需要注意以下几点。

- ❑ 聚集索引必须存在于用户表的主键上。
- ❑ 用户表的聚集键必须小于 16 列。
- ❑ 表中的每个 xml 列可具有一个主 XML 索引和多个辅助 XML 索引。

□ xml 列中必须存在主 XML 索引，然后才能对该列创建辅助 XML 索引。

□ 只能对单个 xml 列创建 XML 索引。不能为非 xml 列创建 XML 索引，也不能为 xml 列创建
关系索引。

□ 不能对视图中的 xml 列、包含 xml 列的表值变量或 xml 类型变量创建主 XML 索引或辅助
XML 索引。

□ 不能对 xml 计算列创建主 XML 索引。

4. 管理索引

XML 索引创建完成后，可以对其进行管理。例如，可以修改和删除现有的 XML 索引。使用 ALTER
INDEX 语句可以修改现有的 XML 和非 XML 索引，其简单语法如下。

```
ALTER INDEX { index_name | ALL }
ON <object> { REBUILD | DISABLE }
```

语法说明如下。

□ **index_name** 索引的名称。

□ **ALL** 指定与表或视图相关联的所有索引，而不考虑是什么索引类型。

□ **REBUILD** 启用已禁用的索引。

□ **DISABLE** 将索引标记为已禁用，从而不能由数据库引擎使用。

□ **<object>** 参考创建索引的语法。

【练习 19】

以下语句演示如何重建 PATH 辅助 XML 索引 pathindex。

```
ALTER INDEX pathindex
ON table1
REBUILD
```

使用 DROP INDEX 语句可以删除现有的主（或辅助）XML 索引和非 XML 索引。其简单语法
格式如下。

```
DROP INDEX index_name ON <object>
```

其中，index_name 表示要删除的索引名称。对于<object>信息参考创建索引的语法。

【练习 20】

以下语句演示如何删除 PATH 辅助 XML 索引 pathindex。

```
DROP INDEX pathindex
ON table1
```

警告

如果删除主 XML 索引，则会删除任何现有的辅助索引。

14.5 拓展训练

查询 XML 类型数据

假设，有一个 XML 类型的变量@xml_info，它的定义如下。

```
DECLARE @xml_info xml
SET @xml_info='<Teachers>
    <Teacher Name = "王鹏">
            <student>李笑</student>
            <student>张明</student>
            <student>王晓红</student>
    </Teacher>
    <Teacher Name = "张兵">
            <student>李利华</student>
            <student>王梦</student>
    </Teacher>
    <Teacher Name = "刘晓国">
            <student>赵凤丽</student>
            <student>李宝玲</student>
    </Teacher>
</Teachers>'
```

现在要求使用本课学习的知识对它进行查询，要求如下：

（1）查询所有的 student 节点。

（2）查询 Name 为"张兵"下的所有 student 节点。

（3）获取第 3 个 student 节点。

（4）通过查询获取值"李宝玲"。

（5）判断是否包含 Age 节点。

（6）在 student 节点最后增加一个 student 节点。

14.6 课后练习

一、填空题

1. _____是 XML 中使用的查询语言。

2. 在下面程序的空白处填写适当的语句使其完整，并且可以查询出所有"<teacher>"元素的信息。

```
DECLARE @xml_info xml
SET @xml_info='
<teachers>
    <teacher name="李梅" sex="女"/>
    <teacher name="侯霞" sex="女"/>
    <teacher name="陈雷" sex="男"/>
</teachers>
'
SELECT @xml_info.query ( ' _____ ' ) AS 教师信息
```

3. 在 FOR XML 子句_____模式中将会把查询结果集中的每一行转换为带有通用标记符<row>或可能提供元素名称的 XML 元素。

4. 完成 XML 文档到数据表的转换之后，可以使用_____系统存储过程来释放转换句柄所占用的内存资源。

5. 要为 Student 表的 s_no 列创建一个名为 Student_index_xml 的主 XML 索引应该使用语句_____。

二、选择题

1. 在_____模式中 SELECT 语句中的前两个字段必须分别命名为 TAG 和 PARENT。

    A. AUTO 模式

    B. EXPLICIT 模式

    C. PATH 模式

    D. RAW 模式

2. XML 类型的_____方法返回 0 或者 1 表示是否存在指定元素。

    A. query()

    B. exist()

    C. modify()

    D. nodes()

3. XML 类型的_____方法有一个字符串类型的表达式参数，执行后返回非类型化的 XML 实例。

    A. query()

    B. exist()

    C. modify()

    D. nodes()

4. 在使用 FOR XML EXPLICIT 子句时，必须增加的两个数据列是_____。

    A. CHILD 和 PARENT 数据列

    B. ELEMENT 和 NAME 数据列

    C. NAME 和 ATTRIBUTE 数据列

    D. TAG 和 PARENT 数据列

三、简答题

1. FOR XML 提供了哪些 XML 查询模式，各有什么特点。

2. 简述 EXPLICIT 模式的特点以及其使用。

3. 简述 XML 数据类型的方法以及它们的作用。

4. 说明使用 OPENXML 函数将 XML 数据转换成表的步骤。

5. XML 索引具有哪些类型，并说明其创建方法。

第 15 课
SQL Server 的管理自动化

为了减轻数据库管理员的日常维护工作，SQL Server 2008 提供了一种自动执行某些管理任务的服务。该服务可以监视 SQL Server 的状态、自动执行管理操作、通知数据库操作员、触发警报甚至发送邮件等。

本课将详细介绍自动化管理 SQL Server 2008 需要掌握的知识，包括代理服务、数据库邮件、操作员、作业和警报等。

本课学习目标：

☐ 了解 SQL Server 2008 自动化基础知识

☐ 掌握 SQL Server 代理服务的配置

☐ 熟悉数据库邮件的配置和管理

☐ 熟悉操作员的创建和管理操作

☐ 创建本地作业的创建、执行和管理操作

☐ 熟悉各种类型警报的创建和使用

15.1 什么是管理的自动化

自动化管理实际上就是对预先能够预测到的服务器事件或必须按时执行的管理任务,根据已经制订好的计划做出必要的操作。通过使用自动化管理,可以将一些每天都必须进行的固定不变的日常维护任务交给服务器自动执行;当服务器发生异常事件时自动发出通知,以便让操作人员及时获得信息,并进行及时发出处理。

SQL Server 2008 的自动化功能非常强大,很多管理任务都可以设置成自动化来实现。这些管理任务主要包括以下几个方面。

❏ 任何 Transact-SQL 语法中的语句。

❏ 操作系统命令。

❏ VBScript 或 JavaScript 之类的脚本语言。

❏ 复制任务。

❏ 数据库创建和备份。

❏ 索引重建。

❏ 报表生成。

虽然 SQL Server 2008 自动化可执行的操作非常多,但是并不是每一项操作都需要通过自动化来实现,这样将大大增加数据库的设计工作,降低数据库的执行效率。这就要求数据库管理员根据实际情况,找出符合条件的操作执行自动化管理。要实现自动化管理,通常需要管理员预先完成以下工作。

❏ 找出可能会周期性出现的管理任务或服务器事件,从中筛选出可以预先提出解决方案的任务或事件。

❏ 定义一系列的作业和警报。

❏ 合理配置并运行 SQL Server 代理服务。

SQL Server 2008 的自动化能力的核心是 SQL Server 代理服务。这个服务的重要功能是自动化,并且使警报、操作员和作业能够正常执行自动化功能。下面列出了自动化管理中最常见的一些术语。

1. 作业

作业是定义自动任务的一系列步骤。用户可以使用作业来定义将要执行一次或多次的管理任务,并监督该任务的完成情况。作业可以在本地服务器和多台远程服务器上运行,可以按一定的时间表运行,也可以通过警报来触发执行。

2. 警报

警报是 SQL Server 中产生并记录在 Windows 应用程序日志中的错误消息或事件。可以通过电子邮件、传呼机或 Net Send 发送给用户。如果错误消息没有记录在 Windows 应用程序日志中,警报无法激活。

3. 操作员

当警报激活时,可以发送给用户。需要接收这些消息的用户在 SQL Server 中称为操作员,操作员用来配置谁来接收警报以及何时可以接收警报。操作员可以是一个用户,也可以是多个用户。

4. 计划

计划指定了作业运行的时间。多个作业可以根据一个计划运行,多个计划也可以应用到一个作业。可以定义作业运行的时间在每次 SQL Server 代理启动时,计算机的 CPU 使用率处于定义的空闲状态水平时，在特定的日期和时间内运行一次或者是按重复执行的计划运行等。

15.2 SQL Server 代理服务

实现 SQL Server 2008 数据库自动化管理，首先需要启动并且正确配置 SQL Server 代理服务。SQL Server 代理（SQL Server Agent）服务是一种 Windows 服务，主要功能为执行作业、在执行作业的同时监视 SQL Server 的工作情况，当工作情况出现异常情况时触发警报，并将警报通过合适的途径传递给操作员，进而让操作员及时处理系统的异常情况。

15.2.1 启动代理服务

SQL Server 代理服务可以随操作系统自动启动，也可以在需要完成作业时手动启动。在 SQL Server 2008 中可以通过两种方式启动 SQL Server 代理：使用 SQL Server 配置管理器和 NET 命令。

1. 使用 SQL Server 配置管理器

SQL Server 配置管理器组合了 SQL Server 2000 中的服务器网络实用工具、客户端网络实用工具和服务管理器的功能。在这里数据库管理员可以停止、启动或暂停各种 SQL Server 2008 服务，具体步骤如下所示。

【练习1】

（1）打开【开始】|【程序】|Microsoft SQL Server 2008|【配置工具】|【SQL Server 配置管理器】命令，打开 SQL Server Configuration Manager 窗口。

（2）在左侧窗口中展开根节点，选择【SQL Server 服务】节点，从右侧列表中右击【SQL Server 代理（MSSQLSERVER）】，选择【启动】命令即可启动 SQL Server 代理服务，如图 15-1 所示。

图 15-1 启动 SQL Server 代理服务

（3）当 SQL Server 代理图标上带有绿色箭头时，表示已成功启动服务。除了上述方法外，通过从快捷菜单中选择【属性】命令，在弹出的【属性】对话框中单击【启动】按钮，都可以启动 SQL Server 代理服务。如图 15-2 所示。

（4）使用这两种方式都可以对 SQL Server 代理服务进行停止、暂停和重新启动操作。当 SQL Server 代理图标上带有红色框表示时，表示当前处于停止状态。

（5）与大多数 Windows 服务相同，可以通过配置启动模式来自动启用或者禁用 SQL Server

代理服务。在【SQL Server 代理属性】对话框的【服务】选项卡中，在启动模式后的下拉列表中可以看到自动、已禁用和手动三种启动模式，如果需要设置开机自动启动 SQL Server 代理服务，就可以设置恢复模式为自动。如图 15-3 所示。

图 15-2 【属性】对话框   图 15-3 配置启动模式

> **警告**
> 实现 SQL Server 自动化管理，必须确保 SQL Server 代理服务正在运行，所以建议用户可以将 SQL Server 代理设置在操作系统启动时启动。

2．使用 NET 命令

NET 是 Windows XP 系统中的一个外部命令，用于通过命令方式对网络服务进行管理。这里将演示如何使用 NET 对 SQL Server 代理服务进行操作。

【练习2】

首先通过选择【开始】|【运行】命令，在打开的对话框中输入命令 Cmd，进入命令提示符窗口。输入以下命令启动 SQL Server 代理服务。

```
NET START SQLSERVERAGENT
```

停止 SQL Server 代理服务的命令为。

```
NET STOP SQLSERVERAGENT
```

如图 15-4 所示了使用 NET 命令，启动和停止 SQL Server 代理服务的过程。

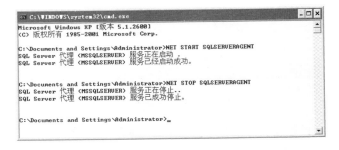

图 15-4　NET 命令管理服务

15.2.2　代理服务的安全性

为了给数据库管理员提供一个安全的环境来运行每个作业步骤，SQL Server 代理账户要求只具有执行作业步骤所需的最小权限，这样就要求代理账户必须是 SQLAgentUserRole、SQLAgentReaderRole 和 SQLAgentOperatorRole 中的一个或多个数据库角色的成员。

　　一个代理可以指定给多个作业步骤，对于需要相同权限的作业步骤，可以使用同一个代理。如果要为某个特定的作业步骤设置权限，可以创建一个具有所需权限的代理，然后将该代理分配给该作业步骤。

> **技巧**
>
> SQLAgentUserRole、SQLAgentReaderRole 和 SQLAgentOperatorRole 存储在 msdb 数据库中。默认情况下，任何用户都不是这些数据库角色的成员，必须显式授予这些角色中的成员身份。

　　固定服务器角色成员 sysadmin 的用户可以完全访问 SQL Server 代理，不需要成为上述数据库角色的成员便可以使用 SQL Server 代理。如果某个用户既不是这些数据库角色的成员，也不是 sysadmin 角色的成员，那么当使用 SQL Server Management Studio 连接到 SQL Server 时，不能访问 SQL Server 代理节点。

> **提示**
>
> sysadmin 固定服务器角色的成员具有创建、修改和删除代理账户的权限。sysadmin 角色的成员具有创建未指定代理的作业步骤的权限，但作为 SQL Server 代理服务账户运行，该账户是用于启动 SQL Server 代理的账户。

　　作为数据库管理员，如果要提高 SQL Server 代理实现的安全，可遵循以下原则。

- ❏ 专门为代理创建专用的用户账户，并且只使用这些代理用户账户来运行作业步骤。
- ❏ 只为代理用户账户授予必需的权限。只授予运行分配给给定代理账户的作业步骤实际所需的权限。
- ❏ 不要使用 Administrators 组成员账户运行 SQL Server 代理服务。

15.3　配置数据库邮件

　　数据库邮件是数据库自动化的一个主要部分。数据库管理员必须配置数据库邮件，以便警报和其他类型的信息可以发送到管理员或者其他用户。数据库邮件使 SQL Server 能够将服务器与邮件系统集成起来。一旦配置好"数据库邮件"以后，就可以使用该邮件系统来处理警报通知。

15.3.1　使用配置向导

　　SQL Server 2008 中的【数据库邮件配置向导】窗口提供了一种管理数据库邮件配置对象的简便方式。该向导会根据需要启用数据库邮件，可以执行的任务包括：安装数据库邮件、管理数据库邮件账户和配置文件、管理配置文件安全性以及查看或修改系统参数等。

【练习 3】

　　下面介绍使用数据库邮件配置向导配置的过程。

　　（1）打开 SQL Server Management Studio，使用正确的身份登录到数据库引擎打开 SQL Server 2008 实例。

　　（2）在【对象资源管理器】中，展开【服务器】|【管理】节点，右击【数据库邮件】选择【配置数据库邮件】命令。打开如图 15-5 所示的【数据库邮件配置向导】欢迎窗口。

　　（3）在【数据库邮件配置向导】窗口，单击【下一步】按钮。打开【选择配置任务】窗口，如图 15-6 所示。

图 15-5 【数据库邮件配置向导】窗口

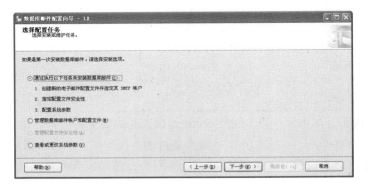

图 15-6 选择配置任务

（4）在【数据库邮件配置向导】选择配置窗口，选择【通过执行以下任务来安装数据库邮件】选项，然后单击【下一步】按钮，将弹出一个对话框，如图 15-7 所示。

图 15-7 对话框

（5）单击【是】按钮，启动"数据库邮件"功能，打开【新建配置文件】窗口，如图 15-8 所示。

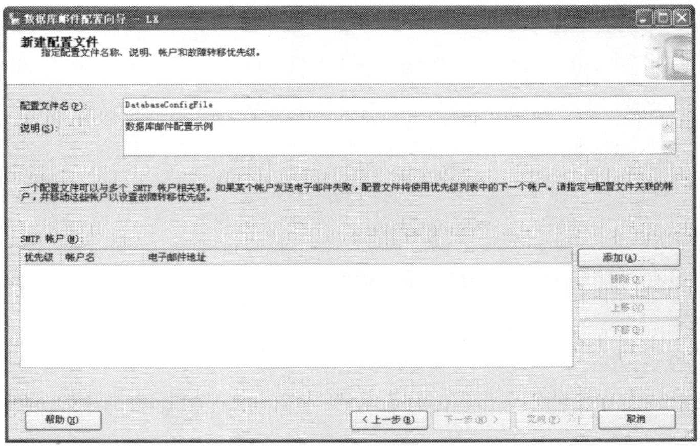

图 15-8 新建配置文件

（6）在新建配置文件窗口的【配置文件名】文本框中输入 "DataBaseConfigFile"，在【说明】文本框输入 "数据库邮件配置示例"。

（7）单击【添加】按钮，在弹出的【新建数据库邮件账户】对话框中输入相关内容，如图 15-9 所示。

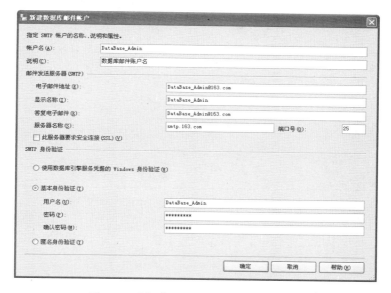

图 15-9　【新建数据库邮件账户】对话框

如图 15-9 所示的对话框中，如果电子邮件服务器要求登录，则应该选择【基本身份验证】单选按钮，并输入相关的用户名和密码，或者根据需要选择【使用数据库引擎服务凭据的 Windows 身份验证】或【匿名身份验证】单选按钮。

提示

在开始配置 "数据库邮件" 之前，首先网络上的某个地方应当有一个 SMTP 邮件服务器，并且该服务器有一个针对 SQL Server Agent 服务账户而配置的邮件账户。如果已经向某个因特网服务提供商（ISP）注册了一个电子邮件账户，就可以使用那个账户通过配置向导配置数据库邮件。

（8）设置完成相关的内容后，单击【确定】按钮返回【数据库邮件配置向导】窗口。此时，在【STMP 账户】列表中即可看到新增的邮件账户，单击【下一步】按钮继续。

（9）打开【管理配置文件安全性】窗口，选择刚才创建的邮件配置文件前面的【公共】复选框，用于让所有用户都可以访问，并设置【默认配置文件】选项为 "是"，如图 15-10 所示。

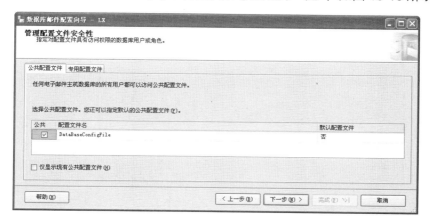

图 15-10　管理配置文件安全性

（10）单击【下一步】按钮，打开【配置系统参数】窗口。在这里可以根据实际要求进行参数更改或者接受默认设置，如图 15-11 所示。

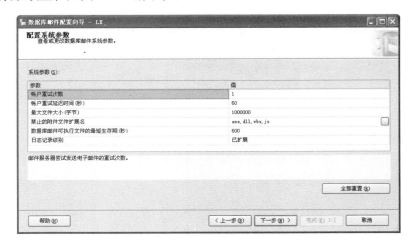

图 15-11　配置系统参数窗口

（11）单击【下一步】按钮，打开【完成该向导】窗口，显示数据库邮件配置向导将要执行的操作信息，如图 15-12 所示。

图 15-12　完成该向导窗口

（12）单击【完成】按钮，打开【正在配置】窗口，显示数据库邮件配置向导的执行过程，如图 15-13 所示。当系统配置完成数据库邮件后，单击【关闭】按钮完成数据库邮件配置向导。

图 15-13　正在配置窗口

15.3.2 发送测试电子邮件

在配置数据库邮件之后，首先需要验证当前邮件配置文件是否正确，邮件账户是否可用，这时就可以通过发送测试电子邮件的方式，对上述问题进行验证。

【练习4】

具体步骤如下所示。

（1）在【对象资源管理器】中，展开【服务器】|【管理】节点，右击【数据库邮件】选择【发送测试电子邮件】命令，打开【发送测试电子邮件】窗口。

（2）在【发送测试电子邮件】窗口中，选择上一节创建的数据库邮件配置文件 DataBaseConfigFile，并填写收件人地址和测试邮件的主题和正文，如图 15-14 所示。

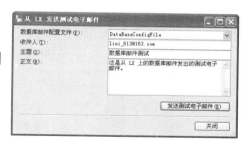

图 15-14　发送测试电子邮件

（3）配置完成后，单击【发送测试电子邮件】按钮，测试邮件配置文件是否正确。如果正确，则在收件人信箱中，可以收到该测试邮件。

15.3.3 管理邮件配置文件和账户

在数据库邮件配置向导中，还可以对已经配置好的配置文件和账户进行修改和删除，具体的步骤如下所示。

【练习5】

（1）打开 SQL Server Management Studio，使用正确的身份登录到数据库引擎打开 SQL Server 2008 实例。

（2）在【对象资源管理器】中，展开【服务器】|【管理】节点，右击【数据库邮件】选择【配置数据库邮件】命令，打开【数据库邮件配置向导】欢迎窗口。

（3）单击【下一步】按钮，进行【选择配置任务】窗口。在这里选择【管理数据库邮件账户和配置文件】选项。

（4）单击【下一步】按钮，进入【管理配置文件和账户】窗口。该窗口提供的四个选项为【创建新账户】、【查看、更改或删除现有账户】、【创建配置文件】和【查看、更改或删除现有配置文件】。您也可以管理与该配置文件关联的账户。这里选择【查看、更改或删除现有账户】选项，如图 15-15 所示。

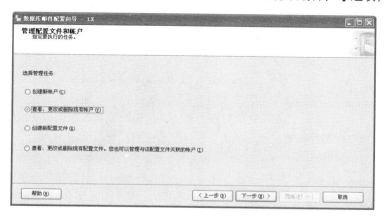

图 15-15　选择管理任务

（5）单击【下一步】按钮，进行【管理现有账户】窗口。在账户名后的下拉列表中，可以选择当前存在的所有账户，如图 15-16 所示。

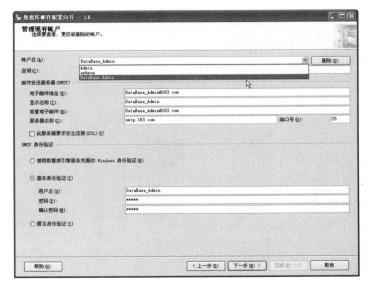

图 15-16　管理现有账户

（6）选中某个账户后，可以修改该账户的内容或者单击【删除】按钮，删除该账户。

（7）最后单击【下一步】按钮，进入【完成该向导】窗口。单击【完成】按钮，保存对账户的修改。

15.3.4　使用邮件配置文件

前面内容中介绍了如何使用数据库邮件配置向导，而且创建了一个名为 DataBaseConfigFile 的配置文件。本节将介绍如何在 SQL Server 代理中使用该邮件配置文件，使用过程如下。

【练习6】

（1）在【对象资源管理器】中右击【SQL Server 代理】节点，选择【属性】命令，打开【SQL Server 代理属性】窗口，如图 15-17 所示。在 Net send 收件人文本框中指定 Net send 的收件人，一般为主机名或 IP。

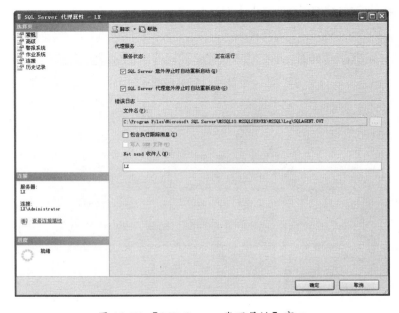

图 15-17　【SQL Server 代理属性】窗口

（2）打开【警报系统】页面，启用【启用邮件配置文件】复选框，从【邮件系统】下拉列表中，选择【数据库邮件】选项，再从【邮件配置文件】下拉列表中，选择上面创建的邮件配置文件 DataBaseMailConfigFile 选项，如图 15-18 所示。

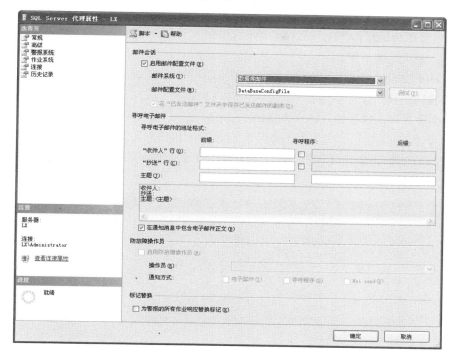

图 15-18　【警报系统】选项窗口

（3）单击【确定】按钮完成设置属性。

（4）从 SQL Server 配置管理器中，停止并重新启动 SQL Server 代理服务。

在顺利配置了数据库邮件之后，就可以创建从 SQL Server 那里接收电子邮件的操作员。

提示

Internet 信息服务携带了一个内部的 SMTP 服务器，该服务器可以与"数据库邮件"一起使用。

15.4 配置操作员

SQL Server 2008 的操作员是一个特殊的账户，当警报被触发或者当计划作业失败、成功或者完成时，操作员会得到通知。本节将详细介绍如何创建和管理操作员。

15.4.1 创建操作员

操作员是指在完成作业或出现警报时可以接收电子通知的人或组的别名。SQL Server 代理服务使用操作员来通知管理员作业的执行情况。例如，哪个作业执行完成或者作业的出错信息等。SQL Server 2008 支持三种方式通知操作员，分别是电子邮件通知、寻呼通知和 net send 通知。

【练习 7】

在 SQL Server 2008 中每个操作员都必须有一个惟一的名称，并且长度不能超过 128 个字符。下面创建一个名称为 zhht 的操作员，具体过程如下所示。

（1）使用 SQL Server Management Studio 连接到服务器。

（2）在【对象资源管理器】窗口中展开【服务器】|【SQL Server 代理】节点，再右击【操作员】节点选择【新建操作员】命令，打开【新建操作员】窗口。

（3）在【名称】文本框中输入"zhht"。如果已经将系统配置成使用数据库邮件配置文件发送邮件，则输入电子邮件地址作为电子邮件名称（这里输入 zhht@163.com）；如果没有将系统配置成使用电子邮件，则跳过这一步。

（4）在【Net Send】文本框中输入计算机名称，这里输入"zhht"。

（5）如果操作员携带了能够接收电子邮件的传呼机，则可以在【寻呼电子邮件名称】文本框中输入传呼机的电子邮件，这是输入"zhht@163.com"。

（6）在【寻呼值班计划】中选择操作员可以接收通知的日期和时间。如果复选了某一天，操作员将在那一天的某个时间段（【工作日开始】和【工作日结束】选项指定的时间内）接到通知，这里保留默认值，如图 15-19 所示。

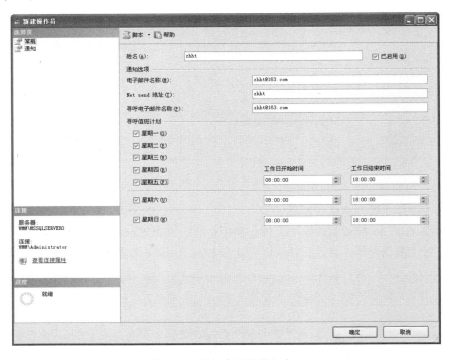

图 15-19 【新建操作员】窗口

（7）单击【确定】按钮完成操作员 zhht 的创建。

除了使用上面的图形方式创建操作员，也可以使用 sp_add_operator 存储过程创建，语法格式如下。

```
sp_add_operator [ @name = ] 'name'
[ , [ @enabled = ] enabled ]
[ , [ @email_address = ] 'email_address' ]
[ , [ @pager_address = ] 'pager_address' ]
[ , [ @weekday_pager_start_time = ] weekday_pager_start_time ]
[ , [ @weekday_pager_end_time = ] weekday_pager_end_time ]
```

语法说明如下。

❑ **@name** 操作员的名称。

- ❑ **@enabled**　表示操作员的当前状态，默认值为 1（已启用）。
- ❑ **@email_address**　操作员的电子邮件地址。
- ❑ **@pager_address**　操作员的寻呼地址。
- ❑ **@weekday_pager_start_time**　工作日（星期一到星期五）中的时间，在到达此时间后，SQL Server 代理将把寻呼通知发送给指定的操作员。
- ❑ **@weekday_pager_end_time**　SQLServerAgent 服务在工作日（星期一到星期五）将寻呼通知发送给指定操作员的结束时间。

> **警告**
>
> 必须在 msdb 数据库中运行 sp_add_operator 语句。

【练习 8】

使用存储过程 sp_add_operator 语句创建名称为"临时操作员"的操作员，语句如下。

```
USE msdb
GO
EXEC dbo.sp_add_operator
@name = '临时操作员',
@enabled = 1,
@email_address = 'test@126.com',
@weekday_pager_start_time = 080000,
@weekday_pager_end_time = 180000
GO
```

执行后的结果如图 15-20 所示，提示"命令已成功完成"表示已创建完成的操作员。

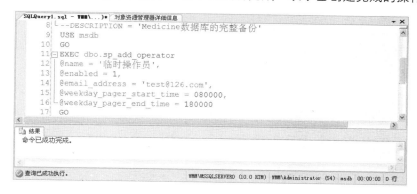

图 15-20　使用 sp_add_operator 创建操作员

> **试一试**
>
> 使用存储过程 sp_update_operator 语句可以更新操作员，使用存储过程 sp_help_operator 语句可以查看当前定义操作员的信息。

15.4.2　禁用操作员

当数据库管理员离开公司时，可能就需要考虑禁用与该数据库管理员相关联的登录账户和操作员账户。

【练习 9】

例如，要禁用操作员 zhht，可以通过以下步骤。

（1）使用 SQL Server Management Studio 连接到 SQL Server 2008 实例。

（2）在【对象资源管理器】窗口中展开【服务器】|【SQL Server 代理】|【操作员】节点。

（3）右击要禁用的操作员 zhht，然后选择【属性】命令打开【zhht 属性】窗口。在窗口中禁用【已启用】复选框可以禁用 zhht 操作员，如图 15-21 所示。

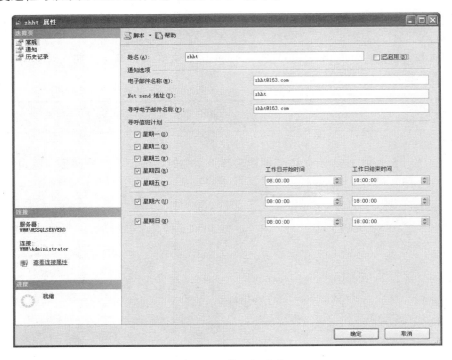

图 15-21　禁用操作员

15.4.3　删除操作员

操作员如果禁用即变为不可用，但是可以在需要时重新启用。如果一个操作员不再使用，可以删除该操作员。具体方法是右击操作员名称，选择【删除】命令，在打开的【删除对象】窗口中单击【确定】按钮完成删除，如图 15-22 所示。

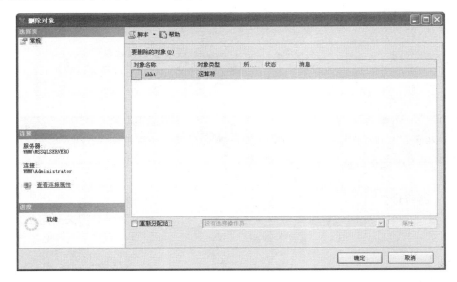

图 15-22　删除操作员

15.5 配置作业

在 SQL Server 2008 中，作业是数据库自动化的关键部分，是一系列由 SQL Server 代理按顺序执行的指定操作。作业可以运行重复或可计划的任务，然后它们可以通过生成警报来自动通知用户作业状态，从而极大地简化了 SQL Server 的管理。

15.5.1 作业简介

一个作业其实就是一系列任务的集合，其中的任务可以被自动化为在需要的任何时候运行。例如，可以将创建的数据库分为以下几个步骤：第一创建数据库，第二备份新的数据库，第三在完成数据库的备份之后，可以在数据库中创建一些表，最后再向表中导入相关的数据。这几个步骤，每一步都是作业的一项任务。

作业中的步骤都有一个简单的逻辑，通过控制各个步骤的流程，可以将纠错机制内建到作业中。例如，在创建数据库作业中，如果创建的过程中硬盘最终填满，则作业停止。这时在第四步创建一个用于清理硬盘空间的任务，就可以创建这样一个简单的逻辑，用于规定"第一步失败，转到第四步；如果第四步成功，返回到第一步"。有了这些步骤之后，就可以通知 SQL Server 何时启动这个作业。

在创建作业时，需要指定作业的一个或多个属性，如下所示。

- **名称** 一个作业必须有一个合法的名称，在同一台服务器上定义的任务不能有相同的作业名。
- **类别** 利用作业分类可以更有效地组织和管理作业。在安装 SQL Server 2008 后，系统会自动创建一些任务的类别，默认的类别为"未归类的本地作业"。
- **拥有者** 每个作业都必须有一个拥有者，即创建作业的人。
- **描述** 由于作业可以被本地或远程计算机上的其他用户执行，所以对作业完成的功能做简单地介绍，能够帮助用户更好地使用该作业。
- **作业步骤** 作业步骤是指对数据库或服务器进行的具体操作。每个作业必须至少包括一个作业步骤，用户应该定义这些步骤执行的顺序，该顺序被称为控制流。
- **调度时间表** 为作业安排调度时间表可以使作业按照时间表自动完成管理任务。

15.5.2 创建本地作业

所谓本地作业是指，这些作业只能运行在创建它们的计算机上，不可以跨越多个服务器运行。在创建作业时，可以给作业添加在成功、失败或完成时接收通知的操作员。当作业结束时，可以收到作业的输出结果。

【练习 10】

创建一个本地作业，该作业先对 Medicine 数据库进行收缩，然后备份该数据库。具体过程如下所示。

（1）使用 SQL Server Management Studio 连接到 SQL Server 2008 服务器。

（2）在【对象资源管理器】窗口中展开【服务器】|【SQL Server 代理】节点，右击【作业】选择【新建作业】命令，打开【新建作业】窗口。

（3）在打开的【新建作业】窗口设置作业的名称、所有者、类别和说明信息，如图 15-23 所示。

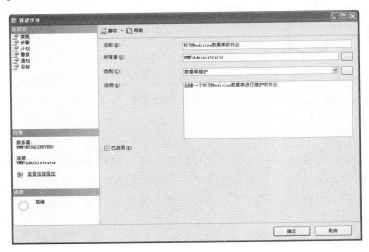

图 15-23 【新建作业】窗口

（4）从【选择页】内打开【步骤】页面，在该页面中单击【新建】按钮弹出【新建作业步骤】窗口。

（5）在【步骤名称】文本框中为这个作业步骤定义一个名称，然后从【类型】下拉列表中选择作业的类型。根据作业要求，首先要收缩 Medicine 数据库，即使用 Transact-SQL 语句，因此选择【Transact-SQL 脚本（T-SQL）】选项。

（6）如果该步骤是对数据库直接进行操作，可以在【数据库】下拉列表框中选择目标数据库。这里要创建新数据库，使用默认值，然后在【命令】文本框中输入创建新数据库的 Transact-SQL 语句，如图 15-24 所示。

图 15-24 【新建作业步骤】对话框

（7）单击【分析】按钮验证语句的正确性。

（8）单击【高级】选项打开【高级】页面，在【成功时要执行的操作】下拉列表中选择【转到下一步】选项，然后从【失败时要执行的操作】下拉列表中选择【退出报告失败的作业】选项，其他设置保持默认值，如图 15-25 所示。

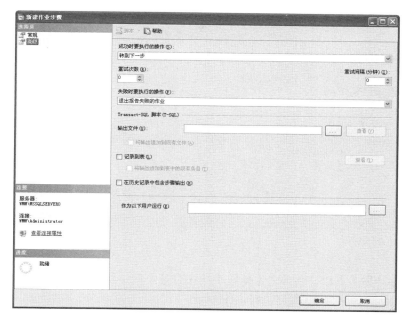

图 15-25　新建作业步骤【高级】选项

（9）单击【确定】按钮创建该作业步骤。

（10）经过以上操作，新建了一个使用 Transact-SQL 语句收缩数据库的步骤。根据作业要求，还需要备份数据库。因此，再次单击【新建】按钮打开【新建作业步骤】窗口。

（11）输入步骤名称为"备份 Medicine 数据库"，然后再输入备份数据库的 Transact-SQL 语句并单击【分析】按钮验证是否正确，整个步骤如图 15-26 所示。

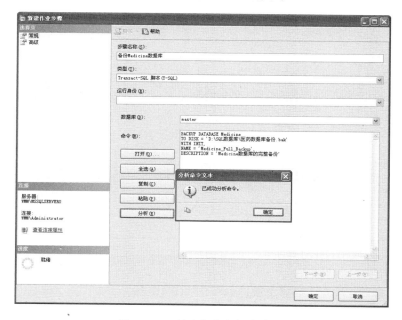

图 15-26　创建备份数据库步骤

（12）完成后单击【确定】按钮返回，此时会看到作业步骤中包含两项，还可以调整执行顺序、编辑或者删除作业，如图 15-27 所示。

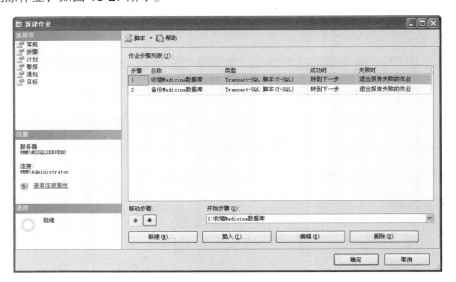

图 15-27　查看作业步骤

（13）打开【计划】页面，再单击【新建】按钮打开【新建作业计划】窗口。在这里创建一个执行计划通知 SQL Server 2008 如何执行该作业。

（14）在【名称】文本框中为要执行的作业计划定义一个名称，再选择一个计划的类型，可选项有重复执行、执行一次、CPU 空闲时启动和 SQL Server 代理启动时自动启动，然后设置计划执行的时间、日期以及频率。这里选择"执行一次"类型，如图 15-28 所示。

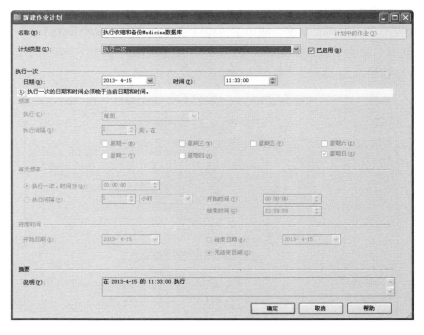

图 15-28　【新建作业计划】对话框

（15）设置完成后，单击【确定】按钮返回，如图 15-29 所示。

（16）打开【通知】页面，启用【电子邮件】和 Net send 复选框，并且在后面的第一个列表框中选择执行作业时通知的操作员，在这里选择前面创建的操作员 Admin。

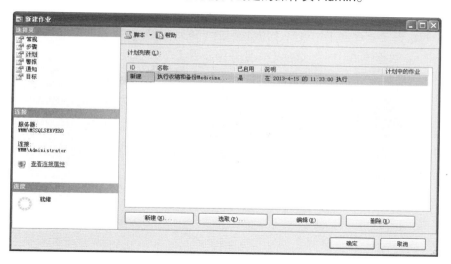

图 15-29　新建作业计划

（17）在第二个列表框中选择通知操作员的时机，可选择项有【当作业失败时】【当作业完成时】或【当作业成功时】。如果选择【当作业完成时】则包括了【当作业成功时】和【当作业失败时】，如图 15-30 所示。

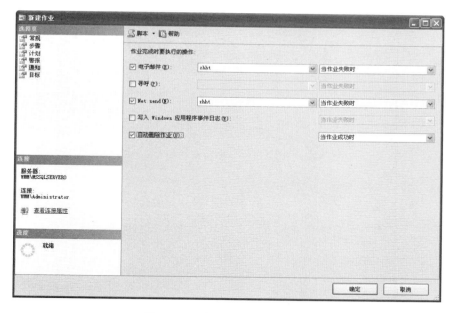

图 15-30　作业属性【通知】页

（18）单击【确定】按钮完成创建作业。此后，作业就会按照上面的设定进行开始按计划执行。

通过上面的操作，创建了一个包含两个步骤的作业。第一步收缩 Medicine 数据库，第二步对数据库进行完整备份。该作业只运行一次，最后不管成功与否都将通知操作员 zhht。

15.5.3　执行作业

当作业创建完成之后，可手动执行该作业。例如，使用 SQL Server Management Studio 手动执行上一小节创建的作业，并查看其历史记录，具体步骤如下。

【练习 11】

（1）使用 SQL Server Management Studio 连接到 SQL Server 2008 服务器。

（2）在【对象资源管理器】中展开【服务器】|【SQL Server 代理】|【作业】节点，右击作业"针对 Medicine 数据库的作业"选择【作业开始步骤】命令，将打开【开始作业】窗口，并执行作业。当作业执行成功之后，将显示作业状态为成功，如图 15-31 所示。

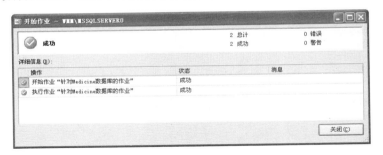

图 15-31　【开始作业】窗口

（3）单击【关闭】按钮，作业成功执行。

（4）当作业执行完成后，可右击作业名称选择【查看历史记录】命令，在弹出的【日志文件查看器】窗口中查看执行情况，如图 15-32 所示。

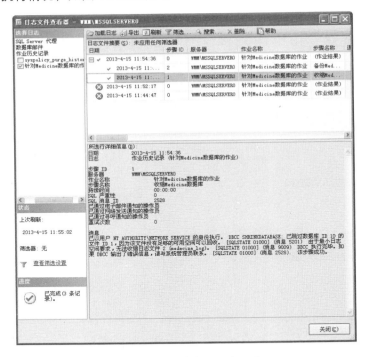

图 15-32　查看作业历史记录

15.5.4　作业的管理操作

使用 SQL Server Management Studio 工具除了创建和执行作业，还可以对已经创建的作业进行管理主要包括：停止正在运行的作业、禁用作业、修改作业和删除作业。

1．停止作业

打开 SQL Server Management Studio 窗口，在【对象资源管理器】中展开服务器，选择【SQL

Server 代理】|【作业】选项，展开【作业】节点。右击要停止运行的作业名称，在打开的快捷菜单中选择【停止作业】命令，则作业停止运行。

2．禁用作业

在【SQL Server 代理】|【作业】节点中，右击要禁用的作业名称，选择【禁用】命令，则作业的启用状态将被设置为否，在指定的时间内不会再执行作业。

3．修改作业

在【SQL Server 代理】|【作业】节点中，右击要修改的作业名称，在打开的快捷菜单中选择【属性】命令，打开【作业属性】窗口，即可对已经创建的作业进行修改操作。修改作业与创建作业的过程相似。

4．删除作业

在【SQL Server 代理】|【作业】节点中，右击要删除的作业名称，在打开的快捷菜单中选择【删除】命令，即可删除指定的作业。

15.6 配置警报

SQL Server 2008 将发生的事件记录到 Windows 的应用程序日志文件中，通过为特定的事件定义警报可以让 SQL Server 代理在收到警报之后执行对应的响应事件。

15.6.1 警报简介

警报由名称、触发警报的事件或性能条件、SQL Server 代理响应事件或者性能条件所执行的操作三部分组成。每个警报都对应一种特定的事件，响应事件的类型可以是 SQL Server 事件、SQL Server 性能条件或者 WMI 事件之一。

不同的事件类型使用的事件参数也不相同，下面首先了解警报的基本元素。

1．错误号

SQL Server 中可以出现的错误都有编号（约 3000 个），即使已经列出了这么多种错误，但仍然不够。例如，假设希望在用户从客户数据库中删除客户时激活某个警报，但 SQL Server 并没有包括与数据库的结构或用户的名称有关的警报，因此需要创建新的错误号，并针对这样的私有事件产生一个警报。警报可以创建成基于任何一个有效的错误号。

2．错误严重级别

SQL Server 中的每个错误还有一个关联的严重级别，用于指示错误的严重程度。警报可以按严重级别产生。表 15-1 列出了比较常见的严重级别。

表 15-1　常见错误级别

级　　别	说　　明
10	这是信息性消息，由用户输入信息中的错误所引起不严重
11 ~ 16	这些是用户能够纠正的所有错误
17	这些错误是在服务器耗尽资源（比如内存或硬盘空间）时产生的错误
18	一个非致命的内部错误已经产生。语句将完成，并且用户连接将维持
19	一个不可配置的内部限额已被达到。产生这个错误的任何语句将被终止
20	当前数据库中的一个单独进程已遇到问题，但数据库本身未造成破坏
21	当前数据库中的所有进程都受到该问题影响，但数据库本身未遭到破坏

续表

级 别	说 明
22	正在使用的表或索引可能受到损坏。应该运行 DBCC 设法修复对象。（问题也可能出在数据缓存中，也就是说，一个简单的重启可能就解决了问题）
23	这条消息通常指整个数据库不知何故已遭破坏，而且应该检查硬件的完整性
24	硬件已经发生故障。可能需要购买新硬件并从备份中重装数据库

3．性能计算器

警报也可以从性能计数器中产生。这些计数器与"性能监视器"中的计数器完全相同，而且对纠正事务日志填满之类的性能问题非常有用，也可以产生基于 WMI（Windows Management Instrumentation）事件的警报。

▌15.6.2 事件警报

要创建的事件警报必须将错误写到 Windows 事件日志上，因为 SQL Server 代理从该事件日志上读取错误信息。一旦 SQL Server 代理读取了该事件日志并检测到了新错误，就会搜索整个数据库查找匹配的警报。当这个代理发现匹配的警报时，该警报立即激活，进而可以通知操作员和执行作业。

【练习 12】

例如，要在 Medicine 数据库上创建一个备份事件失败时的警报，具体步骤如下。

（1）使用 SQL Server Management Studio 连接到 SQL Server 2008 服务器。

（2）从【对象资源管理器】窗口展开【服务器】|【SQL Server 代理】节点，右击【警报】节点选择【新建警报】命令，打开【新建警报】窗口。

（3）在【名称】文本框中为警报定义名称，例如"事件警报（无法正常执行备份作业）"，从【类型】下拉列表框中选择【SQL Server 事件警报】选项。

（4）在【数据库名称】下拉列表框中选择警报作用于的数据库为 Medicine，接着启用【错误号】单选按钮为警报指定错误号，例如"14500"，如图 15-33 所示。

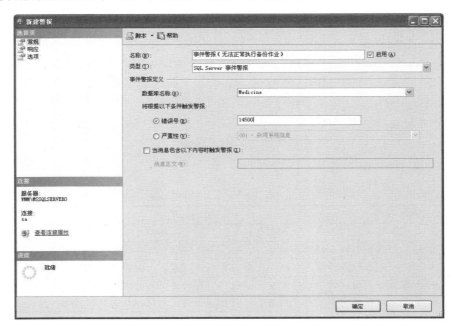

图 15-33 【新建警报】窗口

如果选择【严重性】单选按钮，则可以从下拉列表框中选择预定义的警报。此时，如果选择的严重级别在 19～25 之间，就会向 Windows 应用程序日志发送 SQL Server 消息，并触发一个警报。

> **提示**
> 对于严重级别小于 19 的事件，只有在使用 sp_altermessage、RAISERROR WITH LOG 或 xp_logevent 强制这些事件写入 Windows 应用程序日志时，才会触发警报。

（5）在【响应】页面启用【执行作业】复选框，并在下拉列表中选择要执行的作业。启用【通知操作员】复选框，并选择 zhht 的【电子邮件】和 Net Send 复选框，如图 15-34 所示。

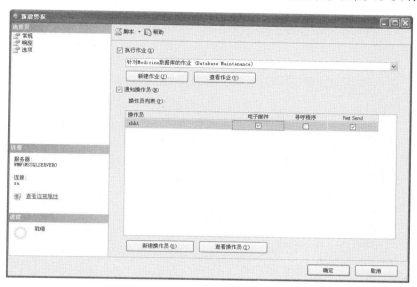

图 15-34　【响应】页面

（6）打开【选项】页面，启用【警报错误文本发送方式】选项区下面的 Net Send 复选框，如图 15-35 所示。

图 15-35　【选项】页面

（7）单击【确定】按钮，完成事件警报的创建。

15.6.3 性能警报

下面在 Medicine 数据库上创建一个事务日志超过 90%时激活的性能警报，弹出相应的警报信息。具体创建警报的步骤如下所示。

【练习 13】

（1）使用 SQL Server Management Studio 连接到 SQL Server 2008 服务器。

（2）从【对象资源管理器】窗口展开【服务器】|【SQL Server 代理】节点，右击【警报】节点选择【新建警报】命令，打开【新建警报】窗口。

（3）配置警报类型为"SQL Server 性能条件警报"，再设置警报的对象、计数器、实例及警报条件，最终如图 15-36 所示。

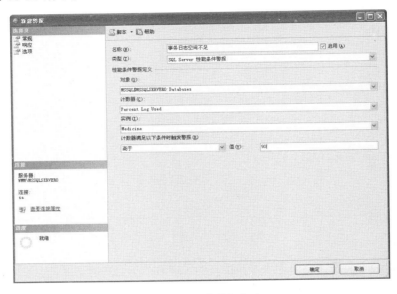

图 15-36 【新建警报】窗口

（4）在【响应】页面启用【通知操作员】复选框，并启用 zhht 后的【电子邮件】和【Net Send】复选框，如图 15-37 所示。

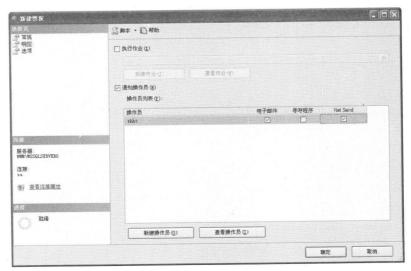

图 15-37 【响应】选项窗口

（5）单击【确定】按钮警报创建完成。当 Net Send 消息弹出时，仔细观察错误号、描述和其他内容，然后单击【确定】按钮关闭消息。

15.6.4　WMI 警报

Windows Management Instrumentation（Windows 管理规范）是一项核心的 Windows 管理技术，WMI 通过编程和脚本语言为日常管理提供了一条连续一致的途径。用户可以使用 WMI 管理本地和远程计算机，执行如下操作。

- ❑ 在远程计算机上启动一个进程。
- ❑ 设定一个在特定日期和时间运行的进程。
- ❑ 远程启动计算机。
- ❑ 获得本地或远程计算机的已安装程序列表。
- ❑ 查询本地或远程计算机的 Windows 事件日志。

注意

WMI 对磁盘、进程和其他 Windows 系统对象进行建模，从而实现"指示"功能。此外，WMI 的功能还包括事件触发、远程调用、查询、查看、架构的用户扩展、指示等。

【练习 14】

假设要在 Medicine 数据库上创建一个 WMI 警报，具体步骤如下。

（1）使用 SQL Server Management Studio 连接到 SQL Server 2008 服务器。

（2）从【对象资源管理器】窗口展开【服务器】|【SQL Server 代理】节点，右击【警报】节点选择【新建警报】命令，打开【新建警报】窗口。

（3）配置警报的名称、类型和命名空间，如图 15-38 所示，并且在【查询】文本框中输入如下语句。

```
SELECT * FROM DDL_DATABASE_LEVEL_EVENT WHERE DatabaseName='Medicine'
```

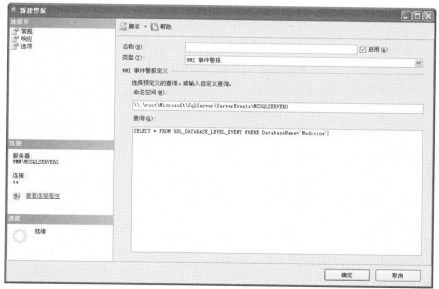

图 15-38　【新建警报】窗口

（4）打开【响应】页面，设置通过 Net Send 的方式通知操作员 "zhht"。

（5）打开【选项】页面，将警报错误文本发送方式设置为 "Net Send"。

（6）单击【确定】按钮关闭窗口完成创建。

15.6.5　禁用和删除警报

当创建的警报失去作用时，可以删除警报；如果只是想让警报暂时失去作用，则可以禁用该警报。删除和禁用警报的具体步骤如下所示。

（1）在 SQL Server Manager Studio 中，使用 Windows 或 SQL Server 身份验证连接到服务器。

（2）在【对象资源管理器】窗口中展开【服务器】|【SQL Server 代理】|【警报】节点，右击警报名称，选择【属性】命令，打开【警报属性】窗口。

（3）禁用警报名称后的【启用】复选框，即可禁用警报。警报被禁用后，当相关事件发生时，警报不会被触发。

（4）如果需要删除一个警报，可以直接右击该警报，选择【删除】命令，打开【删除对象】窗口，单击【确定】按钮即可删除该警报。

15.7　实例应用：使用数据库维护计划向导

15.7.1　实例目标

在数据库的实际应用中，对于数据库的一些管理操作，例如，事务日志备份、索引重组、优化数据库等必须定期执行，才能保持服务器正常运行。虽然可以通过创建作业来执行，但是必须为每个数据库创建多个作业，这是相当繁琐的一件事。而在 SQL Server 2008 中，利用维护计划可以帮助用户自动管理数据库的一些操作，从而减轻了管理人员的负担。

本实例将通过 SQL Server 2008 的维护计划向导详细介绍数据库维护任务的实现。

15.7.2　技术分析

在实际应用时数据库的维护任务有很多种，而且执行的频率也不相同。因此，首先需要通过一个清单列表，列出所有可能的数据库维护任务，以及可能执行的时机。这里提供了推荐的每日、每周、每月和当需要时的维护任务，供读者参考。

1．每日的维护任务

下面列出推荐的每日维护任务清单。

❑ 监视应用程序、服务器和代理日志。
❑ 为那些没有配置警报通知的重要错误配置警报。
❑ 检查性能和错误警报信息。
❑ 监控作业状态，尤其是那些数据库备份和执行复制的作业。
❑ 检查作业在作业历史中的输出或者输出文件。
❑ 备份数据库和日志文件（如果必要，并且没有作为自动作业配置）。

2．每周的维护任务

下面列出推荐的每周维护任务清单。

❑ 监控驱动器上的可用磁盘空间。
❑ 监控链接服务器、远程服务器、主服务器和目标服务器的状态。

❑ 检查维护计划报告和历史来确定维护计划操作的状态。

❑ 通过执行 sp_configure 存储过程，生成一个配置信息的更新记录。

3．每月的维护任务

下面列出推荐的每月维护任务清单。

❑ 监控服务器的性能、调整性能参数以提高相应时间。

❑ 管理登录账户和服务器角色。

❑ 审核服务器、数据库和对象权限，以确保只有授权的用户才有权访问。

❑ 检查警报、作业和操作员的配置。

4．当需要时的维护任务

当需要时执行的维护任务并不确定执行的时间间隔，需要数据库管理员根据实际需要来执行这些任务。下面列出推荐的当需要时的维护任务清单。

❑ 备份 SQL Server 注册表数据。

❑ 更新紧急修理磁盘。

❑ 运行数据库完整性检查和更新数据库统计（大多数情况下，SQL Server 2008 会自动处理）。

如表 15-2 列出了 SQL Server 2008 支持的维护任务列表。

表 15-2　维护任务列表

任 务 名 称	功 能 描 述
备份数据库	允许执行源数据库、目的文件或者磁盘，以及针对完整、差异和事务日志备份的覆盖选项。在维护计划向导中，对于每一种备份类型，都有单独的任务列表
检查数据库完整性	对指定的数据库，执行数据和索引页的内部一致性检查
执行 SQL Server 代理作业	允许选择 SQL Server 代理作业，作为维护计划的一部分运行
执行 Transact-SQL 语句	允许运行任何 Transact-SQL 脚本，作为维护计划的一部分（仅在"维护计划包设计器"中可用）
清除历史记录	删除有关的备份和还原、SQL Server 代理和维护计划操作的历史数据
清除维护	删除执行维护计划时生成的文件（仅在"维护计划包设计器"中可用）
通知操作员	发送电子邮件给指定的 SQL Server 代理操作员（仅在"维护计划包设计器"中可用）
重新生成索引	重新生成索引以提高索引扫描和查找的性能。这个任务也优化了在索引页上的数据的分发和自由空间，允许将来更快地扩展
重新组织索引	磁盘碎片整理、压缩表和视图上的聚集和非聚集索引，以提高索引扫描的性能
收缩数据库	通过删除空的数据和日志页，减少指定数据库使用的磁盘空间
更新统计信息	更新查询优化器中有关表中数据分发至的统计信息。这将提高查询优化器的能力以确定数据访问的策略，最终提高查询性能

15.7.3　实现步骤

（1）打开 SQL Server Management Studio，使用正确的身份登录到数据库引擎打开 SQL Server 2008 实例。

（2）在【对象资源管理器】窗口中展开【服务器】|【管理】节点，右击【维护计划】，选择【维护计划向导】命令，打开【维护计划向导】起始界面，如图 15-39 所示。

（3）单击【下一步】按钮，打开【选择计划属性】窗口，输入维护计划的名称和说明，如图 15-40 所示。

（4）单击【下一步】按钮，打开【选择维护任务】窗口，这里列出了维护计划向导的维护任务列表，通过启用复选框的方式可以选择多项维护任务，选择【选择一项或多项维护任务】列表中除【执行 SQL Server 代理作业】之外的任务。如图 15-41 所示。

图 15-39 【维护计划向导】初始界面

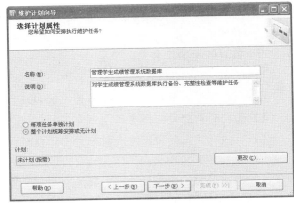

图 15-40 选择目标服务器

（5）单击【下一步】按钮，打开【选择维护任务顺序】窗口，可以通过单击【上移】和【下移】按钮来调整维护任务的顺序，这里保持默认顺序，如图 15-42 所示。

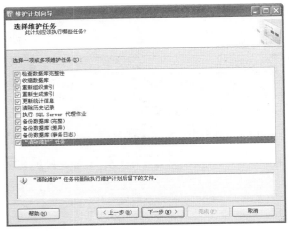

图 15-41 选择维护任务

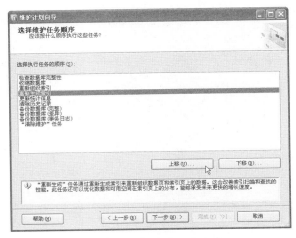

图 15-42 选择维护任务顺序

（6）单击【下一步】按钮，打开【维护计划向导】数据库检查完整性窗口。单击【数据库】下拉列表框，从数据库列表中启用【学生成绩管理系统】复选框，如图 15-43 所示。

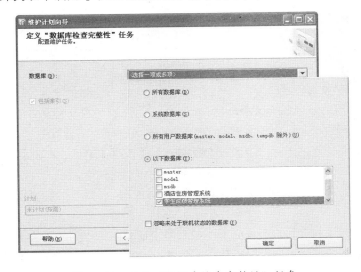

图 15-43 定义"数据库检查完整性"任务

（7）单击【下一步】按钮，打开【定义"收缩数据库"任务】窗口。与步骤（6）一样设定【数据库】项，如图 15-44 所示。该窗口用于指定在数据库变得太大时，应该如何缩小数据库，以及何时开始缩小、缩小多少和收缩后的可用空间如何使用等。

（8）单击【下一步】按钮，打开【定义"重新组织索引"任务】窗口。与步骤（6）一样设定【数据库】项；从【对象】下拉列表选项【表】选项；单击【选择】下拉列表框，选择数据库中所有表对象，如图 15-45 所示。

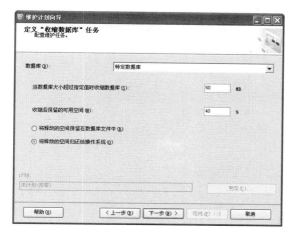

图 15-44　定义收缩数据库窗口

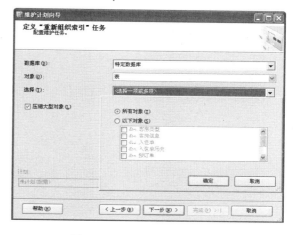

图 15-45　设置【选项】窗口

（9）设置完成后，单击【确定】按钮返回【定义"重新组织索引"任务】窗口。单击【下一步】按钮，打开【定义"重新生成索引"】窗口，同前面所述的方法一样对其中选项进行设定，其设定结果如图 15-46 所示。

提示

其中【使用默认可用空间重新组织页】表示该选项填充因子重新产生页面；【将每页的可用空间百分比改为】表示该选项创建一个新的填充因子，如果将其设置为 20，则页面将包含 20% 的自由空间。

（10）单击【下一步】按钮，打开【定义"更新统计信息"任务】窗口。同样，从【数据库】下拉列表中选择数据库，从【对象】下拉列表中选择【表】选项，选择所有的表，如图 15-47 所示。

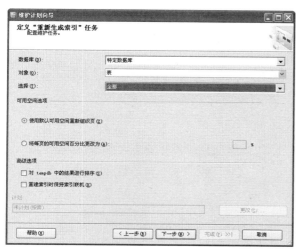

图 15-46　重新生成索引窗口

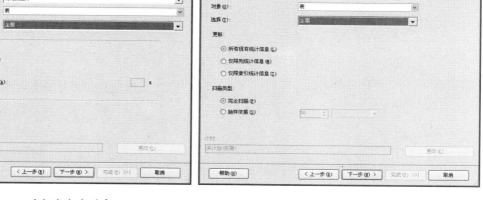

图 15-47　更新统计信息窗口

技巧

统计信息是基于一个值在列中出现的次数，由于列中的值会变化，所以统计信息需要更新反映那些变化。

（11）单击【下一步】按钮，打开【定义"清除历史记录"任务】窗口，如图 15-48 所示。该窗口用于设置何时和如何清理数据库的历史记录，使其保持正常运行。

（12）单击【下一步】按钮打开【定义"备份数据库（完整）"任务】窗口，从【数据库】下拉列表中选择要备份的数据库，再设置其他备份选项以及备份数据库的路径，如图 15-49 所示。

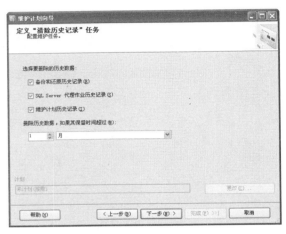

图 15-48　清除历史记录窗口　　　　　图 15-49　【定义"备份数据库（完整）"任务】窗口

（13）单击【下一步】按钮，在接下来的两个窗口分别是【定义"备份数据库（差异）"任务】窗口和【定义"备份数据库（事务日志）"任务】窗口。在这两个窗口中与步骤（12）相似的方法进行设置。

（14）以上两项任务设置完成后，单击【下一步】按钮，打开【定义"清除维护"任务】窗口，如图 15-50 所示。

（15）单击【下一步】按钮，打开【选择报告选项】窗口。选中【将报告写入文本文件】选项，保持文件夹位置为默认，然后启用【以电子邮件的形式发送报告】选项，从【收件人】下拉列表中选项 "Admin" 选项，如图 15-51 所示。

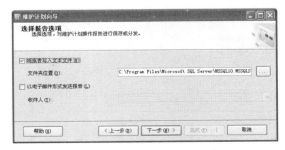

图 15-50　选择计划属性窗口　　　　　图 15-51　【维护计划向导】选择报告选项窗口

（16）单击【下一步】按钮，打开【维护计划向导】完成该向导窗口。该窗口显示了待执行任务的汇总信息，如图 15-52 所示。

（17）单击【完成】按钮创建这个维护计划，如图 15-53 所示。

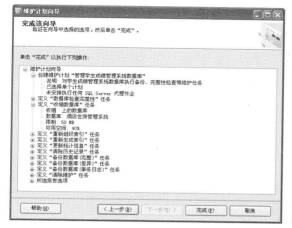

图 15-52　完成该向导

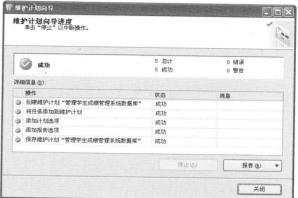

图 15-53　维护计划向导进度

（18）当 SQL Server 创建完成维护计划后，单击【关闭】按钮完成维护计划向导。

15.8　拓展训练

1．创建维护人事管理系统数据库的作业

本次训练要求以人事管理系统数据库 Personnel_sys 为例进行操作，具体作业操作要求如下。

（1）在每周一 23:00 执行完整备份操作。

（2）在每周三 23:00 执行差异备份操作。

（3）在每周日 21:00 执行收缩数据库操作。

2．创建性能警报监视作业

本次训练以前面创建的作业为基础，要求创建一个性能警报在 Personnel_sys 数据库的日志文件大于 10MB 时通知操作员 sys_dba。

15.9　课后练习

一、填空题

1．要启动 SQL Server 代理可以使用_____命令。

2．_____角色的成员可以直接访问 SQL Server 代理，而不受其他角色的影响。

3．在使用存储过程创建操作员时必须打开_____数据库。

二、选择题

1．下面与代理账户没有关系的角色是_____。

　　A．SQLAgentUserRole

    B. SQLAgentReaderRole

    C. SQLAgentOperatorRole

    D. SQLAgentGuest

2. 如果要提高 SQL Server 代理实现的安全，下列遵循原则中不正确的是_____。

    A. 可以为代理创建公共账户

    B. 专门为代理创建专用的用户账户

    C. 只为代理用户账户授予必需的权限

    D. 不要使用 Administrators 组成员账户运行 SQL Server 代理服务

3. 假设要创建操作员可使用存储过程_____实现。

    A. sp_add_operator

    B. sp_update_operator

    C. sp_help_operator

    D. sp_delete_operator

4. SQL Server 代理服务通过_____记录一个针对数据库的操作。

    A. 作业

    B. 警报

    C. 操作员

    D. 计划

三、简答题

1. 简述什么是 SQL Server 的自动化管理。

2. 简述可以从哪些方面提高 SQL Server 代理安全性。

3. 简述数据库邮件在 SQL Server 自动化管理中的作用。

4. 什么是操作员以及其功能是什么？

5. 简述作业概念及操作过程。

第 16 课
SQL Server 数据库安全管理

安全是一个广泛使用的术语，数据传输时的加密，进入系统时的用户认证等都属于安全范畴。防止非法用户对数据库进行操作以保证数据库的安全运行，是每个数据库管理员必须考虑的问题。SQL Server 2008 内置了强大的安全性来保存数据，并提供了完善的管理机制和简单而丰富的操作手段帮助数据库管理员实现各种级别的保护。

本课首先讲解了 SQL Server 2008 提供的各个安全级别，然后重点对身份验证模式、登录名、数据库用户、权限及角色的管理进行介绍。

本课学习目标：

❑ 了解 SQL Serve 2008 的安全机制
❑ 掌握设置 SQL Server 2008 验证模式方法
❑ 了解系统内置的登录名
❑ 掌握登录名的创建及管理方法
❑ 了解系统内置的数据库用户
❑ 掌握数据库用户的创建方法
❑ 理解权限的概念及其分类
❑ 掌握权限的授予、撤销和拒绝操作
❑ 了解服务器和数据库角色
❑ 掌握服务器角色的管理
❑ 掌握管理数据库角色的方法

16.1 了解 SQL Server 安全机制

SQL Server 2008 的安全性机制可以分为五个等级，分别是：客户机安全机制、网络传输安全机制、实例级别安全机制、数据库级别安全机制和对象级别安全机制。其中的每个等级就好像一道门，如果门没有上锁，或者用户拥有开门的钥匙，则用户可以通过这道门达到下一个安全等级。如果通过了所有的门，则用户就可以实现对数据的访问，这种关系可以用图 16-1 来表示。

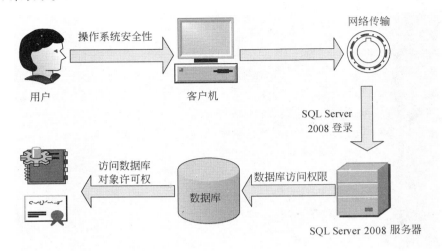

图 16-1　SQL Server 2008 的安全等级

16.1.1　客户级安全

通常情况下，数据库管理系统是运行在某一特定操作系统平台下的应用程序，SQL Server 2008 也是如此，所以客户级操作系统的安全性直接影响到 SQL Server 2008 的安全性。

用户在使用客户计算机通过网络实现对 SQL Server 服务器的访问时，首先要获得客户计算机操作系统的使用权。

在能够实现网络互联的前提下，首先用户有必要登录运行 SQL Server 2008 服务器的主机，才能够进行更进一步的操作。SQL Server 2008 可以直接访问网络端口，所以可以实现对 Windows NT 安全体系以外的服务器及其数据库的访问。

操作系统安全性是操作系统管理员或者网络管理员的任务。由于 SQL Server 2008 采用了集成 Windows NT 网络安全性的机制，所以使操作系统安全性的地位得到提高，但同时也加大了管理数据库系统安全性的难度。

16.1.2　网络传输级安全

对于现代化的企业来说，数据是最重要的财富，而如何保护数据的安全性，是一个公司的管理者所面临的最重要的问题。在 SQL Server 2008 中，对关键的数据进行了加密，即使一个攻击者通过了防火墙和操作系统安全机制抵达了数据库，也不能直接获取数据库中的信息。

在 SQL Server 2008 中提供了两种对数据加密的方式：数据加密和备份加密。

1. 数据加密

SQL Server 2008 推出了透明数据加密。透明数据加密执行所有的数据库级别的加密操作，这消除了应用程序开发人员创建定制的代码来加密和解密数据的需求。SQL Server 会自动在数据写到磁盘时进行加密，从磁盘中读取的时候解密。通过使用 SQL Server 来透明地管理加密和解密，可以很方便地保护数据库中的数据，而不必对应用程序做任何修改。

2. 备份加密

SQL Server 2008 加密备份的方式可以防止数据泄漏或者数据被篡改。另外，备份的恢复可以限于特定的用户。

16.1.3 实例级安全

SQL Server 2008 的服务器级安全性建立在控制服务器登录和密码的基础上。SQL Server 2008 采用了标准 SQL Server 登录和集成 Windows 登录两种方式。无论使用哪种登录方式，用户在登录时提供的登录账号和密码决定了用户能否获得 SQL Server 2008 的访问权限以及用户在访问 SQL Server 2008 时拥有的权利。

管理和设计合理的登录方式是 SQL Server 2008 数据库管理员的重要任务，也是 SQL Server 2008 安全体系中重要的组成部分。

SQL Server 2008 事先设计了许多固定服务器的角色，用来为具有服务器管理员资格的用户分配使用权利。固定服务器角色的成员可以拥有服务器级的管理权限。

提示

通常情况下，客户操作系统安全的管理是操作系统管理员的任务。SQL Server 不允许用户建立服务器级的角色。

16.1.4 数据库级安全

在建立用户的登录账号信息时，SQL Server 2008 会提示用户选择默认的数据库，并给用户分配权限。以后用户每次连接服务器后，都会自动转到默认的数据库上。

对任何用户来说，如果在设置登录账号时没有指定默认的数据库，则用户的权限将局限在 master 数据库以内。

SQL Server 2008 在数据库级的安全级别上也设置了角色，并允许用户在数据库上建立新的角色，然后为该角色授予多个权限，最后再通过角色将权限赋予 SQL Server 2008 的用户，使用户获取具体数据库的操作权限。

16.1.5 对象级安全

数据库对象的安全性是核查用户权限的最后一个安全等级。在创建数据库对象的时候，SQL Server 2008 将自动把该数据库对象的所有权赋予创建该对象的用户。对象的拥有者可以实现该对象的安全控制。

数据对象访问的权限定义了用户对数据库中数据对象的引用、数据操作语句的许可权限。这部分工作通过定义对象和语句的许可权限来实现。

SQL Server 2008 安全模型的 3 个层次对于用户权限的划分不存在包含的关系，但是它们之间并不是孤立的，相邻的层次通过映射账号建立关联。例如，用户访问数据的时候经过三个阶段的处理。

（1）第一阶段

用户必须登录到 SQL Server 的实例进行身份鉴别，被确认合法后才能登录到 SQL Server 实例。

（2）第二阶段

用户在每个需要访问的数据库里必须有一个账号，SQL Server 实例将 SQL Server 登录映射到数据库用户账号上，在这个数据库的账号上定义数据库的管理和数据对象的访问的安全策略。

（3）第三阶段

检查用户是否具有访问数据库对象、执行动作的权限，经过语句许可权限的验证，才能够实现对数据的操作。

提示

一般来说，为了减少管理的开销，在对象级安全管理上应该在大多数场合赋予数据库用户广泛的权限，然后再针对实际情况在某些敏感的数据上实施具体的访问权限限制。

16.2 配置 SQL Server 身份验证模式

身份验证模式是指 SQL Server 允许用户访问服务器的权限验证方式。SQL Server 2008 提供了两种验证模式：Windows 身份验证模式和混合模式。无论哪种模式，SQL Server 2008 都需要对用户的访问进行如下两个阶段的检验。

1．验证阶段

用户在 SQL Server 2008 上获得对任何数据库的访问权限之前，必须登录到 SQL Server 上，并且被认为是合法的。SQL Server 或者 Windows 对用户进行验证。如果验证通过，用户就可以连接到 SQL Server 2008 上；否则，服务器将拒绝用户登录。

2．许可确认阶段

用户验证通过后会登录到 SQL Server 2008 上，此时系统将检查用户是否有访问服务器上数据的权限。

16.2.1 Windows 身份验证

当使用 Windows 身份验证连接到 SQL Server 时，Windows 将负责对客户端进行身份验证。在这种情况下，将按 Windows 用户账户来识别客户端。当用户通过 Windows 用户账户进行连接时，SQL Server 使用 Windows 操作系统中的信息验证账户名和密码。用户不必重复提交登录名和密码。

Windows 身份验证模式有以下优点。

❑ 数据库管理员的工作可以集中在管理数据库上，而不是管理用户账户。对用户账户的管理可以交给 Windows 去完成。

❑ Windows 有着更强大的用户账户管理工具。可以设置账户锁定、密码期限等。如果不是通过定制来扩展 SQL Server，SQL Server 是不具备这些功能的。

❑ Windows 的组策略支持多个用户同时被授权访问 SQL Server。

当数据库仅在内部访问时，使用 Windows 身份验证模式可以获得最佳工作效率。这种模式下，域用户不需要独立的 SQL Server 用户账户和密码就可以访问数据库。如果用户更新了自己的域密码，也不必更改 SQL Server 2008 的密码。

在默认情况下，SQL Server 2008 使用本地账户来登录。例如这里使用 Windows 身份验证模式登录本机的 SQL Server 2008 服务器，将默认使用当前系统账户来登录，如图 16-2 所示。

如图 16-2 所示，用户名中 HNZZ 代表当前的计算机名

图 16-2　Windows 身份验证模式

称，Administrator 是指登录该计算机时使用的 Windows 账户名称。

> **提示**
>
> 在 Windows 身份验证模式下用户需要遵从 Windows 安全模式的所有规则，管理员可以用这种模式去锁定账户、审核登录和迫使用户周期性地更改登录密码。

16.2.2 混合身份验证

所谓混合身份验证模式是指可以同时使用 Windows 身份验证和 SQL Server 身份验证，具体使用的验证方式取决于在通信时使用的网络库。如果一个用户使用 TCP/IP Sockets 进行登录验证，则使用 SQL Server 身份验证；如果用户使用命名管道，则登录时将使用 Windows 身份验证。

在上一小节中介绍了 Windows 身份验证，下面将了解一下 SQL Server 身份验证。如图 16-3 所示为使用 SQL Server 身份验证的连接界面。

图 16-3 SQL Server 身份验证

在使用 SQL Server 身份验证模式时，用户必须提供登录名称和密码，SQL Server 通过检查是否注册了该 SQL Server 登录账户或指定的密码，是否与以前记录的密码相匹配来进行身份验证。如果 SQL Server 未设置登录账户，则身份验证将失败，而且用户收到错误信息。

混合身份验证模式具有以下优点。

❏ 创建了 Windows NT/2000 之上的另外一个安全层次。

❏ 支持更大范围的用户，例如非 Windows 客户等。

❏ 一个应用程序可以使用单个的 SQL Server 登录名和密码。

> **提示**
>
> 所有 SQL Server 2008 服务器都有内置的 sa 登录账户，也可能还会有 Network Service 和 System 登录（依赖于服务器实例的配置）。

16.2.3 更改验证模式

通过前面的两个小节，对 SQL Server 2008 中的两种身份验证模式有了一定了解。在本节将学习安装 SQL Server 2008 之后，如何设置和修改服务器身份验证模式。具体步骤如下所示。

【练习1】

（1）打开 SQL Server Management Studio 窗口，选择一种身份验证模式建立与服务器的连接。

（2）在【对象资源管理器】窗口中右击服务器名称，选择【属性】命令，打开【服务器属性】窗口。

（3）从左侧的【选择页】列表中单击【安全性】标签，打开如图 16-4 所示的【安全性】选项卡，在此选项卡中可以设置身份验证模式。

如图 16-4 所示，通过单选按钮选择使用的 SQL Server 2008 服务器身份验证模式。不管使用哪种模式，都可以通过审核跟踪访问 SQL Server 2008 的用户，默认时仅审核失败的登录。各个审核选项的含义如下。

❏ **无**　禁止跟踪审核。

❏ **仅限失败的登录**　默认设置，选择后仅审核失败的登录尝试。

❏ **仅限成功的登录**　仅审核成功的登录尝试。

❑ **失败和成功的登录**　审核所有成功和失败的登录尝试。

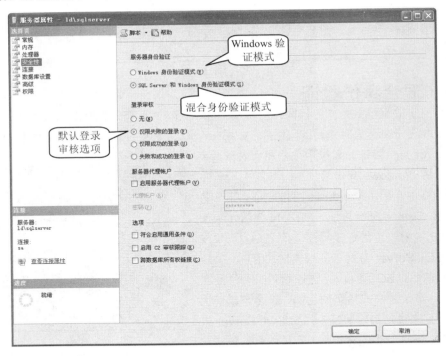

图 16-4　【安全性】选项卡

当启用审核后，用户的登录被记录于 Windows 应用程序日志、SQL Server 2008 错误日志或两者之中，这取决于如何配置 SQL Server 2008 的日志。

16.3 登录名

用户是 SQL Server 服务器安全中的最小单位，每个用户必须通过一个登录名连接到 SQL Server 2008，而且通过使用不同用户的登录名可以配置不同的访问级别。本节将详细介绍 SQL Server 2008 服务器内置的系统登录名，以及如何创建 Windows 和 SQL Server 登录名。

16.3.1　系统登录名

SQL Server 2008 内置的系统登录名包括系统管理员组、管理员用户账户、sa、Network Service 和 SYSTEM 登录。

1．系统管理员组

SQL Server 2008 中管理员组在数据库服务器上属于本地组。这个组的成员通常包括本地管理员用户账户和任何设置为管理员本地系统的其他用户。在 SQL Server 2008 中，此组默认授予 sysadmin 服务器角色。

2．管理员用户账户

管理员在 SQL Server 2008 服务器上的本地用户账户。这个账户提供对本地系统的管理权限，主要在安装系统时使用。如果计算机是 Windows 域的一部分，管理员账户通常也有域范围的权限。在 SQL Server 2008 中，这个账户默认授予 sysadmin 服务器角色。

3. sa 登录

sa 是 SQL Server 系统管理员的账户。而在 SQL Server 2008 中采用了新的集成和扩展的安全模式，sa 不再是必需的，提供此登录账户主要是为了针对以前 SQL Server 版本的向后兼容性。与其他管理员登录一样，sa 默认授予 sysadmin 服务器角色。

警告

如果要阻止非授权访问服务器，可以为 sa 账户设置一个密码，而且应该像 Windows 账户的密码一样，周期性地进行修改。

4. Network Service 和 SYSTEM 登录

Network Service 和 SYSTEM 是 SQL Server 2008 服务器上内置的本地账户，而是否创建这些账户的服务器登录，依赖于服务器的配置。

在服务器实例设置期间，Network Service 和 SYSTEM 账户可以是为 SQL Server、SQL Server 代理、分析服务和报表服务器所选择的服务账户。在这种情况下，SYSTEM 账户通常具有 sysadmin 服务器角色，允许其完全访问以管理服务器实例。

16.3.2　Windows 登录名

SQL Server 默认的身份验证类型为 Windows 身份验证，如果使用 Windows 身份验证登录 SQL Server，该登录账户必须存在于 Windows 系统的账户列表中。

创建的 Windows 登录可以映射到下列各项。

❑ 单个用户。

❑ 管理员已创建的 Windows 组。

❑ Windows 内部组（比如 Administrators）。

在创建 Windows 登录之前，必须先确认希望这个登录映射到上述三项之中的哪一项。通常情况下，应该映射到单个用户或者已创建的 Windows 组。

【练习 2】

创建 Windows 登录的第一步是在操作系统中创建 Windows 用户账户。具体步骤如下所示。

（1）打开【控制面板】|【管理工具】中的【计算机管理】窗口，展开【系统工具】|【本地用户和组节点】节点。

（2）在【本地用户和组节点】节点下右击【用户】子节点，选择【新用户】命令，如图 16-5 所示。

（3）在【新用户】对话框中输入新用户的用户名 zhht，密码和确认密码输入 123456，然后启用【密码永不过期】复选框，如图 16-6 所示。

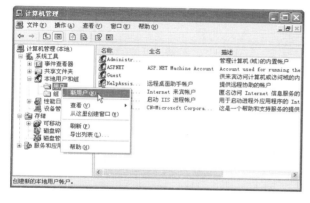

图 16-5　创建新用户

图 16-6　【新用户】对话框

（4）设置完成后单击【创建】按钮完成对新用户的创建，并单击【关闭】按钮关闭【新用户】对话框。

【练习3】

在创建系统账户之后，就可以创建要映射到这些账户的 Windows 登录。使用 SQL Server Management Studio 连接到服务器，然后展开【对象资源管理器】窗口中的【服务器】|【安全性】节点。

（1）右击【安全性】节点下的【登录名】节点选择【新建登录名】命令，如图 16-7 所示。

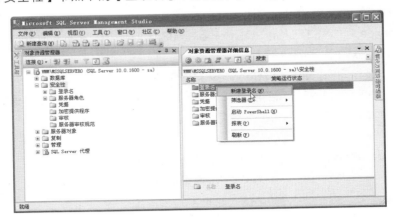

图 16-7　新建登录名

（2）执行【新建登录名】命令打开【登录名-新建】窗口，如图 16-8 所示。

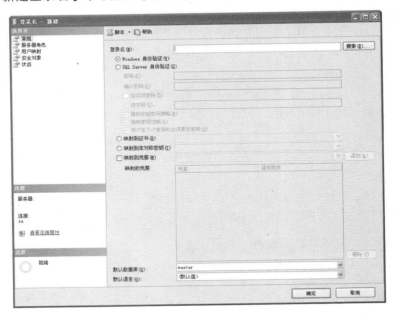

图 16-8　【登录名-新建】窗口

（3）单击【登录名】文本框右侧的【搜索】按钮 搜索(E)... ，打开【选择用户或组】对话框如图 16-9 所示。

（4）在【选择用户或组】对话框中单击【高级】按钮，打开如图 16-10 所示【选择用户或组】对话框。

（5）在【选择用户或组】对话框中单击【立即查找】按钮，在下面列表框中列出当前系统中所有用户和组的列表，选择列表中名称为 zhht 的项，并单击【确定】按钮返回到【选择用户或组】对话框。

图 16-9 【选择用户或组】对话框　　　　　　　图 16-10 【选择用户或组】对话框

（6）在【选择用户或组】对话框中单击【确定】按钮即可完成用户的选择。

（7）在【登录名-新建】窗口中，设置当前登录用户使用的默认数据库，这里使用 Medicine 数据库，如图 16-11 所示。

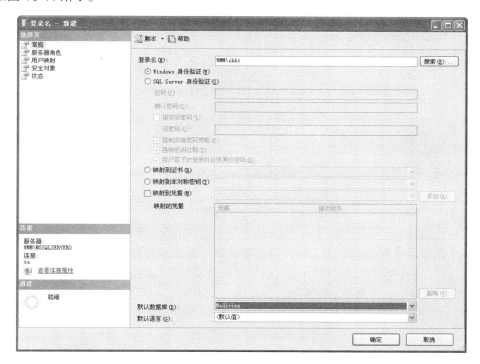

图 16-11 选择默认数据库

（8）最后单击【确定】按钮完成 Windows 登录的创建。创建完成后，即可使用 zhht 账户登录当前的 SQL Server 服务器。

16.3.3 SQL Server 登录名

使用 Windows 账户登录虽然非常方便，但是也有一定的局限性。因为只有获得 Windows 账户的客户才能建立与 SQL Server 2008 的信任连接。如果正在为其创建登录的用户无法建立信任连接，则必须为其创建 SQL Server 账户登录。

【练习 4】

创建 SQL Server 账户登录的具体步骤如下所示。

（1）打开 Microsoft SQL Server Management Studio，展开【对象资源管理器】窗口中的【服务器】|【安全性】节点。

（2）右击【登录名】节点，选择【新建登录名】命令，打开【登录名-新建】窗口。选择【SQL Server 身份验证】单选按钮，然后设置用户名和密码，并为其选择默认数据库，最终效果如图 16-12 所示。

图 16-12　设置登录名属性

> **技巧**
>
> 如果要为登录名设置一个比较简单的密码，可以取消【强制实施密码策略】选项前面的对钩。

（3）从【选择页】列表中单击【用户映射】选项，在【映射到此登录名的用户】列表中启用 Medicine 数据库项前面的复选框，系统会自动创建与登录名同名的数据库用户，并进行映射。另外，还可以在【数据库角色成员身份】列表中为登录账户设置权限（默认只选中一个 public，拥有最小权限），如图 16-13 所示。

（4）单击【确定】按钮，即可完成 SQL Server 登录账户的创建。

【练习 5】

在练习 4 中创建了一个名称为 dba_Medicine 的 SQL Server 登录名，现在就可以使用该名称登录 SQL Server 服务器对其进行测试。操作步骤如下所示。

（1）运行 SQL Server Management Studio 会自动弹出【连接到服务器】对话框。在【连接到服务器】对话框中选择身份验证方式为 SQL Server 身份验证，然后输入刚才创建的数据库登录名

dba_Medicine 和密码，如图 16-14 所示。

图 16-13　映射用户

（2）单击【连接】按钮即可使用该登录名登录 SQL Server 服务器，执行结果如图 16-15 所示。

图 16-14　使用 dba_Medicine 登录

图 16-15　登录成功

（3）由于 dba_Medicine 登录名只拥有默认数据库 Medicine 的操作权限，而并未拥有其他数据库的访问权限。例如这里要展开 Personnel_sys 数据库将会看到错误对话框，如图 16-16 所示。

图 16-16　无法访问数据库

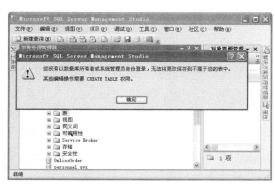

图 16-17　无法执行创建表操作

（4）另外，因为前面只为当前 dba_Medicine 登录名设置了数据库 Medicine 的 public 权限，所以这里并不能对该数据库执行任何操作。例如这里执行创建表的操作以后，将弹出警告对话框，如图 16-17 所示。

16.3.4 管理登录名

创建 SQL Server 2008 登录账户后便可以对已存在的登录账户进行查看、修改和删除等操作。执行这些操作的方式有两种：使用图形化界面和使用系统存储过程。

1. 使用图形化界面查看用户

在 SQL Server Management Studio 中可以使用图形化界面查看当前服务器的登录账户，具体操作如下所示。

【练习 6】

（1）使用具有系统管理权限的登录名登录 SQL Server 服务器实例。

（2）在【对象资源管理器】窗口中展开【安全性】|【登录名】节点，即可查看当前服务器中所有的登录账户，如图 16-18 所示。

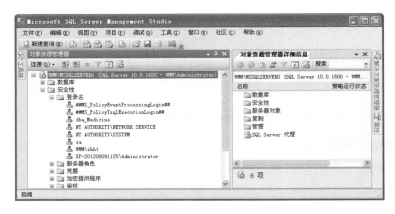

图 16-18　查看登录账户

提示

在查看登录账户时，连接到服务器的登录账户必须具有超级管理员权限，否则将无法查看所有的登录账户，也无法修改登录账户的属性。

2. 使用图形化界面修改用户属性

创建过登录账户后，可以对登录账户执行修改密码、修改数据库用户、修改默认数据库和修改登录权限等操作。

【练习 7】

这里对前面创建的登录账户 dba_Medicine 的权限进行修改，操作步骤如下所示。

（1）打开 Microsoft SQL Server Management Studio，使用 sa 账户连接服务器实例。

（2）在【对象资源管理器】窗口中展开【安全性】|【登录名】节点。

（3）右击登录名 dba_Medicine 选择【属性】命令，打开如图 16-19 所示的【登录属性】窗口。在【登录属性】窗口中可以更改用户密码、默认数据库、默认语言等属性。

（4）从左侧【选项页】列表中单击【用户映射】项打开相应的选项页，如图 16-20 所示。

（5）在【用户映射】选项页中默认会选中 Medicine 数据库。如果要设置当前登录名关于 Medicine 数据库的控制权限，可以在【数据库角色成员身份】列表中选中相关的权限即可。

（6）选择完成后，单击【确定】按钮保存设置即可。

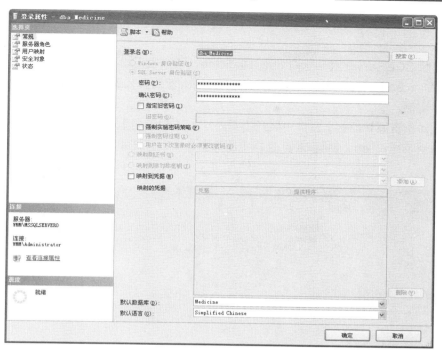

图 16-19 【登录属性】窗口

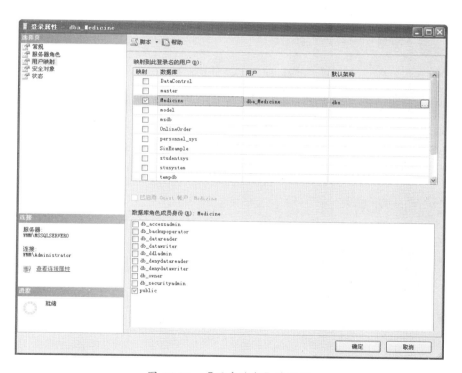

图 16-20 【用户映射】选项页

在【登录属性】窗口中虽然可以对登录账户的大多数属性进行修改，但不能修改登录账户的名称，要修改登录名则需要右击该登录名选择【重命名】命令。

3．使用图形化界面删除用户

在大型公司的数据库服务器上，通常会创建大量的登录账户，就需要数据库管理员经常对登录账户进行管理。对于一些过期的登录账户，应该及时将其删除。

【练习 8】

假设要删除 SQL Server 登录账户 dba_Medicine，可以使用如下步骤。

（1）打开 Microsoft SQL Server Management Studio，使用具有系统管理权限的登录名登录 SQL Server 服务器实例。

（2）在【对象资源管理器】窗口中展开【安全性】|【登录名】节点。

（3）右击登录账户 dba_Medicine 选择【删除】命令，打开如图 16-21 所示的【删除对象】窗口。

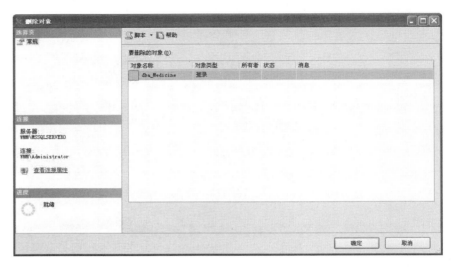

图 16-21 【删除对象】窗口

（4）在【删除对象】窗口中单击【确定】按钮，即可完成删除操作。

4. 通过命令创建登录账户

在 T-SQL 中，使用 CREATE LOGIN 命令可以创建 SQL Server 登录账户和 Windows 登录账户，其语法如下所示。

```
CREATE LOGIN loginName { WITH <option_list1> | FROM <sources> }
<option_list1> ::=
    PASSWORD = { 'password' | hashed_password HASHED } [ MUST_CHANGE ]
    | DEFAULT_DATABASE = database
    | DEFAULT_LANGUAGE = language
    | CHECK_EXPIRATION = { ON | OFF}
    | CHECK_POLICY = { ON | OFF}
<sources> ::=
    WINDOWS [ WITH <windows_options> [ ,... ] ]
```

上述代码中各个参数的说明如下。

❑ **loginName** 指定创建的登录名。

❑ **PASSWORD='password'** 指定正在创建的登录名的密码。仅适用于 SQL Server 登录名。

❑ **PASSWORD=hashed_password** 指定要创建的登录名的密码的哈希值。仅适用于 HASHED 关键字。

❑ **HASHED** 指定在 PASSWORD 参数后输入的密码已经过哈希运算。如果未选择此选项，则在将作为密码输入的字符串存储到数据库之前，对其进行哈希运算。仅适用于 SQL Server

登录名。

- □ **MUST_CHANGE**　如果包括此选项，则 SQL Server 将在首次使用新登录名时提示用户修改密码。仅适用于 SQL Server 登录名。
- □ **DEFAULT_DATABASE=database**　指定将指派给登录名的默认数据库。如果未包括此选项，则默认数据库将设置为 master。
- □ **DEFAULT_LANGUAGE=language**　指定将指派给登录名的默认语言。如果未包括此选项，则默认语言将设置为服务器的当前默认语言。即使将来服务器的默认语言发生更改，登录名的默认语言也仍保持不变。
- □ **CHECK_EXPIRATION={ON | OFF}**　指定是否对此登录账户强制实施密码过期策略。仅适用于 SQL Server 登录名。默认值为 OFF。
- □ **CHECK_POLICY={ON|OFF}**　指定应对此登录名强制实施运行 SQL Server 的计算机的 Windows 密码策略。仅适用于 SQL Server 登录名。默认值为 ON。
- □ **WINDOWS**　指定将登录名映射到 Windows 登录名。

提 示

SQL Server 中有 4 种类型的登录名：SQL Server 登录名、Windows 登录名、证书映射登录名和非对称密钥映射登录名。如果从 Windows 域账户映射 loginName，则 loginName 必须用方括号 [ ] 括起来。

【练习 9】

例如，创建一个带密码的 SQL Server 登录名 MedicineUser，并指定默认数据库为 Medicine，而且设置其不实施密码策略。具体实现语句如下所示。

```
CREATE LOGIN MedicineUser
    WITH PASSWORD = '123',
    DEFAULT_DATABASE = Medicine,
    CHECK_POLICY = OFF
GO
```

【练习 10】

如果需要创建一个 Windows 登录账户，则首先必须保证在本地计算机或者计算机域上存在需要映射的用户或者组。例如，示例语句如下所示。

```
CREATE LOGIN [HNZZ\MedicineUser]
FROM WINDOWS
WITH DEFAULT_DATABASE = Medicine
GO
```

执行上述代码，则会为用户 HNZZ\MedicineUser 创建一个 Windows 登录，并设置该登录的默认数据库为 Medicine。

5. 使用 SP_GRANTLOGIN 存储过程创建登录账户

除了使用 CREATE LOGIN 命令外，使用系统存储过程也可以创建登录账户。系统存储过程 SP_GRANTLOGIN 可以创建一个新的 Windows 登录账户。

【练习 11】

例如，为本地计算机中已存在的用户 HNZZ\MedicineUser 创建 Windows 登录账户，可以使用如下语句。

```
EXEC SP_GRANTLOGIN 'HNZZ\MedicineUser'
GO
```

6. 使用 SP_ADDLOGIN 存储过程创建登录名

使用系统存储过程 SP_ADDLOGIN 可以创建一个新的 SQL Server 登录名。

【练习 12】

例如，创建一个 SQL Server 身份验证连接，用户名为 sqlUser，密码为 123，默认数据库为 db_books，可以使用如下语句。

```
EXECUTE SP_ADDLOGIN 'sqlUser','123', 'db_books'
GO
```

7. 使用命令删除登录账户

在创建大量登录账户后，对于失去作用的登录账户，可以使用 DROP LOGIN 命令进行删除，其语法如下所示。

```
DROP LOGIN <loginName>
```

其中 "<loginName>" 表示要删除的登录名。

【练习 13】

例如，删除前面创建的 SQL Server 登录账户 dba_Medicine，可以使用如下语句。

```
DROP LOGIN dba_Medicine
```

8. 使用 SP_DROPLOGIN 存储过程删除登录账户

除了使用 DROP LOGIN 命令外，使用系统存储过程 SP_DROPLOGIN 也可以删除服务器中的登录账户。

【练习 14】

例如，删除前面创建的 SQL Server 登录 dba_Medicine，可以使用如下语句。

```
EXECUTE SP_DROPLOGIN 'dba_Medicine'
```

> **注意**
> 使用 Transact-SQL 语句创建和删除登录账户时，首先当前登录必须对服务器拥有 ALTER ANY LOGIN 或者 ALTER LOGIN 权限。

16.4 数据库用户

使用登录名称只是让用户登录到 SQL Server 中，而且该名称本身并不能让用户访问服务器中的数据库。要访问特定的数据库，还必须具有用户名。用户名在特定的数据库内创建，并关联一个登录名（当一个用户创建时，必须关联一个登录名）。通过授权给用户指定访问数据库对象的权限。

下面详细介绍 SQL Server 2008 中的系统数据库用户，以及如何创建数据库用户。

16.4.1 系统数据库用户

SQL Server 2008 默认的数据库用户有 dbo 用户、guest 用户和 sys 用户等。

1. dbo 用户

数据库所有者 dbo 是一个特殊类型的数据库用户，而且它被授予特殊的权限。一般来说，创建数据库的用户是数据库的所有者。

　　dbo 被隐式授予对数据库的所有权限，并且能将这些权限授予其他用户。因为 sysadmin 服务器角色的成员被自动映射为特殊用户 dbo，所以 sysadmin 角色成员能执行 dbo 的任何任务。

　　例如，ZHT 是 sysadmin 服务器角色的成员，并创建了一个名为 Product 的表。由于 Product 表属于 dbo 用户，因此该表可以用 dbo.Product 来限定或者简化为 Product。然而，如果 ZHT 不是 sysadmin 服务器角色的一个成员，并创建一个名为 Product 的表，则 Product 属于 ZHT，此时必须用 ZHT.Product 来限定。

> **提 示**
>
> 严格地说，dbo 是一个特殊的用户账户，并不是一个特殊的登录。不过，仍然可以将其视为登录，因为用户不能以 dbo 登录到服务器或数据库，但可以用它创建数据库或一组对象。

2．guest 用户

　　guest 用户是一个使用户能连接到数据库并允许具有有效 SQL Server 登录的特殊用户，它允许任何人访问数据库。以 guest 账户访问数据库的用户账户被认为是 guest 身份，并且继承 guest 账户的所有权限和许可。

　　例如，如果配置为域账户 HNZZ 访问 SQL Server，那么 HNZZ 能使用 guest 登录访问任何数据库，并且当 HNZZ 登录后，该用户授予 guest 账户所有的权限。

　　在默认的情况下，guest 用户存在于 model 数据库中，并且被授予 guest 的权限。由于 model 是创建所有数据库的模板，这意味着所有新的数据库将包含 guest 账户，并且该账户将授予 guest 权限。

　　在使用 guest 账户之前，应该注意以下几点关于 guest 账户的信息。

- ❑ guest 用户是公共服务器角色的一个成员，并且继承这个角色的权限。
- ❑ 任何人以 guest 身份访问数据库以前，guest 必须存在于数据库中。
- ❑ guest 用户仅用于用户账户具有访问 SQL Server 的权限。

3．sys 和 INFORMATION_SCHEMA 架构

　　所有系统对象包含在名为 sys 或 INFORMATION_SCHEMA 的架构中。这是创建在每一个数据库中的两个特殊架构，不过它们仅在 master 数据库中可见。

16.4.2　使用向导创建数据库用户

　　创建数据库用户可以分为两个过程，首先创建数据库用户使用的 SQL Server 2008 登录名，如果使用内置的登录名则可省略这一步，然后再为数据库创建用户，指定创建的登录名。

【练习 15】

　　下面我们通过使用 SQL Server Management Studio 来创建数据库用户账户，然后给用户授予访问 Medicine 数据库的权限，具体步骤如下所示。

　　（1）使用 SQL Server Management Studio 连接到 SQL Server，展开【服务器】|【数据库】| Medicine 节点。

　　（2）从 Medicine 节点下展开【安全性】|【用户】节点并右击，选择【新建用户】命令打开【数据库用户-新建】窗口。

　　（3）在【用户名】文本框中输入 db_HouXia 来指定要创建的数据库用户名称。

　　（4）单击【登录名】文本框旁边的【选项】按钮🔲，打开【选择登录名】窗口，然后单击【浏览】按钮，打开【查找对象】窗口。

　　（5）启用 dba_Medicine 复选框后单击【确定】按钮返回【选择登录名】窗口，然后再单击【确定】按钮返回【数据库用户-新建】窗口。

（6）用同样的方式选择【默认架构】为 dbo，结果如图 16-22 所示。

图 16-22 【数据库用户-新建】窗口

（7）单击【确定】按钮，完成创建 dba_Medicine 登录名指定数据库中用户 db_HouXia 的创建。

（8）为了验证是否创建成功，可以刷新【用户】节点，此时在【用户】节点列表中就可以看到刚才创建的 db_HouXia 用户账户。

【技巧】

展开【安全性】|【用户】节点后，右击一个用户名可以进行很多日常操作。例如，删除该用户、查看该用户的属性以及新建一个用户等。

16.4.3 使用存储过程创建数据库用户

创建数据库用户也可以使用系统存储过程 SP_GRANTDBACCESS 来实现，语法如下所示。

```
SP_GRANTDBACCESS [@loginname=]'login'
[,[@name_in_db=]'name_in_db']
```

其中语法中的参数介绍如下。

❑ **@loginname** 映射到新数据库用户的 Windows 组、Windows 登录名或 SQL Server 登录名的名称。

❑ **@name_in_db** 新数据库用户的名称。name_in_db 是 OUTPUT 变量，其数据类型为 sysname，默认值为 NULL。如果不指定，则使用登录名。

【注意】

一个数据库中不能存在多个同名的数据库用户。

【练习 16】

下面首先使用系统存储过程 SP_ADDLOGIN 创建了一个登录名 dbAccessor，然后使用系统存储过程 SP_GRANTDBACCESS 将该登录名设置为 Medicine 数据库的用户。

具体实现语句如下。

```
EXEC SP_ADDLOGIN 'dbAccessor', '123', 'Medicine'
GO
USE Medicine
GO
EXEC SP_GRANTDBACCESS dbAccessor
```

16.5 权限

用户对数据库的访问以及对数据库对象的操作都体现在权限上，具有什么样的权限，就能执行什么样的操作。权限对于数据库来说至关重要，它是访问权限设置中的最后一道安全措施，管理好权限是保证数据库安全的必要因素。

本节首先简单介绍 SQL Server 2008 中权限的类型，然后详细介绍对权限的授予、撤销和拒绝操作。

16.5.1 权限的类型

在 SQL Server 2008 中按照权限是否进行预定义，可以把权限分为预定义权限和自定义权限；按照权限是否与特定的对象有关，可以分为针对所有对象的权限和针对特殊对象的权限。

1. 预定义和自定义权限

所谓预定义权限是在安装 SQL Server 2008 过程完成之后，不必通过授予即拥有的权限。例如前面介绍过的服务器角色和数据库角色就属于预定义权限，对象的所有者也拥有该对象的所有权限以及该对象所包含对象的所有权限。

自定义的权限是指需要经过授权或继承才能得到的权限，大多数的安全主体都需要经过授权才能获得对安全对象的使用权限。

2. 所有对象和特殊对象的权限

针对所有对象的权限表示将针对 SQL Server 2008 中的所有对象（例如 CONTROL 权限）都有的权限。针对特殊对象的权限是指某些权限只能在指定的对象上起作用。例如，INSERT 仅可以用于表的权限，不可以是存储过程的权限；而 EXECUTE 只可以是存储过程的权限，不能作为表的权限等。

对于表和视图，拥有者可以授予数据库用户 INSERT、UPDATE、DELETE、SELECT 和 REFERENCES 共五种权限。在数据库用户要对表执行相应的操作之前，必须事先获得相应的操作权限。例如，如果用户想浏览表中的数据，首先必须获得拥有者授予的 SELECT 权限。

表 16-1 列出了部分安全对象的常用权限。

表 16-1　常用权限

安全对象	常 用 权 限
数据库	CREATE DATABASE、CREARE DEFAULT、CREATE FUNCTION、CREATE PROCEDURE、CREATE VIEW、CREATE TABLE、CREATE RULE、BACKUP DATABASE、BACKUP LOG
表	SELECT、DELETE、INSERT、UPDATE、REFERENCS
表值函数	SELECT、DELETE、INSERT、UPDATE、REFERENCS
视图	SELECT、DELETE、INSERT、UPDATE、REFERENCS

安全对象	常 用 权 限
存储过程	EXECUTE、SYNONYM
标量函数	EXECUTE、REFERENCES

16.5.2 授予权限

为了允许用户执行某些活动或者操作数据，需要授予相应的权限。SQL Server 中使用 GRANT 语句进行授权活动。GRANT 语句的基本语法如下。

```
GRANT
{ALL |statement[,...n]}
TO security_account[,...n]
```

其中各个参数的含义如下。

❏ **ALL**　表示授予所有可以应用的权限。

❏ **statement**　表示可以授予权限的命令。例如，CREATE DATABASE。

❏ **security_account**　定义被授予权限的用户单位。security_account 可以是 SQL Server 的数据库用户，可以是 SQL Server 的角色，也可以是 Windows 的用户或工作组。

技巧
在授予命令权限时，只有固定的服务器角色 sysadmin 成员可以使用 ALL 关键字，而在授予对象权限时，固定服务器角色成员 sysadmin、数据库角色 db_owner 成员和数据库对象拥有者都可以使用关键字 ALL。

【练习 17】

例如，在下面的例子中使用 GRANT 语句授予角色 dbAccessor 对 Medicine 数据库 MedicineInfo 表的 INSERT、UPDATE 和 DELETE 权限。

```
USE Medicine
GO
GRANT SELECT, UPDATE ,DELETE
ON MedicineInfo
TO dbAccessor
```

警告
权限只能授予本数据库的用户或角色，如果将权限授予 public 角色则数据库里的所有用户都将默认获得了该项权限。

16.5.3 撤销权限

通过撤销某种权限可以停止以前授予或拒绝的权限。使用 REVOKE 语句撤销以前的授予或拒绝的权限。使用撤销类似于拒绝，但是撤销权限是删除已授予的权限，并不是妨碍用户、组或角色从更高级别集成已授予的权限。撤销对象权限的基本语法如下。

```
REVOKE {ALL|statement[,...n]}
FROM security_account[,...n]
```

撤销权限的语法基本上与授予权限的语法相同。

【练习 18】

例如，下面的语句在 Medicine 数据库中使用 REVOKE 语句撤销 dbAccessor 角色对 MedicineInfo 表所拥有的 DELETE 权限。

```
USE Medicine
GO
REVOKE DELETE
ON OBJECT:: MedicineInfo
FROM dbAccessor CASCADE
```

16.5.4　拒绝权限

在授予用户对象权限以后，数据库管理员可以根据实际情况在不撤销用户访问权限的情况下，拒绝用户访问数据库对象。拒绝对象权限的基本语法如下所示。

```
DENY {ALL|statement[,...n]}
TO security_account[,...n]
```

【练习 19】

例如，下面要拒绝用户 dbAccessor 对数据库表 MedicineInfo 的更新权限，可以使用如下代码。

```
USE Medicine
GO
DENY UPDATE
ON MedicineInfo
TO dbAccessor
```

16.6　角色种类

SQL Server 中使用角色来集中管理数据库或服务器的权限。按照角色的作用范围，可以将角色分为两类：服务器角色和数据库角色。服务器角色是对服务器的不同级别管理权限的分配。与服务器角色不同，数据库角色是针对某个具体数据库的权限分配。

16.6.1　服务器角色

SQL Server 2008 的服务器角色具有授予服务器管理的能力。如果用户创建了一个角色成员的登录，用户使用这个登录能执行这个角色许可的任何任务。例如，sysadmin 角色的成员在 SQL Server 上有最高级别的权限，并且能执行任何类型的任务。

服务器角色应用于服务器级别，并且需要预定义。这意味着，这些权限影响整个服务器，并且不能更改权限集。使用系统存储过程 sp_helpsrvrole 可以查看预定义服务器角色的内容，如图 16-23 所示。

也可以通过 SQL Server Management Studio 来浏览服务器角色。方法是从【对象资源管理器】窗口中展开【安全性】|【服务器角色】节点，如图 16-24 所示。

图 16-23　预定义服务器角色

图 16-24　查看服务器角色

SQL Server** 数据库应用课堂实录

关于这些服务器角色的说明如表 16-2 所示。

表 16-2　固定服务器角色

角　　色	功　能　描　述
bulkadmin	这个服务器角色的成员可以运行 BULK INSERT 语句，允许从文本文件中将数据导入到 SQL Server 2008 数据库，适合需要执行大容量插入操作的用户
dbcreator	这个服务器角色的成员可以创建、更改、删除和还原任何数据库
diskadmin	这个服务器角色用于管理磁盘文件，比如镜像数据库和添加备份设备
processadmin	SQL Server 2008 能够多任务化，也就是说，它可以通过执行多个进程做多个事件。例如，SQL Server 2008 可以生成一个进程用于向高速缓存写数据，同时生成另一个进程用于从高速缓存中读取数据。这个角色的成员也可以结束进程
securityadmin	这个服务器角色的成员将管理登录名及其属性。它们可以 GRANT、DENY 和 REVOKE 服务器级权限。也可以 GRANT、DENY 和 REVOKE 数据库级权限。另外，它们可以重置 SQL Server 2008 登录名的密码
serveradmin	这个服务器角色的成员可以更改服务器范围的配置选项，也可以关闭 SQL 服务器。这个角色可以减轻管理员的一些管理负担
setupadmin	为需要管理链接服务器和控制启动存储过程的用户而设计。这个角色的成员能添加到 setupadmin，能增加、删除和配置链接服务器，并且能够控制启动过程
sysadmin	这个服务器角色的成员有权在 SQL Server 2008 中执行任何任务，给这个角色指派用户时应该特别小心
public	每个 SQL Server 登录名都属于 public 服务器角色。如果未向某个服务器主体授予或拒绝对某个安全对象的特定权限，该用户将继承授予该对象的 public 角色的权限。只有在希望所有用户都能使用对象时，才能在对象上分配 public 权限

16.6.2　数据库角色

数据库角色存在于每个数据库中，在数据库级别提供管理特权分组。管理员可以将任何有效的数据库用户添加为数据库角色成员。

在数据库创建时，系统默认创建了 10 个数据库角色，在 SQL Server Management Studio 的【对象资源管理器】窗口中，展开指定数据库节点下的【安全性】|【角色】|【数据库角色】节点，即可查看所有的数据库角色，如图 16-25 所示。

图 16-25　数据库角色

如表 16-3 中列出了这些数据库角色的说明。

表 16-3　数据库角色

角　　色	功 能 描 述
db_owner	进行所有数据库角色的活动，以及数据库中的其他维护和配置活动。该角色的权限跨越所有其他的数据库角色
db_accessadmin	这些用户有权通过添加或者删除用户来指定谁可以访问数据库
db_securityadmin	该数据库角色的成员可以修改角色成员身份和管理权限
db_ddladmin	该数据库角色的成员可以在数据库中运行任何数据定义语言(DDL)命令。该角色允许创建、修改或者删除数据库对象，而不必浏览里面的数据
db_backupoperator	该数据库角色的成员可以备份该数据库
db_datareader	该数据库角色的成员可以读取所有用户表中的所有数据
db_datawriter	该数据库角色的成员可以在所有用户表中添加、删除或者更改数据
db_denydatareader	该数据库角色的成员不能读取数据库内用户表中的任何数据，但可以执行架构修改（例如在表中添加列）
db_denydatawriter	该数据库角色的成员不能添加、修改或者删除数据库内用户表中的任何数据
Public	在 SQL Server 2008 中每个数据库用户都属于 public 数据库角色。当尚未对某个用户授予或者拒绝对安全对象的特定权限时，则该用户将继承授予该安全对象的 public 角色的权限

在 SQL Server 2008 中可以使用 Transact-SQL 语句对数据库角色进行相应的操作，这些操作主要使用系统存储过程或命令来实现。操作数据库角色的系统存储过程和命令如表 16-4 所示。

表 16-4　数据库角色的操作

功　　能	类　　型	说　　明
sp_helpdbfixedrole	元数据	返回数据库角色的列表
sp_dbfixedrolepermission	元数据	显示数据库角色的权限
sp_helprole	元数据	返回当前数据库中有关角色信息
sp_helprolemember	元数据	返回有关当前数据库中某个角色的成员的信息
Sys.database_role_members	元数据	为每个数据库角色的每个成员返回一行
IS_MEMBER	元数据	指示当前用户是否为指定 Windows 组或者 SQL Server 数据库角色的成员
sp_addrolemember	命令	为当前数据库中的数据库角色添加数据库用户、数据库角色、Windows 登录名或者 Windows 组
sp_droprolemember	命令	从当前数据库的 SQL Server 角色中删除安全账户

16.7 管理服务器角色

在上一小节学习了服务器和数据库角色，我们知道 SQL Server 2008 服务器角色设置服务器范围的 SQL Server 登录的管理员特权。本节主要介绍如何对服务器角色进行管理，例如将登录指派到角色等。

16.7.1　为角色分配登录名

在开始下列操作之前，首先需要按照 16.3.2 小节的步骤创建名称为 dba_Medicine 的 SQL Server 登录名，然后按照以下步骤为登录指派或者更改服务器角色。

【练习 20】

（1）打开 SQL Server Management Studio 窗口，选择一种身份验证模式建立与 SQL Server 2008 服务器的连接。

（2）在【对象资源管理器】窗口中展开【服务器】|【安全性】|【登录名】节点。

（3）在展开的列表中右击登录名 dba_Medicine，选择【属性】命令弹出【登录属性】窗口。

（4）在窗口中从左侧单击打开【服务器角色】选项卡，如图 16-26 所示。

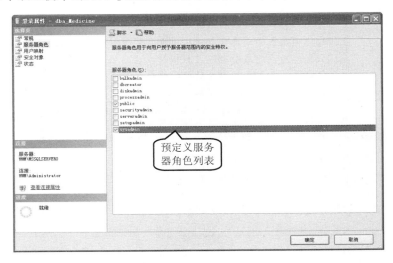

图 16-26　【服务器角色】选项卡

（5）在图 16-26 中右侧【服务器角色】列表中，通过启用复选框来授予 Suna 不同的服务器角色，例如 sysadmin。

（6）设置完成后，单击【确定】按钮返回。

下面介绍如何通过系统存储过程 sp_addsrvrolemember 增加登录到服务器角色。sp_addsrvrolemember 的语法结构如下所示。

```
SP_ADDSRVROLEMEMBER [ @loginame= ] 'login'  , [ @rolename = ] 'role'
```

【练习 21】

例如，下面语句将 Windows 登录名"ZHHT\HouXia"添加到 sysadmin 服务器角色中。

```
EXEC SP_ADDSRVROLEMEMBER ' ZHHT\HouXia ', 'sysadmin'
```

使用系统存储过程 sp_dropsrvrolemember 可以从服务器角色中删除 SQL Server 登录或 Windows 用户或组，其语法如下。

```
SP_DROPSRVROLEMEMBER [ @loginame = ] 'login' , [ @rolename = ] 'role'
```

【练习 22】

例如，下面语句从 sysadmin 服务器角色中删除登录名 HouXia。

```
EXEC SP_DROPSRVROLEMEMBER 'HouXia', 'sysadmin'
```

警告

在使用 sp_addsrvrolemember 和 sp_dropsrvrolemember 系统存储过程时，用户必须在服务器上具有 ALTER ANY LOGIN 的权限，并且是正在添加新成员角色的成员。

16.7.2　将角色指派到多个登录名

当多个登录名需要同时具有相同的 SQL Server 2008 操作（管理）权限时，可以将他们同时指定为一个角色。例如，教务管理新增了 5 名管理员，他们都具有管理员角色（职位），可以执行管理员角色具有的任何操作。例如，查看数据表、修改教务信息、制作数据库备份以及管理学生等。

【练习 23】

指派角色到多个登录，最简单、方便、快捷的方式是使用【服务器角色属性】对话框，具体操作如下所示。

（1）使用 SQL Server Management Studio 登录到 SQL Server 2008 服务器。

（2）从【对象资源管理器】窗口中展开【服务器】|【安全性】|【服务器角色】节点。

（3）在【服务器角色】列表中右击要配置的角色，选择【属性】命令打开【服务器角色属性】窗口，如图 16-27 所示。

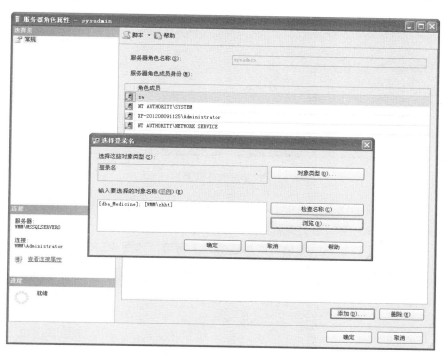

图 16-27 【服务器角色属性】窗口

（4）单击【添加】按钮，然后使用【选择登录名】对话框来选择要添加的登录名，可以输入部分名称，再单击【检查名称】按钮来自动补齐。单击【浏览】按钮可以在弹出的窗口中搜索名称。

（5）要删除登录名，可以在【角色成员】列表中选择该名称再单击【删除】按钮。

（6）完成服务器角色的配置后，单击【确定】按钮返回。

16.8 管理数据库角色

数据库用户是具有权限访问数据库的登录，而服务器角色仅具有登录并访问 SQL Server 2008 的能力。本节主要介绍如何通过数据库用户和角色控制数据库的访问和管理。

16.8.1 为角色分配登录名

在上一小节中学习了如何为服务器角色添加登录，下面的步骤将完成登录指派到数据库角色中。本例通过将登录名添加到数据库角色中来限定他们对数据库拥有的权限，具体步骤如下所示。

【练习 24】

（1）打开 SQL Server Management Studio，在【对象资源管理器】窗口中展开【数据库】Medicine 节点。

（2）展开【安全性】节点下的【数据库角色】节点，右击 db_denydatawriter 节点选择【属性】命令，打开【数据库角色属性】窗口。

（3）单击【添加】按钮打开【选择用户数据库或角色】窗口，然后单击【浏览】按钮打开【查找对象】对话框，如图 16-28 所示。

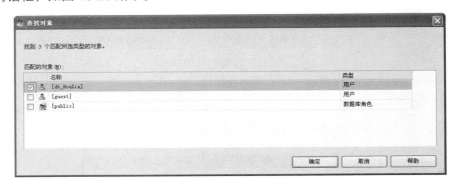

图 16-28 【查找对象】对话框

（4）在【匹配的对象】列表中启用【名称】列前的复选框，然后单击【确定】按钮返回【选择用户数据库或角色】窗口。全部启用指派多个登录名到同一个数据库角色。

（5）再单击【确定】按钮返回【数据库角色属性】窗口，如图 16-29 所示。

图 16-29 【数据库角色属性】窗口

（6）添加完成后，单击【确定】按钮关闭【数据库角色属性】窗口。

（7）使用【SQL Server 身份验证】方式建立连接，在【用户名】文本框中输入前面指定的数据库用户 dba_Medicine，在【密码】文本框中输入前面设定的密码，单击【连接】按钮打开一个新的查询窗口。

（8）单击【新建查询】按钮，打开一个新的 SQL Server 查询窗口，在查询窗口输入以下测试角色修改是否生效的语句。

```
USE Medicine
GO
INSERT INTO MedicineBigClass
VALUES(202,'流感类',0)
```

（9）执行上述语句会返回错误结果，如图 16-30 所示。

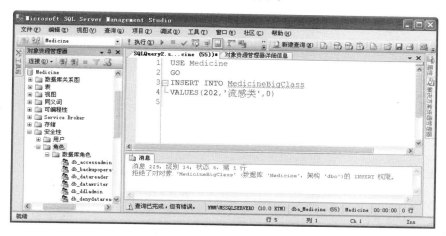

图 16-30　执行结果

出现如图 16-30 所示的情况是因为 db_HouXia 是 db_denydatawriter 角色的成员，因此他不能向数据库中添加新的数据。

16.8.2　数据库角色

由于预定义的数据库角色有一组不能更改的权限。因此，有时数据库角色不能满足我们的需要。这时，可以为特定数据库创建的角色来设置权限。

例如，假设有一个数据库有三种不同类型的用户。需要查看数据的普通用户、需要能够修改数据的管理员和需要能修改数据库对象的开发员。在这种情形下，可以创建 3 个角色处理这些用户类型，然后仅管理这些角色，而不用管理许多不同的用户账户。

在创建数据库角色时，首先给该角色指派权限，然后将用户指派给该角色，这样用户将继承给这个角色指派的任何权限。与固定数据库角色不同，因为在固定角色中不需要指派权限，只需要添加用户。

【练习25】

创建自定义数据库角色的步骤如下所示。

（1）打开 SQL Server Management Studio，从【对象资源管理器】窗口中展开【数据库】|Medicine |【安全性】|【角色】节点。

（2）右击【数据库角色】节点选择【新建数据库角色】命令，打开【数据库角色-新建】窗口，在【角色名称】文本框中输入 Medicine_role，设置【所有者】为 dbo。

（3）单击【添加】按钮将数据库用户 guest、public 和 db_HouXia 添加到【此角色的成员】列表中，如图 16-31 所示。

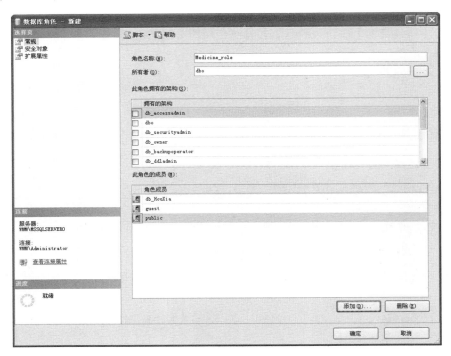

图 16-31 【数据库角色-新建】窗口

（4）单击【安全对象】选项打开【安全对象】选项页面。通过单击【搜索】按钮将 MedicineBigClass 表添加到【安全对象】列表，再启用【选择】后面的【授予】复选框，如图 16-32 所示。

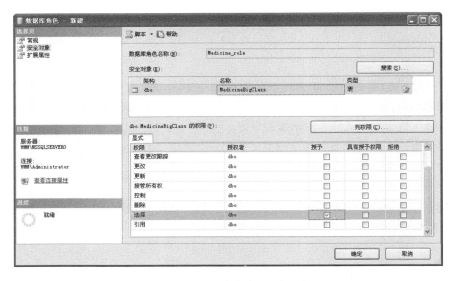

图 16-32 【数据库角色-新建】窗口

（5）单击【确定】按钮创建这个数据库角色，并返回到 SQL Server Management Studio。

（6）关闭 SQL Server Management Studio 窗口，然后再次打开，使用 dba_Medicine 作为登录连接 SQL Server 2008 服务器。

（7）新建一个【查询】窗口，输入下列测试语句。

```
USE Medicine
GO
SELECT * FROM MedicineBigClass
```

（8）这条语句将会成功执行，如图 16-33 所示。因为 dba_Medicine 是新建的 Medicine_role 角色的成员，而该角色具有执行 Select 的权限。

（9）执行下列语句将会失败，如图 16-34 所示。因为 dba_Medicine 作为角色 Medicine_role 的成员只能对 MedicineBigClass 表进行 Select 操作。

```
USE Medicine
GO
INSERT INTO MedicineBigClass
VALUES(203,'流感类',0)
```

图 16-33　执行查询数据

图 16-34　执行插入数据

16.8.3　应用程序角色

应用程序角色是一个数据库主体，使应用程序能够用其自身的、类似用户的特权来运行。使用应用程序角色，可以只允许通过特定应用程序连接的用户访问特定数据。与数据库角色不同的是，应用程序角色默认情况下不包含任何成员，而且是非活动的。应用程序角色使用两种身份验证模式，可以使用 sp_setapprole 来激活，并且需要密码。

因为应用程序角色是数据库级别的主体，所以他们只能通过其他数据库中授予 guest 用户账户的权限来访问这些数据库。因此，任何已禁用 guest 用户账户的数据库对其他数据库中的应用程序角色都是不可访问的。

利用应用程序角色，用户仅用他们的 SQL Server 登录和数据库账户将无法访问数据，他们必须使用适当的应用程序。下面将详细介绍这个特殊角色的使用。

（1）创建一个应用程序角色，并指派权限。

（2）用户打开批准的应用程序，并登录到 SQL Server 2008 上。

（3）启用该应用程序角色，应用程序执行 sp_setapprole 系统存储过程。

一旦激活了应用程序角色，SQL Server 2008 就不再将用户作为他们本身来看待，而是将用户作为应用程序来看待，并给他们指派应用程序角色权限。

【练习 26】

下面将创建并测试一个应用程序角色，具体步骤如下所示。

（1）打开 SQL Server Management Studio，从【对象资源管理器】窗口中展开【数据库】| Medicine |【安全性】|【角色】节点。

（2）右击【应用程序角色】节点选择【新建应用程序角色】命令，打开【应用程序角色-新建】窗口，在【角色名称】文本框输入 AppRole_HouXia，设置【默认架构】为 dbo，这里设置密码为 123456，如图 16-35 所示。

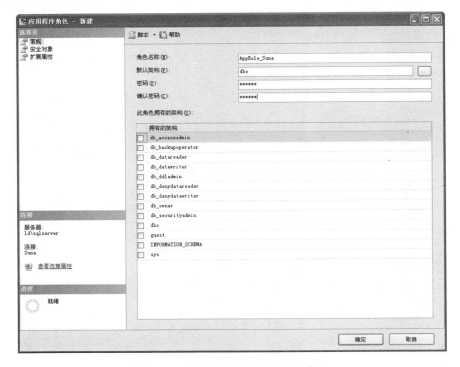

图 16-35 【新建应用程序角色】窗口

（3）打开【安全对象】选项卡，单击【搜索】按钮，从打开的【添加对象】对话框中选择【特定对象】单选按钮，如图 16-36 所示。

（4）单击【确定】按钮弹出【选择对象】对话框，再单击【对象类型】按钮选择"表"，单击【确定】按钮返回。

（5）单击【浏览】按钮从打开的【查找对象】对话框中启用 MedicineInfo 表旁边的复选框，单击【确定】按钮返回【选择对象】对话框，如图 16-37 所示。

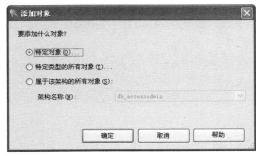
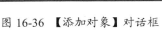

图 16-36 【添加对象】对话框   图 16-37 【选择对象】对话框

（6）单击【确定】按钮返回【安全对象】选项页面，启用 Select 后面【授予】列的复选框，如图 16-38 所示。

（7）单击【确定】按钮完成应用程序角色的创建。

（8）单击【新建查询】按钮打开一个新的 SQL Server 查询窗口，并使用"使用 SQL Server

身份验证"方式登录为 dba_Medicine（这里要修改 dba_Medicine 为 db_denydatereader 数据库角色的成员）。

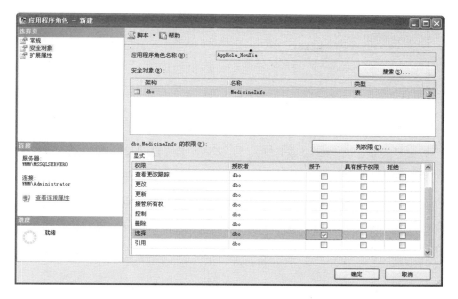

图 16-38 【安全对象】选项页面

（9）在查询窗口，执行如下所示语句。

```
USE Medicine
GO
SELECT * FROM MedicineInfo
```

执行上述语句的结果，如图 16-39 所示。

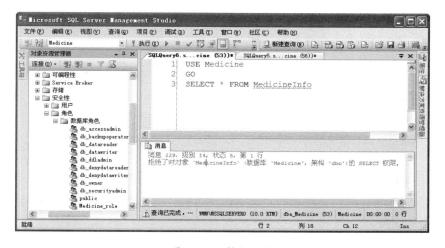

图 16-39 执行结果

（10）现在来激活应用程序角色，具体语句如下所示。

```
SP_SETAPPROLE @ROLENAME='AppRole_Suna',@PASSWORD='123456'
```

（11）消除当前查询窗口（而不是关闭当前查询窗口）的内容，重新执行第（9）步中的语句，可以看到这次查询是成功的，如图 16-40 所示。

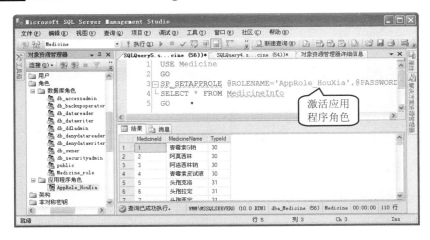

图 16-40　成功执行结果

为什么会出现图 16-40 的这种情况呢，是因为 SQL Server 2008 现在将用户看成角色 AppRole__HouXia，而这个角色拥有 MedicineInfo 表的 SELECT 权限。因此，在执行 SELECT 语句时可以看到正确的执行结果。

16.9 拓展训练

1. 设计人事管理系统数据库安全

在人事管理系统数据库 Personnel_sys 中保存的有员工信息、部门信息、人事调动信息、薪酬调动信息及奖惩记录。使用该数据库的对象主要有普通员工、部门主管、会计主管和系统管理员，他们的权限如下所示。

❑ **普通员工**　只能查看自己的基本信息。

❑ **部门主管**　可以维护员工信息、部门信息和员工的人事调动。

❑ **会计主管**　可以维护员工信息、薪酬调动信息及奖惩记录。

❑ **系统管理员**　可以对所有数据进行维护。

针对上面的描述在数据库中创建如下用户。

（1）创建 SQL Server 登录名 dbMember、dbMaster、dbAdmin 和 dbSystem 分别表示普通员工、部门主管、会计主管和系统管理员。

（2）设置 dbMember 只能对员工信息表进行 SELECT 操作。

（3）将员工信息表、部门信息表和人员调动表的所有权限赋予新建角色 Master_Role，并将 db_Master 指派给该角色。

（4）为 dbAdmin 添加操作员工信息、薪酬调动信息和奖惩记录的权限。

（5）将 dbSystem 设置为 Peronnel_sys 的 sysadmin 角色成员。

2. 创建更新员工信息的角色

在拓展训练 1 中创建的 db_Member 用户只能对员工信息表执行查询操作。这样一来，该用户就不能更新自己的员工信息。

要解决这个问题可以在 Peronnel_sys 数据库中创建一个应用程序角色 AppRoleForUpdate，再为该角色赋予对员工信息表的更新操作权限。如果 db_Member 用户要更新自己的信息就可以激活

AppRoleForUpdate 角色，从而避免了更改权限操作。

16.10 课后练习

一、填空题

1. SQL Server 的登录账户可以分为_____和 SQL Server 账户两种。

2. 假设要创建一个新的登录名，应该使用_____语句。

3. 所有系统对象包含在名为 sys 或_____的架构中。

4. 通过系统存储过程_____可以查看固定数据库角色列表。

5. 允许用户在数据库中创建视图的权限是_____。

6. 撤销授予权限使用 REVOKE 语句，拒绝授予权限使用_____语句。

二、选择题

1. 下列选项中不属于 SQL Server 安全机制的是_____。

    A. 实例级安全

    B. 网络传输级安全

    C. 对象级安全

    D. 协议级安全

2. 关于 Windows 身份验证的优点，下列描述不正确的是_____。

    A. 对用户的验证由 Windows 系统完成

    B. 集成 Windows 系统的安全策略

    C. 使用 Windows 系统的管理工具

    D. 支持 Windows 用户一对多的登录方式

3. 数据加密与备份加密属于 SQL Server 2008 中的哪种安全机制? _____

    A. 数据库级别安全机制

    B. 对象级别安全机制

    C. 网络传输安全机制

    D. 实例级别安全机制

4. 下列不属于 SQL Server 登录名管理语句的是_____。

    A. CREATE LOGIN

    B. EXEC SP_GRANTLOGIN

    C. EXECUTE SP_ADDLOGIN

    D. DELETE LOGIN

5. 下列哪种角色不允许用户读取数据库内所有表中的数据? _____

    A. db_datareader

    B. db_datawriter

    C. db_denydatareader

    D. db_denydatawriter

6. 使用_____语句可以创建数据库用户。

    A. CREATE LOGIN

    B. CREATE USER

     C. CREATE MEMBER

     D. CREATE DATABASE

7. 如果需要将登录账户 testUser 添加到固定服务器角色 dbcreator 中，应该使用哪条语句？_____

     A. EXEC sp_addsrvrolemember 'testUser' , 'dbcreator'

     B. EXEC sp_addrolemember 'testUser' , 'dbcreator'

     C. EXEC sp_addsrvrolemember 'testUser' , 'loginer'

     D. EXEC sp_addrolemember 'testUser' , 'loginer'

8. 将该数据库中创建表的权限授予数据库用户 testUser，应该使用下面哪条语句？_____

     A. GRANT testUser ON CREATE TABLE

     B. GRANT CREATE TABLE TO testUser

     C. REVOKE CREATE TABLE FROM testUser

     D. DENY CREATE TABLE FROM testUser

三、简答题

1. SQL Server 2008 支持哪些级别的安全？并简述这几种安全机制。

2. 解释 Windows 和 SQL 身份验证的区别。

3. 简述 DBO 在数据库中的作用。

4. 简述权限对安全机制起到的作用，及其如何分类。

5. 罗列常见的服务器角色。

6. 简述查看数据库角色的方法。

7. 对数据库中所有表的查询权限属于哪种权限？对数据库中某个表的查询权限属于哪种权限？这两种权限在实际应用中有什么区别？

8. 什么情况下应该使用应用程序角色？

第 17 课
酒店客房管理系统数据库

前面内容详细介绍了 SQL Server 2008 数据库应用如数据库理论、数据库设计、数据库维护、数据库编程以及安全等。通过对这些内容的学习，相信读者一定掌握了 SQL Server 2008 的各种数据库操作。

作为本书的最后一课，以酒店客房管理系统为背景进行需求分析，然后绘制流程图和 E-R 图，最终在 SQL Server 2008 中实现。具体实现包括数据库的创建、创建表和视图、编写存储过程和触发器，并在最后对数据进行测试。

本课学习目标：

❑ 了解数据库系统从分析到创建的过程
❑ 熟悉业务流程图和数据流图的绘制
❑ 掌握 E-R 图的绘制
❑ 熟悉将 E-R 图转换为关系模型的过程
❑ 掌握创建数据库时指定名称、位置和文件信息的方法
❑ 掌握创建表时指定表名、列名、数据类型和约束的方法
❑ 掌握视图的创建
❑ 掌握普通存储过程和带参数存储过程的创建
❑ 掌握触发器的创建
❑ 熟悉酒店客房管理系统中视图、存储过程和触发器的测试方法

17.1 系统需求分析

在开发一个系统前需要分析许多问题，遵循许多原则和步骤，以确保系统进度的可控性和质量的预估性。本课创建的酒店客房管理系统同样要考虑许多问题，首先需要对系统有一个明确的需求分析，确定在该系统中要实现哪些功能，并为这些功能设计数据表。

17.1.1 系统简介

随着信息的不断飞速发展，信息技术已逐渐成为各种技术的基础，信息也成为企业具有竞争力的核心要素。企业的生存和发展依靠正确的决策，而决策的基础就是信息，所以企业竞争力的高低完全取决于企业对信息的获取和处理能力。企业要准确、快速地获取和处理信息，企业信息化是必然的选择。企业必须加快内部信息交流，改进企业业务流程和管理模式，提高运行效率，降低成本，提高竞争力，信息化建设是企业适应社会发展的要求。企业管理信息系统即企业 MIS 是企业信息化的重要内容。

随着我国改革开放的不断推进，人民生活水平日益提高，旅游经济蓬勃发展，这一切都带动了酒店行业的发展。再加上入境旅游的人也越来越多，入境从事商务活动的外宾也越来越多。传统的手工操作已不适应现代化酒店管理的需要。及时、准确、全方位的网络化信息管理成为必需。

酒店是一个服务至上的行业，从客人的预定开始，到入住登记直到最后退房结账，每一个步骤都要保持一致性的服务水准，错失一步，会令其辛苦经营的形象功亏一篑。要成为一间成功的酒店，就必须做到宾至如归，面对酒店业内激烈的竞争形势，各个酒店均在努力拓展其服务领域的广度和深度。虽然计算机并不是酒店走向成功的关键元素，但它可以帮助那些真正影响成败的要素发挥更大的效果。因此，采用全新的计算机网络和管理系统，将成为提高酒店的管理效率，改善服务水准的重要手段之一。

本系统需要满足以下几个系统设计目标。

（1）实用性原则：真正为用户的实际工作服务，按照酒店客房管理工作的实际流程，设计出实用的酒店客房管理系统。

（2）可靠性原则：必须为酒店客房提供信息安全的服务，以保证酒店信息的不被泄露。

（3）友好性原则：本酒店客房管理系统面向的用户是酒店内工作人员，所以系统操作上要求简单、方便、快捷，便于用户使用。

（4）可扩展性原则：采用开发的标准和接口，便于系统向更大的规模和功能扩展。

17.1.2 功能要求

在酒店客房管理系统中需要处理的对象主要有顾客的预订和退订信息管理、顾客的入住信息管理、顾客的换房信息管理、顾客的退房信息管理和财务统计信息管理。

如下列出了每个对象中包含的信息内容。

❑ **顾客基本信息（Guest）** 主要包括：顾客编号、顾客姓名、顾客性别、顾客身份证号、顾客电话、顾客地址、顾客预交款、顾客积分、顾客的折扣度和顾客余额。

❑ **客房基本信息（RoomInfo）** 主要包括：客房编号、客房类型、客房价格、客房楼层和客房朝向。

❑ **消费项目基本信息（Atariff）** 主要包括：消费项目编号、消费项目名称和消费项目价格。

❑ **客房物品基本信息（RoGoInfo）** 主要包括：客房物品编号、客房物品名称、客房物品原价和客房物品赔偿倍数。

- ❑ **客房状态信息（RoomState）** 主要包括：客房编号、顾客编号、入住时间、退房时间、预订入住时间、预订退房时间、入住价格、客房状态修改时间和标志位。
- ❑ **消费信息（Consumelist）** 主要包括：顾客编号、消费项目编号、消费项目数量和消费时间。
- ❑ **物品损坏信息（GoAmInfo）** 主要包括：顾客编号、客房物品编号、客房编号、损坏物品个数和损坏时间。

根据酒店客房管理系统的理念，此酒店客房管理系统必须满足以下需求。

（1）能够存储一定数量的顾客信息，并方便有效地进行相应的顾客数据操作和管理，主要包括：顾客信息的录入、删除和修改，顾客信息的关键字检索查询。

（2）能够退订顾客的预订信息、入住信息、换房信息、退房信息、消费信息和损坏物品信息进行相应的操作，主要包括：顾客预订和退订、入住、换房、退房的登记、删除及修改（即对房态信息的登记、删除和修改），顾客消费信息的登记、删除及修改，顾客损坏物品的登记、删除及修改顾客消费信息的汇总。

（3）能够提供一定的安全机制，提供数据信息授权访问，修改和删除，防止随意查询，修改及删除。

（4）对查询，统计的结果能够列表显示。

17.2 具体化需求

需求分析是设计数据库的起点，需求分析的结果是否准确地反映了用户的实际要求，将直接影响到后面各个阶段的设计，并影响到设计结果是否合理地被使用。

本节将在需求分析结果的基础上进行更具体的细化，主要包括绘制系统的流程图和数据流图。

17.2.1 绘制业务流程图

根据上一小节对系统需求分析的结果，在酒店客房管理系统中的业务主要体现在五个方面，分别是：预订和退订业务、顾客入住业务、顾客换房业务、顾客退房业务和酒店的财务统计业务。

下面针对每种业务分析其操作过程并绘制业务流程图，如图 17-1 所示为预订和退订业务流程图。

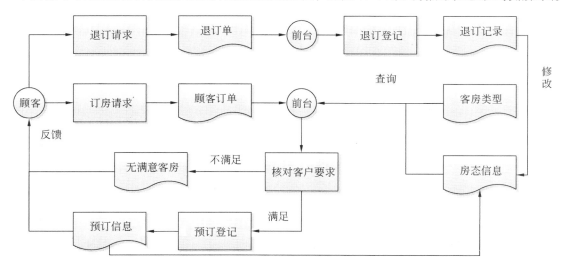

图 17-1　预订和退订业务流程图

如图 17-2 所示为酒店客房管理系统中顾客入住业务流程图。

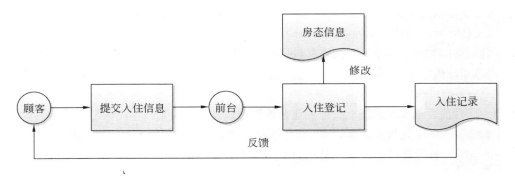

图 17-2　入住业务流程图

如图 17-3 所示为酒店客房管理系统中顾客退房业务流程图。

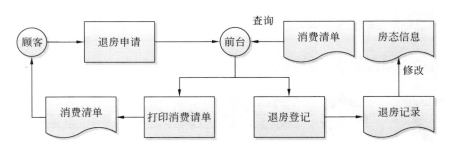

图 17-3　退房业务流程图

如图 17-4 所示为酒店客房管理系统中顾客换房业务流程图。

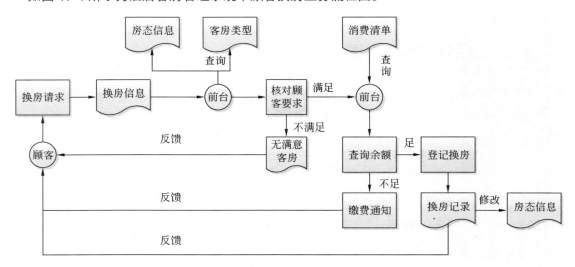

图 17-4　换房业务流程图

如图 17-5 所示为酒店客房管理系统中财务统计业务流程图。

▌17.2.2　绘制数据流图

在绘制系统业务流程图之后，还需要进一步地细化分析出每个业务操作时数据在系统内的传输路径，这就是数据流图。

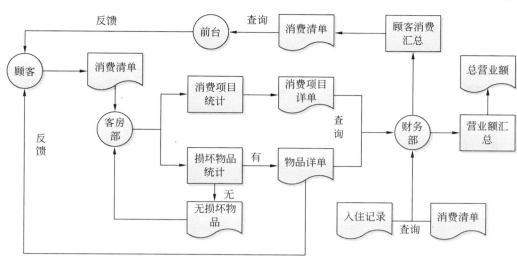

图 17-5　财务统计业务流程图

绘制数据流图的方法有很多，这里采用传统的自顶至下方法。在酒店客房管理系统中可以将数据流归纳为两个方面：顾客、酒店前台和财务，如图 17-6 所示。

图 17-6　系统顶部数据流

根据五大业务操作绘制系统内数据的流入和流出，最终效果如图 17-7 所示。

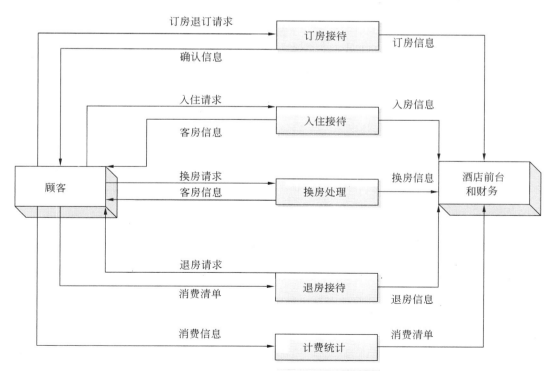

图 17-7　细化后的系统数据流图

经过细化后从图 17-7 中可以看出，在顾客与前台和财务之间主要存在五个方面的数据流出入，分别是：订房接待、入住接待、换房处理、退房接待和计费统计。其中，数据主要由入住酒店的顾客发送，根据数据流的不同顾客也会收到数据。

顾客在系统中预订和退订操作的数据流图，如图 17-8 所示。

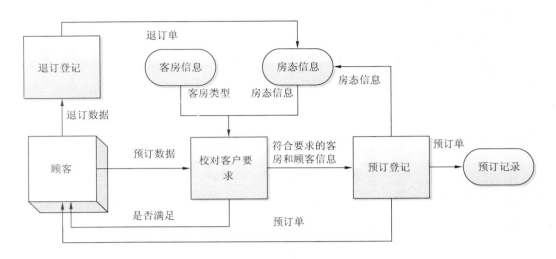

图 17-8　预订和退订数据流

如图 17-8 所示，又可以分为核对客户要求、预订登记和退订登记三个处理过程，它们的详细描述如下所示。

（1）核对客房要求

❑ **功能简介**　前台核对是否有满足顾客要求的客房。

❑ **处理过程**　根据客房类型和房态信息，核对是否有满足顾客要求的客房并反馈给顾客。

❑ **输入数据流**　顾客预订数据，房态信息，客房类型。

❑ **输出数据流**　满足要求的顾客信息和顾客信息。

（2）预订登记

❑ **功能简介**　将顾客分配到满足要求的客房，在前台记录。

❑ **处理过程**　根据满足要求的信息，办理登记，并修改客房状态。

❑ **输入数据流**　满足要求的顾客信息和客房信息。

❑ **输出数据流**　预订单，将预订单存档并反馈给客户。

（3）退订登记

❑ **功能简介**　对顾客退订处理。

❑ **处理过程**　根据顾客的退订信息，客房状态。

❑ **输入数据流**　顾客的退订数据。

❑ **输出数据流**　房态信息，根据房态信息更新房态信息。

如果顾客有预订信息则在入住时还需要进行登记，其中的数据流如图 17-9 所示。

如图 17-9 所示，在入住数据流中只有一项操作，它的功能是对前台已定房顾客进行登记；输入数据流为顾客提供的预订信息，输出数据流为更新后的房态信息和入住记录。

在入住登记后如果顾客感觉客房不满意还可以要求换房，如图 17-10 所示为换房数据流图。

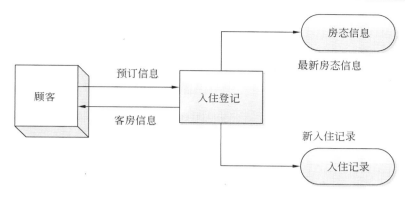

图 17-9　入住数据流

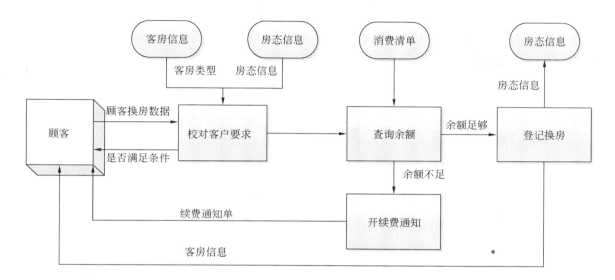

图 17-10　换房数据流

在这里涉及到的操作及其输入和输出情况如下。

（1）核对客户要求

❏ **功能简介**　查看酒店的空客房是否满足客户要求。

❏ **处理过程**　根据客户的要求，查看是否有满足客户要求的空客房。

❏ **输入数据流**　顾客换房要求。

❏ **输出数据流**　满足或者不满足信息，查询余额要求。

（2）查询余额

❏ **功能简介**　对顾客的消费余额进行查询。

❏ **处理过程**　根据换房顾客的消费清单，查询余额是否能满足所换房价格。

❏ **输入数据流**　查询余额请求。

❏ **输出数据流**　余额足/不足信息。

（3）登记换房

❏ **功能简介**　对换房者进行换房登记。

❏ **处理过程**　对换房者进行登记，并修改房态信息。

❏ **输入数据流**　余额足够信息。

❑ 输出数据流 房态信息。

（4）开续费通知

❑ **功能简介** 对换房顾客填写续款通知。

❑ **处理过程** 填写续费通知。

❑ **输入数据流** 足额不足信息。

❑ **输出数据流** 续费通知单。

在顾客入住以后离开时还须进行退房登记，其数据流如图 **17-11** 所示，各个操作说明如下：

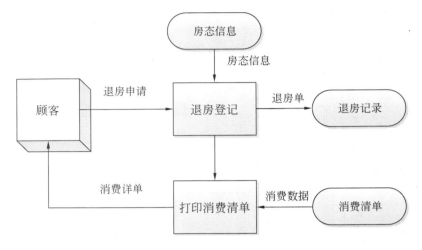

图 17-11　退房数据流

（1）退房登记

❑ **功能简介** 前台对顾客的退房进行确认。

❑ **处理过程** 根据顾客的退房信息，更新房态信息。

❑ **输入数据流** 顾客退房数据。

❑ **输出数据流** 房态信息，将新的房态信息存档。

（2）打印消费清单

❑ **功能简介** 根据财务部的顾客消费汇总，打印顾客消费情况。

❑ **处理过程** 根据财务部的顾客消费汇总，打印消费清单，反馈给顾客。

❑ **输入数据流** 消费数据，来源财务部。

❑ **输出数据流** 消费清单，反馈给顾客其消费情况。

最后一个数据流是酒店客房管理系统财务的统计处理，如图 **17-12** 所示。其中涉及操作的说明如下。

（1）统计消费项目

❑ **功能简介** 根据顾客的消费项目和客房部拥有的消费项目核对顾客的消费情况。

❑ **处理过程** 根据客房部拥有的消费项目统计顾客的消费项目。

❑ **输入数据流** 顾客的消费项目，客房部拥有的消费项目。

❑ **输出数据流** 消费项目记录，传递给财务部。

（2）汇总顾客消费项目

❑ **功能简介** 对顾客的各种花费进行汇总。

❑ **处理过程** 对顾客的所有经费进行汇总，如是会员进行优惠。

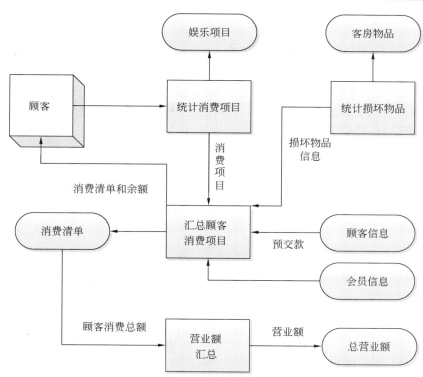

图 17-12　财务统计数据流

❑ **输入数据流**　顾客的消费，损坏物品的赔偿，顾客信息及会员信息。

❑ **输出数据流**　一位顾客的所有花费。

（3）统计损坏物品

❑ **功能简介**　统计客房物品的损坏情况。

❑ **处理过程**　根据物品清单检查是否有损坏，如有则对损坏者进行索赔。

❑ **输入数据流**　客房物品信息。

❑ **输出数据流**　损坏物品赔偿信息。

（4）酒店营业额汇总

❑ **功能简介**　汇总酒店的营业额。

❑ **处理过程**　根据顾客的消费情况，对酒店的营业额进行汇总。

❑ **输入数据流**　顾客消费信息。

❑ **输出数据流**　酒店总营业额。

17.3 系统建模

　　将需求分析得到的用户需求抽象为信息结构即概念模型的过程就是系统建模。它是整个数据库设计的关键。

■ 17.3.1　绘制 E-R 图

　　E-R 图是用于确定要在数据库中保存什么信息和确认各种信息之间存在什么关系。E-R 图反映了现实世界中存在的事物或数据及它们之间的关系。

从前面业务流程图和数据流图中总结出，酒店客房管理系统的功能是围绕"顾客"、"客房"和"消费"的处理。根据实体与属性的如下定义准则。

❑ 作为实体的"属性"，它不能再具有需要描述的性质。

❑ 实体的"属性"不能与其他实体具有联系。

将数据流图图 17-8、图 17-9、图 17-10 和图 17-11 综合成顾客预订、退订、入住、换房和退房的 E-R 图，如图 17-13 所示。

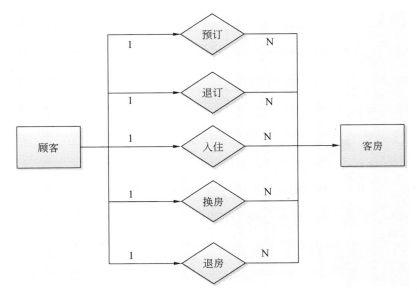

图 17-13　E-R 图 1

将数据流图 17-12 抽象为图 17-14 所示的 E-R 图。

图 17-14　E-R 图 2

采用逐步集成的方法合并为两个 E-R 图，并消除不必要的冗余和冲突，最终形成的 E-R 图如图 17-15 所示。

从图 17-15 所示可以看出，在酒店客房管理系统中主要可以将实体分为顾客（Guest）、客房（RoomInfo）、消费项目（Atariff）和客房物品（RoGoInfo）4 个实体。如图 17-16 所示为这 4 个实体及其属性，其中粗体显示的属性为实体的标识。

在最终 E-R 图中除了 4 个实体之外，实体之间还包含了 7 个联系。如下所示为这些联系及联系中的属性。

❑ 预订　Reserve(Stime1,Rtime, Rltime)

❑ 退订　Back(Stime2)

❑ 入住　Into(Stime3,Atime,Ltime)

❑ 换房　Change(Stime4)

❑ 退房　Return(Stime5)

❑ 消费　Consumelist(Amount,Wtime)

❏ 物品赔偿单　GoAmInfo(Dnum,Amendstime)

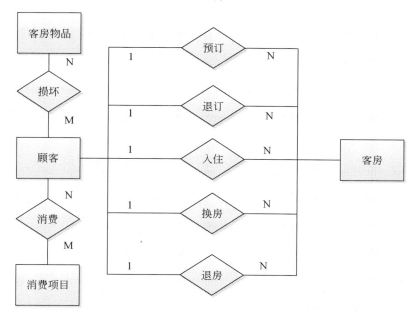

图 17-15　系统最终 E-R 图

Atariff
Atno
Atname
Atprice

RoomInfo
Rno
Rtype
Rprice
Rfloor
Toward

Guest
Gno
Gname
Gsex
Gtel
Gaddress
Account
Ggrade
Discount
Balance

RoGoInfo
Goodsno
Goodsname
Oprice
Dmultiple

图 17-16　实体属性

▌17.3.2　将 E-R 图转换为关系模型

将 E-R 图转换为关系模型的规则是实体的属性作为关系的属性，实体的码作为关系的码。而实体之间的联系由于存在多种情况，在转换时需要遵循如下原则。

❏ **m:n 联系**

转换为一个关系模式。与该联系相连的各个实体的码以及联系本身的属性均转换为关系的属性，而关系的码为各实体码的组合。

❏ **1:n 联系**

转换为一个独立的关系模式，也可以与 n 端对应的关系模式合并。如果转换为一个独立的关系模式，则与该联系相连的各实体的码以及联系本身的属性均转换为关系的属性，而关系的码为 n 端实体的码。

❑ **1:1 联系**

转换为一个独立的关系模式，也可以与任意一端对应的关系模式合并。三个或三个以上实体间的一个多元联系可以转换为一个关系模式。与该多元联系相连的各实体的码以及联系本身的属性均转换为关系的属性，而关系的码为各实体码的组合。

❑ **有相同码的关系模式可直接合并**

在本系统中顾客与客房的联系方式为 1:n（一对多），因此可以将其之间的联系与 n 端实体客房合并，也可以独立作为一种关系模式，我们选择将其作为独立的关系模式。由于顾客与客房物品，消费项目的联系方式为 n:n（多对多），可以将其之间的联系转化为独立的关系模式。

如下所示为经过转换后的关系模型，其中加粗显示的字体为关系的主键。

❑ 顾客   Guest(**Gno**,Gname,Gsex,Gid,Gtel,Gaddress,Account,Ggrade ,discount,balance)

❑ 客房基本信息   RoomInfo(**Rno**,Rtype,Rprice,Rfloor,Toward)

❑ 消费项目   Atariff(**Atno**,Atname,Atprice)

❑ 客房物品信息   RoGoInfo(**Goodsno**,**Rno**,Goodsname,Oprice,Dmultiple)

❑ 预订   Reserve(**Gno**,**Rno**,Stime1,Rtime, Rltime)

❑ 退订   Back(**Gno**,**Rno**,Stime2)

❑ 入住   Into(**Gno**,**Rno**,Stime3,Atime,Ltime)

❑ 换房   Change(**Gno**,**Rno**,Stime4)

❑ 退房   Return(**Gno**,**Rno**,Stime5)

❑ 消费   Consumelist(**Atno**,**Gno**,Amount,Wtime)

❑ 物品赔偿单   GoAmInfo(**Goodsno**,**Gno**,**Rno**, **Amendstime** ,Dnum)

虽然现在完成了从 E-R 图到关系模型的映射，但是还有一个问题就是上述关系模式中 Reserve、Back、Into、Change 和 Return 的主键都相同。因此如果直接使用这 5 个关系模型表示关系将造成大量数据的冗余。解决的办法就是合并为一个关系模式，这里将该模式称为房态基本表，包含的键如下所示。

```
RoomState(Gno,Rno,Atime, Ltime,Rtime, Rltime,IntoPrice,Days,Stime,flag)
```

其中 flag 为标志位，表示客房的状态为预订、入住和空。

17.4 系统设计

完成系统建模之后，系统由概念阶段到逻辑设计阶段的工作就结束了。接下来进入数据库的设计阶段，具体的工作就是将逻辑设计阶段的结果在数据库系统中进行实现，包括创建数据库、创建表和创建视图等工作。

下面所有的操作都是以 SQL Server 2008 为环境进行的，并且所有操作都是以语句的形式完成。

17.4.1   创建数据库

在本书的第 3 课详细介绍了如何在 SQL Server 2008 中创建数据库，第 11 课介绍了各种操作数据库的方法。

本系统创建的数据库名称为 HotelManagementSys，并为其分配了 3 个数据文件和 1 个日志文件，具体语句如下所示。

```
CREATE DATABASE HotelManagementSys
ON(
    NAME=酒店客房管理系统_DATA,
    FILENAME='D:\HotManagement\酒店客房管理系统_DATA.mdf',
    SIZE=5MB,
    MAXSIZE=20MB,
    FILEGROWTH=10%
),(
    NAME=酒店客房管理系统_DATA1,
    FILENAME='D:\HotManagement\酒店客房管理系统_DATA1.ndf',
    SIZE=3MB,
    MAXSIZE=5MB,
    FILEGROWTH=10%
),(
    NAME=酒店客房管理系统_DATA2,
    FILENAME='D:\HotManagement\酒店客房管理系统_DATA2.ndf',
    SIZE=3MB,
    MAXSIZE=5MB,
    FILEGROWTH=10%
)
LOG ON(
    NAME=酒店客房管理系统_LOG,
    FILENAME='D:\HotManagement\酒店客房管理系统_LOG.ldf',
    SIZE=1MB,
    MAXSIZE=5MB,
    FILEGROWTH=10%
)
```

上述语句中酒店客房管理系统_DATA 是主数据文件，酒店客房管理系统_DATA1 和酒店客房管理系统_DATA2 是辅助数据文件，酒店客房管理系统_LOG 是日志文件。

17.4.2　创建数据表

数据表相当于房子，在创建时需要规划好里面的结构，一旦创建之后便可以往里面填充数据（居住）。

根据 17.3.2 小节最终转换后的关系模型，可以将酒店客房管理系统划分为 7 个表，分别是：顾客基本信息表、客房基本信息表、房态表、娱乐项目基本信息表、顾客娱乐消费信息表、客房物品基本信息表和顾客赔偿物品信息表。

（1）创建顾客基本信息表 Guest 保存顾客的各种信息，如顾客编号、姓名、性别、顾客电话、地址、预交款、积分以及折扣度等，具体语句如下所示。

```
CREATE TABLE Guest
(
  Gno char(20) not null PRIMARY KEY,
  Gname char(20)not null,
```

```
  Gsex char(20) not null,
  Gid char(18) unique not null,
  Gtel char(11),
  Gaddress char(20),
  Account float,
  Grade int,
  Discount float not null,
  Balance float,
  CHECK (Account >= 0.0 and Grade>0)
)
```

（2）创建客房基本信息表 RoomInfo 保存客房的各种信息，如客房编号、客房类型、客房价格、客房楼层和客房朝向等，具体语句如下所示。

```
CREATE TABLE RoomInfo
(
  Rno char(10) not null PRIMARY KEY,
  Rtype char(20)not null,
  Rprice float not null,
  Rfloor smallint not null,
  Toward char(10)not null,
  check (Rfloor between 1 and 100),
  check (Toward in('正北','正南','正西','正东','东北','西南','西北','东南')),
  check (Rtype in('标准1','标准2','豪华1','豪华2','高级1','高级2')),
)
```

（3）创建房态表 RoomState 保存客房状态信息，如客房编号、顾客编号、入住时间、退房时间、预订入住时间、预订退房时间、入住价格、客房状态修改时间和标志位等，具体语句如下所示。

```
CREATE TABLE RoomState
(
  Rno char(10) not null PRIMARY KEY,
  Gno char(20),
  Atime datetime ,
  Ltime datetime,
  Rtime datetime,
  Rltime datetime,
  IntoPrice float ,
  Days int ,
  Stime datetime,
  flag char(1) ,
FOREIGN KEY (Rno)REFERENCES Roominfo(Rno),
FOREIGN KEY (Gno)REFERENCES guest(Gno),
CHECK (flag in('1','2','3')),
)
```

（4）创建娱乐项目基本信息表 Atariff 保存娱乐项目的信息，如项目编号、消费项目名称、消费项目价格等，具体语句如下所示。

```
CREATE TABLE Atariff
( Atno char(20)not null PRIMARY KEY,
```

Atname char(20)not null,
    Atprice float not null,
    CHECK (Atprice >0.0)
)
```

（5）创建顾客娱乐消费信息表 ConsumeList，包括的信息有顾客编号、消费项目编号、消费项目数量和消费时间，具体语句如下所示。

```
CREATE TABLE ConsumeList
( Gno char(20),
  Atno char(20),
  Amount float,
  Wtime datetime not null,
  PRIMARY KEY(Gno,Atno),
  FOREIGN KEY (Gno)REFERENCES guest(Gno),
  FOREIGN KEY (Atno)REFERENCES Atariff(Atno)
)
```

（6）创建客房物品基本信息表 RoGoInfo，包括的信息有客房物品编号、客房物品名称、客房物品原价和客房物品赔偿倍数，具体语句如下所示。

```
CREATE TABLE RoGoInfo
( Goodsno char(20),
  Goodsname char(20)not null,
  Oprice float not null,
  Dmultiple float not null,
  PRIMARY KEY (Goodsno)
)
```

（7）创建顾客赔偿物品信息表 GoAmInfo，包括的信息有客房物品编号、客房物品名称、客房物品原价和客房物品赔偿倍数，具体语句如下所示。

```
CREATE TABLE GoAmInfo
(Gno char(20),
  Rno char(10),
  Goodsno char(20),
  Dnum int ,
  Amendstime datetime not null,
   PRIMARY KEY(Gno,Rno,Goodsno),
 FOREIGN KEY(Gno)REFERENCES guest(Gno),
  FOREIGN KEY(Rno)REFERENCES Roominfo(Rno),
  FOREIGN KEY(Goodsno)REFERENCES RoGoInfo(Goodsno)
)
```

17.4.3 创建视图

视图（View）是一种查看数据的方法，当用户需要同时从数据库的多个表中查看数据时，可以通过使用视图来实现。本书的第 9 课详细介绍了 SQL Server 2008 中视图的创建、查询和管理操作。

这里为酒店客房管理系统定义了 3 个视图，如下所示。

❑ 查询预定信息的 BookView 视图。
```

□ 查询入住信息上的 IntoView 视图。

□ 查询空房信息的 EnRoView 视图。

（1）BookView 视图的定义语句如下。

```
CREATE VIEW BookView
(Gno,Gname,Rno,Rtype,Rfloor,Toward,IntoPrice,Rtime,Rltime,Days,Stime)
AS
SELECT RoomState.Gno,Gname,RoomState.Rno,Rtype,Rfloor,Toward,IntoPrice,Rtime,
Rltime,Days,Stime
FROM Roominfo,RoomState,guest
WHERE flag='1'
 AND Roominfo.Rno=RoomState.Rno
 AND RoomState.Gno=guest.Gno
```

（2）IntoView 视图的定义语句如下

```
CREATE VIEW IntoView
(Gno,Gname,Rno,Rtype,Rfloor,Toward,IntoPrice,Atime,Ltime,Days,Account)
AS
SELECT RoomState.Gno,Gname,RoomState.Rno,Rtype,Rfloor,Toward,IntoPrice,Atime,
Ltime,Days,Account
FROM Roominfo,RoomState,guest
WHERE flag='2'
AND Roominfo.Rno=RoomState.Rno
AND RoomState.Gno=guest.Gno
```

（3）EmRoView 视图的定义语句如下。

```
CREATE VIEW EmRoView
(Rno,Rtype,Rprice,Rfloor,Toward)
AS
SELECT Rno,Rtype,Rprice,Rfloor,Toward
FROM Roominfo
WHERE Rno NOT IN (
    SELECT Rno FROM RoomState
)
```

17.4.4 创建存储过程

一个存储过程（Stored Procedure）是由一系列 Transact-SQL 语句组成，它经过编译后保存在数据库中。因此，存储过程比普通的 Transact-SQL 语句执行更快，且可以多次调用。这是存储过程的定义，在第 13 课详细讲解了 SQL Server 2008 中存储过程的创建、调用和编写方法。

在本系统中存储过程的作用是帮助用户快速地完成某项业务操作。它们主要体现在如下几个方面。

（1）创建一个存储过程实现查看某一天各种娱乐项目的使用情况，实现语句如下。

```
CREATE PROCEDURE Proc_SearchDate
@date datetime
AS
BEGIN
    SELECT Atno,sum(Amount) 'Amount'
```

```
        FROM Consumelist
        WHERE Wtime=@date
        GROUP BY Atno
END
```

（2）创建一个存储过程实现查看某一楼层内空房间的信息，实现语句如下。

```
CREATE PROCEDURE Proc_SearchEmpty
@floor int
AS
BEGIN
    SELECT Rno,Rtype,Rprice,Rfloor,Toward
    FROM  EmRoView
    WHERE Rfloor=@floor
END
```

（3）创建一个存储过程实现查看顾客信息，实现语句如下。

```
CREATE PROCEDURE Proc_WatchGuest
AS
BEGIN
    SELECT Gno,Gname,Gsex,Gid
    FROM guest
END
```

（4）创建一个存储过程实现根据顾客编号查询顾客的消费及余额信息，实现语句如下。

```
CREATE PROCEDURE Proc_SearchGuest
@Gno char(20)
AS
BEGIN
    SELECT Gno,Gname,Account,balance
    FROM guest
    WHERE Gno=@Gno
    SELECT RoomState.Rno,Rtype,IntoPrice
    FROM RoomState,Roominfo
    WHERE RoomState.Gno=@Gno AND RoomState.Rno=Roominfo.Rno
    SELECT c.Atno,Atname,Amount, Amount*Atprice AmuMoney,Wtime
    FROM Consumelist c,Atariff a
    WHERE c.Gno=@Gno AND c.Atno=a.Atno
    SELECT g.Rno,r.Goodsname,g.Dnum,r.Oprice,r.Dmultiple,Oprice*g.Dnum*r.
    Dmultiple AmENDMoney,g.AmENDstime
    FROM GoAmInfo g,RoGoInfo r
    WHERE g.Gno=@Gno AND g.Goodsno=r.Goodsno
END
```

（5）创建一个存储过程实现添加一行顾客的消费数据，实现语句如下。

```
CREATE PROCEDURE Proc_ConsumeList
@Consumelist_Gno char(20),
@Consumelist_Atno char(20),
@Consumelist_Amount float,
@Consumelist_wtime datetime
```

```
AS
BEGIN
    INSERT
    INTO Consumelist
    VALUES(@Consumelist_Gno,@Consumelist_Atno , @Consumelist_Amount ,
    @Consumelist_wtime )
END
```

（6）创建一个存储过程实现添加新的客房物品信息，实现语句如下。

```
CREATE PROCEDURE Proc_AddRoomGoods
@GDnumber char(20),
@GDname   char(20),
@GDprice float,
@GDmultiple float
AS
BEGIN
    INSERT
    INTO RoGoInfo(Goodsno,Goodsname,Oprice,Dmultiple)
    VALUES(@GDnumber,@GDname,@GDprice,@GDmultiple)
END
```

（7）创建一个存储过程实现插入新的娱乐项目信息，实现语句如下。

```
CREATE PROCEDURE Proc_AddAmusement
@Atno char(20),
@Atname char(20),
@Atprice float
AS
BEGIN
    INSERT
    INTO Atariff
    VALUES(@Atno,@Atname,@Atprice)
END
```

（8）创建一个存储过程实现顾客信息的增加，实现语句如下。

```
CREATE PROCEDURE Proc_AddGuest
@Gno char(20),
@Gname char(20),
@Gsex char(20),
@Gid char(20),
@discount float
AS
BEGIN
    INSERT
    INTO guest(Gno,Gname,Gsex,Gid,discount)
    VALUES(@Gno,@Gname,@Gsex,@Gid,@discount)
END
```

（9）创建一个存储过程实现顾客的付费操作，实现语句如下。

```
CREATE PROCEDURE Proc_Money
```

```
    @Gno char(20),
    @Account float
    AS
    BEGIN
        UPDATE guest
        SET Account=@Account
        WHERE Gno=@Gno
    END
```

（10）创建一个存储过程实现顾客的订房操作，实现语句如下。

```
CREATE PROCEDURE Proc_Book
@Rno char(10),
@Gno char(20),
@Rtime datetime,
@Rltime datetime,
@Days int,
@Stime datetime,
@discount float output,
@Rprice float output
AS
BEGIN
    SELECT @discount=discount FROM guest WHERE Gno=@Gno
    SELECT @Rprice=Rprice FROM Roominfo WHERE Rno=@Rno
    INSERT
    INTO RoomState(Rno,Gno,Rtime,Rltime,IntoPrice,Days,Stime,flag)
    VALUES(@Rno,@Gno,@Rtime,@Rltime,@discount*@Rprice,@Days,@Stime,'1')
END
```

（11）创建一个存储过程实现顾客的入住操作，实现语句如下。

```
CREATE PROCEDURE Proc_Into
@Rno char(10),
@Gno char(20),
@Atime datetime,
@Ltime datetime,
@Days int,
@Stime datetime,
@money float
AS
BEGIN
    UPDATE guest
    SET Account=@money
    WHERE Gno=@Gno
    UPDATE RoomState
    SET Atime=@Atime,Ltime=@Ltime,Days=@Days,Stime=@Stime,flag='2'
    WHERE Rno=@Rno AND Gno=@Gno
END
```

（12）创建一个存储过程实现添加一个物品赔偿信息，实现语句如下。

```
CREATE PROCEDURE Proc_InsertAmends
@Gno char(20),
@Rno char(10),
@Goodsno char(20),
@Dnum int,
@AmENDstime datetime
AS
BEGIN
    INSERT
    INTO GoAmInfo(Gno,Rno,Goodsno,Dnum,AmENDstime)
    VALUES(@Gno,@Rno,@Goodsno,@Dnum,@AmENDstime)
END
```

（13）创建一个存储过程实现顾客的退房操作，实现语句如下。

```
CREATE PROCEDURE Proc_DeleteRoom
@Rno char(10),
@Gno char(20)
AS
BEGIN
    DELETE
    FROM RoomState
    WHERE Rno=@Rno AND Gno=@Gno
END
```

▌17.4.5 创建触发器

触发器主要用于维护数据的完整性，具体的创建方法这里不要详述，可参考本书第 12 课的内容。

（1）创建一个触发器实现当添加房态信息时触发 Guest 表，根据顾客的积分计算顾客的折扣度，具体实现语句如下。

```
CREATE TRIGGER Trig_discount
ON RoomState
FOR INSERT
AS
BEGIN
DECLARE @Grade INt,@Gno char(20)
SELECT @Gno=Gno FROM inserted
SELECT @Grade=Grade FROM guest WHERE Gno=@Gno
    IF (@Grade >= 0 AND @Grade<300)
    BEGIN
        UPDATE guest
        SET discount=1.00
        WHERE Gno=@Gno
    END
    ELSE IF(@Grade<500 )
    BEGIN
        UPDATE guest
        SET discount=0.95
```

```
            WHERE Gno=@Gno
    END
    ELSE IF(@Grade<700)
    BEGIN
        UPDATE guest
        SET discount=0.90
        WHERE Gno=@Gno
    END
    ELSE IF (@Grade<1000)
    BEGIN
        UPDATE guest
        SET discount=0.85
        WHERE Gno=@Gno
    END
    ELSE
    BEGIN
        UPDATE guest
        SET discount=0.80
        WHERE Gno IN(SELECT Gno FROM inserted)
    END
END
```

（2）创建一个触发器实现当修改房态信息时（例如添加入住信息）触发 Guest 表，计算顾客的积分和余额，具体实现语句如下。

```
CREATE TRIGGER Trig_grade_balance
ON RoomState
FOR UPDATE
AS
BEGIN
    DECLARE @IntoPrice float,@Days INt
    SELECT @IntoPrice=IntoPrice
    FROM RoomState
    WHERE Rno IN(SELECT Rno FROM inserted )
    AND Gno IN(SELECT Gno FROM inserted)
    SELECT @Days=Days
    FROM RoomState
    WHERE Rno IN(SELECT Rno FROM inserted )
    AND Gno IN( SELECT Gno FROM inserted)
    UPDATE guest
    SET balance=Account-@IntoPrice*@Days,grade=grade+@IntoPrice*@Days
    WHERE Gno IN(SELECT Gno FROM inserted)
END
```

（3）创建一个触发器实现当删除房态信息时（例如退房操作）触发 Guest 表，将顾客的预付款和余额设置为 0，具体实现语句如下。

```
CREATE TRIGGER Trig_delete ON RoomState
FOR DELETE
AS
```

```
BEGIN
    UPDATE guest
    SET Account=0,balance=0
    WHERE Gno IN(SELECT Gno FROM deleted)
END
```

（4）创建一个触发器实现当添加新的娱乐消费信息时触发 Guest 表，从而重新计算顾客的积分和余额信息，具体实现语句如下。

```
CREATE TRIGGER Trig_grade1
ON Consumelist
FOR INSERT
As
BEGIN
    DECLARE @Gno char(20),@Atno char(20), @Amount INt,@Atprice float
    SELECT @Gno=Gno,@Atno=Atno,@Amount=Amount
    FROM inserted
    SELECT @Atprice=Atprice
    FROM AtarIFf
    WHERE Atno=@Atno
    UPDATE guest
    SET grade=grade+@Atprice*@Amount/10,balance=balance-@Atprice*@Amount
    WHERE Gno=@Gno
END
```

（5）创建一个触发器实现当添加新的物品赔偿信息时触发 Guest 表，从而重新计算顾客的余额信息，具体实现语句如下。

```
CREATE TRIGGER Trig_AmendsMoney
ON GoAmInfo
FOR INSERT
AS
BEGIN
    DECLARE
    @Gno char(20),
    @Goodsno char(20),
    @Dnum INt,
    @Oprice float,
    @Dmultiple float
    SELECT @Gno=Gno,@Goodsno=Goodsno,@Dnum=Dnum
    FROM inserted
    SELECT @Oprice=Oprice,@Dmultiple=Dmultiple
    FROM RoGoInfo
    WHERE Goodsno=@Goodsno
    UPDATE guest
    SET balance=balance-@Oprice*@Dnum*@Dmultiple
    WHERE @Gno=Gno
END
```

17.5 模拟业务逻辑测试

　　　　我们已经完成了酒店客房管理系统从无到有的需求分析、功能细化、划分业务和数据流和建模过程，并在 SQL Server 2008 中将该系统的数据库进行实现。接下来我们可以先向各个表中添加一些测试数据，然后调用上节编写的视图、存储过程和触发器对系统进行业务逻辑的测试，从而验证每个功能是否符合要求。

17.5.1　测试视图

　　在 17.4.3 小节中创建了三个视图，以下分别对他们进行测试。测试之前必须先打开实例数据库 HotelManagementSys。

　　假设要查看酒店客户管理系统中的预订信息可以调用 BookView 视图，执行结果如图 17-17 所示。

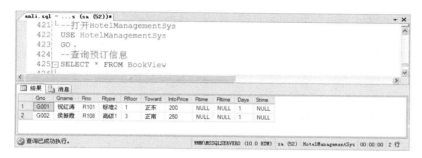

图 17-17　测试 BookView 视图

调用 IntoView 视图查询系统当前的入住信息，执行结果如图 17-18 所示。

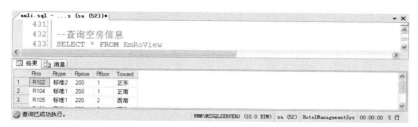

图 17-18　测试 IntoView 视图

调用 EmRoView 视图查询系统当前的空房信息，执行结果如图 17-19 所示。

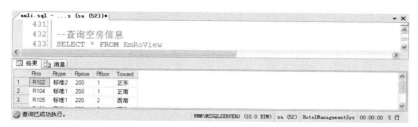

图 17-19　测试 EmRoView 视图

17.5.2 测试存储过程

通过视图可以了解酒店客户管理系统中的预订、入住和空房信息，下面通过测试存储过程来查看系统中的更多信息。

（1）调用 Proc_SearchDate 存储过程查看 2013 年 5 月 1 日的所有娱乐项目消费情况及汇总，语句如下。

```
EXEC Proc_SearchDate '2013-05-01'
```

图 17-20 测试 Proc_SearchDate 存储过程

从图 17-20 所示执行结果中，可以看到当天总共有 5 个消费项目，其中 Atno 列为消费项目的编号，Amount 为该项目使用的次数。

（2）调用 Proc_SearchGuest 存储过程查看编号为 G001 的顾客在系统中的各项消费和余额信息，语句如下。

```
EXEC Proc_SearchGuest 'G001'
```

执行结果如图 17-21 所示，在这里返回 4 个结果集分别表示顾客的余额信息、入住客户信息、消费项目信息和物品损坏信息。

图 17-21 测试 Proc_SearchGuest 存储过程

（3）调用 Proc_AddAmusement 存储过程向系统中添加一个新的消费项目。在调用之前首先使用 SELECT 语句查看当前的内容，如图 17-22 所示。

从图 17-22 所示结果可以看到当前共有 11 行结果。使用如下语句调用 Proc_AddAmusement 存储过程。

```
EXEC Proc_AddAmusement 'D-XEK','西式中餐','50'
```

执行完成之后再次使用 SELECT 语句查看当前的内容，此时结果集中包含 12 行数据，如图

17-23 所示。

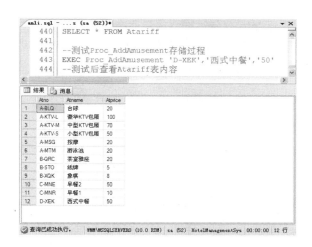

图 17-22　调前表内容　　　　　　　　　图 17-23　调用后表内容

（4）假设编号为 G001 的顾客在 2013 年 5 月 1 日消费了 1 次西式中餐，可以使用 Proc_ConsumeList 存储过程对这一消费进行记录，实现语句如下。

```
EXEC Proc_ConsumeList 'G001','D-XEK',1,'2013-05-01'
```

执行后使用 SELECT 查询 Consumelist 表即可看到新增的记录，如图 17-24 所示。

图 17-24　调用后表内容

在 17.4.4 小节中为酒店客房管理系统创建了 13 个存储过程，限于篇幅原因这里就不再逐一进行测试，还有部分存储过程在下节配合触发器一起使用。

17.5.3　测试触发器

（1）Trig_Discount 触发器的功能是当添加房态信息时触发 Guest 表更新顾客的积分和折扣。因此对该触发器进行测试时必须修改房态信息，假设这里要实现顾客 G002 由预订到入住的操作。

在修改之前首先查看该顾客的基本信息及预订房间信息，语句如下。

```
--查询顾客基本信息
SELECT * FROM Guest WHERE Gno='G002'
--查询顾客预订房间
SELECT * FROM RoomState WHERE Gno='G002'
```

执行结果如图 17-25 所示。

接下来通过使用 Pro_Into 存储过程实现顾客的入住操作，语句如下。

```
--调用 Proc_Into 存储过程实现入住操作
```

```
EXEC Proc_Into 'R108','G002','2013-06-01','2013-06-05',5,'2013-06-01',2000
```

Pro_Into 存储过程会更新房态信息，从而导致 Trig_Discount 触发器的执行。再次执行 SELECT 查询顾客的基本信息及预订房间信息，此时的结果如图 17-26 所示。

图 17-25　查看顾客基本和预订信息

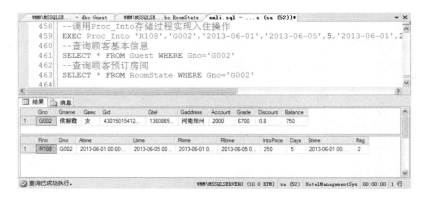

图 17-26　Trig_Discount 触发器执行后顾客基本和预订信息

（2）Trig_Grade1 触发器的功能是在记录顾客的消费项目信息时，触发 Guest 表更新顾客的积分和余额。

添加顾客消费信息可以使用上一小节介绍的 Proc_ConsumeList 存储过程，假设这里要实现顾客 G002 在 2013 年 6 月 1 日消费了两次西式中餐，实现语句如下。

```
--为顾客 G002 添加消费项目
EXEC Proc_ConsumeList 'G002','D-XEK',2,'2013-06-01'
```

Proc_ConsumeList 存储过程会更新消费项目表，从而导致 Trig_Grade1 触发器的执行。再次执行 SELCT 查询顾客的基本信息，此时的结果如图 17-27 所示。

图 17-27　Trig_Grade1 触发器执行后顾客信息

将图 17-27 与图 17-26 进行对比可以发现 Grade 列（积分）和 Balance 列（余额）发生了变

化，从而说明 Trig_Grade1 触发器执行成功。

（3）Trig_Delete 触发器的功能是在删除房态信息时把顾客的预付款和余额都进行清空处理。

删除房态信息可以使用 Proc_DeleteRoom 存储过程，假设实现顾客 G002 对房间 R108 的退房操作，实现语句如下。

```
EXEC Proc_DeleteRoom 'R108','G002'
```

上述语句执行时会触发 Trig_Delete 触发器。现在查看顾客 G002 的基本信息可以看到预付款和余额都为 0，说明触发器执行成功，如图 17-28 所示。

图 17-28　Trig_Delete 触发器执行后顾客信息

（4）Trig_AmendsMoney 触发器的功能是在记录顾客的损坏物品信息时，更新顾客的余额信息。

删除房态信息可以使用 Proc_InsertAmends 存储过程，假设顾客 G001 在房间 R109 损坏了 2 个物品 GD009，记录这个信息的语句如下。

```
EXEC Proc_InsertAmends 'G001','R109','GD009',2,'2013-04-01'
```

上述语句虽然仅向 GoAmInfo 表中添加了一行数据，但是由于会触发 Trig_AmendsMoney 触发器的执行，所以 Guest 表中顾客的余额也会发生变化。

如图 17-29 所示为执行前顾客信息，图 17-30 所示为执行后顾客信息。

图 17-29　执行前顾客信息

图 17-30　执行后顾客信息

　提示

限于篇幅原因，在系统中的其他触发器这里就不再进行测试。读者可以根据触发器的定义语句编写测试代码。

习题答案

第 1 课　关系数据库原理

一、填空题
1. 结构清晰
2. 数据库系统运行控制
3. 属性
4. 键
5. 第二

二、选择题
1. D
2. A
3. D

第 2 课　安装 SQL Server 2008

一、填空题
1. Notification Services
2. SQLServerManager10.msc
3. EXIT
4. 1433
5. TCP/IP

二、选择题
1. A
2. B
3. C
4. D

第 3 课　创建 SQL Server 2008 数据库和表

一、填空题
1. msdb
2. mdf
3. ONLINE
4. PRIMARY
5. datetimeoffset

二、选择题
1. D

2. D
3. A
4. C
5. A
6. A
7. C

第 4 课　管理数据表

一、填空题
1. EXEC sp_rename 'Members' , '会员'
2. drop table Users
3. 外键

二、选择题
1. A
2. C
3. A

第 5 课　数据表完整性约束

一、填空题
1. 参照完整性
2. 外键
3. 默认值
4. CREATE DEFAULT
5. 规则
6. CREATE RULE

二、选择题
1. C
2. D
3. C
4. C

第 6 课　修改数据表数据

一、填空题
1. UPDATE
2. update 客户信息 set Email='qn@163.

com' where 客户名称='秦英'

3. INSERT SELECT
4. TRUNCATE TABLE

二、选择题

1. D
2. D
3. B
4. B
5. D

第 7 课　查询数据表数据

一、填空题

1. DISTINCT
2. DESC
3. HAVING
4. %
5. NOT

二、选择题

1. A
2. D
3. C
4. A
5. B
6. A
7. D

第 8 课　高级查询

一、填空题

1. EXISTS
2. UNION
3. ALL
4. INNER JOIN
5. 嵌套子查询

二、选择题

1. C
2. D
3. A
4. C
5. D

第 9 课　索引与视图

一、填空题

1. 索引

2. 聚集索引
3. PRIMARY KEY
4. CREATE VIEW
5. INSERT
6. ALTER VIEW

二、选择题

1. C
2. A
3. C
4. A
5. D
6. B

第 10 课　SQL Server 编程技术

一、填空题

1. 数据定义语言
2. DECLARE
3. CONVERT
4. <>
5. BEGIN END
6. 内联表值函数
7. CONVERT(varchar(10), GETDATE())

二、选择题

1. D
2. A
3. B
4. C
5. C
6. D

第 11 课　管理 SQL Server 2008 数据库

一、填空题

1. sp_renamedb
2. sp_detach_db
3. 完整数据库备份
4. 大容量日志记录恢复模型
5. BACKUP DATABASE
6. RESTORE DATABASE

二、选择题

1. A
2. A

3. C

4. D

5. B

第 12 课　使用数据库触发器

一、填空题

1. DDL 触发器

2. AFTER 触发

3. inserted

4. 16

二、选择题

1. D

2. C

3. B

4. A

第 13 课　使用数据库存储过程

一、填空题

1. ENCRYPTION

2. sp_

3. sp_monitor

4. OUTPUT

5. ALTER PROCEDURE

二、选择题

1. D

2. D

3. C

4. C

第 14 课　使用 XML 技术

一、填空题

1. XQuery

2. /teachers/teacher

3. RAW

4. sp_xml_removedocument

5.

```
CREATE PRIMARY XML INDEX Student_
index_xml
ON student ( s_no )
```

二、选择题

1. B

2. B

3. A

4. D

第 15 课　SQL Server 的管理自动化

一、填空题

1. NET START SQLSERVERAGENT

2. sysadmin

3. msdb

二、选择题

1. D

2. A

3. A

4. A

第 16 课　SQL Server 数据库安全管理

一、填空题

1. Windows 账户

2. CREATE LOGIN

3. INFORMATION_SCHEMA

4. sp_helpdbfixedrole

5. CREATE VIEW

6. DENY

二、选择题

1. D

2. D

3. C

4. D

5. C

6. B